国内外经典教材辅导系列·理工类

大连理工大学无机化学教研室《无机化学》（第6版）

笔记和课后习题（含考研真题）详解

主编：圣才考研网

www.100xuexi.com

内 容 提 要

国内外经典教材辅导系列是一套全面解析当前国内外各大院校权威教科书的学习辅导资料。本书是大连理工大学无机化学教研室《无机化学》(第6版)的学习辅导书。本书基本遵循第6版的章目编排,共分18章,每章由三部分组成:第一部分为复习笔记,总结本章的重难点内容;第二部分是课(章)后习题详解,对第6版的所有习题都进行了详细的分析和解答;第三部分为考研真题详解,精选近年考研真题,并提供了详细的解答。

购书即可免费享受一年大礼包增值服务【本书电子书(手机版、电脑版)、一对一专职顾问全程咨询服务】。手机扫码(本书封面右上角)免费领取本书大礼包。

图书在版编目(CIP)数据

大连理工大学无机化学教研室《无机化学》(第6版)笔记和课后习题(含考研真题)详解/圣才考研网主编. —北京:中国石化出版社,2019.7
(国内外经典教材辅导系列·理工类)
ISBN 978-7-5114-5463-8

Ⅰ.①大… Ⅱ.①圣… Ⅲ.①无机化学-研究生-入学考试-自学参考资料 Ⅳ.①O61

中国版本图书馆CIP数据核字(2019)第154664号

中国石化出版社出版发行
地址:北京市东城区安定门外大街58号
邮编:100011 电话:(010)57512500
发行部电话:(010)57512575
http://www.sinopec-press.com
E-mail:press@sinopec.com
武汉市盛宏源印务有限公司印刷
全国各地新华书店经销
*
787×1092毫米16开本16印张402千字
2019年10月第1版 2019年10月第1次印刷
定价:58.00元

序　言

我国各大院校一般都把国内外通用的权威教科书作为本科生和研究生学习专业课程的参考教材，这些教材甚至被很多考试(特别是硕士和博士研究生入学考试)和培训项目作为指定参考书。为了帮助读者更好地学习专业课，我们有针对性地编著了一套学习国内外教材的复习资料，并提供配套的名师讲堂、电子书和题库。

大连理工大学无机化学教研室主编的《无机化学》是我国高校采用较多的无机化学权威教材之一。作为该教材的学习辅导书，本书具有以下几个方面的特点：

1. 整理名校笔记，浓缩内容精华。本书每章的复习笔记均对本章的重难点进行了整理，并参考了国内名校名师讲授该教材的课堂笔记。因此，本书的内容几乎浓缩了该教材的所有知识精华。

2. 解析课后习题，提供详尽答案。本书参考大量无机化学相关资料，对大连理工大学无机化学教研室《无机化学》的课(章)后习题进行了详细的分析和解答，并对相关重要知识点进行了延伸和归纳。

3. 精选考研真题，巩固重难点知识。为了强化对重要知识点的理解，本书精选了部分名校近几年的无机化学考研真题，这些高校大部分以该教材作为考研参考书目，所选考研真题基本涵盖了各个章节的考点和难点。

与本书相配套，圣才考研网提供大连理工大学无机化学教研室《无机化学》电子书、题库。

购书即可免费享受一年大礼包增值服务：手机扫码(本书封面右上角)免费领取本书大礼包。具体包括：①本书电子书(手机版、电脑版)；②一对一专职顾问全程咨询服务。

圣才考研网(www.100xuexi.com)是圣才学习网旗下的考研考博专业网站，提供考研公共课和全国500所院校考研考博专业课辅导【一对一辅导、网授精讲班等】、电子书、题库、全套资料(历年真题及答案、笔记讲义等)、国内外经典教材名师讲堂、考研教辅图书等。

考研辅导：kaoyan.100xuexi.com(圣才考研网)

资格考试：www.100xuexi.com(圣才学习网)

圣才考研网编辑部

目　录

第1章　气体和溶液

1.1　复习笔记

一、气体的两个基本特性

气体具有扩散性和可压缩性。主要表现在：

1. 气体无固定体积和形状；
2. 不同气体能以任意比例进行均匀混合；
3. 气体易被压缩。

二、理想气体状态方程

1. 理想气体状态方程

理想气体：分子的密度和体积可忽略、分子间无相互作用力的一种假想气体。

理想气体状态方程为

$$pV=nRT$$

式中，$R=8.314\ \mathrm{J\cdot mol^{-1}\cdot K^{-1}}$，称为摩尔气体常数；$p$、$V$、$T$ 和 n 分别为压力、体积、温度和物质的量，单位分别为 Pa、m^3、K 和 mol。

【适用条件】理想气体；近似适用于高温低压下的真实气体。

2. 理想气体状态方程的应用

(1)计算 p、V、T、n 中的任意物理量

(2)确定气体的摩尔质量

根据 $pV=nRT=\frac{m}{M}RT$，得出

$$M=\frac{mRT}{pV}$$

式中，m 为气体质量，单位 g；M 为气体摩尔质量，单位 $\mathrm{g\cdot mol^{-1}}$。

(3)确定气体的密度

根据 $M=\frac{mRT}{pV}=\frac{\rho RT}{p}$，得出

$$\rho=\frac{pM}{RT}$$

三、分压定律

理想气体混合物：各组分气体之间不发生化学反应且无相互作用的气体混合物。

分压定律(Dalton 分压定律)：混合气体的总压等于混合气体中各组分气体分压之和。

$$p=p_1+p_2+\cdots 或 p=\sum_{B} p_B$$

式中，p 为混合气体总压；p_1，p_2，…为各组分气体的分压。

某组分气体 B 的分压 p_B 是 B 组分在相同温度下，与混合气体体积相同时所具有的压力，分压 p_B 与混合气体总压 p 间的关系为

$$p_B = \frac{n_B}{n}p = x_B p$$

式中，x_B 为组分 B 的物质的量分数，即摩尔分数。

四、分体积定律

分体积定律：混合气体体积等于各组分气体的分体积之和。

$$V = V_1 + V_2 + \cdots = \sum_B V_B$$

某组分气体 B 的分体积 V_B 是 B 组分单独存在且与混合气体有相同压力和温度时所占体积，分体积 V_B 与混合气体总体积 V 间的关系为

$$\frac{p_B}{p} = \frac{n_B}{n} = \frac{V_B}{V} = x_B = \varphi_B$$

式中，x_B 为组分 B 的摩尔分数；φ_B 为组分 B 的体积分数。

五、气体分子动理论

1. 理论要点

(1)分子体积、分子间作用力可忽略不计；

(2)气体分子沿各个方向以不同速度进行无规则运动；

(3)气体分子间碰撞和对器壁碰撞无能量损失；

(4)气体分子平均动能与热力学温度成正比，即$\overline{E_k} \propto T$。

2. van der Waals 气体状态方程

van der Waals 气体状态方程为

$$\left(p + a\frac{n^2}{V^2}\right)(V - nb) = nRT$$

式中，a 是压力校正中的比例常量，单位为 $Pa \cdot m^6 \cdot mol^{-2}$；$b$ 是体积校正中的相关常量，单位为 $m^3 \cdot mol^{-1}$；a、b 与气体本身性质相关。

【物理意义】van der Waals 气体状态方程考虑了真实气体分子间的相互作用和分子体积，对理想气体状态方程进行了压力项和体积项的校正。

六、相变和水的相图

1. 相变

定义：纯物质聚集状态的变化。

类型：蒸发、凝结、升华、凝华、融化、凝固等。

2. 水的相图

水的相图表示气、液、固三相组成与温度、压力的关系，如图 1－1－1 所示。

O 点：三相平衡点。

C 点：临界点，该点体现了使物质可液态存在或气态存在时的最高压力和最高温度。

线：相平衡线，线上每一点表示相邻两相达到平衡。

超临界流体：温度和压力高于 *C* 点所代表的临界温度、临界压力时的流体，具有气、液两态的特征。

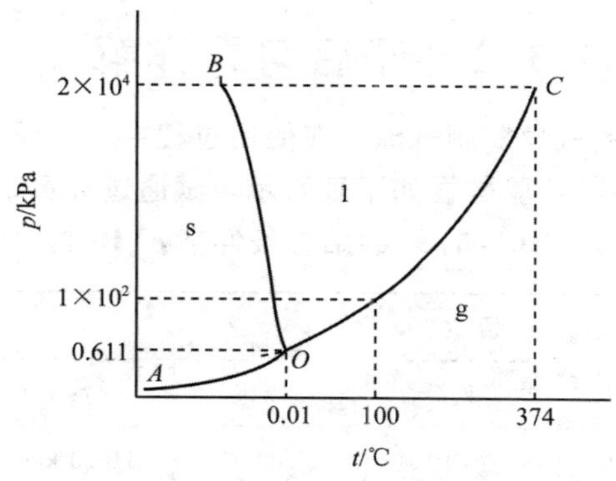

图 1－1－1　水的相图

七、溶液中溶质的浓度

溶液的浓度表示溶液中溶质的含量，其几种表达方法如表 1－1－1 所示。

表 1－1－1　溶液的浓度

概念	公式	单位
物质的量浓度	$c_B = \frac{n_B}{V}$	$mol \cdot L^{-1}$
质量摩尔浓度	$b_B = \frac{n_B}{m_A}$	$mol \cdot kg^{-1}$
质量分数	$\omega_B = \frac{m_B}{m}$	量纲为 1
摩尔分数	$x_B = \frac{n_B}{n}$	量纲为 1
质量浓度	$\rho_B = \frac{m_B}{V}$	$g \cdot L^{-1}$

【说明】下角标 A 和 B 分别表示溶剂和溶质。

八、稀溶液的依数性

稀溶液的依数性：与溶质的本性无关，而与溶质的量(溶液浓度)相关的性质。

非电解质稀溶液中，由于溶质与溶质、溶质与溶剂间的作用力对溶液性质的影响十分微小，故溶液的依数性呈规律性变化，主要体现在 4 个方面，如表 1－1－2 所示。

表 1－1－2　稀溶液的依数性

概念	定义	关系	说明
蒸气压下降	某一温度平衡时，溶液蒸气压必小于纯溶剂蒸气压的现象	$p = p_A^* x_A$	p：稀溶液蒸气压； p_A^*：溶剂 A 蒸气压
沸点升高	升高温度使稀溶液大气压等于外界大气压时，导致稀溶液沸点高于纯溶剂沸点的现象	$\Delta T_b = k_b b_B$	ΔT_b：溶液沸点升高程度； k_b：溶剂沸点升高系数
凝固点降低	溶液三相点温度低于纯溶剂三相点温度，稀溶液凝固点低于纯溶剂凝固点的现象	$\Delta T_f = k_f b_B$	ΔT_f：溶液凝固点降低程度； k_f：溶剂凝固点降低系数
渗透压	能恰好阻止渗透现象发生的施加于稀溶液上的压力	$\Pi = c_B RT$	Π：渗透压； R：摩尔气体常数； T：热力学温度

【适用条件】溶剂中溶有难挥发性溶质。

1.2 课后习题详解

1. 有多个用氦气填充的气象探测气球，在使用过程中，气球中氦的物质的量保持不变，它们的初始状态和最终状态的实验数据如下表所示。试通过计算确定表中空位所对应的物理量，以及由(2)的始态求得 M(He)和(3)的始态条件下 ρ(He)。

	n 或 m	始态			终态		
		p_1	V_1	t_1 或 T_1	p_2	V_2	t_2 或 T_2
(1)	n = (　) mol · L	110.0 kPa	5.00×10^3 L	47.00 ℃	110.0 kPa		17.00 ℃
(2)	637 g	1.02 atm	3.50 m^3	0.00 ℃		5.10 m^3	0.00 ℃
(3)	—	0.98 atm	10.0 m^3	303.0 K	0.60 atm	13.6 m^3	

解：(1)根据题意可知，$p_1=p_2=110.0$ kPa，$V_1=5.00\times10^3$ L，$T_1=273.15+47=320.15$ K，$T_2=17+273.15=290.15$ K

由于 n，p 恒定，$V_1/V_2=T_1/T_2$，因此

$$V_2=\frac{V_1T_2}{T_1}=\frac{5.00\times10^3\times290.15}{320.15}=4.53\times10^3\ \text{L}$$

$$n=\frac{p_1V_1}{RT_1}=\frac{110\times10^3\times5.00\times10^3\times10^{-3}}{8.314\times320.15}=207\ \text{mol}$$

(2)已知 $p_1=1.02\ \text{atm}\times\dfrac{101.325\ \text{kPa}}{1\ \text{atm}}=103.4$ kPa，$V_1=3.5\times10^3$ L，$V_2=5.10\times10^3$ L，$T_1=T_2=273.15$ K。

由于 n，T 恒定，$p_1V_1=p_2V_2$，因此

$$p_2=\frac{p_1V_1}{V_2}=\frac{103.4\times3.5\times10^3}{5.10\times10^3}=71.0\ \text{kPa}$$

因为 $M=\dfrac{mRT}{pV}$，所以

$$M(\text{He})=\frac{637\ \text{g}\times8.314\ \text{J}\cdot\text{mol}^{-1}\cdot\text{K}^{-1}\times273.15\ \text{K}}{103.4\ \text{kPa}\times3.5\times10^3\ \text{L}}=4.0\ \text{g}\cdot\text{mol}^{-1}$$

(3)已知 $p_1=101.325\ \text{kPa}\times0.98=99.30$ kPa，$V_1=10^4$ L，$T_1=303$ K，$p_2=60.80$ kPa，$V_2=1.36\times10^4$ L。

由于 n 一定，$p_1V_1/T_1=p_2V_2/T_2$，因此

$$T_2=\frac{60.8\ \text{kPa}\times1.36\times10^4\ \text{L}\times303\ \text{K}}{99.30\ \text{kPa}\times10^4\ \text{L}}=252.3\ \text{K}$$

因为 $pV=nRT$，$m=\rho V$，$n=\dfrac{m}{M}$，所以

$$\rho(\text{He})=\frac{p_1M(\text{He})}{RT_1}=\frac{99.30\ \text{kPa}\times4.00\ \text{g}\cdot\text{mol}^{-1}}{8.314\ \text{J}\cdot\text{mol}^{-1}\cdot\text{K}^{-1}\times303.0\ \text{K}}=0.158\ \text{g}\cdot\text{L}^{-1}$$

2. 某气体化合物是氮的氧化物，其中含氮的质量分数 ω(N) = 30.5%；某一容器中充有该氮氧化物的质量是 4.107 g，其体积为 0.500 L，压力为 202.65 kPa，温度为 0 ℃。试求：

(1)在标准状况下，该气体的密度；(2)该氧化物的相对分子质量 M_r 和化学式。

解：(1)根据 Boyle 定律可知，标准状况下的气体体积为

$$V=\frac{202.65\ \text{kPa}\times 0.500\ \text{L}}{101.32\ \text{kPa}}=1.00\ \text{L}$$

由密度的定义，可得 $\rho=\frac{m}{V}=\frac{4.107\ \text{g}}{1\ \text{L}}=4.107\ \text{g}\cdot\text{L}^{-1}$。

(2)该气体的物质的量为 $n=\frac{pV}{RT}=\frac{202.65\ \text{kPa}\times 0.5\ \text{L}}{8.314\ \text{J}\cdot\text{mol}^{-1}\cdot\text{K}^{-1}\times 273.15\ \text{K}}=0.0446\ \text{mol}$

该气体的摩尔质量为 $M_r=\frac{m}{n}=\frac{4.107\ \text{g}}{0.0446\ \text{mol}}=92.1\ \text{g}\cdot\text{mol}^{-1}$

则氮的原子数为 $(\text{N})=\frac{92.1\times 30.5\%}{14}=2$

氧的原子数为 $(\text{O})=\frac{92.1\times(1-30.5\%)}{16}=4$

所以该气体的化学式为 N_2O_4。

3. 在 0.237 g 某碳氢化合物中，其 $\omega(\text{C})=80.0\%$，$\omega(\text{H})=20.0\%$。22 ℃，756.8 mmHg 下，体积为 191.7 mL。确定该化合物的化学式。

解：该化合物的物质的量为

$$n=\frac{pV}{RT}=\frac{756.8\times 101.325\ \text{kPa}\times 191.7\times 10^{-3}\ \text{L}}{760\times(273.15+22)\text{K}\times 8.314\ \text{J}\cdot\text{mol}^{-1}\cdot\text{K}^{-1}}=7.88\times 10^{-3}\ \text{mol}$$

碳的物质的量为 $n(\text{C})=\frac{m\omega(\text{C})}{M(\text{C})}=\frac{0.237\ \text{g}\times 0.8}{12\ \text{g}\cdot\text{mol}^{-1}}=0.0158\ \text{mol}$

氢的物质的量为 $n(\text{H})=\frac{m\omega(\text{H})}{M(\text{H})}=\frac{0.237\ \text{g}\times 0.2}{1\ \text{g}\cdot\text{mol}^{-1}}=0.0474\ \text{mol}$

则碳的数目为 $(\text{C})=\frac{n(\text{C})}{n}=\frac{0.0158}{7.88\times 10^{-3}}=2$

氢的数目为 $(\text{H})=\frac{n(\text{H})}{n}=\frac{0.0474}{7.88\times 10^{-3}}=6$

所以此化合物的化学式为 C_2H_6。

4. 在容积为 50.0 L 的容器中，充有 140.0 g 的 CO 和 20.0 g 的 H_2，温度为 300 K。试计算：(1) CO 与 H_2 的分压；(2)混合气体的总压。

解：(1)两气体的分压与其物质的量成正比，所以只要计算其物质的量即可计算出分压。

$$n(\text{CO})=\frac{m(\text{CO})}{M(\text{CO})}=\frac{140.0\ \text{g}}{28.0\ \text{g}\cdot\text{mol}^{-1}}=5.0\ \text{mol}$$

$$n(\text{H}_2)=\frac{m(\text{H}_2)}{M(\text{H}_2)}=\frac{20.0\ \text{g}}{2.0\ \text{g}\cdot\text{mol}^{-1}}=10.0\ \text{mol}$$

$$p(\text{CO})=\frac{n(\text{CO})RT}{V}=\frac{5.0\ \text{mol}\times 8.314\ \text{J}\cdot\text{mol}^{-1}\cdot\text{K}^{-1}\times 300\ \text{K}}{50.0\ \text{L}}=249\ \text{kPa}$$

$$p(\text{H}_2)=\frac{n(\text{H}_2)RT}{V}=\frac{10\ \text{mol}\times 8.314\ \text{J}\cdot\text{mol}^{-1}\cdot\text{K}^{-1}\times 300\ \text{K}}{50.0\ \text{L}}=499\ \text{kPa}$$

(2)由气体的分压定律 $p=\sum_B p_B$，可得

$$p = p(CO) + p(H_2) = 249\ kPa + 499\ kPa = 748\ kPa$$

5. 在激光放电池中的气体是由 2.0 mol CO_2，1.0 mol N_2 和 16.0 mol He 组成的混合物，总压为 0.30 MPa。计算各组分分压。

解：气体总的物质的量为　$n = 2.0\ mol + 1.0\ mol + 16.0\ mol = 19.0\ mol$

根据分压定律，气体的分压与其物质的量成正比，所以 $p_B = p \times \frac{n_B}{n}$，则

$$p(CO_2) = 0.0316\ MPa;\ p(N_2) = 0.0158\ MPa;\ p(He) = 0.2526\ MPa。$$

6. 在实验室中用排水集气法收集制取的氢气。在 23 ℃，100.5 kPa 压力下，收集了 370.0 mL 的气体(23 ℃时，水的饱和蒸气压 2.800 kPa)。试求：(1)23 ℃时该气体中氢气的分压；(2)氢气的物质的量；(3)若在收集氢气之前，集气瓶中已充有氮气 20.0 mL，其温度也是 23 ℃，压力为 100.5 kPa；收集氢气之后，气体的总体积为 390.0 mL。计算此时收集的氢气分压，与(2)相比，氢气的物质的量是否发生变化？

解：(1)在 23 ℃时，水的蒸气压 $p(H_2O) = 2.8\ kPa$，则

$$p(H_2) = p - p(H_2O) = 100.5\ kPa - 2.8\ kPa = 97.7\ kPa$$

(2)$n(H_2) = \frac{p(H_2)V}{RT} = \frac{97.7\ kPa \times 0.37\ L}{8.314\ J \cdot mol^{-1} \cdot K^{-1} \times 296\ K} = 0.0147\ mol。$

(3)收集气体前后，系统中 $n(N_2)$、$p(H_2O)$、p、T 不变，$V_1 = 0.020\ L$，$V_2 = 0.390\ L$，则

$$n(N_2) = \frac{p(N_2)V_1}{RT} = \frac{(100.5 - 2.800)\ kPa \times 0.02\ L}{8.314\ J \cdot mol^{-1} \cdot K^{-1} \times (273 + 23)K} = 7.94 \times 10^{-4}\ mol$$

收集氢气之后，混合气体中 H_2 与 N_2 分压之和为

$$p_{气} = p'(H_2) + p(N_2) = p - p(H_2O) = (100.5 - 2.800)\ kPa = 97.7\ kPa$$

$$n_{气} = n(H_2) + n(N_2) = \frac{p_{气} V_2}{RT} = \frac{97.7\ kPa \times 390.0 \times 10^{-3}\ L}{8.314\ J \cdot mol^{-1} \cdot K^{-1} \times 296\ K} = 0.0155\ mol$$

$$n(H_2) = n_{气} - n(N_2) = (0.0155 - 7.94 \times 10^{-4})\ mol = 0.0147\ mol$$

$$p'(H_2) = \frac{n(H_2)}{n(H_2) + n(N_2)} p_{气} = \frac{0.0147}{0.0155} \times 97.7\ kPa = 92.7\ kPa$$

与(2)相比较，$n(H_2)$不变。

7. 当 NO_2 被冷却到室温时，发生聚合反应：

$$2NO_2(g) \longrightarrow N_2O_4(g)$$

若在高温下将 15.2 g NO_2 充入 10.0 L 的容器中，然后使其冷却到 25 ℃。测得总压为 0.500 atm。试计算 $NO_2(g)$和 $N_2O_4(g)$的摩尔分数和分压。

解：根据题意可知，NO_2 的物质的量为

$$n(NO_2) = \frac{m(NO_2)}{M(NO_2)} = \frac{15.2\ g}{46.01\ g \cdot mol^{-1}} = 0.330\ mol,$$

根据氮守恒，可得

$$n(NO_2) + 2n(N_2O_4) = 0.330\ mol \quad ①$$

根据分压定律，$p(NO_2) + p(N_2O_4) = 101.325\ kPa \times 0.5 = 50.7\ kPa$，即

$$\frac{n(NO_2)RT}{V} + \frac{n(N_2O_4)RT}{V} = 50.7\ kPa$$

$$n(NO_2) + n(N_2O_4) = \frac{50.7\ kPa \times 10.0\ L}{8.314\ J \cdot mol^{-1} \cdot K^{-1} \times 298.15\ K} = 0.205\ mol \quad ②$$

联立解得

$n(N_2O_4)=0.125\ \text{mol}$，$n(NO_2)=0.08\ \text{mol}$，

$x(NO_2)=0.08/0.205=0.39$，$x(N_2O_4)=0.61$

$p(NO_2)=50.7\ \text{kPa}\times0.39=19.8\ \text{kPa}$，$p(N_2O_4)=30.9\ \text{kPa}$

8. 氰化氢(HCN)气体是用甲烷和氨作原料制造的。反应如下：

$$2CH_4(g)+2NH_3(g)+3O_2(g)\xrightarrow{\text{Pt, 1100 ℃}}2HCN(g)+6H_2O(g)$$

如果反应物和产物的体积是在相同温度和相同压力下测定的。计算：(1)与 3.0L CH_4 反应需要氨的体积；(2)与 3.0 L CH_4 反应需要氧气的体积；(3)当 3.0 L CH_4 完全反应后，生成的 HCN(g) 和 H_2O(g) 的体积。

解：由于是在相同温度和压力条件下测定的，所以其体积之比与其物质的量之比相同。即

$$(1)V(NH_3)=\frac{n(NH_3)}{n(CH_4)}V(CH_4)=\frac{2}{2}\times3.0\ \text{L}=3.0\ \text{L}$$

$$(2)V(O_2)=\frac{n(O_2)}{n(CH_4)}V(CH_4)=\frac{3}{2}\times3.0\ \text{L}=4.5\ \text{L}$$

$$(3)V(HCN)=\frac{n(HCN)}{n(CH_4)}V(CH_4)=\frac{2}{2}\times3.0\ \text{L}=3.0\ \text{L}$$

$$V(H_2O)=\frac{n(H_2O)}{n(CH_4)}V(CH_4)=\frac{6}{2}\times3.0\ \text{L}=9.0\ \text{L}$$

9. 为了行车安全，可在汽车上装备气袋，以便必要时保护司机和乘客。这种气袋是用氮气充填的，所用氮气是由叠氮化钠(NaN_3，s)与三氧化二铁在火花的引发下反应生成的(其他产物还有氧化钠和铁)。

(1)写出该反应方程式并配平之；

(2)在 25 ℃，99 kPa(748 mmHg)下，要产生 75.0 L 的 N_2 需要叠氮化钠的质量是多少？

解：(1)根据题中所给出的产物和生成物，可得方程

$$6NaN_3(s)+Fe_2O_3(s)\longrightarrow3Na_2O(s)+2Fe(s)+9N_2(g)$$

(2)所需氮气的物质的量为

$$n(N_2)=\frac{pV}{RT}=\frac{99\ \text{kPa}\times75.0\ \text{L}}{8.314\ \text{J}\cdot\text{mol}^{-1}\cdot\text{K}^{-1}\times298.15\ \text{K}}=3.0\ \text{mol}$$

由反应可知，氮的来源全部为 NaN_3，则根据氮守恒，需 NaN_3 的物质的量为

$$n(NaN_3)=\frac{3.0\ \text{mol}\times6}{9}=2.0\ \text{mol}$$

需 NaN_3 的质量为

$$m(NaN_3)=n(NaN_3)\times M(NaN_3)=2.0\ \text{mol}\times65\ \text{g}\cdot\text{mol}^{-1}=130\ \text{g}$$

10. 一个人每天呼出的 CO_2 相当于标准状况下的 5.8×10^2 L。在空间站的密闭舱中，宇航员呼出的 CO_2 用 LiOH(s) 吸收。写出该反应方程式，并计算每个宇航员每天需要 LiOH 的质量。

解：反应方程式为 $2LiOH+CO_2\longrightarrow Li_2CO_3+H_2O$，则根据题意可得

$$n(CO_2)=\frac{V(CO_2)}{22.4\ \text{L}\cdot\text{mol}^{-1}}=26\ \text{mol}$$

由方程式的系数比，可知$\frac{n(\text{LiOH})}{n(\text{CO}_2)}=\frac{2}{1}=2$，故$n(\text{LiOH})=2n(\text{CO}_2)=52\ \text{mol}$。

因此所需 LiOH 的质量为

$$m(\text{LiOH})=n\times M=52\ \text{mol}\times 24\ \text{g}\cdot\text{mol}^{-1}=1248\ \text{g}$$

11. 地球上物体的逃逸速度为 11.2 km · s^{-1}。计算 He，Ar，Xe 在 2000 K 的方均根速度。由计算结果可帮助你了解为什么大气中 He 的丰度(含量)最小。

解：根据题意可得，$M(\text{He})=4.0026\ \text{g}\cdot\text{mol}^{-1}$，$M(\text{Ar})=39.948\ \text{g}\cdot\text{mol}^{-1}$，$M(\text{Xe})=131.29\ \text{g}\cdot\text{mol}^{-1}$，则

$$v_{\text{rms}}(\text{He})=\sqrt{\frac{3RT}{M(\text{He})}}=\sqrt{\frac{3\times 8.314\ \text{J}\cdot\text{mol}^{-1}\cdot\text{K}^{-1}\times 2000\ \text{K}}{4.0026\times 10^{-3}\text{kg}\cdot\text{mol}^{-1}}}=3.530\ \text{km}\cdot\text{s}^{-1}$$

同理可得：

$$v_{\text{rms}}(\text{Ar})=\sqrt{\frac{M(\text{He})}{M(\text{Ar})}}v_{\text{rms}}(\text{He})=\sqrt{\frac{4.0026}{39.948}}\times 3.530\ \text{km}\cdot\text{s}^{-1}=1.117\ \text{km}\cdot\text{s}^{-1}$$

$$v_{\text{rms}}(\text{Xe})=\sqrt{\frac{4.0026}{131.29}}\times 3.530\ \text{km}\cdot\text{s}^{-1}=0.616\ \text{km}\cdot\text{s}^{-1}$$

由于$v_{\text{rms}}(\text{He})$最大，所以逃离了地球的氦比较多，其丰度最小。但元素在地壳中的丰度不仅仅决定于逃逸速度，还与物质衰变等因素有关。

12. 在容积为 40.0 L 氧气钢瓶中充有 8.00 kg 的氧，温度为 25 ℃。

(1)按理想气体状态方程计算钢瓶中氧的压力；

(2)再根据 van der Waals 方程计算氧的压力；

(3)确定两者的相对偏差。

解：$n(\text{O}_2)=\frac{m(\text{O}_2)}{M(\text{O}_2)}=\frac{8.0\times 10^3\ \text{g}}{32\ \text{g}\cdot\text{mol}^{-1}}=250\ \text{mol}$

(1)$p_1=\frac{nRT}{V}=\frac{250\ \text{mol}\times 8.314\ \text{J}\cdot\text{mol}^{-1}\cdot\text{K}^{-1}\times 298\ \text{K}}{40.0\ \text{L}}=1.55\times 10^4\ \text{kPa}$

(2)查教材得氧的 van der Waals 常量

$a=0.1378\ \text{Pa}\cdot\text{m}^6\cdot\text{mol}^{-2}=0.1378\times 10^3\ \text{kPa}\cdot\text{L}^2\cdot\text{mol}^{-2}$

$b=0.3183\times 10^{-4}\text{m}^3\cdot\text{mol}^{-1}=0.03183\ \text{L}\cdot\text{mol}^{-1}$

则根据 van der Waals 方程

$$\left(p+a\frac{n^2}{V^2}\right)(V-nb)=nRT$$

代入相关数据，解得

$$\begin{aligned}p&=\left[\frac{250\ \text{mol}\times 8.314\ \text{J}\cdot\text{mol}^{-1}\cdot\text{K}^{-1}\times 298\ \text{K}}{40.0\ \text{L}-250\ \text{mol}\times 0.03183\ \text{L}\cdot\text{mol}^{-1}}\right]-\\&\quad\left[\frac{0.1378\times 10^3\ \text{kPa}\cdot\text{L}^2\cdot\text{mol}^{-2}\times(250\ \text{mol})^2}{(40.0\ \text{L})^2}\right]\\&=1.40\times 10^4\ \text{kPa}\end{aligned}$$

(3)相对偏差：$d_{\text{r}}=\frac{1.55\times 10^4-1.40\times 10^4}{1.40\times 10^4}\times 100\%=11\%$。

13. 不查表，确定下列气体 H_2，N_2，CH_4，C_2H_6 和 C_3H_8 中，其 van der Waals 常量 b 最大的是哪一种气体？

解：通常情况下，摩尔分子量越大的气体，分子的体积较大，其气体分子之间的作用力往往较大，因而 van der Waals 常量 b 较大。题给气体中，$M(C_3H_8)$最大，所以其 b 最大。

14. 比较 H_2，CO_2，N_2 和 CH_4 的 van der Waals 常量 a，预测分子间力最大的是哪一种气体。

解：四种气体中，CO_2 的分子量 $M(CO_2)$最大，a 最大，故可预测 CO_2 的分子间的作用力最大。

15. 25 ℃时水的蒸气压为 3.17 kPa，若一甘油水溶液中甘油的质量分数为 0.100，该溶液在 25 ℃时的蒸气压为多少？

解：$M(C_3H_8O_3) = 92.0\ g \cdot mol^{-1}$

甘油的摩尔分数为 $x_B = \frac{n_B}{n_{总}} = \frac{\frac{10}{92}}{\frac{10}{92} + \frac{90}{18}} = 0.021$。

由拉乌尔定律可知，该稀溶液的蒸汽压 $p = p_A^* \cdot (1 - x_B) = 3.17 \times (1 - 0.021)\ kPa = 3.10343\ kPa$。

16. 从某种植物中分离出一种未知结构的生物碱，为了测定其相对分子质量，将 19.0 g 该物质溶入 100 g 水中，测得该溶液的沸点升高了 0.060 K，凝固点降低了 0.220 K。计算该生物碱的相对分子质量。

解：设该生物碱的相对分子质量为 M。

生物碱的质量摩尔浓度 $b_B = \frac{n_B}{m_{水}} = \frac{\frac{19}{M}}{100} = \frac{19}{100M}\ mol/g$。

由于该溶液的沸点升高了 0.060 K，水的沸点为 100 ℃，水的沸点升高系数为 0.512 K · kg · mol^{-1}；则由 $\Delta T_b = k_b b_B$ 可知，$b_B = \frac{\Delta T_b}{k_b} = \frac{0.060\ K}{0.512\ K \cdot kg \cdot mol^{-1}} = \frac{19}{100M}\ mol/g$，$M = 1621.3\ g/mol$。

该生物碱的相对分子质量为 1621.3 g/mol。

17. 现有两种溶液，一种为 1.50 g 尿素 $[CO(NH_2)_2]$ 溶于 200 g 水中，另一种为 42.75 g 未知物（非电解质）溶于 1000 g 水中。这两种溶液在同一温度结冰，问未知物的摩尔质量是多少？

解：设未知物的摩尔质量为 M。

未知物的质量摩尔浓度 $b_{B_1} = \frac{n_{B_1}}{m_{水}} = \frac{\frac{42.75}{M}}{1000} = \frac{42.75}{1000M}\ mol/g$。

尿素的质量摩尔浓度 $b_{B_2} = \frac{n_{B_2}}{m_{水}} = \frac{\frac{1.5}{60}}{200}\ mol/g = 0.000125\ mol/g$。

由于这两种溶液在同一温度下结冰，则 ΔT_f 相同；且溶剂均为水，则 k_f 相同；由 $\Delta T_f = k_f b_B$ 可知，$b_{B1} = b_{B2}$。

$\therefore \frac{42.75}{1000M} = 0.000125\ mol/g$，$M = 342\ g \cdot mol^{-1}$。

18. 甘油（$C_3H_8O_3$）是一种非挥发性物质，易溶于水，若在 250 g 水中加入 40.0 g 甘

油，计算：(1)20 ℃时溶液的蒸气压；(2)溶液的凝固点；(3)溶液的沸点。

解：(1)甘油的摩尔分数 $x_B=\frac{n_B}{n_{总}}=\frac{\frac{40}{92}}{\frac{40}{92}+\frac{250}{18}}=0.0304$。

由拉乌尔定律可知，该稀溶液的蒸汽压 $p=p_A^*\cdot(1-x_B)=2.34\times(1-0.0304)\ \text{kPa}=2.269\ \text{kPa}$。

(2)甘油的质量摩尔浓度 $b_B=\frac{n_B}{m_{水}}=\frac{\frac{40}{92}}{250\times10^{-3}}\ \text{mol/kg}=1.74\ \text{mol/kg}$

甘油为非电解质，其溶液的凝固点降低为 $\Delta T_f=T_f^*-T_f=k_f b_B=1.86\times1.74\ \text{K}=3.24\ \text{K}$。

溶液的凝固点为 $T_f=T_f^*-\Delta T_f=(273.15-3.24)\ \text{K}=269.91\ \text{K}$。

(3)甘油的质量摩尔浓度

$$b_B=\frac{n_B}{m_{水}}=\frac{\frac{40}{92}}{250\times10^{-3}}\ \text{mol/kg}=1.74\ \text{mol/kg}$$

甘油为非电解质，其溶液的沸点升高为

$$\Delta T_f=T_b-T_b^*=k_b b_B=0.512\times1.74\ \text{K}=0.891\ \text{K}$$

溶液的沸点为

$$T_b=(373.15+0.891)\ \text{K}=374.041\ \text{K}$$

19. 人体血液凝固点为 −0.56 ℃，求 37 ℃时人体血液的渗透压。(已知水的 $k_f=1.86$ K · kg · mol^{-1})

解：由于血液的凝固点降低值为 $\Delta T_f=0.56$ K。

∴ $\Delta T_f=k_f b_B=1.86\ \text{K}\cdot\text{kg}\cdot\text{mol}^{-1}\times b_B=0.56\ \text{K}$，$b_B=0.301\ \text{mol/kg}$。

血液中溶质的物质的量浓度 c_B 很小，故 $b_B=c_B$。

37 ℃时人体血液的渗透压为 $\Pi=b_BRT=0.301\times8.314\times310.15\ \text{kPa}=776.15\ \text{kPa}$。

20. 将 5.0 g 鸡蛋白溶于水配制成 1.0 L 溶液，25 ℃时测得溶液的渗透压为 306 Pa，计算鸡蛋白的相对分子质量。

解：设鸡蛋白的相对分子质量为 M。

鸡蛋白物质的量浓度为 $c_B=\frac{n_B}{V_{水}}=\frac{\frac{5}{M}}{1}=\frac{5}{M}\ \text{mol/L}$。

由于溶液浓度很小，故认为 $c_B\approx b_B$。

渗透压 $\Pi=b_BRT=5/M\times8.314\times298\ \text{kPa}=306\ \text{Pa}$，$M=40.48\ \text{kg/mol}$。

鸡蛋白的相对分子质量为 40.48 kg/mol。

1.3 名校考研真题详解

本章内容是为了满足一些学校和专业的需要而增加的，主要介绍了气体的相关理论知识，基本上在高校的考研试题里没有作为单独的知识点考查，而是多与其他章节知识点相结合，因此可做大概了解，但不必作为复习重点。故本部分没选用考研真题。

第2章 热化学

2.1 复习笔记

一、基本概念

1. 系统和环境

(1)定义

系统：指被研究的对象。

环境：指系统边界以外与之相关的物质世界。

(2)类别

按照系统与环境之间物质和能量传递情况的不同，系统分为三类：

①封闭系统：无物质交换，有能量交换，系统质量守恒；

②敞开系统：有物质、能量交换；

③隔离系统：无物质、能量交换。

2. 状态和状态函数

(1)状态：指系统所有宏观性质，包括物理性质和化学性质的综合表现。

(2)状态函数：描述系统热力学状态的宏观生质的物理量，如 p、V、T、U、n 等。

状态函数随系统状态改变而发生改变，其变化值仅与系统的始终态相关，与系统所经历的途径无关。

【注意】状态函数的变化值并不是状态函数。

3. 过程和途径

常涉及到的 pVT 过程分为定温过程($T_{始}=T=T_{终}$，T 恒定)、定压过程($p_{始}=p=p_{终}$，p 恒定)、定容过程($\Delta V=0$)和循环过程(始态和终态相同)。

4. 相

系统中物化性质完全相同且与其他部分有明显分界的均匀部分称为相。

5. 化学反应计量式和反应进度

(1)化学反应计量式(化学反应方程式)

①定义

依据质量守恒定律，用规定的化学式和化学符号表示化学反应的式子。

②化学反应方程式书写原则

a. 根据反应方向和事实，写出反应物和产物的化学式；

b. 根据原子守恒、电荷守恒配平化学式；

c. 标注物质状态(g，l，s，aq)。

(2)反应进度(ξ)

$$\xi=\frac{n_B(\xi)-n_B(0)}{\nu_B}$$

式中，$n_B(\xi)$代表反应进度为 ξ 时 B 的物质的量。ν_B 称为化学计量数，量纲为一，对反应物

ν_B 为负，对产物 ν_B 为正。

【注意】ξ 要与化学反应方程式严格对应，其数值与表示进度的物质 B 的选择无关。

二、热力学第一定律

1. 能量传递

(1)能量传递的形式

热和功是系统与环境之间能量传递的两种形式，能量的传递具有方向性。

(2)能量传递的过程

①热力学上规定：

a. 系统吸热，$Q>0$；系统放热，$Q<0$；

b. 环境对系统做功，$W>0$；系统对环境做功，$W<0$。

②功的分类：

a. 体积功：系统因体积变化而对抗外压所做的功；

b. 非体积功：所有其他形式的功。

(3)能量传递的特点

热力学能(内能，U)是系统所有粒子内部能量的总和。无法测定具体值，但可确定其变化量(ΔU)

能量传递特点：热和功不是状态函数，均与过程有关，而热力学能 U 是状态函数，与过程无关。

2. 热力学第一定律(能量守恒与转化定律)

(1)定义

系统的热力学能的变化等于系统与环境之间传递的热和功的总值，其数学表达式为

$$\Delta U = Q + W$$

【适用条件】封闭系统。

(2)应用

隔离系统的过程：$Q=0$，$W=0$，$\Delta U=0$。

循环过程：$\Delta U=0$。

三、焓与焓变

1. 化学反应热的定义

化学反应中生成物的温度与反应物的起始温度相同，且反应过程中系统只对抗外压做体积功时，化学反应所吸收或放出的热量称为化学反应热。反应热与系统的组成、状态以及反应条件有关。

2. 反应热的种类

(1)定容反应热 Q_V

定容反应热 Q_V：封闭系统中，定容且体积功和非体积功均为零时的反应热。

在封闭系统中，$\Delta V=0$，$W=0$，非体积功为零，则体系吸收的热量全部用来改变体系的内能，即

$$Q_V = \Delta U$$

反应的定容反应热可以用弹式热量计测量。

(2)定压反应热 Q_p

①焓的定义

$$H = U + pV$$

式中，U、p、V、H 均是状态函数，焓(H)与热力学能的单位相同，其绝对值也不能测定。

②热化学方程式

定压反应热 Q_p：封闭系统中，系统压力与环境压力相等时的反应热。

在定压和不做非体积功的过程中，封闭系统从环境所吸收的热等于系统焓的增加，即

$$Q_p = \Delta H$$

规定：吸热反应，$\Delta H > 0$；放热反应，$\Delta H < 0$。

焓变 ΔH 的单位为 $J \cdot mol^{-1}$ 或 $kJ \cdot mol^{-1}$。

反应的定压反应热可以用杯式热量计测量。

3. $\Delta_r U_m$ 和 $\Delta_r H_m$ 的关系

摩尔热力学能变 $\Delta_r U_m$：$\Delta_r U_m = \dfrac{\Delta U}{\Delta \xi} = \dfrac{\nu_B \Delta U}{\Delta n_B}$。

反应的摩尔焓变 $\Delta_r H_m$：$\Delta_r H_m = \dfrac{\Delta H}{\Delta \xi} = \dfrac{\nu_B \Delta H}{\Delta n_B}$。

二者关系为

$$\Delta_r H_m = \Delta_r U_m + \sum_B \nu_{B(g)} RT$$

四、热化学方程式

1. 标准状态

气体的标准状态：$p = p^{\ominus}$。混合气体中某组分的标准态是指该组分单独存在且分压为 $p^{\ominus}$ 时的状态。

液体或固体的标准状态：温度为 T，$p = p^{\ominus}$。

液体溶液中溶剂和溶质的标准态：$p = p^{\ominus}$，$b_B = b^{\ominus} = 1\ mol \cdot kg^{-1}$，且表现出无限稀释溶液特性时溶质的假想状态。溶液浓度较小时，$b^{\ominus} \approx c^{\ominus} = 1\ mol \cdot L^{-1}$。

2. 热化学方程式

(1)定义

表示化学反应与反应标准摩尔焓变 $\Delta_r H_m^{\ominus}$ 关系的化学方程式。

(2)书写

书写热化学方程式时应注意下列几点：

①必须注明反应的温度 T，反应温度不同，反应热不同；

②必须注明反应物和生成物的聚集状态：固体(s)，液态(l)和气态(g)，化学反应计量式中各物质的聚集态不同，反应热不同；

③必须注明固体物质的晶型，例如：碳有石墨、金刚石、无定形等晶型；

④必须对化学方程式进行正确配平；

⑤注明反应热大小单位为 $kJ \cdot mol^{-1}$ 或 $J \cdot mol^{-1}$，同一反应以不同计量数书写时，其反应热效应数据不同。

【注意】

①如反应只有固、液态物质参加，ΔV 很小，$\Delta H \approx \Delta U$；

②有气态物质参加反应时，$p\Delta V=\Delta nRT$，此项数值也较小，$\Delta H\approx\Delta U$。

五、标准摩尔生成焓和标准摩尔燃烧焓

1. 标准摩尔生成焓

定义：温度 T 时，参考态的单质生成物质 $B(\nu_B=+1)$ 反应的标准摩尔焓变。

符号：$\Delta_f H_m^{\ominus}$(B，相态，T)。

单位：$kJ\cdot mol^{-1}$ 或 $J\cdot mol^{-1}$。

参考状态：单质在温度 T 和标准压力 $p^{\ominus}$ 时最稳定的状态。参考状态单质的 $\Delta_f H_m^{\ominus}$ 在任何温度下均为零。

反应的标准摩尔焓变等于产物的标准摩尔生成焓之和减去反应物的标准摩尔生成焓之和，即

$$\Delta_r H_m^{\ominus}(T)=\sum\nu_B\Delta_f H_m^{\ominus}(\text{B，相态，}T)$$

各种物质的 $\Delta_f H_m^{\ominus}$ 多数小于零。

2. 标准摩尔燃烧焓

定义：温度 T 时，物质 $B(\nu_B=-1)$ 完全氧化成相同温度下指定产物时反应的标准摩尔焓变。

符号：$\Delta_c H_m^{\ominus}$(B，相态，T)。

单位：$kJ\cdot mol^{-1}$ 或 $J\cdot mol^{-1}$。

指定产物：C、H 元素完全氧化的指定产物分别是 $CO_2(g)$ 和 $H_2O(l)$。

反应的标准摩尔焓变等于反应物的标准摩尔燃烧焓之和减去产物的标准摩尔燃烧焓之和，即

$$\Delta_r H_m^{\ominus}(T)=-\sum\nu_B\Delta_c H_m^{\ominus}(\text{B，相态，}T)$$

六、Hess 定律

1. Hess 定律

一个化学反应不管是一步完成还是分多步完成，该反应的焓变都是相同的。

某反应的 $\Delta_r H_m^{\ominus}$(正)与其逆反应的 $\Delta_r H_m^{\ominus}$(逆)，数值相等，符号相反，即

$$\Delta_r H_m^{\ominus}(\text{正})=-\Delta_r H_m^{\ominus}(\text{逆})$$

2. Hess 定律的实质

化学反应焓变只与始态和终态有关，而与变化的途径无关。总反应的焓变等于各分步反应的焓变之和。即

$$\Delta_r H_m^{\ominus}=\sum\Delta_r H_m^{\ominus}(i)$$

2.2 课后习题详解

1. 在带有活塞的气缸中充有空气和汽油蒸气的混合物，气缸最初体积为 40.0 cm^3。如果该混合物燃烧放出 950.0 J 的热，在 86.4 kPa 的定压下，气体膨胀，燃烧所放出的热全部转化为推动活塞做功。计算膨胀后气体的体积。

解：由于燃烧所放出的热全部转化为功，$\Delta U=0$，则 $W=-Q=-950$ J，定压膨胀过程系统对环境所做的功为 $W=-p_{ex}(V_2-V_1)$，则

$$V_2=\frac{-W}{p_{ex}}+V_1=-\frac{-950\text{J}}{8.64\times10^4\text{Pa}}+40\times10^{-6}\text{m}^3=0.011\ \text{m}^3=11\ \text{L}$$

2. 在 0 ℃，101.325 kPa 下，氦气球体积为 875 L，$n(\mathrm{He})$ 为多少？当 38.0 ℃，气球体积在定压下膨胀至 997 L。计算这一过程中系统的 Q，W 和 ΔU（氦的摩尔定压热容 $C_{p,m}$ 是 $20.8\ \mathrm{J\cdot K^{-1}\cdot mol^{-1}}$。

解：根据题意可知，$T_1=273.15\ \mathrm{K}$，$V_1=875\ \mathrm{L}$，$T_2=311.15\ \mathrm{K}$，$V_2=997\ \mathrm{L}$，$p_1=p_2=p_{ex}=101.325\ \mathrm{kPa}$，则

$$n(\mathrm{He})=\frac{p_1V_1}{RT_1}=\frac{101.325\ \mathrm{kPa}\times 875\ \mathrm{L}}{8.314\ \mathrm{J\cdot mol^{-1}\cdot K^{-1}}\times 273.15\ \mathrm{K}}=39.0\ \mathrm{mol}$$

气体在定压下膨胀所做的体积功为

$$W=-p_{ex}(V_2-V_1)=-101.325\ \mathrm{kPa}\times(997-875)\ \mathrm{L}=-12.4\ \mathrm{kJ}$$

定压过程系统所吸收的热为

$$\begin{aligned}Q&=n(\mathrm{He})C_{p,m}(\mathrm{He})(T_2-T_1)\\&=39.0\ \mathrm{mol}\times 20.8\ \mathrm{J\cdot K^{-1}\cdot mol^{-1}}\times(311.15-273.15)\ \mathrm{K}=30.8\ \mathrm{kJ}\end{aligned}$$

此系统为封闭系统，其热力学能的变化为

$$\Delta U=Q+W=(30.8-12.4)\ \mathrm{kJ}=18.4\ \mathrm{kJ}。$$

3. 在 25 ℃时，将 0.92 g 甲苯置于一含有足够 O_2 的绝热刚性密闭容器中燃烧，最终产物为 25 ℃的 CO_2 和液态水，过程放热 39.43 kJ，试求下列反应的标准摩尔焓变。

$$\mathbf{C_7H_8(l)+9O_2(g)\longrightarrow 7CO_2(g)+4H_2O(l)}$$

解：根据题意可知，$M(C_7H_8)=92\ \mathrm{g\cdot mol^{-1}}$，则 C_7H_8 的物质的量为

$$n(C_7H_8)=\frac{m(C_7H_8)}{M(C_7H_8)}=\frac{0.92\ \mathrm{g}}{92\ \mathrm{g\cdot mol^{-1}}}=0.010\ \mathrm{mol}$$

$$\Delta_r U_m=-39.43\ \mathrm{kJ}/0.010\ \mathrm{mol}=-3943\ \mathrm{kJ\cdot mol^{-1}}$$

$$\begin{aligned}\Delta_r H_m&=\Delta_r U_m+\sum\nu_B(g)RT\\&=(-3943-2\times 8.314\times 298.15\times 10^{-3})\ \mathrm{kJ\cdot mol^{-1}}\\&=-3948\ \mathrm{kJ\cdot mol^{-1}}\end{aligned}$$

忽略压力的影响，则有 $\Delta_r H_m^{\ominus}=\Delta_r H_m=-3948\ \mathrm{kJ\cdot mol^{-1}}$。

4. 写出与 $NaCl(s)$，$H_2O(l)$，$C_6H_{12}O_6(s)$，$PbSO_4(s)$ 的标准摩尔生成焓相对应的生成反应方程式。

解：因为是由稳定态单质而生成的生成反应，所以与上述几种化合物的标准摩尔生成焓相对应的生成反应为

$$\mathrm{Na(s,\ 298.15\ K,\ }p^{\ominus})+\frac{1}{2}\mathrm{Cl_2(g,\ 298.15\ K,\ }p^{\ominus})\longrightarrow \mathrm{NaCl(s,\ 298.15\ K,\ }p^{\ominus})$$

$$\mathrm{H_2(g,\ 298.15\ K,\ }p^{\ominus})+\frac{1}{2}\mathrm{O_2(g,\ 298.15\ K,\ }p^{\ominus})\longrightarrow \mathrm{H_2O(l,\ 298.15\ K,\ }p^{\ominus})$$

$$6\mathrm{C(石墨,\ 298.15\ K,\ }p^{\ominus})+6\mathrm{H_2(g,\ 298.15\ K,\ }p^{\ominus})+3\mathrm{O_2(g,\ 298.15\ K,\ }p^{\ominus})\longrightarrow \mathrm{C_6H_{12}O_6(s,\ 298.15\ K,\ }p^{\ominus})$$

$$\mathrm{Pb(s,\ 298.15\ K,\ }p^{\ominus})+\mathrm{S(s,\ 298.15\ K,\ }p^{\ominus})+2\mathrm{O_2(g,\ 298.15\ K,\ }p^{\ominus})\longrightarrow \mathrm{PbSO_4(s,\ 298.15\ K,\ }p^{\ominus})$$

5. 航天飞机的可再用火箭助推器使用了金属铝和高氯酸铵为燃料。有关反应为

$$\mathbf{3Al(s)+3NH_4ClO_4(s)\longrightarrow Al_2O_3(s)+AlCl_3(s)+3NO(g)+6H_2O(g)}$$

计算该反应的焓变 $\Delta_r H_m^\ominus(298\ K)$。

解： 由标准摩尔生成焓得到的反应焓为

$$\Delta_r H_m^\ominus = \sum_B \nu_B \Delta_f H_m^\ominus(B,\ 相态,\ 298\ K)$$

$$= [-1632 + (-704.2) + 3\times 90.25 + 6\times(-241.82) - 3\times(-295.31)]\ kJ\cdot mol^{-1}$$

$$= -2630\ kJ\cdot mol^{-1}$$

6. 在大气中可以发生下列反应：

(1) $C_2H_4(g) + O_3(g) \longrightarrow CH_3CHO(g) + O_2(g)$

(2) $O_3(g) + NO(g) \longrightarrow NO_2(g) + O_2(g)$

(3) $SO_3(g) + H_2O(l) \longrightarrow H_2SO_4(aq)$

(4) $2NO(g) + O_2 \longrightarrow 2NO_2(g)$

计算上述各反应的 $\Delta_r H_m^\ominus(298\ K)$。

解： $\Delta_r H_m^\ominus(298\ K) = \sum_B \nu_B \Delta_f H_m^\ominus(B, 相态, 298\ K)$

(1)查热力学数据得

$$\Delta_r H_m^\ominus(298\ K) = \sum_B \nu_B \Delta_f H_m^\ominus(B, 相态, 298\ K)$$

$$= (-166.19 - 142.7 - 52.26)\ kJ\cdot mol^{-1} = -361.2\ kJ\cdot mol^{-1}$$

(2)查热力学数据得

$$\Delta_r H_m^\ominus(298\ K) = \sum_B \nu_B \Delta_f H_m^\ominus(B, 相态, 298\ K)$$

$$= (33.18 - 142.7 - 90.25)\ kJ\cdot mol^{-1} = -199.8\ kJ\cdot mol^{-1}$$

(3)查热力学数据得

$$\Delta_r H_m^\ominus(298\ K) = \sum_B \nu_B \Delta_f H_m^\ominus(B,\ 相态,\ 298\ K)$$

$$= [(-909.27) - (-395.72) - (-285.83)]\ kJ\cdot mol^{-1}$$

$$= -227.72\ kJ\cdot mol^{-1}$$

(4)查热力学数据得

$$\Delta_r H_m^\ominus(298\ K) = \sum_B \nu_B \Delta_f H_m^\ominus(B, 相态, 298\ K)$$

$$= (2\times 33.18 - 2\times 90.25)\ kJ\cdot mol^{-1} = -114.14\ kJ\cdot mol^{-1}$$

7. 用 $\Delta_f H_m^\ominus$ 数据计算下列反应的 $\Delta_r H_m^\ominus$。

(1) $4Na(s) + O_2(g) \longrightarrow 2Na_2O(s)$

(2) $2Na(s) + 2H_2O(l) \longrightarrow 2NaOH(aq) + H_2(g)$

(3) $2Na(s) + CO_2(g) \longrightarrow Na_2O(s) + CO(g)$

根据计算结果说明，金属钠着火时，为什么不能用水或二氧化碳灭火剂来扑救。

解： (1)查热力学数据得

$$\Delta_r H_m^\ominus(298\ K) = \sum_B \nu_B \Delta_f H_m^\ominus(B, 相态, 298\ K)$$

$$= 2\times(-414.22)\ kJ\cdot mol^{-1} = -828.44\ kJ\cdot mol^{-1}$$

(2)查热力学数据得

$$\Delta_r H_m^{\ominus}(298\ K) = \sum_B \upsilon_B \Delta_f H_m^{\ominus}(B,相态,298\ K)$$

$$= [2\times(-470.114) - 2\times(-285.830)]\ kJ\cdot mol^{-1} = -368.568\ kJ\cdot mol^{-1}$$

(3)查热力学数据得

$$\Delta_r H_m^{\ominus}(298\ K) = \sum_B \upsilon_B \Delta_f H_m^{\ominus}(B,相态,298\ K)$$

$$= [-414.22 + (-110.525) - (-393.509)]\ kJ\cdot mol^{-1} = -131.24\ kJ\cdot mol^{-1}$$

金属钠与水或二氧化碳反应剧烈，会产生爆炸，危害更大。

8. 已知下列热化学反应方程式：

(1) $C_2H_2(g) + 5/2O_2(g) \longrightarrow 2CO_2(g) + H_2O(l)$；　$\Delta_r H_m^{\ominus}(1) = -1300\ kJ\cdot mol^{-1}$

(2) $C(s) + O_2(g) \longrightarrow CO_2(g)$；　$\Delta_r H_m^{\ominus}(2) = -394\ kJ\cdot mol^{-1}$

(3) $H_2(g) + 1/2O_2(g) \longrightarrow H_2O(l)$　$\Delta_r H_m^{\ominus}(3) = -286\ kJ\cdot mol^{-1}$

计算 $\Delta_f H_m^{\ominus}(C_2H_2,g)$。

解：由反应方程式(3) + 2 × (2) − (1)，可得

$$2C(s) + H_2(g) \longrightarrow C_2H_2(g)$$

则
$$\Delta_r H_m^{\ominus} = \Delta_r H_m^{\ominus}(3) + 2\Delta_r H_m^{\ominus}(2) - \Delta_r H_m^{\ominus}(1)$$

又因为此反应的 $\Delta_r H_m^{\ominus} = \Delta_f H_m^{\ominus}(C_2H_2,g)$，所以

$$\Delta_f H_m^{\ominus}(C_2H_2,g) = [-286 + 2\times(-394) - (-1300)]\ kJ\cdot mol^{-1} = 226\ kJ\cdot mol^{-1}$$

9. 有一种甲虫，名为投弹手，它能用由尾部喷射出来爆炸性排泄物的方法作为防卫措施，所涉及的化学反应是氢醌被过氧化氢氧化生成醌和水：

$$C_6H_4(OH)_2(aq) + H_2O_2(aq) \longrightarrow C_6H_4O_2(aq) + 2H_2O(l)$$

根据下列热化学方程式计算该反应的 $\Delta_r H_m^{\ominus}$

(1) $C_6H_4(OH)_2(aq) \longrightarrow C_6H_4O_2(aq) + H_2(g)$；　$\Delta_r H_m^{\ominus}(1) = 177.4\ kJ\cdot mol^{-1}$

(2) $H_2(g) + O_2(g) \longrightarrow H_2O_2(aq)$；　$\Delta_r H_m^{\ominus}(2) = -191.2\ kJ\cdot mol^{-1}$

(3) $H_2(g) + 1/2O_2(g) \longrightarrow H_2O(g)$；　$\Delta_r H_m^{\ominus}(3) = -241.8\ kJ\cdot mol^{-1}$

(4) $H_2O(g) \longrightarrow H_2O(l)$；　$\Delta_r H_m^{\ominus}(4) = -44.0\ kJ\cdot mol^{-1}$

解：由反应方程式(1) − (2) + 2 × (3) + 2 × (4)，可得

$$C_6H_4(OH)_2(aq) + H_2O_2(aq) \longrightarrow C_6H_4O_2(aq) + 2H_2O(l)$$

则

$$\Delta_r H_m^{\ominus} = \Delta_r H_m^{\ominus}(1) - \Delta_r H_m^{\ominus}(2) + 2\Delta_r H_m^{\ominus}(3) + 2\Delta_r H_m^{\ominus}(4)$$

$$= [177.4 - (-191.2) + 2\times(-241.8) + 2\times(-44)]\ kJ\cdot mol^{-1}$$

$$= -203\ kJ\cdot mol^{-1}$$

10. 已知 298 K 下，下列热化学方程式：

(1) $C(s) + O_2(g) \longrightarrow CO_2(g)$；　$\Delta_r H_m^{\ominus}(1) = -393.51\ kJ\cdot mol^{-1}$

(2) $2H_2(g) + O_2(g) \longrightarrow 2H_2O(l)$；　$\Delta_r H_m^{\ominus}(2) = -571.66\ kJ\cdot mol^{-1}$

(3) $CH_3CH_2CH_3(g) + 5O_2(g) \longrightarrow 3CO_2(g) + 4H_2O(l)$；　$\Delta_r H_m^{\ominus}(3) = -2220\ kJ\cdot mol^{-1}$

仅由这些热化学方程式确定 298 K 下 $\Delta_c H_m^{\ominus}(CH_3CH_2CH_3,g)$，并用多种方法计算 298 K 下的 $\Delta_f H_m^{\ominus}(CH_3CH_2CH_3,g)$。

解：由反应方程式(3)即 $CH_3CH_2CH_3(g)$的燃烧反应，可得

$$\Delta_c H_m^\ominus(CH_3CH_2CH_3,\ g)=\Delta_r H_m^\ominus(3)=-2220\ kJ\cdot mol^{-1}$$

由反应方程式(1)×3+2×(2)−(3)，可得

$$3C(s)+4H_2(g)\longrightarrow CH_3CH_2CH_3(g)$$

即 $CH_3CH_2CH_3(g)$的生成反应，故

$$\begin{aligned}\Delta_f H_m^\ominus(CH_3CH_2CH_3,\ g)&=\Delta_r H_m^\ominus=3\Delta_r H_m^\ominus(1)+2\Delta_r H_m^\ominus(2)-\Delta_r H_m^\ominus(3)\\&=[3\times(-393.51)+2\times(-571.66)-(-2220)]\ kJ\cdot mol^{-1}\\&=-104\ kJ\cdot mol^{-1}\end{aligned}$$

$\Delta_f H_m^\ominus(CH_3CH_2CH_3,\ g)$还可以由方程(3)的标准摩尔焓得到

$$\Delta_r H_m^\ominus(3)=3\Delta_f H_m^\ominus(CO_2,\ g)+4\Delta_f H_m^\ominus(H_2O,\ g)-\Delta_f H_m^\ominus(CH_3CH_2CH_3,\ g)$$

即 $\Delta_f H_m^\ominus(CH_3CH_2CH_3,\ g)=3\Delta_f H_m^\ominus(CO_2,\ g)+4\Delta_f H_m^\ominus(H_2O,\ g)-\Delta_r H_m^\ominus(3)$

$$=3\Delta_r H_m^\ominus(1)+4\times\frac{1}{2}\Delta_r H_m^\ominus(2)-\Delta_r H_m^\ominus(3)=-104\ kJ\cdot mol^{-1}。$$

11. 已知：(1) $S(单斜,\ s)+O_2(g)\longrightarrow SO_2(g)$；　$\Delta_r H_m^\ominus(1)=-297.16\ kJ\cdot mol^{-1}$

(2) $S(正交,\ s)+O_2(g)\longrightarrow SO_2(g)$；　$\Delta_r H_m^\ominus(2)=-296.83\ kJ\cdot mol^{-1}$

计算 $S(单斜,\ s)\longrightarrow S(正交,\ s)$的 $\Delta_r H_m^\ominus$，并判断单斜硫和正交硫何者更稳定。

解：由反应方程式(1)−(2)，可得

$$S(单斜,\ s)\longrightarrow S(正交,\ s)$$

$$\begin{aligned}\Delta_r H_m^\ominus&=\Delta_r H_m^\ominus(1)-\Delta_r H_m^\ominus(2)\\&=[-297.16-(-296.83)]\ kJ\cdot mol^{-1}=-0.33\ kJ\cdot mol^{-1}\end{aligned}$$

所以正交硫比单斜硫要更稳定一些。

12. 通常，元素锌以闪锌矿(ZnS)的形式存在于自然界。在火法冶炼锌的生产中，ZnS 经过焙烧，其反应为：$2ZnS(s)+3O_2(g)\longrightarrow 2ZnO(s)+2SO_2(g)$。

(1)用 $\Delta_f H_m^\ominus$ 计算该反应的 $\Delta_r H_m^\ominus$；

(2) 1.00×10^3 kg ZnS 在定压下焙烧放出多少热？

解：(1)由反应方程式

$$2ZnS(s)+3O_2(g)\longrightarrow 2ZnO(s)+2SO_2(g)$$

查阅相关热力学数据得

$$\begin{aligned}\Delta_r H_m^\ominus&=2\Delta_f H_m^\ominus(ZnO,\ s)+2\Delta_f H_m^\ominus(SO_2,\ g)-2\Delta_f H_m^\ominus(ZnS,\ s)\\&=[2\times(-348.28)+2\times(-296.830)-2\times(-205.98)]\ kJ\cdot mol^{-1}\\&=-878.26\ kJ\cdot mol^{-1}\end{aligned}$$

(2)反应的进度为

$$\xi=\frac{\Delta n(ZnS)}{v(ZnS)}=\frac{m(ZnS)}{M(ZnS)\nu(ZnS)}=\frac{1.00\times10^3\ kg}{97.46\ g\cdot mol^{-1}\times2}=5.13\times10^3\ mol$$

由定压焙烧知 $Q_p=\Delta H$。

则放出的热量为

$$Q_p=\Delta H=\xi\Delta_r H_m^\ominus=5.13\times10^3\ mol\times(-878.26\ kJ\cdot mol^{-1})=-4.51\times10^6\ kJ$$

13. 半导体工业生产单质硅的过程中有三个重要反应：

(1)二氧化硅被还原为粗硅：$SiO_2(s)+2C(s)\longrightarrow Si(s)+2CO(g)$

(2)硅被氯氧化生成四氯化硅：$Si(s)+2Cl_2(g)\longrightarrow SiCl_4(g)$

(3)四氯化硅被镁还原生成纯硅：$SiCl_4(g)+2Mg(s)\longrightarrow 2MgCl_2(s)+Si(s)$

计算上述各反应的 $\Delta_r H_m^{\ominus}$ 和生产 1.00 kg 纯硅的总反应热。

解：(1)根据 $\Delta_r H_m^{\ominus}(1)=\sum_B \nu_B \Delta_f H_m^{\ominus}(B，相态)$，可得反应的 $\Delta_r H_m^{\ominus}$ 为

$$\Delta_r H_m^{\ominus}(1)=[2\times(-110.525)-(-903.49)]\ kJ\cdot mol^{-1}=682.44\ kJ\cdot mol^{-1}$$

(2)同理可得 $\Delta_r H_m^{\ominus}(2)=\Delta_f H_m^{\ominus}(SiCl_4，g)=-657.01\ kJ\cdot mol^{-1}$。

(3)同理可得 $\Delta_r H_m^{\ominus}(3)=[2\times(-641.32)-(-657.01)]\ kJ\cdot mol^{-1}=-625.63\ kJ\cdot mol^{-1}$。

将三个反应式相加，可得

$$SiO_2(s)+2C(s)+2Cl_2(g)+2Mg(s)\longrightarrow Si(s)+2MgCl_2(s)+2CO(g)$$

则反应焓为

$$\begin{aligned}\Delta_r H_m^{\ominus}&=\Delta_r H_m^{\ominus}(1)+\Delta_r H_m^{\ominus}(2)+\Delta_r H_m^{\ominus}(3)\\&=[682.44-657.01-625.63]\ kJ\cdot mol^{-1}\\&=-600.20\ kJ\cdot mol^{-1}\end{aligned}$$

已知硅的摩尔质量为 $M_r(Si)=28.086\ g\cdot mol^{-1}$

则物质的量为

$$n(Si)=\frac{1.00\times10^3\ g}{28.086\ g\cdot mol^{-1}}=35.6\ mol$$

所以生产 1.00 kg 的纯硅的总反应热为

$$\Delta_r H^{\ominus}=35.6\ mol\times(-600.2)\ kJ\cdot mol^{-1}=-2.14\times10^4\ kJ$$

14. 联氨(N_2H_4)和二甲基联氨[$N_2H_2(CH_3)_2$]均易与氧气反应，并可用作火箭燃料。它们的燃烧反应分别为

$$N_2H_4(l)+O_2(g)\longrightarrow N_2(g)+2H_2O(g)$$

$$N_2H_2(CH_3)_2(l)+4O_2(g)\longrightarrow 2CO_2(g)+4H_2O(g)+N_2(g)$$

通过计算比较每克联氨和二甲基联氨燃烧时，何者放出的热量多(已知 $\Delta_f H_m^{\ominus}[N_2H_2(CH_3)_2，l]=42.0\ kJ\cdot mol^{-1}$，其余所需数据由附表中查出)。

解：(1)燃烧联氨反应 $N_2H_4(l)+O_2(g)\longrightarrow N_2(g)+2H_2O(g)$

则反应焓为

$$\Delta_r H_m^{\ominus}=[2\times(-241.818)-50.63]\ kJ\cdot mol^{-1}=-534.27\ kJ\cdot mol^{-1}$$

燃烧 1 g 联氨的反应进度为

$$\xi=\frac{1.000\ g}{32.05\ g\cdot mol^{-1}}=3.12\times10^{-2}\ mol$$

则反应放出的热量为

$$\Delta_r H^{\ominus}=3.12\times10^{-2}\ mol\times(-534.27)\ kJ\cdot mol^{-1}=-16.67\ kJ$$

(2)燃烧二甲基联氨反应 $N_2H_2(CH_3)_2(l)+4O_2(g)\longrightarrow 2CO_2(g)+4H_2O(g)+N_2(g)$

则反应焓为

$$\begin{aligned}\Delta_r H_m^{\ominus}&=[2\times(-393.51)+4\times(-241.818)-42.0]\ kJ\cdot mol^{-1}\\&=-1796.3\ kJ\cdot mol^{-1}\end{aligned}$$

燃烧 1 g 二甲基联氨的反应进度为

$$\xi=\frac{1.000\ g}{60.10\ g\cdot mol^{-1}}=1.663\times10^{-2}\ mol$$

则此时反应放出的热量为

$$\Delta_r H^{\ominus} = 1.663 \times 10^{-2}\ \mathrm{mol} \times (-1796.3\ \mathrm{kJ \cdot mol^{-1}}) = -29.87\ \mathrm{kJ}$$

由计算结果可知，燃烧每克二甲基联氨放出的热量多。

15. (1)写出 $H_2(g)$，$CO(g)$，$CH_3OH(l)$ 燃烧反应的热化学方程式；

(2)甲醇的合成反应为：$CO(g) + 2H_2(g) \longrightarrow CH_3OH(l)$。利用 $\Delta_c H_m^{\ominus}(CO, g)$，$\Delta_c H_m^{\ominus}(H_2, g)$，$\Delta_c H_m^{\ominus}(CH_3OH, l)$，计算该反应的 $\Delta_r H_m^{\ominus}$。

解：(1)各物质的燃烧反应的热化学方程式为

$$H_2(g) + \frac{1}{2}O_2(g) \longrightarrow H_2O(l),\quad \Delta_c H_m^{\ominus}(H_2, g) = -285.83\ \mathrm{kJ \cdot mol^{-1}}$$

$$CO(g) + \frac{1}{2}O_2(g) \longrightarrow CO_2(g),\quad \Delta_c H_m^{\ominus}(CO, g) = -282.98\ \mathrm{kJ \cdot mol^{-1}}$$

$$CH_3OH(l) + \frac{3}{2}O_2(g) \longrightarrow CO_2(g) + 2H_2O(l),\quad \Delta_c H_m^{\ominus}(CH_3OH, l) = -726.51\ \mathrm{kJ \cdot mol^{-1}}$$

(2)根据标准摩尔燃烧焓以及化学反应的标准摩尔焓变的关系，可得该反应焓为

$$\begin{aligned}\Delta_r H_m^{\ominus} &= -\sum_B \nu_B \Delta_c H_m^{\ominus}(\mathrm{B}, 相态) \\ &= -[-726.51 - (-282.98) - 2 \times (-285.83)]\ \mathrm{kJ \cdot mol^{-1}} \\ &= -128.13\ \mathrm{kJ \cdot mol^{-1}}\end{aligned}$$

16. 某天然气的组成为：$\varphi(CH_4) = 85.0\%$，$\varphi(C_2H_6) = 10.0\%$，其余为不可燃组分。写出两可燃组分的燃烧反应方程式；若气体的温度为 25 ℃，压力为 111 kPa，试计算

(1)利用 $\Delta_c H_m^{\ominus}(CH_4, g)$ 和 $\Delta_c H_m^{\ominus}(C_2H_6, g)$ 计算完全燃烧 1.00 m^3 这种天然气放出的热量；

(2)利用有关物种的 $\Delta_f H_m^{\ominus}$，计算完全燃烧 1.00 m^3 这种天然气的反应热。

解：两组分的燃烧反应方程式分别为

$$CH_4(g) + 2O_2(g) \longrightarrow CO_2(g) + 2H_2O(l),\quad \Delta_c H_m^{\ominus}(CH_4, g) = -890.36\ \mathrm{kJ \cdot mol^{-1}} \quad ①$$

$$C_2H_6(g) + \frac{7}{2}O_2(g) \longrightarrow 2CO_2(g) + 3H_2O(l),\quad \Delta_c H_m^{\ominus}(C_2H_6, g) = -1559.83\ \mathrm{kJ \cdot mol^{-1}} \quad ②$$

(1)根据分体积定律与分压定律，有

$$\frac{p_B}{p} = \frac{n_B}{n} = \varphi_B = \frac{V_B}{V}$$

在 1.00 m^3 天然气中，CH_4 的物质的量为

$$n(CH_4) = \frac{pV\varphi(CH_4)}{RT} = \frac{111\ \mathrm{kPa} \times 1.00 \times 10^3\ \mathrm{L} \times 85.0\%}{8.314\ \mathrm{J \cdot mol^{-1} \cdot K^{-1}} \times 298.15\ \mathrm{K}} = 38.1\ \mathrm{mol}$$

当其完全燃烧时，反应进度为 $\xi = 38.1$ mol，放出的热量为

$$\begin{aligned}\Delta_r H^{\ominus}(1) &= \xi \Delta_c H_m^{\ominus}(CH_4, g) \\ &= 38.1\ \mathrm{mol} \times (-890.36\ \mathrm{kJ \cdot mol^{-1}}) \\ &= -3.39 \times 10^4\ \mathrm{kJ}\end{aligned}$$

同理，在 1.00 m^3 天然气中，C_2H_6 的物质的量为

$$n(C_2H_6)=\frac{pV\varphi(C_2H_6)}{RT}$$

$$=\frac{111\ \text{kPa}\times1.00\times10^3\ \text{L}\times10.0\%}{8.314\ \text{J}\cdot\text{mol}^{-1}\cdot\text{K}^{-1}\times298.15\ \text{K}}$$

$$=4.48\ \text{mol}$$

则 4.48 mol C_2H_6 完全燃烧时，反应进度为 $\xi=4.48$ mol，放出的热量为

$$\Delta_r H^{\ominus}(2)=\xi\Delta_c H_m^{\ominus}(C_2H_6,\ g)=4.48\ \text{mol}\times(-1559.83\ \text{kJ}\cdot\text{mol}^{-1})$$

$$=-6.99\times10^3\ \text{kJ}$$

所以，1.00 m^3 天然气完全燃烧放出的热量为

$$\Delta_r H^{\ominus}=\Delta_r H^{\ominus}(1)+\Delta_r H^{\ominus}(2)$$

$$=[-3.39\times10^4+(-6.99\times10^3)]\ \text{kJ}=-4.09\times10^4\ \text{kJ}$$

(2)上述反应①的焓变为

$$\Delta_r H_m^{\ominus}(1)=\sum_B \nu_B\Delta_f H_m^{\ominus}(\text{B，相态})$$

$$=[-393.509+2\times(-285.830)-(-74.81)]\ \text{kJ}\cdot\text{mol}^{-1}=-890.36\ \text{kJ}\cdot\text{mol}^{-1}$$

即 $\Delta_r H_m^{\ominus}(1)=\Delta_c H_m^{\ominus}(CH_4,\ g)$。

上述反应②的焓变为

$$\Delta_r H_m^{\ominus}(2)=\sum_B \nu_B\Delta_f H_m^{\ominus}(\text{B,相态})$$

$$=[2\times(-393.509)+3\times(-285.830)-(-84.68)]\ \text{kJ}\cdot\text{mol}^{-1}=-1559.83\ \text{kJ}\cdot\text{mol}^{-1}$$

即 $\Delta_r H_m^{\ominus}(2)=\Delta_c H_m^{\ominus}(C_2H_6,\ g)$。

所以 1.00 m^3 天然气燃烧所放出的热量与①中的结果相同为 -4.09×10^4 kJ。

2.3 名校考研真题详解

一、填空题

1. 如题例反应 $H_2(g)+\frac{1}{2}O_2(g)=\!=\!=H_2O(l)$ 在 298.15 K 温度下，Q_p 和 Q_v 的数值差为（　　）$\text{kJ}\cdot\text{mol}^{-1}$。[南京航空航天大学 2014 研]

【答案】-3.72

【解析】由定压反应热和定容反应热间的关系可得出 $Q_p-Q_v=\Delta nRT$，所以得出 $\Delta nRT=-\frac{3}{2}\times8.314\times298.15=-3.72\ \text{kJ}\cdot\text{mol}^{-1}$。

2. 10 g 水在恒压条件下经历下列 3 种变化过程，则 3 个变化过程的 ΔU 和 Q 的关系分别是：$\Delta U(1)$______ $\Delta U(2)$，$Q(2)$______ $Q(3)$。(填“>”、“<”或“=”)[华中农业大学 2018 研]

(1) $H_2O(l,\ 25\ ℃)\xrightarrow{\text{电解}}H_2(g)+O_2(g)(25\ ℃)\longrightarrow H_2O(l,\ 100\ ℃)$

(2) $H_2O(l,\ 25\ ℃)\longrightarrow H_2O(l,\ 100\ ℃)$

(3) $H_2O(l,\ 25\ ℃)\longrightarrow H_2O(g,\ 100\ ℃)$

【答案】=；<

【解析】U 是状态函数，其变换值仅与始末状态有关，与变换途径无关；水由液体变成气体，发生了相的变换，需要吸收热量。

二、选择题

1. 某温度下反应 $N_2O_4(g) \rightleftharpoons 2NO_2(g)$ 的 $K^\ominus = 0.15$。在总压为 100.0 kPa 时，下列各种条件，能使反应向生成 NO_2 方向进行的是(　　)。[北京科技大学 2012 研]

A. $n(N_2O_4) = n(NO_2) = 1.0$ mol

B. $n(N_2O_4) = 1.0$ mol，$n(NO_2) = 2.0$ mol

C. $n(N_2O_4) = 4.0$ mol，$n(NO_2) = 0.5$ mol

D. $n(N_2O_4) = 2.0$ mol，$n(NO_2) = 1.0$ mol

【答案】C

【解析】$N_2O_4(g) \rightleftharpoons 2NO_2(g)$ 的反应商为

$$J = \frac{\left\{\frac{p(NO_2)}{p^\ominus}\right\}^2}{\left\{\frac{p(N_2O_4)}{p^\ominus}\right\}} = \frac{x^2(NO_2)}{x(N_2O_4)} \cdot \left(\frac{p}{p^\ominus}\right)^{\sum_B \nu_B} = \frac{x^2(NO_2)}{x(N_2O_4)}，其中\ p = p^\ominus。$$

A 项：$x(NO_2) = x(N_2O_4) = 0.5$，$J = \frac{0.5^2}{0.5} = 0.5$，$J > K^\ominus$，反应逆向进行；

B 项：$x(NO_2) = \frac{2}{3}$，$x(N_2O_4) = \frac{1}{3}$，$J = \frac{(2/3)^2}{1/3} = 1.333$，$J > K^\ominus$，反应逆向进行；

C 项：$x(NO_2) = \frac{1}{9}$，$x(N_2O_4) = \frac{8}{9}$，$J = \frac{(1/9)^2}{8/9} = 0.0139$，$J < K^\ominus$，反应正向进行；

D 项：$x(NO_2) = \frac{1}{3}$，$x(N_2O_4) = \frac{2}{3}$，$J = \frac{(1/3)^2}{2/3} = 0.167$，$J > K^\ominus$，反应逆向进行。

2. 下列物质中，$\Delta_r H_m^\ominus$ 不等于零的是(　　)。[南京理工大学 2011 研]

A. Fe(s)　　B. C(石墨)　　C. $Cl_2(l)$　　D. Ne(g)

【答案】C

【解析】C 项：标准摩尔反应焓的基态是 $Cl_2(g)$，故 $\Delta_r H_m^\ominus \neq 0$；ABD 三项：选取的物质都是基态物质，故 $\Delta_r H_m^\ominus = 0$。

3. 已知25 ℃时下列反应的 $\Delta U = -Z$ kJ/mol，$4Ag(s) + 2H_2S(g) + O_2(g) \longrightarrow 2Ag_2S(s) + 2H_2O(l)$ 则 $\Delta_r H_m$ ($kJ \cdot mol^{-1}$) 为(　　)。[中国科学技术大学 2009 研]

A. $-Z - 3 \times 8.314 \times 298$　　B. $-Z + 3 \times 8.314 \times 298 \times 10^{-3}$

C. $-Z - 3 \times 8.314 \times 298 \times 10^{-3}$　　D. $+Z - 3 \times 8.314 \times 298 \times 10^{-3}$

【答案】C

【解析】$\Delta_r H_m = \Delta U + \Delta(pV) = \Delta U + \Delta nRT = -Z - 3 \times 8.314 \times 298 \times 10^{-3}\ kJ \cdot mol^{-1}$。

三、计算题

1. 在 298.15 K、恒压条件下，已知下列各反应及其热效应为

(1) $2NH_3(g) + 3N_2O(g) \longrightarrow 4N_2(g) + 3H_2O(l)$　　$\Delta_r H_{m1}^\ominus = -1010\ kJ \cdot mol^{-1}$

(2) $N_2O(g) + 3H_2(g) \longrightarrow N_2H_4(l) + H_2O(l)$　　$\Delta_r H_{m2}^\ominus = -317\ kJ \cdot mol^{-1}$

(3) $2NH_3(g) + \frac{1}{2}O_2(g) \longrightarrow N_2H_4(l) + H_2O(l)$　　$\Delta_r H_{m3}^\ominus = -143\ kJ \cdot mol^{-1}$

(4) $H_2(g) + \frac{1}{2}O_2(g) \longrightarrow H_2O(l)$　　$\Delta_r H_{m4}^\ominus = -286\ kJ \cdot mol^{-1}$

求同温下反应(5) $N_2(g) + 2H_2(g) \longrightarrow N_2H_4(l)$　$\Delta_r H_{m5}^\ominus$ 及该反应的 $\Delta_r U_m^\ominus$。[南京航空

航天大学 2011 研］

答：由反应(1)、(2)、(3)和(4)线性组合得反应(5) $=\dfrac{(3)+3\times(2)-(4)-(1)}{4}$，故

$$\Delta_r H^{\ominus}_{m5}=\frac{\Delta_r H^{\ominus}_{m3}+3\Delta_r H^{\ominus}_{m2}-\Delta_r H^{\ominus}_{m4}-\Delta_r H^{\ominus}_{m1}}{4}$$

$$=\frac{-143+3\times(-317)+286+1010}{4}\ \text{kJ}\cdot\text{mol}^{-1}$$

$$=50.5\ \text{kJ}\cdot\text{mol}^{-1}$$

恒压条件下

$$\Delta_r U^{\ominus}_{m5}=\Delta_r H^{\ominus}_{m5}-\Delta nRT$$

$$=50.5\ \text{kJ}\cdot\text{mol}^{-1}-(-3)\times 8.314\times 298.15\times 10^{-3}\ \text{kJ}\cdot\text{mol}^{-1}$$

$$=57.94\ \text{kJ}\cdot\text{mol}^{-1}$$

2. 已知反应：

$$\mathbf{N_2(g)+2H_2(g)=\!=\!=N_2H_4(l)，\ \Delta_r H^{\ominus}_{m,1}(298.15\ K)=50.63\ kJ\cdot mol^{-1}}$$

$$\mathbf{H_2(g)+\frac{1}{2}O_2(g)=\!=\!=H_2O(l)，\ \Delta_r H^{\ominus}_{m,2}(298.15\ K)=-285.83\ kJ\cdot mol^{-1}}$$

计算下列反应 $N_2H_4(l)+O_2(g)=\!=\!=N_2(g)+2H_2O(l)$：［南京航空航天大学 2018 研］

(1) $\Delta H^{\ominus}(298.15\ K)$；

(2) $\Delta U^{\ominus}(298.15\ K)$。

解：(1)

$$N_2(g)+2H_2(g)=\!=\!=N_2H_4(l),\ \Delta_r H^{\ominus}_{m,1}(298.15\ K)=50.63\ \text{kJ}\cdot\text{mol}^{-1} \quad ①$$

$$H_2(g)+\frac{1}{2}O_2(g)=\!=\!=H_2O(l),\ \Delta_r H^{\ominus}_{m,2}(298.15\ K)=-285.83\ \text{kJ}\cdot\text{mol}^{-1} \quad ②$$

则 −① + ② × 2 得到

$$N_2H_4(l)+O_2(g)=\!=\!=N_2(g)+2H_2O(l)\quad \Delta H^{\ominus}_m$$

$$\Delta H^{\ominus}_m=-\Delta_r H^{\ominus}_{m,1}+2\Delta_r H^{\ominus}_{m,2}=-622.29\ \text{kJ}\cdot\text{mol}^{-1}$$

(2)有公式

$$\Delta H^{\ominus}_m=\Delta U^{\ominus}_m+\sum_B \nu_B(g)RT$$

由总方程式可知

$$\sum_B \nu_B(g)=0$$

因此

$$\Delta H^{\ominus}_m=\Delta U^{\ominus}_m=-622.29\ \text{kJ}\cdot\text{mol}^{-1}$$

第3章　化学反应速率

3.1　复习笔记

一、化学反应速率

1. 定义

单位时间内反应物或生成物的物质的量的变化。

2. 分类

(1)平均速率：某一时间间隔内物质浓度变化的平均值，$\bar{r}=\dfrac{\Delta c}{\Delta t}$。

(2)瞬时速率：时间间隔无限接近0时的平均速率的极限值，$r=\lim\limits_{\Delta t\to 0}\bar{r}$。

二、速率方程

1. 化学反应速率方程

(1)定义

描述了化学反应反应速率与反应物浓度之间定量关系的方程，即

$$r=kc_{\mathrm{A}}^{\alpha}c_{\mathrm{B}}^{\beta}$$

式中，k为速率系数，与浓度无关，与温度T有关，单位为$[\mathrm{mol}\cdot\mathrm{L}^{-1}]^{1-(\alpha+\beta)}[t]^{-1}$；$c_{\mathrm{A}}$、$c_{\mathrm{B}}$分别为反应物A和B的浓度，单位为$\mathrm{mol}\cdot\mathrm{L}^{-1}$；$\alpha$，$\beta$分别为反应物A和B的反应级数，量纲为一；$(\alpha+\beta)$为反应的总级数。

(2)影响因素

①速率系数

速率系数k反映了反应速率的相对大小。其影响因素包括：反应物本性、温度、催化剂等，与反应物浓度无关。

②反应级数

反应级数表示反应速率与反应物浓度关系。零级反应表示反应速率与反应物浓度无关，一级反应表示反应速率与反应物浓度的一次方成正比，以此类推。

【注意】反应级数与物质化学计量数二者概念不同，数值不同，反应级数可取分数和负数，即$\alpha\neq a$，$\beta\neq b$。

2. 半衰期

定义：使反应物A转化率达到1/2时所用的时间称为半衰期。

本节只需掌握以下两个半衰期公式：

(1)零级反应

$$t_{1/2}=\frac{c_0(\mathrm{A})}{2k}$$

(2)一级反应

$$t_{1/2}=\frac{0.693}{k}$$

三、Arrhenius 方程

1. Arrhenius 方程的概念

(1)定义

Arrhenius 方程是表示温度 T 与速率常数 k 之间定量关系的方程式，公式为

$$k = k_0 e^{-E_a/(RT)} \text{或} \ln k = \ln k_0 - \frac{E_a}{RT}$$

式中，E_a 为实验活化能，单位为 $kJ \cdot mol^{-1}$；k_0 为指前参量，又称为频率因子，与单位相同。

【说明】温度变化较小时，E_a 和 k_0 可看作与温度 T 无关。

(2)温度对化学反应速率的影响

①大多数化学反应的速率随温度的升高而增大；

②反应物浓度恒定，温度每升高 10 K，反应速率约增加 2 ~4 倍。

2. Arrhenius 方程的应用

(1)计算反应的活化能 E_a；

(2)由 E_a 计算反应速率系数 k。

四、反应速率理论和反应机理

1. 碰撞理论

有效碰撞：反应物分子 A 和 B 必须通过碰撞，且其碰撞动能大于或等于摩尔临界能 E_c 时，碰撞才能发生反应。

根据碰撞理论，反应物分子能发生有效碰撞的条件为：①具有足够的最低能量；②以合适的方位发生碰撞。同时，碰撞频率越高，则越多的活化分子发生有效碰撞的概率更大，反应速率增大。

2. 活化络合物理论(过渡状态理论)

(1)分子间反应历程

$$\text{分子} \xrightarrow{\text{碰撞}} \text{过渡态活化络合物(不稳定)} \xrightarrow{\text{分解}} \text{产物(反应物)}$$

过渡态和始态、终态的势能差分别为正、逆反应的活化能。

(2)反应速率影响因素

①温度一定，反应物浓度增大，活化分子数增加，反应速率增大；

②浓度一定，温度升高，临界能 E_c 减小，活化分子数增加，反应速率增大；

③使用催化剂，反应活化能下降，活化分子数增加，反应速率增大。

3. 反应机理

(1)元反应(基元反应)

指反应物微粒(如分子、原子和离子等)经一步作用就直接转化为产物的反应。

(2)复合反应

指反应物微粒(如分子、原子和离子等)要经两步或两步以上作用才转化为产物的反应。

【注意】元反应的反应级数与反应物化学式系数一致，复合反应的反应级数与反应物化学式系数不一致。

五、催化剂对反应速率的影响

1. 催化剂的定义

催化剂是指存在少量就能显著改变反应速率而本身质量并无损耗的物质。

2. 催化剂的主要特点

(1)催化剂只能对热力学上可能发生的反应起催化作用；

(2)催化剂只改变反应机理，改变反应活化能，改变正、逆反应速率从而改变达到平衡的时间，并不改变反应平衡状态；

(3)催化剂对反应具有选择性；

(4)催化剂的活性只有在特定的条件下才显现。

3.2 课后习题详解

1. 在酸性溶液中，草酸被高锰酸钾氧化的反应方程式为

$$2MnO_4^-(aq)+5H_2C_2O_4(aq)+6H^+(aq)\longrightarrow 2Mn^{2+}(aq)+10CO_2(g)+8H_2O(l)$$

其反应速率方程为

$$r=kc(MnO_4^-)c(H_2C_2O_4)$$

确定各反应物种的反应级数和反应的总级数。反应速率系数的单位如何？

解：根据反应级数的基本概念和速率方程式

$$r=kc(MnO_4^-)c(H_2C_2O_4)$$

可知：对于 MnO_4^-，反应级数为 1；对于 $H_2C_2O_4$，反应级数为 1。

所以总反应的反应级数为 2，反应速率系数的单位为 $L\cdot mol^{-1}\cdot s^{-1}$。

2. 当矿物燃料燃烧时，空气中的氮和氧反应生成一氧化氮，它同氧再反应生成二氧化氮：$2NO(g)+O_2(g)\longrightarrow 2NO_2(g)$。25 ℃该反应的初始速率实验数据如下表：

	$c(NO)/(mol\cdot L^{-1})$	$c(O_2)/(mol\cdot L^{-1})$	$r/(mol\cdot L^{-1}\cdot s^{-1})$
1	0.0020	0.0010	2.8×10^{-5}
2	0.0040	0.0010	1.1×10^{-4}
3	0.0020	0.0020	5.6×10^{-5}

(1)写出反应速率方程；

(2)计算 25 ℃时反应速率系数；

(3)$c_0(NO)=0.0030\ mol\cdot L^{-1}$，$c_0(O_2)=0.0015\ mol\cdot L^{-1}$ 时，相应的初始速率为多少？

解：(1)设反应的速率方程为 $r=kc(NO)^{\alpha}c(O_2)^{\beta}$，则

$r_1=k0.002^{\alpha}0.001^{\beta}$，$r_2=k0.004^{\alpha}0.001^{\beta}$，$r_3=k0.002^{\alpha}0.002^{\beta}$

解得：$\alpha=2$，$\beta=1$。

所以速率方程为 $r=k[c(NO)]^2c(O_2)$。

(2)由题(1)所得的速率方程，代入已知的任意一组数据，可得反应的速率系数为

$$k=\frac{r}{[c(NO)]^2c(O_2)}$$

$$=\frac{2.8\times10^{-5}\ mol\cdot L^{-1}\cdot s^{-1}}{(0.0020\ mol\cdot L^{-1})^2\times0.0010\ mol\cdot L^{-1}}$$

$$=7.0\times10^{3}\ mol^{-2}\cdot L^{2}\cdot s^{-1}$$

(3)当 $c_0(NO)=0.0030\ mol\cdot L^{-1}$，$c_0(O_2)=0.0015\ mol\cdot L^{-1}$时，有

$r=k[c(NO)]^2c(O_2)$

$=7.0\times10^3\ mol^{-2}\cdot L^2\cdot s^{-1}\times(0.0030\ mol\cdot L^{-1})^2\times0.0015\ mol\cdot L^{-1}$

$=9.5\times10^{-5}\ mol\cdot L^{-1}\cdot s^{-1}$

3. 在苯溶液中，吡啶(C_5H_5N)与碘代甲烷(CH_3I)发生反应。实验测得了25 ℃下两反应物的初始浓度和初始速率，见下表：

	$c(C_5H_5N)/(mol\cdot L^{-1})$	$c(CH_3I)/(mol\cdot L^{-1})$	$r/(mol\cdot L^{-1}\cdot s^{-1})$
1	1.0×10^{-4}	1.0×10^{-4}	7.5×10^{-7}
2	2.0×10^{-4}	2.0×10^{-4}	3.0×10^{-6}
3	2.0×10^{-4}	4.0×10^{-4}	6.0×10^{-6}

(1)写出反应速率方程；

(2)计算25 ℃下反应速率系数；

(3)计算当$c(C_5H_5N)=5.0\times10^{-5}\ mol\cdot L^{-1}$，$c(CH_3I)=2.0\times10^{-5}\ mol\cdot L^{-1}$时，相应的初始速率。

解：(1)设反应的速率方程为$r=kc(C_5H_5N)^\alpha c(CH_3I)^\beta$，则

$r_1=k10^{-4\alpha}10^{-4\beta}$，$r_2=k(2.0\times10^{-4})^\alpha(2.0\times10^{-4})^\beta$，$r_3=k(2.0\times10^{-4})^\alpha(4.0\times10^{-4})^\beta$，

解得　$\alpha=1$，$\beta=1$。

所以其速率方程为　$r=kc(C_5H_5N)c(CH_3I)$。

(2)由题(1)中的速率方程，代入已知的任意一组数据得到反应的速率系数

$$k=\frac{r}{c(C_5H_5N)c(CH_3I)}=\frac{7.5\times10^{-7}\ mol\cdot L^{-1}\cdot s^{-1}}{(1.00\times10^{-4}\ mol\cdot L^{-1})^2}=75\ mol^{-1}\cdot L\cdot s^{-1}$$

(3)$r=k[c(C_5H_5N)][c(CH_3I)]$

$=75\ mol^{-1}\cdot L\cdot s^{-1}\times5.00\times10^{-5}\ mol\cdot L^{-1}\times2.00\times10^{-5}\ mol\cdot L^{-1}$

$=7.5\times10^{-8}\ mol\cdot L^{-1}\cdot s^{-1}$

4. 通过实验确定反应速率方程时，通常以时间作为自变量，浓度作为变量。但是，在某些实验中，以浓度为自变量，时间为变量，可能是更方便的。例如，丙酮的溴代反应：

$$CH_3\underset{\underset{O}{\|}}{C}CH_3+Br_2\xrightarrow[(HCl)]{H^+}CH_3\underset{\underset{O}{\|}}{C}CH_2Br+HBr$$

以测定溴的黄棕色消失所需要的时间来研究其速率方程。23.5 ℃下，该反应的典型实验数据如下表：

	初始浓度 $c/(mol\cdot L^{-1})$			时间 t/s
	CH_3COCH_3	HCl	Br_2	
1	0.80	0.20	0.0010	2.9×10^2
2	0.80	0.20	0.0020	5.7×10^2
3	1.60	0.20	0.0010	1.5×10^2
4	0.80	0.40	0.0010	1.4×10^2

(1)哪一物种是限制因素？

(2)在每次实验中，丙酮浓度有很大变化吗？HCl浓度变化吗？并说明之。

(3)该反应对Br_2的反应级数是多少？并说明之。

(4)该反应对丙酮的反应级数是多少？对HCl的反应级数是多少？

(5)写出该反应的速率方程。

(6)如果第五次实验中，$c_0(CH_3COCH_3)=0.80\ mol\cdot L^{-1}$，$c_0(HCl)=0.20\ mol\cdot L^{-1}$，$c_0(Br_2)=0.0050\ mol\cdot L^{-1}$，则 Br_2 的颜色消失需要多少时间？

(7)如果第六次实验中，$c_0(CH_3COCH_3)=0.80\ mol\cdot L^{-1}$，$c_0(HCl)=0.80\ mol\cdot L^{-1}$，$c_0(Br_2)=0.0010\ mol\cdot L^{-1}$，$Br_2$ 的颜色消失需要多少时间？

解：(1)由于需要根据棕黄色溴的消失来确定反应所需时间，进而测定反应速率，所以溴的用量较少，为限制因素。

(2)每次实验中丙酮的浓度变化不大。因为溴的量很少，相对溴而言，丙酮的浓度比其大的多，当溴耗尽时，丙酮浓度的变化很小。而 HCl 的浓度不变，因为其为催化剂。

(3)该反应对溴的反应级数为0。因为通过第1组和第2组实验数据分析得到，当丙酮和盐酸的浓度不变时，对溴而言，溴的浓度变为原来的2倍，反应时间也变为原来的2倍，反应速率与溴的浓度无关。

(4)同理通过对第1组和第3组实验数据分析得到，该反应对 CH_3COCH_3 的反应级数为1。通过第1组和第4组实验数据分析得到，该反应对 HCl 的反应级数也为1。

(5)该反应的速率方程为　$r=kc(CH_3COCH_3)c(HCl)$。

(6)将第5次实验与第1次实验相比，丙酮和盐酸的浓度都相同，溴的浓度增至原来的5倍，所以溴的颜色消失的时间是第1组的5倍，即 $t=2.9\times10^2\ s\times5=1.4\times10^3\ s$。

(7)将第6次实验与第1次实验对比，丙酮和溴的浓度都相同，盐酸的浓度增至原来的4倍，则反应速率增至原来的4倍，溴的消失时间变为原来的$\frac{1}{4}$，即 $t=\frac{1}{4}\times290\ s=73\ s$。

5. 二氧化氮的分解反应 $2NO_2(g)\longrightarrow 2NO(g)+O_2(g)$，319 ℃时，$k_1=0.498\ mol^{-1}\cdot L\cdot s^{-1}$；354 ℃时，$k_2=1.81\ mol^{-1}\cdot L\cdot s^{-1}$。计算该反应的活化能 E_a 和指前参量 k_0 以及383 ℃时反应速率系数 k。

解：根据题意可知

$T_1=(319+273)K=592\ K$，　$k_1=0.498\ mol^{-1}\cdot L\cdot s^{-1}$

$T_2=(354+273)K=627\ K$，　$k_2=1.81\ mol^{-1}\cdot L\cdot s^{-1}$

由 $\ln\frac{k_2}{k_1}=\frac{E_a}{R}\left(\frac{1}{T_1}-\frac{1}{T_2}\right)$，得

$$E_a=R\left(\frac{T_1T_2}{T_2-T_1}\right)\ln\frac{k_2}{k_1}=\left[8.314\times\frac{592\times627}{627-592}\ln\frac{1.81}{0.498}\right]\ J\cdot mol^{-1}=114\ kJ\cdot mol^{-1}$$

由 $k=k_0e^{-E_a/RT}$ 得

$$k_0=ke^{E_a/RT}=0.498\ mol^{-1}\cdot L\cdot s^{-1}\times e^{114\times10^3\ J\cdot mol^{-1}/(8.314\ J\cdot mol^{-1}\cdot K^{-1}\times592\ K)}$$

$$=5.70\times10^9\ mol^{-1}\cdot L\cdot s^{-1}$$

$T_3=(383+273)K=656\ K$ 时

$$\ln\frac{k_3}{k_1}=\frac{E_a}{R}\left(\frac{1}{T_1}-\frac{1}{T_3}\right)=\frac{114\times10^3\ J\cdot mol^{-1}}{8.314\ J\cdot mol^{-1}\cdot K^{-1}}\left(\frac{1}{592\ K}-\frac{1}{656\ K}\right)=2.26$$

$$k_3/k_1=9.58$$

$$k_3=9.58\times k_1=9.58\times0.498\ mol\cdot L^{-1}\cdot s^{-1}=4.77\ mol^{-1}\cdot L\cdot s^{-1}$$

6. 某城市位于海拔高度较高的地理位置，水的沸点为92 ℃。在海边城市3 min能煮熟的鸡蛋，在该市却花了4.5 min才煮熟。计算煮熟鸡蛋这一“反应”的活化能。

解：根据题意可知，正常情况下，即温度为 373 K 下煮熟鸡蛋的时间为 3 min，在海拔较高的城市，水的沸点为 365 K，此时鸡蛋煮熟的时间为 4.5 min，反应速率常数

$$\frac{k_2}{k_1}=\frac{t_1}{t_2}$$

$$\ln\frac{k_2}{k_1}=\frac{E_a}{R}\left(\frac{1}{T_1}-\frac{1}{T_2}\right)$$

$$E_a=R\left(\frac{T_1T_2}{T_2-T_1}\right)\ln\frac{k_2}{k_1}=R\left(\frac{T_1T_2}{T_2-T_1}\right)\ln\frac{t_1}{t_2}$$

$$=\left(8.314\times\frac{373\times365}{365-373}\ln\frac{3.0}{4.5}\right)\ \mathrm{J\cdot mol^{-1}}=57\ \mathrm{kJ\cdot mol^{-1}}$$

7. 半水合磷酸镧晶体 $LaPO_4\cdot\frac{1}{2}H_2O$ 受热时将失去结晶水，而得到无水磷酸镧：

$$2LaPO_4\cdot\frac{1}{2}H_2O(s)\longrightarrow 2LaPO_4(s)+H_2O(g)$$

在不同温度下该反应速率系数如下表：

t/℃	205	219	246	260
$k/\mathrm{s^{-1}}$	2.30×10^{-4}	3.69×10^{-4}	7.75×10^{-4}	12.3×10^{-4}

用不同的方法计算该反应的活化能。

解：由阿伦尼乌斯方程

$$\ln\frac{k_2}{k_1}=\frac{E_a}{R}\left(\frac{1}{T_1}-\frac{1}{T_2}\right)$$

可得

$$E_a=R\left(\frac{T_1T_2}{T_2-T_1}\right)\ln\frac{k_2}{k_1}$$

$$=8.314\ \mathrm{J\cdot mol^{-1}\cdot K^{-1}}\times\left(\frac{478\ \mathrm{K}\times533\ \mathrm{K}}{533\ \mathrm{K}-478\ \mathrm{K}}\right)\ln\frac{12.3\times10^{-4}}{2.30\times10^{-4}}=64.6\ \mathrm{kJ\cdot mol^{-1}}$$

也可用作图法求该反应的活化能。根据已知数据计算出$\{1/T\}$和 $\ln\{k\}$，列表如表 3－2－1 所示：

表 3－2－1

T/K	$\{1/T\}$	$\ln\{k\}$
478	2.09×10^{-3}	-8.38
492	2.03×10^{-3}	-7.90
519	1.93×10^{-3}	-7.16
533	1.88×10^{-3}	-6.70

以$\{1/T\}$为横坐标，$\ln\{k\}$为纵坐标如图 3－2－1 所示。由图中选取两点的坐标计算直线的斜率为

$$-E_a/R=\frac{-6.10-(-9.00)}{(1.80-2.17)\times10^{-3}\ \mathrm{K^{-1}}}=-7.84\times10^{3}\ \mathrm{K}$$

则反应的活化能为

$$E_a=7.84\times10^{3}\ \mathrm{K}\times8.314\ \mathrm{J\cdot mol^{-1}\cdot K^{-1}}=65.2\ \mathrm{kJ\cdot mol^{-1}}$$

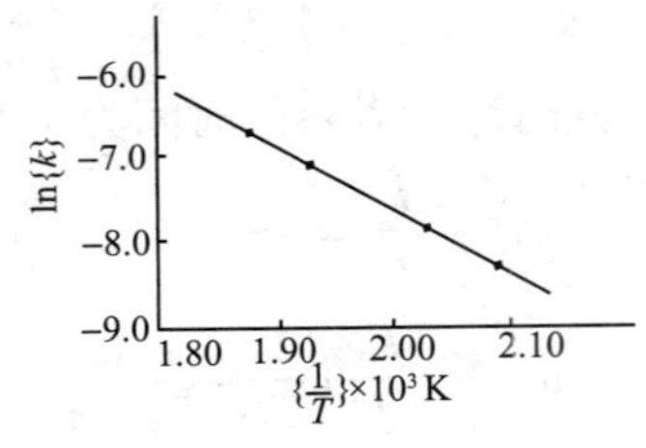

图 3-2-1

8. 某工厂生产了一种摄像彩色印纸，要求这种纸的性能在温度为 24 ℃、湿度为 60% 并见光的条件下能持续 100 年。因为承担这种实验的化学家不能等到 100 年后观察实验结果，他们采用了加速老化的方法，并画出了 ln{t}(时间)-1/T 的关系图，外推到 100 年时，得到相应的观察结果。

(1)假定温度每升高 10 ℃，老化速率增大了 3 倍，当反应时间减少到小于 1 年，估计加速老化实验的温度应当是多少；

(2)说明化学家们为什么采用 ln{t}-1/T 关系图，而不用 $t-T$ 关系图外推。

解：(1)根据题意可知，温度每升高 10 ℃，老化速率则增大 3 倍，即老化时间缩短为原来的$\frac{1}{3}$，故可以得到温度与老化时间的关系，如表 3-2-2 所示。

表 3-2-2

T/K	297	307	317	327	337	347	357
$1/T$ / (10^{-3} K^{-1})	3.367	3.257	3.155	3.058	2.967	2.882	2.801
t/y	100	100/3	100/9	100/27	100/81	100/243	100/729
ln$t$	4.605	3.507	2.408	1.309	0.211	-0.888	-1.987

(1)根据上述的数据画出 $\ln t \sim \frac{1}{T}$的关系图(图 3-2-2)，得到一条直线。

当 $t=1y$ 时，$\ln t=0$，则$\frac{1}{T}=2.96\times10^{-3}\ \mathrm{K}^{-1}$

解得　$T=338$ K，即 65 ℃。

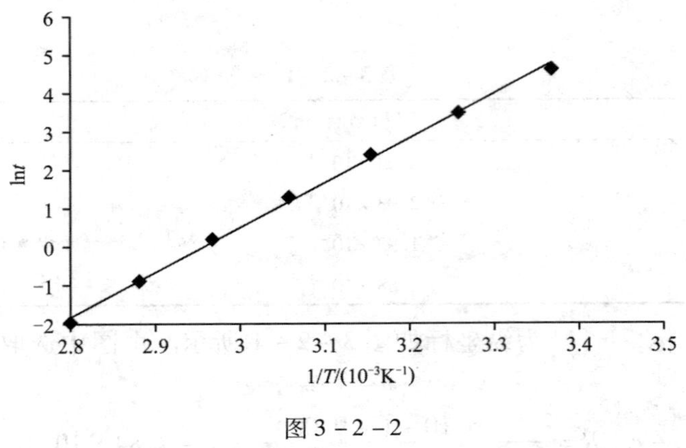

图 3-2-2

(2)温度变化对反应速率的影响主要表现在对反应速率常数 k 的影响。在本实验中，温度升高，反应速率常数 k 增大，反应时间 t 缩短；由阿伦尼乌斯方程得到 $\ln t \sim \frac{1}{T}$呈线性关系，对数据处理比较简单。

9. 环丁烷分解反应： $\begin{matrix} H_2C-CH_2 \\ | \quad\quad | \\ H_2C-CH_2 \end{matrix}(g) \longrightarrow 2H_2C=CH_2(g)$

$E_a=262\ kJ \cdot mol^{-1}$，600 K 时，$k_1=6.10\times10^{-8}\ s^{-1}$，当 $k_2=1.00\times10^{-4}\ s^{-1}$时，温度是多少？写出其速率方程。计算 600 K 下的半衰期 $t_{1/2}$。

解： 根据 $\ln\frac{k_2}{k_1}=\frac{E_a}{R}\left(\frac{1}{T_1}-\frac{1}{T_2}\right)$，代入数据得

$$\ln\frac{1.00\times10^{-4}}{6.10\times10^{-8}}=\frac{262\times10^3\ J\cdot mol^{-1}}{8.314\ J\cdot mol^{-1}\cdot K^{-1}}\left(\frac{1}{600\ K}-\frac{1}{T_2}\right)$$

$$T_2=698\ K$$

由反应速率系数 k 的单位可知该反应为一级反应，则其反应速率方程为

$$r=kc(C_4H_8)$$

当 $T=600$ K 时，半衰期为

$$t_{1/2}=\frac{0.693}{k_1}=\frac{0.693}{6.10\times10^{-8}\ s^{-1}}=1.14\times10^7\ s。$$

10. 在 75 ℃下，将 8.2×10^{-3} mol 的 InCl(s) 放在 1.00 L 的 0.010 $mol\cdot L^{-1}$的 HCl 溶液中，InCl(s) 很快溶解，然后发生歧化反应 $3In^+(aq)\longrightarrow 2In(s)+In^{3+}(aq)$。

每隔一定时间分析溶液中余下的 $c(In^+)$，有关实验数据如下表：

t/s	0	240	480	720	1000	1200	10000
$c(In^+)/(10^{-3}\ mol\cdot L^{-1})$	8.23	6.41	5.00	3.89	3.03	3.03	3.03

(1) 画出 $\ln\{c(In^+)\}-t$ 图，确定该反应的速率系数和速率方程；

(2) 确定反应的半衰期。

解： (1) 对 $c(In^+)$ 取自然对数，得到相关的数据，如表 3-2-3 所示。

表 3-2-3

t/s	$\ln\{c(In^+)\}$	t/s	$\ln\{c(In^+)\}$
0	-4.80	720	-5.55
240	-5.05	1000	-5.80
480	-5.30		

根据表 3-2-3 数据作图 $\ln c(In^+)-t$，如图 3-2-3 所示，得结果为一直线，所以该反应为一级反应。

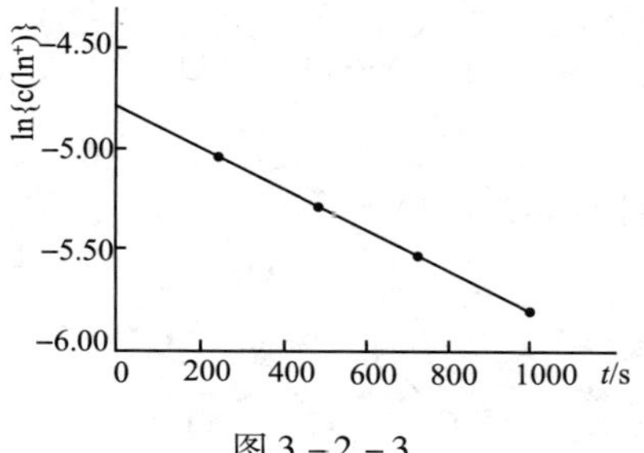

图 3-2-3

则直线的斜率为

$$-k=\frac{-4.80-(-5.80)}{(0-1000)\text{s}}=-1.00\times10^{-3}\ \text{s}^{-1}$$

解得　$k=1.00\times10^{-3}\ \text{s}^{-1}$

则反应的速率方程为　$r=kc(\text{In}^+)=1.0\times10^{-3}\ \text{s}^{-1}c(\text{ln}^+)$。

(2)因为反应为一级反应，所以 $T_{1/2}=\frac{0.693}{k}=\frac{0.693}{10^{-3}\ \text{s}^{-1}}=693\ \text{s}$。

11. 已知反应：$2Ce^{4+}(aq)+Tl^{+}\longrightarrow 2Ce^{3+}(aq)+Tl^{3+}(aq)$

在没有催化剂的情况下，该反应速率很小。Mn^{2+} 是该反应的催化剂，其催化反应机理被认定为

①$Ce^{4+}+Mn^{2+}\longrightarrow Ce^{3+}+Mn^{3+}$　　慢

②$Ce^{4+}+Mn^{3+}\longrightarrow Ce^{3+}+Mn^{4+}$　　快

③$Mn^{4+}+Tl^{+}\longrightarrow Mn^{2+}+Tl^{3+}$　　快

(1)试判断该反应的控制步骤，其对应的反应分子数是多少?

(2)写出该反应的速率方程。

(3)确定该反应的中间产物有哪几种。

(4)该反应是均相催化，还是多相催化?

解：(1)反应的控制步骤为反应最慢的一步，即①反应，对应的反应分子数为2。

(2)可根据元反应①直接写出得到 $r=kc(Ce^{4+})c(Mn^{2+})$。

(3)除了反应物、生成物和催化剂外，各步元反应的其他物种都是中间产物即 Mn^{3+}，Mn^{4+}。

(4)该反应是在水溶液中进行的反应，催化剂 Mn^{2+} 也存在水溶液中，所以是均相催化反应。

12. 二氧化氮被臭氧氧化生成五氧化二氮。其反应机理如下：

①$NO_2+O_3\xrightarrow{k_1}NO_3+O_2$　　慢

②$NO_3+NO_2\xrightarrow{k_2}N_2O_5$　　快

(1)写出总反应方程式及其速率方程；

(2)写出各步反应的活化络合物的结构式及总反应的中间产物的化学式。

解：(1)总反应的方程式为

$$2NO_2+O_3\longrightarrow N_2O_5+O_2$$

反应速率主要由最慢的一步决定，所以反应的速率方程为

$$r=k_1c(NO_2)c(O_3)$$

(2)元反应①中的络合物的结构式为

```
O         O
  \      /  \
    N····O    O
  /
O
```

元反应②中的络合物的结构式为

```
   O       O
   |       |
   N       N
  / \     / \
O     O··    O
```

反应中唯一的中间产物为 NO_3。

3.3 名校考研真题详解

一、判断题

1. 升高同样温度，E_a 大的反应速率增加的倍数比 E_a 小的反应速率增加的倍数大。(　　)[南京航空航天大学2012研]

【答案】对

【解析】不同温度下的反应速率关系为 $\ln\frac{k_2}{k_1}=\frac{E_a}{R}\left(\frac{1}{T_1}-\frac{1}{T_2}\right)$。当升高相同温度时，$\ln\frac{k_2}{k_1}\sim E_a$ 成正比，即 E_a 越大的反应 k 值增大的倍数越大。

2. 反应级数越大，反应的反应速率越大。(　　)[南京航空航天大学2012研]

【答案】错

【解析】反应速率与反应物浓度之间的定量关系为：$r=kc_A^{\alpha}c_B^{\beta}$，其中 $\alpha+\beta$ 为反应的总级数，可知反应速率不仅与反应级数有关，与反应的浓度也有关，故反应级数越大，反应的反应速率不一定越大。

3. $H_2+I_2\longrightarrow 2HI$ 的反应，实验测定的动力学方程表明是二级反应，因此它是一个双分子反应。(　　)[南京航空航天大学2011研]

【答案】错

【解析】反应的分子数是元反应过程中参与碰撞时的分子数目，故该反应是双分子反应。反应的级数是指速率方程中各浓度项的相应指数之和，它与反应的分子数没有必然联系。但通常在基元反应或简单反应，反应的分子数与反应的级数相等。

二、填空题

1. 已知某化学反应的速率常数为 $6.29\times10^{-4}\ s^{-1}$，则此反应为(　　)级反应，半衰期为(　　)s。[南京航空航天大学2012研]

【答案】一；1102

【解析】速率系数单位由反应级数 n 确定，可表示为$(mol\cdot L^{-1})^{1-n}\cdot s^{-1}$；故该反应为一级反应。一级反应的半衰期为

$$t_{1/2}=\frac{\ln 2}{6.29\times10^{-4}\ s^{-1}}=1102\ s$$

2. 对于(　　)反应，其反应级数一定等于化学反应方程式中反应物的计量数(　　)，速率系数的单位由(　　)决定。若某反应速率系数 k 的单位是 $mol^{-2}\cdot L^2\cdot s^{-1}$，则该反应的反应级数是(　　)。[北京科技大学2011研]

【答案】基元；之和；反应级数；三

【解析】化学反应速率方程是反应速率与反应物浓度之间的定量关系为：

$$r=kc_A^{\alpha}c_B^{\beta}$$

式中，k 为速率系数，与浓度无关，与温度 T 有关。k 的单位可表示为$(mol\cdot L^{-1})^{1-n}\cdot s^{-1}$，由反应级数 n 决定，且 $n=\alpha+\beta$。

对于基元反应(一步完成)，α、β 分别等于化学反应方程式中的计量数，即基元反应的反应级数等于化学反应方程式中反应物的计量数之和。

当反应速率系数 k 的单位 $mol^{-2}\cdot L^2\cdot s^{-1}=(mol\cdot L^{-1})^{-2}\cdot s^{-1}$时，有 $1-n=-2$，解得 $n=3$，即该反应为三级反应。

3. 已知^{226}Ra 的半衰期为1590 年，则此一级反应的速率常数为(　　)。[南京航空航天大学2011 研]

【答案】$1.19\times10^{-6}\mathrm{d}^{-1}$

【解析】一级反应的半衰期为：$t_{1/2}=\dfrac{\ln2}{k_1}$，故 $k_1=\dfrac{\ln2}{t_{1/2}}=\dfrac{\ln2}{1590\times365}=1.19\times10^{-6}\mathrm{d}^{-1}$。

三、选择题

1. 已知某反应的活化能为114 kJ · mol^{-1}，采用一种催化剂可使活化能降低一半，该反应速率将加快的倍数为(　　)。[北京航空航天大学2014 研]

A. 1×10^{2}　　B. 1×10^{8}　　C. 1×10^{10}　　D. 1×10^{6}

【答案】C

【解析】根据 Arrhenius 方程可得，

$$\ln\frac{k_1}{k_2}=\frac{E_{a2}-E_{a1}}{RT}=\frac{-114000/2}{8.314\times298.15}=-22.9,\quad k_2=\mathrm{e}^{22.9}k_1$$

即采用一种催化剂可使活化能降低一半，该反应速率将加快的倍数为1×10^{10}。

2. A ⟶B + C 是吸热的可逆基元反应，正反应的活化能为E(正)，逆反应的活化能为E(逆)，则E(正)和E(逆)的关系为(　　)。[北京航空航天大学2010 研]

A. E(正) < E(逆)　　B. E(正) > E(逆)

C. E(正) = E(逆)　　D. 三种都可能

【答案】B

【解析】正反应的活化能与逆反应的活化能之差表示化学反应的摩尔反应热，即 $\Delta_r H_m=E(正)-E(逆)$。该反应是吸热反应，故 $\Delta_r H_m>0$，即 E(正) > E(逆)。

3. 某一级反应，浓度由1.0 mol/L 降至0.5 mol/L 需要30 min，则浓度从0.5 mol/L 降至0.25 mol/L 所需的时间为(　　)。[厦门大学2016 研]

A. 30 min　　B. 超过30 min　　C. 低于30 min　　D. 无法判断

【答案】A

【解析】一级反应速率方程有

$$r=kc(\mathrm{A})$$

积分得到

$$\ln\frac{c_t(\mathrm{A})}{c_0(\mathrm{A})}=-kt$$

代入数据有

$$\ln\frac{0.5}{1}=-k\times30\ \mathrm{min}$$

$$\ln\frac{0.25}{1}=-kt$$

解得 $t=60$ min，即浓度从0.5 mol/L 降至0.25 mol/L 所需的时间为30 min。

四、简答题

1. 哪些因素影响化学反应速率？它们将如何影响？[南京航空航天大学2017 研]

答：影响化学反应速率的因素有温度、浓度、压力、催化剂

(1)温度

温度与反应速率方程满足阿伦尼乌斯公式 $k=k_0\exp(-E_a/RT)$，对该等式取对数得到 $\ln k=$

$\ln k_0 - \dfrac{E_a}{RT}$，当温度变化不大时，$E_a$ 为定值，则 $\ln k \sim 1/T$ 满足线性关系。

(2)浓度

以下列方程式为例

$$aA + bB = cC + dD$$

则反应速率方程为

$$r = kc_A^a c_B^b$$

假设 $c_A = c_B$，则

若该反应为零级反应，则 r 与浓度无关；若反应为一级反应，则 r 与浓度呈线性关系；若反应为二级反应，则 r 与 c^2 成正比，依此类推。

(3)压力

若反应体积不变，通入惰性气体使得压力增大，则反应物的反应速率不变；

若反应体积不变，通入反应气体使得压力增大，则相当于反应物浓度增加，反应速率增大；

若不通入任何气体，通过减小体积使得压力增大，则反应物浓度增大，反应速率增大。

(4)催化剂

催化剂通过改变反应的途径，降低活化能，同时加快了正、逆反应的速率，缩短反应到达平衡的时间。

2. 已知 $N_2O_5 = 2NO_2 + \frac{1}{2}O_2$ 的反应机理为：

(1) $N_2O_5 \underset{k_{-1}}{\overset{k_1}{\rightleftharpoons}} NO_2 + NO_3$ (快速平衡)

(2) $NO_2 + NO_3 \xrightarrow{k_2} NO + O_2 + NO_2$ (慢)

(3) $NO + NO_3 \xrightarrow{k_3} 2NO_2$ (快)

推出 $\dfrac{d[O_2]}{dt}$ 的表达式，指出反应级数。[厦门大学2013研]

解：由基元反应(2)有

$$\frac{d[O_2]}{dt} = k_2[NO_2][NO_3]$$

根据稳态近似法，中间产物 $\dfrac{d[NO]}{dt} = 0$，$\dfrac{d[NO_3]}{dt} = 0$，所以可得

$$k_2[NO_2][NO_3] = k_3[NO][NO_3]$$

$$k_1[N_2O_5] = k_{-1}[NO_2][NO_3] + k_2[NO_2][NO_3] + k_3[NO][NO_3]$$

解得

$$[NO_2][NO_3] = \frac{k_1}{k_{-1} + 2k_2}[N_2O_5]$$

所以

$$\frac{d[O_2]}{dt} = k_2[NO_2][NO_3] = \frac{k_1 k_2}{k_{-1} + 2k_2}[N_2O_5]$$

反应为一级反应。

第4章　化学平衡　熵和 Gibbs 函数

4.1　复习笔记

一、标准平衡常数

1. 化学平衡的基本特征

(1)可逆反应

同一条件下，既可正向进行又可逆向进行的反应。

大多数化学反应都是可逆反应。反应的可逆性是化学反应的普遍特征。

(2)化学平衡

一定温度下，某反应经过一定时间后，各物质浓度(或分压)保持不变的状态。

化学平衡是一种动态平衡，$v_{正}=v_{逆}\neq 0$。平衡的组成与途径无关，且不随时间而改变。

2. 标准平衡常数

(1)定义

对某一可逆化学反应 $a\mathrm{A(g)}+b\mathrm{B(aq)}+c\mathrm{C(s)} \rightleftharpoons x\mathrm{X(g)}+y\mathrm{Y(aq)}+z\mathrm{Z(l)}$ 来说，标准平衡常数为

$$K^{\ominus}=\frac{[p(\mathrm{X})/p^{\ominus}]^{x}\cdot[c(\mathrm{Y})/c^{\ominus}]^{y}}{[p(\mathrm{A})/p^{\ominus}]^{a}\cdot[c(\mathrm{B})/c^{\ominus}]^{b}}$$

式中，$p^{\ominus}$为标准压力 100 kPa；$p(\mathrm{A})$为 A 物质的平衡分压，$p(\mathrm{A})/p^{\ominus}$为物质 A 的相对分压，量纲为一。

(2)书写 $K^{\ominus}$表达式应注意的事项

①$K^{\ominus}$表达式中各组分浓度或分压必须是平衡时的浓度或分压；

②$K^{\ominus}$的值必须与化学反应式相对应，同一化学反应以不同的计量式表示时，$K^{\ominus}$值不同；

③液体和固体的分压或浓度均不列入 $K^{\ominus}$表达式中；

④标准平衡常数与浓度、分压无关，与温度有关。

3. 标准平衡常数的应用

(1)判断反应程度

$K^{\ominus}$越大，则反应进行的趋势越大。达到平衡时，反应物转化率越大；反之便越小。

某反应物转化率(α)＝某反应物已转化的量/初始量 $\times 100\%$

(2)预测反应方向

对一般化学反应 $a\mathrm{A(g)}+b\mathrm{B(aq)}+c\mathrm{C(s)} \rightleftharpoons x\mathrm{X(g)}+y\mathrm{Y(aq)}+z\mathrm{Z(l)}$ 来说，反应商为

$$J=\frac{[p_{j}(\mathrm{X})/p^{\ominus}]^{x}\cdot[c_{j}(\mathrm{Y})/c^{\ominus}]^{y}}{[p_{j}(\mathrm{A})/p^{\ominus}]^{a}\cdot[c_{j}(\mathrm{B})/c^{\ominus}]^{b}}$$

①$J<K^{\ominus}$，反应正向进行；

②$J=K^{\ominus}$，反应处于平衡状态；

③$J>K^{\ominus}$，反应逆向进行。

(3)计算平衡组成。

二、化学平衡的移动

1. 定义

化学平衡的移动是指因外界条件改变，化学平衡被破坏而引起平衡状态转变的过程。

2. 平衡移动的影响因素

化学平衡移动的规则(Le Châtelier 原理)：改变化学平衡条件，平衡向减弱这种改变的方向移动。

对某反应：$aA(g)+bB(g) \rightleftharpoons yY(g)+zZ(g)$，浓度、压力、温度等对化学平衡移动的影响如表 4-1-1 所示。

表 4-1-1 化学平衡移动影响因素

影响因素	影响结果
浓度	①反应物浓度增加、产物浓度减小，$J<K^{\ominus}$，平衡正移； ②反应物浓度减小、产物浓度增加，$J>K^{\ominus}$，平衡逆移
压力	①组分分压影响：T、V 恒定时，增大某反应物的分压，或减小某产物的分压，$J<K^{\ominus}$，平衡正移，反之，$J>K^{\ominus}$，平衡逆移； ②体积引起压力变化：$\sum \nu_B>0$，增压，$J>K^{\ominus}$，平衡逆移；$\sum \nu_B=0$，$J=K^{\ominus}$，平衡不移；$\sum \nu_B<0$，增压，$J<K^{\ominus}$，平衡正移
惰性气体	①T、V 恒定，总压增大，各组分分压不变，$J=K^{\ominus}$，平衡不移； ②T、P 恒定，体积增大，各组分分压减小，$J\neq K^{\ominus}$，平衡向分子数增多的方向移动
温度	①升温，平衡向吸热反应方向移动； ②降温，平衡向放热反应方向移动
催化剂	化学平衡不移

三、自发变化和熵

1. 自发变化

(1)定义

一定条件下，不需借助任何外力而能自发进行的过程(或反应)称为自发变化。

(2)特征

①部分自发变化需开始引发，其最大限度是系统的平衡状态；

②自发变化与时间、反应速率无关；

③自发变化的逆过程是非自发变化；

④自发变化和非自发变化都可能进行。

(3)能量最低原理

系统倾向于取得最低的能量状态。自发的化学反应趋向于使系统放出最多的能量。

(4)焓变判据

$\Delta H<0$，系统放热，能量降低，有利于反应自发进行。

【注意】放热只是利于反应自发进行的因素之一，并不是惟一因素。

2. 熵

(1)定义

熵是反映系统内部质点运动的混乱度的物理量，用符号 S 表示，单位为 $J \cdot K^{-1}$。S 愈大说明系统愈混乱。

热力学第三定律：在 0 K 时，完整有序纯物质晶体的熵值为零。

(2)标准摩尔熵

在标准态和指定温度下，1 mol 纯物质的熵值称为该物质的标准摩尔熵。以符号 $S_m^{\ominus}$(B，相态，T)表示，单位为 $J \cdot mol^{-1} \cdot K^{-1}$。

①同一物质在不同状态下熵值不同，$S_m^{\ominus}(g) > S_m^{\ominus}(l) > S_m^{\ominus}(s)$；

②分子结构相似、相对分子量相近物质的 $S_m^{\ominus}$ 相近；

③相对分子量相近时，具有复杂分子构型的物质的 $S_m^{\ominus}$ 越大。

【说明】标准态通常指 $p^{\ominus} = 100$ kPa，指定温度通常为 298.15 K。

3. 化学反应熵变

298.15 K 时化学反应的标准摩尔熵变为

$$\Delta_r S_m^{\ominus}(298.15\ K) = \sum \nu_B \Delta S_m^{\ominus}(B，相态，298.15\ K)$$

4. 热力学第二定律

热力学第二定律(熵增加原理)：任何自发过程中，系统和环境的熵变化的总和是增加的。

熵判据：$\Delta S_{总} = \Delta S_{系统} + \Delta S_{环境} > 0$，其中，$\Delta S_{环境} = -\Delta H/T$

(1)$\Delta S_{总} > 0$，自发变化；

(2)$\Delta S_{总} = 0$，平衡状态；

(3)$\Delta S_{总} < 0$，非自发变化。

四、Gibbs 函数

1. Gibbs 函数判据

吉布斯自由能 G

$$G = H - TS$$

吉布斯自由能 G 综合考虑了焓、熵、温度三者对化学反应的影响，单位为 $kJ \cdot mol^{-1}$ 或 $J \cdot mol^{-1}$。

Gibbs 函数判据：在恒温恒压且无非体积功的条件下，任何自发变化总是使系统的 Gibbs 函数减少。

根据 Gibbs 函数判据可以判断反应的方向性：

(1)$\Delta G < 0$，反应自发正向进行；

(2)$\Delta G = 0$，反应处于平衡状态；

(3)$\Delta G > 0$，反应非自发，能逆向进行。

2. 标准摩尔生成 Gibbs 函数

(1)标准摩尔生成 Gibbs 函数 $\Delta_f G_m^{\ominus}$：温度 T 时，参考态单质生成物质 B(且 $\nu_B = 1$)的标准摩尔 Gibbs 函变，单位为 $kJ \cdot mol^{-1}$ 或 $J \cdot mol^{-1}$。

(2)标准摩尔 Gibbs 函数 $\Delta_r G_m^{\ominus}$：标准状态下，温度一定时，化学反应按照化学式实现反应物到产物的转化过程中所发生的 Gibbs 函数的变化，单位为 $kJ \cdot mol^{-1}$ 或 $J \cdot mol^{-1}$。

$$\Delta_r G_m^{\ominus} = \Delta_r H_m^{\ominus} - T\Delta_r S_m^{\ominus}$$

298.15 K 时反应的标准摩尔 Gibbs 函变为

$$\Delta_r G_m^{\ominus}(298.15\ K) = \sum \nu_B \Delta_f G_m^{\ominus}(B，相态，298.15\ K)$$

3. Gibbs 函数与化学平衡

等温方程

$$\Delta_r G_m(T) = \Delta_r G_m^{\ominus}(T) + RT\ln J = -RT\ln K^{\ominus} + RT\ln J$$

利用等温方程判断反应的方向性：

(1) $J < K^{\ominus}$，反应正向进行；

(2) $J = K^{\ominus}$，反应处于平衡状态；

(3) $J > K^{\ominus}$，反应逆向进行。

4. vant' Hoff 方程

当温度变化较小且物质无相变发生时，$\Delta_r H_m^{\ominus}(T)$ 和 $\Delta_r S_m^{\ominus}$ 可认为与温度无关。

vant' Hoff 方程为

$$\ln\frac{K^{\ominus}(T_1)}{K^{\ominus}(T_2)} = -\frac{\Delta_r H_m^{\ominus}(298.15\ \mathrm{K})}{R}\left(\frac{1}{T_1}-\frac{1}{T_2}\right)$$

对于吸热反应，温度升高，$K^{\ominus}$增大；对于放热反应，温度升高，$K^{\ominus}$减小。

4.2 课后习题详解

1. 写出下列反应的标准平衡常数 $K^{\ominus}$ 的表达式：

(1) $CH_4(g) + H_2O(g) \rightleftharpoons CO(g) + 3H_2(g)$

(2) $C(s) + H_2O(g) \rightleftharpoons CO(g) + H_2(g)$

(3) $2MnO_4^-(aq) + 5H_2O_2(aq) + 6H^+(aq) \rightleftharpoons 2Mn^{2+}(aq) + 5O_2(g) + 8H_2O(l)$

(4) $VO_4^{3-}(aq) + H_2O(l) \rightleftharpoons [VO_3(OH)]^{2-}(aq) + OH^-(aq)$

(5) $2NO_2(g) + 7H_2(g) \rightleftharpoons 2NH_3(g) + 4H_2O(l)$

解：各反应的标准平衡常数分别为

(1) $K^{\ominus} = \dfrac{[p(CO)/p^{\ominus}][p(H_2)/p^{\ominus}]^3}{[p(CH_4)/p^{\ominus}][p(H_2O)/p^{\ominus}]}$

(2) $K^{\ominus} = \dfrac{[p(CO)/p^{\ominus}][p(H_2)/p^{\ominus}]}{[p(H_2O)/p^{\ominus}]}$

(3) $K^{\ominus} = \dfrac{[c(Mn^{2+})/c^{\ominus}]^2[p(O_2)/p^{\ominus}]^5}{[c(MnO_4^-)/c^{\ominus}]^2[c(H_2O_2)/c^{\ominus}]^5[c(H^+)/c^{\ominus}]^6}$

(4) $K^{\ominus} = \dfrac{\{c[VO_3(OH)]^{2-}/c^{\ominus}\}[c(OH^-)/c^{\ominus}]}{[c(VO_4^{3-})/c^{\ominus}]}$

(5) $K^{\ominus} = \dfrac{[p(NH_3)/p^{\ominus}]^2}{[p(H_2)/p^{\ominus}]^7[p(NO_2)/p^{\ominus}]^2}$

2. 在一定温度下，二硫化碳能被氧氧化，其反应方程式与标准平衡常数如下：

①$CS_2(g) + 3O_2(g) \rightleftharpoons CO_2(g) + 2SO_2(g)$；　　$K_1^{\ominus}$

②$\frac{1}{3}CS_2(g) + O_2(g) \rightleftharpoons \frac{1}{3}CO_2(g) + \frac{2}{3}SO_2(g)$；　　$K_2^{\ominus}$

试确立 $K_1^{\ominus}$ 和 $K_2^{\ominus}$ 之间的数量关系。

解：根据题意可得，反应方程式① = 3 × ②，所以 $K_1^{\ominus} = (K_2^{\ominus})^3$。

3. 已知下列两反应的标准平衡常数：

①$XeF_6(g) + H_2O(g) \rightleftharpoons XeOF_4(g) + 2HF(g)$；　　$K_1^{\ominus}$

②$XeO_4(g) + XeF_6(g) \rightleftharpoons XeOF_4(g) + XeO_3F_2(g)$;　　$K_2^\ominus$

根据上述两反应的有关信息，确定下列反应的标准平衡常数 $K^\ominus$ 与 $K_1^\ominus$，$K_2^\ominus$ 间的关系：

$$XeO_4(g) + 2HF(g) \rightleftharpoons XeO_3F_2(g) + H_2O(g);\quad K^\ominus$$

解：由反应方程式② - ①得

$$XeO_4(g) + 2HF(g) \rightleftharpoons XeO_3F_2(g) + H_2O(g)$$

则

$$K^\ominus = \frac{K_2^\ominus}{K_1^\ominus}。$$

4. 已知下列反应在 1362 K 时的标准平衡常数：

①$H_2(g) + \frac{1}{2}S_2(g) \rightleftharpoons H_2S(g)$;　　$K_1^\ominus = 0.80$

②$3H_2(g) + SO_2(g) \rightleftharpoons H_2S(g) + 2H_2O(g)$;　　$K_2^\ominus = 1.8 \times 10^4$

计算反应：$4H_2(g) + 2SO_2(g) \rightleftharpoons S_2(g) + 4H_2O(g)$ 在 1362 K 时的标准平衡常数 $K^\ominus$。

解：由反应方程式 2 × ② - 2 × ①得

$$4H_2(g) + 2SO_2(g) \rightleftharpoons S_2(g) + 4H_2O(g)$$

则

$$K^\ominus = \left(\frac{K_2^\ominus}{K_1^\ominus}\right)^2 = \left(\frac{1.8 \times 10^4}{0.8}\right)^2 = 5.1 \times 10^8。$$

5. 将 1.500 mol 的 NO，1.000 mol Cl_2 和 2.500 mol NOCl 在容积为 15.0 L 的容器中混合。230 ℃，反应：$2NO(g) + Cl_2(g) \rightleftharpoons 2NOCl(g)$ 达到平衡时测得有 3.060 mol NOCl 存在。计算平衡时 NO 的物质的量和该反应的标准平衡常数 $K^\ominus$。

解：平衡时 NOCl 的物质的量增加了 3.06 - 2.50 = 0.56 mol，由反应方程式中各物种的计量数可列出平衡时的组成关系

	$2NO(g)$	+	$Cl_2(g)$	$\rightleftharpoons$	$2NOCl(g)$
开始时 n_B/mol	1.500		1.000		2.500
平衡时 n_B/mol	1.500 - 0.560		$1.000 - \frac{1}{2} \times 0.560$		3.060

其中

$$n(NO) = (1.500 - 0.560)\,mol = 0.940\ mol$$

$$n(Cl_2) = \left(1.000 - \frac{1}{2} \times 0.560\right)mol = 0.720\ mol$$

则 NO、Cl_2 和 NOCl 的分压为

$$p(NO) = \frac{n(NO)RT}{V} = \frac{0.94\ mol \times 8.314\ J \cdot mol^{-1} \cdot K^{-1} \times 503\ K}{15.0\ L} = 262\ kPa$$

$$p(Cl_2) = \frac{n(Cl_2)RT}{V} = \frac{0.720\ mol \times 8.314\ J \cdot mol^{-1} \cdot K^{-1} \times 503\ K}{15.0\ L} = 201\ kPa$$

$$p(NOCl) = \frac{n(NOCl)RT}{V} = \frac{3.060\ mol \times 8.314\ J \cdot mol^{-1} \cdot K^{-1} \times 503\ K}{15.0\ L} = 853\ kPa$$

所以平衡常数为

$$K^{\ominus}=\frac{[p(\mathrm{NOCl})/p^{\ominus}]^2}{[p(\mathrm{NO})/p^{\ominus}]^2[p(\mathrm{Cl_2})/p^{\ominus}]}=\frac{(853/100)^2}{(262/100)^2(201/100)}=5.27。$$

6. 甲醇可以通过反应 $CO(g)+2H_2(g) \rightleftharpoons CH_3OH(g)$ 来合成，225 ℃时该反应的 $K^{\ominus}=6.08\times10^{-3}$。假定开始时 $p(CO):p(H_2)=1:2$，平衡时 $p(CH_3OH)=50.0$ kPa。计算 CO 和 H_2 的平衡分压。

解：假设在平衡时的 CO 分压为 xkPa。反应开始前 $p_0(CO):p_0(H_2)=1:2$，与化学反应的计量数之比相等，所以整个过程中始终保持 $p_0(CO):p_0(H_2)=1:2$，则平衡时的 H_2 分压为 $2x$ kPa，故

$$CO(g)+2H_2(g) \rightleftharpoons CH_3OH(g)$$

平衡时 p_B/kPa　　x　　$2x$　　50.0

$$K^{\ominus}=\frac{[p(\mathrm{CH_3OH})/p^{\ominus}]}{[p(\mathrm{CO})/p^{\ominus}][p(\mathrm{H_2})/p^{\ominus}]^2}=\frac{50.0/100}{(x/100)(2x/100)^2}$$

$$=\frac{50.0\times100^2}{4x^3}=6.08\times10^{-3}$$

解得　$x=274$。

所以各气体分压为 $p(CO)=274$ kPa，$p(H_2)=548$ kPa。

7. 苯甲醇脱氢可用来生产香料苯甲醛，523 K 时，反应 $C_6H_5CH_2OH(g) \rightleftharpoons C_6H_5CHO(g)+H_2(g)$ 的 $K^{\ominus}=0.558$。

(1)假若将 1.20g 苯甲醇放在 2.00 L 容器中并加热至 523 K，当平衡时，苯甲醛的分压是多少?

(2)平衡时苯甲醇的分解率是多少?

解：(1)已知 $M(C_6H_5CH_2OH)=108.14\ \mathrm{g\cdot mol^{-1}}$，则初始压力

$$p_0(\mathrm{C_6H_5CH_2OH})=\frac{m(\mathrm{C_6H_5CH_2OH})RT}{M(\mathrm{C_6H_5CH_2OH})V}$$

$$=\frac{1.20\ \mathrm{g}\times8.314\ \mathrm{J\cdot mol^{-1}\cdot K^{-1}}\times523\ \mathrm{K}}{108.14\ \mathrm{g\cdot mol^{-1}}\times2.00\ \mathrm{L}}$$

$$=24.1\ \mathrm{kPa}$$

反应方程　　$C_6H_5CH_2OH(g) \rightleftharpoons C_6H_5CHO(g)+H_2(g)$

平衡时 p_B/kPa　　$24.1-x$　　x　　x

$$\frac{(x/100)^2}{(24.1-x)/100}=0.558，x=18.2$$

$$p(\mathrm{C_6H_5CHO})=18.2\ \mathrm{kPa}$$

(2)$\alpha=\dfrac{18.2}{24.1}\times100\%=75.5\%$。

8. 反应：$PCl_5(g) \rightleftharpoons PCl_3(g)+Cl_2(g)$

(1)523 K 时，将 0.700 mol 的 PCl_5 注入容积为 2.00 L 的密闭容器中，平衡时有 0.500 mol PCl_5 被分解了。试计算该温度下的标准平衡常数 $K^{\ominus}$ 和 PCl_5 的分解率。

(2)若在上述容器中已达到平衡后，再加入 0.100 mol Cl_2，则 PCl_5 的分解率与(1)的分解率相比相差多少?

(3)如开始时在注入 0.700 mol PCl_5 的同时，就注入了 0.100 mol Cl_2，则平衡时 PCl_5 的分解率又是多少？比较(2)，(3)所得结果，可以得出什么结论？

解：(1)分解反应方程 $PCl_5(g) \rightleftharpoons PCl_3(g) + Cl_2(g)$

平衡时 n/mol　　0.200　　0.500　　0.500

平衡时各物种分压

$$p(PCl_5)=\frac{n(PCl_5)RT}{V}=\frac{0.200\times 8.314\times 523\ \text{kPa}}{2.00}=435\ \text{kPa}$$

$$p(PCl_3)=\frac{n(PCl_3)RT}{V}=1087\ \text{kPa}$$

$$p(Cl_2)=\frac{n(Cl_2)RT}{V}=1087\ \text{kPa}$$

$$K^{\ominus}=\frac{[p(PCl_3)/p^{\ominus}][p(Cl_2)/p^{\ominus}]}{p(PCl_5)/p^{\ominus}}=\frac{(1087/100)^2}{435/100}=27.2$$

$$\alpha_1=0.500/0.700=71.4\%$$

(2)在定温定容条件下 $PCl_5(g)$分解达到平衡后再加入 0.100 mol Cl_2，平衡会向左移动，设再次平衡时 Cl_2 消耗了 x mol，则分解反应

$$PCl_5(g) \rightleftharpoons PCl_3(g) + Cl_2(g)$$

平衡时 n/mol　　$0.200+x$　　$0.500-x$　　$0.600-x$

由 $K^{\ominus}=27.2$，$p_B=\frac{n_BRT}{V}$得

$$27.2=\frac{\left[\frac{(0.500-x)RT}{2.00\times 100}\right]\left[\frac{(0.600-x)RT}{2.00\times 100}\right]}{\frac{(0.200+x)RT}{2.00\times 100}}$$

$$27.2=\frac{8.314\times 523(0.500-x)(0.600-x)}{200\times(0.200+x)}$$

解得 $x=0.0215$。

$$n_{平}(PCl_5)=(0.200+0.0215)\,\text{mol}=0.2215\ \text{mol}$$

$$\alpha_2=(0.700-0.2215)/0.700\times 100\%=68.4\%$$

$$\alpha_1-\alpha_2=3\%$$

(3)在 $PCl_5(g)$未分解前加入 0.100 mol Cl_2，则

$$PCl_5(g) \rightleftharpoons PCl_3(g) + Cl_2(g)$$

$n_{总}$/mol　　$0.700-y$　　y　　$0.100+y$

$$27.2=\frac{\left(\frac{yRT}{2.00\times 100}\right)\left[\frac{(0.100+y)RT}{2.00\times 100}\right]}{\frac{(0.700-y)RT}{2.00\times 100}}$$

$$27.2=\frac{8.314\times 523\times(0.100+y)y}{200\times(0.700-y)}$$

$$y=0.4785$$

$$\alpha_3=0.4785/0.700\times 100\%=68.4\%$$

$\alpha_2=\alpha_3$，在相同外界条件下，反应转化率与投料方式无关，只与投料比有关。

9. 在 770 K，100.0 kPa 下，反应 $2NO_2(g) \rightleftharpoons 2NO(g) + O_2(g)$ 达到平衡，此时 NO_2 的转化率为 56.0%，试计算：

(1) 该温度下反应的标准平衡常数 $K^{\ominus}$；

(2) 若要使 NO_2 的转化率增加到 80.0%，则平衡时压力为多少？

解：(1) 设初始时的 NO_2 的物质的量为 1 mol。

$$2NO_2(g) \rightleftharpoons 2NO(g) + O_2(g)$$

平衡时 n_B/mol　　1 − 0.560　　0.560　　0.560/2

平衡时，$n_{总} = 1 - 0.560 + 0.560 + 0.560/2 = 1.280$

$$p_{总} = 100\ \text{kPa};\ p_B/p_{总} = n_B/n_{总}$$

$$K^{\ominus} = \frac{\left(\frac{0.560}{1.280} \cdot \frac{p_{总}}{p^{\ominus}}\right)^2 \left(\frac{0.280}{1.280} \cdot \frac{p_{总}}{p^{\ominus}}\right)}{\left(\frac{0.440}{1.280} \cdot \frac{p_{总}}{p^{\ominus}}\right)^2} = 0.354$$

(2) 相对于(1)中的转化率增加了，所以平衡时向右移动。由于此反应是一个分子数增加的反应，若要使平衡右移，则应减小压力。设平衡时压力为 p，开始时的 NO_2 的物质的量为 1 mol。

$$2NO_2(g) \rightleftharpoons 2NO(g) + O_2(g)$$

平衡时　　0.2　　0.8　　0.4

平衡时总的物质的量为　$n_{总} = 0.2 + 0.8 + 0.4 = 1.4$

根据分压定律，则

$$K^{\ominus} = \frac{\left(\frac{0.800}{1.40} \times \frac{p}{p^{\ominus}}\right)^2 \left(\frac{0.400}{1.40} \times \frac{p}{p^{\ominus}}\right)}{\left(\frac{0.200}{1.40} \times \frac{p}{p^{\ominus}}\right)^2} = 0.354$$

解得　$p = 7.7$ kPa。

10. 乙烷脱氢生成乙烯：$C_2H_6(g) \rightleftharpoons C_2H_4(g) + H_2(g)$，已知在 1273 K，100.0 kPa 下，反应达到平衡时，$p(C_2H_6) = 2.62$ kPa，$p(C_2H_4) = 48.7$ kPa，$p(H_2) = 48.7$ kPa。计算该反应的标准平衡常数 $K^{\ominus}$。在实际生产中可在定温定压下采用加入过量水蒸气的方法来提高乙烯的收率（水蒸气作为惰性气体加入），试以平衡移动的原理加以说明。

解：分解反应方程　$C_2H_6(g) \rightleftharpoons C_2H_4(g) + H_2(g)$

平衡分压/kPa　　2.62　　48.7　　48.7

$$K^{\ominus} = \frac{[p(C_2H_4)/p^{\ominus}][p(H_2)/p^{\ominus}]}{[p(C_2H_6)/p^{\ominus}]} = \frac{(48.7/100)^2}{2.62/100} = 9.05$$

定温定压条件下加入水蒸气，使系统体积增大，各组分气体的分压相应减小，因此化学平衡会向气体分子数增多的方向移动，从而提高了乙烯的产率。

11. 已知在 Br_2 与 NO 的混合物中，可能达成下列平衡（假定各种气体均不溶解于液体溴中）：

① $NO(g) + \frac{1}{2}Br_2(l) \rightleftharpoons NOBr(g)$

② $Br_2(l) \rightleftharpoons Br_2(g)$

③$NO(g)+\frac{1}{2}Br_2(g) \rightleftharpoons NOBr(g)$

(1)如果在密闭容器中有液体溴存在，当温度一定时，压缩容器使其体积缩小，则①，②，③平衡是否移动？为什么？

(2)如果容器中没有液体溴存在，当体积缩小时仍无液溴出现，则③向何方移动？①，②是否处于平衡状态？

解：(1)温度一定时，压缩容器：

反应①的平衡不移动。因为 $\sum_B \nu_B = 0$，即气体的分子数不变，压力大小对平衡无影响。

反应②的平衡不移动。因为该反应是相平衡反应，虽然压缩时会产生液溴，但在一定温度下其还是一种相同的平衡状态，所以平衡也不移动。

反应③的平衡不移动。因为 $p(Br_2)$保持不变，压缩时 $p(NO)$和 $p(NOBr)$增大相同的倍数，虽然 $\sum_B \nu_B = -\frac{1}{2}$，但反应商没有改变，平衡不移动。

(2)当容器中没有液溴存在，且压缩后仍无液溴生成时，反应①，②处于非平衡状态，平衡③向正方向移动。

12. 根据 Le Châtelier 原理，讨论下列反应：

$$2Cl_2(g)+2H_2O(g) \rightleftharpoons 4HCl(g)+O_2(g);\ \Delta_r H_m^{\ominus}>0$$

将 Cl_2，$H_2O(g)$，$HCl(g)$，O_2 四种气体混合后，反应达到平衡时，下列左面的操作条件改变对右面各物理量的平衡数值有何影响(操作条件中没有注明的，是指温度不变和体积不变)？

(1)增大容器体积	$n(H_2O,\ g)$
(2)加 O_2	$n(H_2O,\ g)$
(3)加 O_2	$n(O_2,\ g)$
(4)加 O_2	$n(HCl,\ g)$
(5)减小容器体积	$n(Cl_2,\ g)$
(6)减小容器体积	$p(Cl_2)$
(7)减小容器体积	$K^{\ominus}$
(8)升高温度	$K^{\ominus}$
(9)升高温度	$p(HCl)$
(10)加氮气	$n(HCl,\ g)$
(11)加催化剂	$n(HCl,\ g)$

解：(1) $\sum_B \nu_B = 1 > 0$，体积增大，压力减小，平衡向分子数增大的方向进行。$n(H_2O,\ g)$减小。

(2)$n(H_2O,\ g)$增大；

(3)$n(O_2,\ g)$增大；

(4)$n(HCl,\ g)$减小；

(5)$n(Cl_2,\ g)$增大；

(6)$p(Cl_2,\ g)$增大；

(7)不变；

(8)$K^\ominus$增大；

(9)p(HCl)增大；

(10)n(HCl, g)不变；

(11)n(HCl, g)不变。

13. 碱金属与氯气反应生成盐(氯化物)：

$$2M(s)+Cl_2(g)\longrightarrow 2MCl(s) \qquad M=Li, Na, K, Rb, Cs$$

用附表一中的数据，计算每种碱金属氯化物生成时上述反应的 $\Delta_r S_m^\ominus$，并确立这种熵变化从 Li 到 Cs 的基本趋势。

解： 碱金属与氯气反应的方程式为 $2M(s)+Cl_2(g)\longrightarrow 2MCl(s)$。

$$\Delta_r S_m^\ominus=\sum_B \nu_B S_m^\ominus(B)$$

对各种不同的碱金属查阅表一相关的热力学数据可得到生成从 LiCl 到 CsCl 的 $\Delta_r S_m^\ominus$ 为

$$\begin{aligned}\Delta_r S_m^\ominus&=2S_m^\ominus(LiCl, s)-2S_m^\ominus(Li, s)-S_m^\ominus(Cl_2, g)\\&=(2\times59.33-2\times29.12-223.066)\ J\cdot mol^{-1}\cdot K^{-1}\\&=-162.65\ J\cdot mol^{-1}\cdot K^{-1}\end{aligned}$$

$$\begin{aligned}\Delta_r S_m^\ominus&=2S_m^\ominus(NaCl, s)-2S_m^\ominus(Na, s)-S_m^\ominus(Cl_2, g)\\&=(2\times72.13-2\times51.21-223.066)\ J\cdot mol^{-1}\cdot K^{-1}\\&=-181.23\ J\cdot mol^{-1}\cdot K^{-1}\end{aligned}$$

$$\begin{aligned}\Delta_r S_m^\ominus&=2S_m^\ominus(KCl, s)-2S_m^\ominus(K, s)-S_m^\ominus(Cl_2, g)\\&=(2\times82.59-2\times64.18-223.066)\ J\cdot mol^{-1}\cdot K^{-1}\\&=-186.25\ J\cdot mol^{-1}\cdot K^{-1}\end{aligned}$$

$$\begin{aligned}\Delta_r S_m^\ominus&=2S_m^\ominus(RbCl, s)-2S_m^\ominus(Rb, s)-S_m^\ominus(Cl_2, g)\\&=(2\times95.90-2\times76.78-223.066)\ J\cdot mol^{-1}\cdot K^{-1}\\&=-184.83\ J\cdot mol^{-1}\cdot K^{-1}\end{aligned}$$

$$\begin{aligned}\Delta_r S_m^\ominus&=2S_m^\ominus(CsCl, s)-2S_m^\ominus(Cs, s)-S_m^\ominus(Cl_2, g)\\&=(2\times101.17-2\times85.23-223.066)\ J\cdot mol^{-1}\cdot K^{-1}\\&=-191.19\ J\cdot mol^{-1}\cdot K^{-1}\end{aligned}$$

由计算结果可知，上述反应的标准摩尔熵变的基本趋势从 Li 到 Cs 逐渐减小。

14. 在 25 ℃下，$CaCl_2(s)$溶解于水：$CaCl_2(s)\xrightarrow{H_2O}Ca^{2+}(aq)+2Cl^-(aq)$ 该溶解过程是自发的。计算其标准摩尔熵[变]；其环境的熵变化如何？其值比系统的 $\Delta_r S_m^\ominus$ 是大还是小？

解： 根据题意可知，溶解反应方程

$$CaCl_2(s)\longrightarrow Ca^{2+}(aq)+2Cl^-(aq)$$

查阅相关的热力学数据有

$S_m^\ominus/(J\cdot mol^{-1}\cdot K^{-1})$	104.6	−53.1	56.5
$\Delta_f H_m^\ominus(kJ\cdot mol^{-1})$	−795.8	−542.83	−167.159

根据 $\Delta_r S_m^\ominus=\sum\nu_B S_m^\ominus$ (B, 相态, 298 K)计算得

$$\Delta_r S_m^{\ominus} = -44.7\ \text{J} \cdot \text{mol}^{-1} \cdot \text{K}^{-1}$$

根据 $\Delta_r H_m^{\ominus} = \sum \nu_B \Delta_f H_m^{\ominus}$（B，相态，298 K）计算得

$$\Delta_r H_m^{\ominus} = -81.35\ \text{kJ} \cdot \text{mol}^{-1}$$

$$\Delta_r S_{m环境}^{\ominus} = -\Delta_r H_m^{\ominus}/T = -(-81.35 \times 10^3)\ \text{J} \cdot \text{mol}^{-1}/298.15\ \text{K} = 272.8\ \text{J} \cdot \text{mol}^{-1} \cdot \text{K}^{-1}$$

环境的熵变化大于系统的熵变化，两者之和大于零，所以，$CaCl_2$(s)溶于水的过程是自发的不可逆过程。

15. 固体氨的摩尔熔化焓变 $\Delta_{fus}H_m^{\ominus} = 5.65\ \text{kJ} \cdot \text{mol}^{-1}$，摩尔熔化熵变 $\Delta_{fus}S_m^{\ominus} = 28.9\ \text{J} \cdot \text{mol}^{-1} \cdot \text{K}^{-1}$

(1)计算在 170 K 下氨熔化的标准摩尔 Gibbs 函数；

(2)在 170 K 标准状态下，氨熔化是自发的吗?

(3)在标准压力下，固体氨与液体氨达到平衡时的温度是多少?

解：(1)由定义可知 $\Delta_r G_m^{\ominus} = \Delta_r H_m^{\ominus} - T\Delta_r S_m^{\ominus}$，则 $\Delta_{fus} G_m^{\ominus} = \Delta_{fus} H_m^{\ominus} - T\Delta_{fus} S_m^{\ominus}$。

代入相关数据得

$$\begin{aligned}\Delta_{fus} G_m^{\ominus}(170\ \text{K}) &= 5.65\ \text{kJ} \cdot \text{mol}^{-1} - 170\ \text{K} \times 28.9 \times 10^{-3}\ \text{kJ} \cdot \text{mol}^{-1} \cdot \text{K}^{-1} \\ &= 0.74\ \text{kJ} \cdot \text{mol}^{-1}\end{aligned}$$

(2)$\Delta_{fus} G_m^{\ominus}(170\ \text{K}) > 0$，在 170 K 标准态下氨熔化是非自发的。

(3)在标准压力下，固体氨与液体氨达到平衡时，$\Delta_{fus} G_m^{\ominus}(170\ \text{K}) = 0$，即 $\Delta_{fus} H_m^{\ominus} - T\Delta_{fus} S_m^{\ominus} = 0$，则

$$T = \frac{\Delta_{fus} H_m^{\ominus}}{\Delta_{fus} S_m^{\ominus}} = \frac{5.65 \times 10^3}{28.9}\text{K} = 196\ \text{K}。$$

16. 用附表一中的数据，计算 298.15 K 下反应 $H_2PO_4^-(aq) \rightleftharpoons H^+(aq) + HPO_4^{2-}(aq)$ 的标准平衡常数。

解：查阅相关的热力学数据得

	$H_2PO_4^-(aq) \rightleftharpoons$	$H^+(aq)$ +	$HPO_4^{2-}(aq)$
$\Delta_f G_m^{\ominus}(\text{kJ} \cdot \text{mol}^{-1})$	-1130.28	0	-1089.15

根据 $\Delta_r G_m^{\ominus} = \sum \nu_B \Delta_f G_m^{\ominus}$（B，相态，298 K），得

$$\begin{aligned}\Delta_r G_m^{\ominus} &= \Delta_f G_m^{\ominus}(H^+, aq) + \Delta_f G_m^{\ominus}(HPO_4^{2-}, aq) - \Delta_f G_m^{\ominus}(H_2PO_4^-, aq) \\ &= [0 + (-1089.015) - (-1130.28)]\ \text{kJ} \cdot \text{mol}^{-1} \\ &= 41.27\ \text{kJ} \cdot \text{mol}^{-1}\end{aligned}$$

又根据 $\Delta_r G_m^{\ominus}(T) = -RT\ln K^{\ominus}$，得

$$\ln K^{\ominus} = -\Delta_r G_m^{\ominus}(\text{T})/RT = -16.65$$

则 $K^{\ominus} = 5.9 \times 10^{-8}$。

17. 已知反应：

$$N_2O_4(g) \rightleftharpoons 2NO_2(g)$$

在 45 ℃时，将 0.0030 mol 的 N_2O_4 注入容积为 0.50 L 的真空容器中，系统达平衡时，压力为 26.3 kPa，试计算：

(1)45 ℃时 N_2O_4 的分解率及反应的标准平衡常数；

(2)25 ℃时反应的标准平衡常数；

(3)25 ℃时反应的标准摩尔熵变；

(4)反应的标准摩尔 Gibbs 函数[变]。

解：(1)假设在 45 ℃时 N_2O_4 的分解率为 α，则

$$N_2O_4(g) \rightleftharpoons 2NO_2(g)$$

$n_{平}/mol$ 　　　　$0.0030(1-\alpha)$ 　　0.0060α

$n_{总}=0.0030(1+\alpha)mol$

根据 $pV=nRT$，代入相关数据得

$$26.3\ kPa \times 0.50\ L = 0.0030(1+\alpha)mol \times 8.314\ J\cdot mol^{-1}\cdot K^{-1} \times (45+273.15)\ K$$

解得 $\alpha=65.8\%$，$K^{\ominus}(318\ K)=\dfrac{[p(NO_2)/p^{\ominus}]^2}{p(N_2O_4)/p^{\ominus}}=\dfrac{\left[\dfrac{0.0060\alpha\times 26.3}{0.0030(1+\alpha)\times 100}\right]^2}{\dfrac{0.0030(1-\alpha)\times 26.3}{0.0030(1+\alpha)\times 100}}=0.803$。

(2)根据 $\Delta_r G_m^{\ominus}=\sum \nu_B \Delta_f G_m^{\ominus}(B，相态，298\ K)$计算得

$$\Delta_r G_m^{\ominus}=4.73\ kJ\cdot mol^{-1}$$

根据 $\Delta_r G_m^{\ominus}(298\ K)=-RT\ln K^{\ominus}(298\ K)$，得

$$\ln K^{\ominus}=-\Delta_r G_m^{\ominus}(298\ K)/RT=-1.909$$

则 $K^{\ominus}(298\ K)=0.148$。

(3)25 ℃时，根据 $\Delta_r S_m^{\ominus}=\sum_B \nu_B S_m^{\ominus}(B，相态，298\ K)$计算得

$$\Delta_r S_m^{\ominus}=175.83\ J\cdot mol^{-1}\cdot K^{-1}$$

(4)根据 $\Delta_r G_m^{\ominus}(T)\approx\Delta_r H_m^{\ominus}(298\ K)-T\Delta_r S_m^{\ominus}(298\ K)$，得

$$\Delta_r G_m^{\ominus}(T)/(J\cdot mol^{-1})\approx 5.72\times 10^4-175.83T$$

18. **以含硫化镍的矿物为原料，经高炉熔炼得到含一定杂质的粗镍。粗镍经过 Mond 过程再转化为纯度可达 99.90%～99.99%的高纯镍，相应反应为**

$$\mathbf{Ni(s)+4CO(g) \rightleftharpoons Ni(CO)_4(g)}$$

(1)不查附表，判断该反应是熵增反应还是熵减反应。

(2)在某温度下该反应自发进行，推测反应自发进行时环境的熵是增加还是减少。

(3)利用附表一中所查到的数据，计算 25 ℃下该反应的 $\Delta_r H_m^{\ominus}$ 和 $\Delta_r S_m^{\ominus}$。

(4)当该反应的 $\Delta_r G_m^{\ominus}=0$ 时，温度为多少？

(5)在提纯镍的 Mond 过程中，第一步是粗镍与 CO，$Ni(CO)_4$(四羰基合镍)在 50 ℃左右的温度下达到平衡，这一步的标准平衡常数应尽可能地大，以便使镍充分地变成气相化合物。计算 50 ℃下上述反应的标准平衡常数 $K^{\ominus}$。

(6)在 Mond 过程中的第二步，将气体混合物从反应器中除去，并将其加热至 230 ℃左右。在足够高的温度下，$\Delta_r G_m^{\ominus}$ 的正、负号可以转换，反应在相反方向上发生，沉积出纯镍。在这一步，前述反应的标准平衡常数应尽可能的小。计算在 230 ℃下该反应的标准平衡常数。

(7)Mond 过程的成功依赖于 $Ni(CO)_4$ 的挥发性。在室温条件下，$Ni(CO)_4$ 是液体，42.2 ℃时沸腾，其汽化焓 $\Delta_{vap}H_m^{\ominus}=30.09\ kJ\cdot mol^{-1}$。计算该化合物的汽化熵 $\Delta_{vap}S_m^{\ominus}$。

(8)近来改进了的 Mond 过程是在较高压力和 150 ℃下进行第一步反应。估算 150 ℃下，$Ni(CO)_4$ 将要液化之前所能达到的最大压力[即估算 150 ℃下，$Ni(CO)_4$(l)的蒸气压]。

解：(1)反应的 $\sum \nu_B(g)=-3$，所以为气体分子数减小的反应，即熵减小的反应，

$\Delta_r S_m^{\ominus} < 0$。

(2)某温度下该反应能自发进行，即 $\Delta S_{总} > 0$。因为系统的熵变小于零，所以环境熵变必大于零，即环境的熵是增加的。

(3)查阅相关的热力学数据得

$$\mathrm{Ni(s)} + 4\mathrm{CO(g)} \rightleftharpoons \mathrm{Ni(CO)_4(g)}$$

	Ni(s)	4CO(g)	$Ni(CO)_4(g)$
$\Delta_f H_m^{\ominus}/\mathrm{kJ \cdot mol^{-1}}$	0	−110.525	−602.91
$S_m^{\ominus}/\mathrm{J \cdot mol^{-1} \cdot K^{-1}}$	29.87	197.674	410.6

根据 $\Delta_r H_m^{\ominus} = \sum \nu_B \Delta_f H_m^{\ominus}(\mathrm{B，相态，298\ K})$，可得

$$\begin{aligned}\Delta_r H_m^{\ominus}(298\ \mathrm{K}) &= \Delta_f H_m^{\ominus}(\mathrm{Ni(CO)_4,\ g}) - \Delta_f H_m^{\ominus}(\mathrm{Ni,\ s}) - 4\Delta_f H_m^{\ominus}(\mathrm{CO,\ g})\\ &= [-602.91 - 0 - 4 \times (-110.525)]\ \mathrm{kJ \cdot mol^{-1}}\\ &= -160.81\ \mathrm{kJ \cdot mol^{-1}}\end{aligned}$$

又根据 $\Delta_r S_m^{\ominus} = \sum \nu_B S_m^{\ominus}(\mathrm{B，相态，298\ K})$，可得

$$\begin{aligned}\Delta_r S_m^{\ominus}(298\ \mathrm{K}) &= S_m^{\ominus}[\mathrm{Ni(CO)_4,\ g}] - S_m^{\ominus}(\mathrm{Ni,\ s}) - 4S_m^{\ominus}(\mathrm{CO,\ g})\\ &= (410.6 - 29.87 - 4 \times 197.674)\ \mathrm{J \cdot mol^{-1} \cdot K^{-1}}\\ &= -410.0\ \mathrm{J \cdot mol^{-1} \cdot K^{-1}}\end{aligned}$$

(4)假定 $\Delta_r H_m^{\ominus}$ 和 $\Delta_r S_m^{\ominus}$ 不随温度的变化而变化，则当 $\Delta_r G_m^{\ominus} = 0$ 时，有

$$\Delta_r H_m^{\ominus} = T\Delta_r S_m^{\ominus}$$

所以 $T = \dfrac{\Delta_r H_m^{\ominus}(298\ \mathrm{K})}{\Delta_r S_m^{\ominus}(298\ \mathrm{K})} = \dfrac{-160.81 \times 10^3\ \mathrm{J \cdot mol^{-1}}}{-410.0\ \mathrm{J \cdot mol^{-1} \cdot K^{-1}}} = 392.2\ \mathrm{K}$。

(5)$\Delta_r G_m^{\ominus}(323\ \mathrm{K}) = \Delta_r H_m^{\ominus}(298\ \mathrm{K}) - 323\ \mathrm{K}\Delta_r S_m^{\ominus}(298\ \mathrm{K})$

$= -160.81\ \mathrm{kJ \cdot mol^{-1}} - 323\ \mathrm{K} \times (-410\ \mathrm{J \cdot mol^{-1} \cdot K^{-1}}) = -28.4\ \mathrm{kJ \cdot mol^{-1}}$

$$\ln K^{\ominus}(323\ \mathrm{K}) = -\frac{\Delta_r G_m^{\ominus}(323\ \mathrm{K})}{RT} = \frac{28.4 \times 10^3\ \mathrm{J \cdot mol^{-1}}}{8.314\ \mathrm{J \cdot mol^{-1} \cdot K^{-1}} \times 323\ \mathrm{K}} = 10.568$$

解得 $K^{\ominus}(323\ \mathrm{K}) = 3.89 \times 10^4$。

(6)$\Delta_r G_m^{\ominus}(503\ \mathrm{K}) = \Delta_r H_m^{\ominus}(298\ \mathrm{K}) - 503\ \mathrm{K}\Delta_r S_m^{\ominus}(298\ \mathrm{K})$

$$\begin{aligned}&= -160.81\ \mathrm{kJ \cdot mol^{-1}} - 503\ \mathrm{K} \times (-410.0\ \mathrm{J \cdot mol^{-1} \cdot K^{-1}})\\ &= 45.4\ \mathrm{kJ \cdot mol^{-1}}\end{aligned}$$

$$\ln K^{\ominus}(503\ \mathrm{K}) = -\frac{\Delta_r G_m^{\ominus}(503\ \mathrm{K})}{RT} = \frac{-45.4 \times 10^3\ \mathrm{J \cdot mol^{-1}}}{8.314\ \mathrm{J \cdot mol^{-1} \cdot K^{-1}} \times 503\ \mathrm{K}} = -10.856$$

解得 $K^{\ominus}(503\ \mathrm{K}) = 1.93 \times 10^{-5}$。

(7)在 42.2 ℃下，即 $T = 315.35\ \mathrm{K}$ 时，$Ni(CO)_4$ 达到气液平衡，则 $\Delta_{vap} G_m^{\ominus} = 0$，所以 $\Delta_{vap} H_m^{\ominus} = T\Delta_{vap} S_m^{\ominus}$，故

$$\Delta_{vap} S_m^{\ominus} = \frac{\Delta_{vap} H_m^{\ominus}}{T} = \frac{30.09 \times 10^3\ \mathrm{J \cdot mol^{-1}}}{315.35\ \mathrm{K}} = 95.42\ \mathrm{J \cdot mol^{-1} \cdot K^{-1}}$$

(8)$\mathrm{Ni(CO)_4(l)} \rightleftharpoons \mathrm{Ni(CO)_4(g)}$

$T = (150 + 273)\ \mathrm{K} = 423\ \mathrm{K}$，忽略压力、温度对 $\Delta_r H_m^{\ominus}$、$\Delta_r S_m^{\ominus}$ 的影响，则在 423 K 下，根据 $\Delta_r G_m^{\ominus}(423\ \mathrm{K}) = \Delta_r H_m^{\ominus} - T\Delta_r S_m^{\ominus}$，得

$$\Delta_r G_m^{\ominus}(423\ \mathrm{K}) = \Delta_r H_m^{\ominus} - 423\ \mathrm{K}\Delta_r S_m^{\ominus} = -10.27\ \mathrm{kJ \cdot mol^{-1}}$$

$$\ln K^{\ominus}(423\ \text{K}) = \ln p/p^{\ominus} = 2.920$$

解得 $p = 1.85 \times 10^3$ kPa。

19．在一定温度下 $Ag_2O(s)$ 和 $AgNO_3(s)$ 受热均能分解。反应为

$$Ag_2O(s) \rightleftharpoons 2Ag(s) + \frac{1}{2}O_2(g)$$

$$2AgNO_3(s) \rightleftharpoons Ag_2O(s) + 2NO_2(g) + \frac{1}{2}O_2(g)$$

假定反应的 $\Delta_r H_m^{\ominus}$ 和 $\Delta_r S_m^{\ominus}$ 不随温度的变化而改变，估算 Ag_2O 和 $AgNO_3$ 按上述反应方程式进行分解时的最低温度，并确定 $AgNO_3$ 分解的最终产物。

解：①根据 Ag_2O 的分解反应方程式，查阅相关的热力学数据，可得

	$Ag_2O(s) \rightleftharpoons$	$2Ag(s)$	$+\frac{1}{2}O_2(g)$
$\Delta_f H_m^{\ominus}/(\text{kJ}\cdot\text{mol}^{-1})$	−31.05	0	0
$S_m^{\ominus}/\text{J}\cdot\text{mol}^{-1}\cdot\text{K}^{-1}$	121.3	42.55	205.14

$$\begin{aligned}\Delta_r H_m^{\ominus} &= \sum \nu_B \Delta_f H_m^{\ominus}(\text{B，相态，298 K})\\ &= 2\Delta_f H_m^{\ominus}(\text{Ag, s}) + \frac{1}{2}\Delta_f H_m^{\ominus}(\text{O}_2\text{, g}) - \Delta_f H_m^{\ominus}(\text{Ag}_2\text{O, s})\\ &= 0-(-31.05\ \text{kJ}\cdot\text{mol}^{-1}) = 31.05\ \text{kJ}\cdot\text{mol}^{-1}\end{aligned}$$

$$\begin{aligned}\Delta_r S_m^{\ominus} &= \sum \nu_B S_m^{\ominus}(\text{B，相态，298 K})\\ &= 2S_m^{\ominus}(\text{Ag, s}) + \frac{1}{2}S_m^{\ominus}(\text{O}_2\text{, g}) - S_m^{\ominus}(\text{Ag}_2\text{O, s})\\ &= (2\times 42.55 + \frac{1}{2}\times 205.14 - 121.3)\ \text{J}\cdot\text{mol}^{-1}\cdot\text{K}^{-1}\\ &= 66.37\ \text{J}\cdot\text{mol}^{-1}\cdot\text{K}^{-1}\end{aligned}$$

Ag_2O 的分解温度为

$$T_1 = \frac{\Delta_r H_m^{\ominus}(298\ \text{K})}{\Delta_r S_m^{\ominus}(298\ \text{K})} = \frac{31.05\times 10^3\ \text{J}\cdot\text{mol}^{-1}}{66.37\ \text{J}\cdot\text{mol}^{-1}\cdot\text{K}^{-1}} = 467.8\ \text{K}$$

②根据 $AgNO_3$ 的分解反应方程，查阅相关的热力学数据，可得

	$2AgNO_3(s) \rightleftharpoons$	$Ag_2O(s)$	$+2NO_2(g)$	$+\frac{1}{2}O_2(g)$
$\Delta_f H_m^{\ominus}/(\text{kJ}\cdot\text{mol}^{-1})$	−124.39	−31.5	33.18	0
$S_m^{\ominus}/(\text{J}\cdot\text{mol}^{-1}\cdot\text{K}^{-1})$	140.92	121.3	240.06	205.14

$$\begin{aligned}\Delta_r H_m^{\ominus} &= \sum \nu_B \Delta_f H_m^{\ominus}(\text{B，相态，298 K})\\ &= \Delta_f H_m^{\ominus}(\text{Ag}_2\text{O, s}) + 2\Delta_f H_m^{\ominus}(\text{NO}_2\text{, g}) + \frac{1}{2}\Delta_f H_m^{\ominus}(\text{O}_2\text{, g}) - 2\Delta_f H_m^{\ominus}(\text{AgNO}_3\text{, s})\\ &= [-31.05 + 2\times 33.18 + 0 - 2\times(-124.39)]\ \text{kJ}\cdot\text{mol}^{-1}\\ &= 284.09\ \text{kJ}\cdot\text{mol}^{-1}\end{aligned}$$

$$\begin{aligned}\Delta_r S_m^\ominus &= \sum \nu_B S_m^\ominus(\text{B，相态，298 K})\\&= S_m^\ominus(Ag_2O, s) + 2S_m^\ominus(NO_2, g) + \frac{1}{2}S_m^\ominus(O_2, g) - 2S_m^\ominus(AgNO_3, s)\\&= (121.3 + 2\times240.06 + \frac{1}{2}\times205.14 - 2\times140.92)\ J\cdot mol^{-1}\cdot K^{-1}\\&= 422.15\ J\cdot mol^{-1}\cdot K^{-1}\end{aligned}$$

$$T_2 = \frac{\Delta_r H_m^\ominus(298\ K)}{\Delta_r S_m^\ominus(298\ K)} = \frac{284.09\times10^3\ J\cdot mol^{-1}}{422.15\ J\cdot mol^{-1}\cdot K^{-1}} = 673.0\ K$$

$T_2 > T_1$，$AgNO_3$ 分解为 Ag_2O 的温度高于 Ag_2O 分解为 Ag 的温度，所以 $AgNO_3$ 分解的最终产物为 Ag，NO_2，O_2。

20. (1)计算 298.15 K 下反应：$C_2H_6(g, p^\ominus) \rightleftharpoons C_2H_4(g, p^\ominus) + H_2(g, p^\ominus)$ 的 $\Delta_r G_m^\ominus$，并判断在标准状态下反应向何方进行。

(2)计算 298.15 K 下反应：$C_2H_6(g, 80\ kPa) \rightleftharpoons C_2H_4(g, 3.0\ kPa) + H_2(g, 3.0\ kPa)$ 的 $\Delta_r G_m$ 并判断反应方向。

解：(1)查阅相关的热力学数据，可得

	$C_2H_6(g, p^\ominus) \rightleftharpoons$	$C_2H_4(g, p^\ominus)$ +	$H_2(g, p^\ominus)$
$\Delta_f G_m^\ominus(kJ\cdot mol^{-1})$	−32.82	68.15	0

$$\begin{aligned}\Delta_r G_m^\ominus &= \sum \nu_B \Delta_f G_m^\ominus(\text{B，相态，298 K})\\&= \Delta_f G_m^\ominus(C_2H_4, g) + \Delta_f G_m^\ominus(H_2, g) - \Delta_f G_m^\ominus(C_2H_6, g)\\&= [68.15 + 0 - (-32.82)]\ kJ\cdot mol^{-1}\\&= 100.97\ kJ\cdot mol^{-1}\end{aligned}$$

在标准状态下 $\Delta_r G_m^\ominus > 0$，反应逆向进行。

$$\begin{aligned}(2)\ \Delta_r G_m &= \Delta_r G_m^\ominus + RT\ln J\\&= 100.97\ kJ\cdot mol^{-1} + 8.314\ J\cdot mol^{-1}\cdot K^{-1}\times298\ K\times\ln\frac{(3.0/100)^2}{80/100}\\&= 84.1\ kJ\cdot mol^{-1}\end{aligned}$$

因 $\Delta_r G_m^\ominus > 0$，故反应仍逆向进行。

21. 反应$\frac{1}{2}Cl_2(g) + \frac{1}{2}F_2(g) \rightleftharpoons ClF(g)$，在 298 K 和 398 K 下，测得其标准平衡常数分别为 9.3×10^9 和 3.3×10^7。

(1)计算 $\Delta_r G_m^\ominus(298\ K)$；

(2)若 298 K ~ 398 K 范围内 $\Delta_r H_m^\ominus$ 和 $\Delta_r S_m^\ominus$ 基本不变，计算 $\Delta_r H_m^\ominus$ 和 $\Delta_r S_m^\ominus$。

解：根据题意可知，反应方程式为

$$\frac{1}{2}Cl_2(g) + \frac{1}{2}F_2(g) \rightleftharpoons ClF(g)$$

$$\begin{aligned}(1)\ \Delta_r G_m^\ominus(298\ K) &= -RT\ln K^\ominus(298\ K)\\&= -8.314\ J\cdot mol^{-1}\cdot K^{-1}\times298\ K\times\ln(9.3\times10^9)\\&= -56.9\ kJ\cdot mol^{-1}\end{aligned}$$

(2)根据 $\ln\frac{K^\ominus(T_1)}{K^\ominus(T_2)} = \frac{-\Delta_r H_m^\ominus}{R}(\frac{1}{T_1} - \frac{1}{T_2})$，可得

$$\Delta_r H_m^\ominus = \frac{RT_1T_2}{T_1 - T_2}\ln\frac{K^\ominus(T_1)}{K^\ominus(T_2)}$$

代入相关的数据，可得 $\Delta_r H_m^\ominus = -55.6\ \text{kJ}\cdot\text{mol}^{-1}$。

又由 $\ln K^\ominus(T) = -\dfrac{\Delta_r H_m^\ominus}{RT} + \dfrac{\Delta_r S_m^\ominus}{R}$，可得

$$\Delta_r S_m^\ominus = R\ln K^\ominus(T) + \frac{\Delta_r H_m^\ominus}{T}$$

解得 $\Delta_r S_m^\ominus = 4.26\ \text{J}\cdot\text{mol}^{-1}\cdot\text{K}^{-1}$。

22. 碘在水中溶解度很小，但在含有 I^- 的溶液中的溶解度增大，这是因为发生了反应：

$$I_2(aq) + I^-(aq) \rightleftharpoons I_3^-(aq)$$

已经测得不同温度下的该反应的标准平衡常数。结果如下：

t/℃	3.8	15.3	25.0	35.0	50.2
$K^\ominus$	1160	841	689	533	409

(1) 画出 $\ln K^\ominus - 1/T$ 图；

(2) 估算该反应的 $\Delta_r H_m^\ominus$；

(3) 计算 298 K 下该反应的 $\Delta_r G_m^\ominus$。

解：(1) 由题给的数据进行处理得到表 4-2-1。

表 4-2-1

$\frac{1}{T}$/K^{-1}	$\ln K^\ominus$	$\frac{1}{T}$/K^{-1}	$\ln K^\ominus$
0.00361	7.056	0.00325	6.28
0.00347	6.73	0.00309	6.01
0.00335	6.54		

以 $\ln K^\ominus$ 对 $1/T$ 作图，如图 4-2-1 所示。

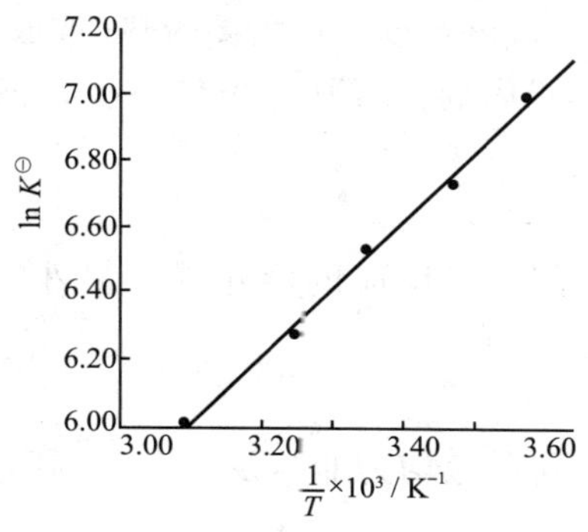

图 4-2-1

(2) 图 4-2-1 中直线的斜率为

$$\frac{7.00 - 6.00}{(3.59 - 3.10)\times 10^{-3}\ \text{K}^{-1}} = 2.04\times 10^3\ \text{K}$$

由 $\ln K^\ominus = -\dfrac{\Delta_r H_m^\ominus}{RT} + \dfrac{\Delta_r S_m^\ominus}{R}$，可知

$$斜率 = -\frac{\Delta_r H_m^{\ominus}}{R} = 2.04 \times 10^3 \text{ K}$$

所以

$$\Delta_r H_m^{\ominus} = (-2.04 \times 10^3 \text{ K})R = 8.314 \text{ J} \cdot \text{mol}^{-1} \cdot \text{K}^{-1} \times (-2.04 \times 10^3 \text{ K})$$
$$= -17.0 \text{ kJ} \cdot \text{mol}^{-1}。$$

$$(3)\Delta_r G_m^{\ominus}(298 \text{ K}) = -RT\ln K^{\ominus}(298 \text{ K})$$
$$= -8.314 \text{ J} \cdot \text{mol}^{-1} \cdot \text{K}^{-1} \times 298 \text{ K} \times \ln 689 = -16.2 \text{ kJ} \cdot \text{mol}^{-1}$$

4.3 名校考研真题详解

一、判断题

1. 乙烷裂解生成乙烯：$C_2H_6(g) \rightleftharpoons C_2H_4(g) + H_2(g)$。在实际生产中常在恒温恒压下采用加入过量水蒸汽的方法来提高乙烯的产率，这是因为随着水蒸汽的加入，同时以相同倍数降低了 $p(C_2H_6)$、$p(C_2H_4)$、$p(H_2)$，使平衡向右移动。(　　)[南京航空航天大学2012研]

【答案】对

【解析】烃类裂解反应加入水蒸汽(稀释蒸汽)的主要作用是降低烃类分压，从而有利于反应向乙烯的方向进行。其他作用还包括：①携带高温热量；②蒸汽与炭反应减少炉管结焦；③抑制炉管中金属铁的活性。

2. 一个反应的 ΔG 数值越负，其正反应自发进行的倾向越大，反应进行得越快。(　　)[南京航空航天大学2011研]

【答案】错

【解析】在恒温恒压且不做非体积功的条件下，可以用 ΔG 来判定反应的方向，但不能用来判定反应的快慢。反应速率 r 与反应物浓度和反应的级数有关，可表示为：$r = kc_A^{\alpha}c_B^{\beta}$。

3. 温度不变时，系统既不吸热也不放热。(　　)[南京航空航天大学2017研]

【答案】错

【解析】等温等压相变过程，温度不变，但需要吸热(或放热)。

4. 在一反应体系中加入正催化剂，若其他条件不变，该反应的 $\Delta H^{\ominus}$ 值不变。(　　)[华中农业大学2018研]

【答案】对

【解析】在体系中加入催化剂，其反应的活化能会减小，仅增加速率，相应的焓变值不变。

二、选择题

1. 在室温和标准态时，下列反应均为非自发，在高温时仍为非自发的是(　　)。[北京航空航天大学2014研]

A. $Ag_2O(s) \rightarrow 2Ag(s) + \frac{1}{2}O_2(g)$

B. $N_2O_4(g) \rightarrow 2NO_2(g)$

C. $Fe_2O_3(s) + \frac{3}{2}C(s) \rightarrow 2Fe(s) + \frac{3}{2}CO_2(g)$

D. $6C(s) + 6H_2O(g) \rightarrow C_6H_{12}O_6(s)$

【答案】D

【解析】反应是否自发进行可用 ΔG 的正负来判定，当 $\Delta G<0$ 时，反应能自发进行。由 $\Delta G=\Delta H-T\Delta S$ 可知，温度 T 越大，对于 $\Delta S>0$ 的反应的自发进行更有利，即 ΔG 会越小。在 D 项中，物质由气态变为固态，熵值减小即 $\Delta S<0$，所以在高温下仍然不是自发反应。

2．1 mol $N_2(g)$ 与 3 mol $H_2(g)$ 在绝热钢瓶中完全反应生成 2 mol $NH_3(g)$，体系的（　　）。［华中农业大学 2018 研］

A．$\Delta G=0$　　B．$\Delta U=0$　　C．$\Delta H=0$　　D．$\Delta S=0$

【答案】B

【解析】反应方程为 $N_2+3H_2 \longrightarrow 2NH_3$，绝热过程的热量交换为 0，即 $Q=0$，$\Delta U=Q+W$，绝热钢瓶中发生反应，相当于外压不变的情况，$W=-p_e\mathrm{d}V$，体积不变，所以 $W=0$，所以 $\Delta U=0$，B 项正确。反应前后分子数发生变化，熵减小，D 项错误；焓的定义为 $H=U+pV$，$\Delta H=\Delta U+p\Delta V+V\Delta p\neq0$，C 项错误；反应完成，说明体系不可能 $\Delta G=0$，A 项错误。

3．室温下，下列化学反应熵值改变最大的是（　　）。［中国科学院大学 2010 研］

A．$2SO_3(g)=\!=\!=2SO_2(g)+O_2(g)$

B．$2NH_3(g)=\!=\!=3H_2(g)+N_2(g)$

C．$CO_2(g)=\!=\!=C(石墨)+O_2(g)$

D．$CaSO_4\cdot2H_2O(s)=\!=\!=CaSO_4(s)+2H_2O(g)$

【答案】D

【解析】熵变反应是体系混乱程度的变化。气态物质熵值较固态或液态大，比较熵值增大的程度，可以先比较气态分子数的增加，四个选项中，气体分子数增加的数目分别是 1、2、0、2，B 和 D 项气体分子数增加均为 2，D 项的反应物是固态，其熵值较小，所以 D 项熵值改变最大。

4．某反应物在一定条件下的平衡转化率为 35%，当加入催化剂时，若反应条件不变，此时它的平衡转化率是（　　）。［北京航空航天大学 2010 研］

A．大于 35%　　B．小于 35%　　C．等于 35%　　D．无法知道

【答案】C

【解析】催化剂只能提高反应速率，不会改变平衡状态。

三、计算题

1．已知反应 $2SO_2(g)+O_2(g)=\!=\!=2SO_3(g)$ 的热力学数据（如表 4－3－1 所示）。

表 4－3－1

	$SO_2(g)$	$O_2(g)$	$SO_3(g)$
$\Delta_f H_m^\ominus(298.15\ K)/kJ\cdot mol^{-1}$	－296.83	0	－395.72
$S_m^\ominus(298.15\ K)/J\cdot mol^{-1}\cdot K^{-1}$	248.22	205.14	256.76

在某恒定温度下，8.0 mol $SO_2(g)$ 和 4.0 mol $O_2(g)$ 在密闭容器中进行反应生成 $SO_3(g)$，测得反应起始时和平衡时系统的总压力分别为 300 kPa 和 220 kPa。

(1)计算上述反应中该温度下的标准平衡常数；

(2)计算反应在 298 K 时的 $\Delta_r H_m^\ominus(298\ K)$，$\Delta_r S_m^\ominus(298\ K)$；

(3)忽略温度对 $\Delta_r H_m^\ominus(298\ K)$，$\Delta_r S_m^\ominus(298\ K)$ 的影响，近似计算上述反应的温度。［南京航空航天大学 2012 研］

解：(1)因为 V、T 不变，所以$\frac{p_{始}}{p_{平}}=\frac{n_{始}}{n_{平}}$，$\frac{300}{220}=\frac{8+4}{n_{平}}$，$n_{平}=8.8\ \text{mol}$。

设达到平衡时，氧气消耗 x mol。

	$2SO_2(g)$	+ $O_2(g)$ ══	$2SO_3(g)$	总摩尔数
开始时	8 mol	4 mol	0	12 mol
平衡时	$(8-2x)$mol	$(4-x)$mol	$2x$ mol	$(12-x)$mol

故 $12-x=8.8\ \text{mol}$，$x=3.2\ \text{mol}$。

$$K^{\ominus}=\frac{[p(SO_3)/p^{\ominus}]^2}{[p(SO_2)/p^{\ominus}]^2\cdot[p(O_2)/p^{\ominus}]}=\frac{\left[\frac{6.4}{8.8}\right]^2}{\left[\frac{8-6.4}{8.8}\right]^2\times\left[\frac{4-3.2}{8.8}\right]}\times\left(\frac{220}{101.325}\right)^{-1}=81$$

(2)在 298 K 时，反应的 $\Delta_r H_m^{\ominus}$ 和 $\Delta_r S_m^{\ominus}$ 分别为

$$\Delta_r H_m^{\ominus}(T)=\sum\nu_B\Delta_f H_m^{\ominus}$$
$$=-395.72\times2\ \text{kJ}\cdot\text{mol}^{-1}-(-296.83)\times2\ \text{kJ}\cdot\text{mol}^{-1}=-197.78\ \text{kJ}\cdot\text{mol}^{-1}$$

$$\Delta_r S_m^{\ominus}=\sum\nu_B S_m^{\ominus}$$
$$=(256.76\times2-205.14-248.22\times2)\ \text{J}\cdot\text{mol}^{-1}\cdot\text{K}^{-1}=-188.06\ \text{J}\cdot\text{mol}^{-1}\cdot\text{K}^{-1}$$

(3)$\Delta_r G_m^{\ominus}=\Delta_r H_m^{\ominus}(298.15\ \text{K})-T\Delta_r S_m^{\ominus}(298.15\ \text{K})=-RT\ln K^{\ominus}$

所以有

$$-197780\ \text{J}\cdot\text{mol}^{-1}-T\times(-188.06)\ \text{J}\cdot\text{mol}^{-1}\cdot\text{K}^{-1}=-8.314\ \text{J}\cdot\text{mol}^{-1}\cdot\text{K}^{-1}\times T\ln K^{\ominus}$$

解得 $T=880$ K。

2. 已知在 427 ℃时各物质的热力学函数

	$N_2(g)$	$H_2(g)$	$NH_3(g)$
$\Delta_f H_m^{\ominus}/\text{kJ}\cdot\text{mol}^{-1}$	0	0	−45.22
$S_m^{\ominus}/\text{J}\cdot\text{mol}^{-1}\cdot\text{K}^{-1}$	217.0	155.9	243.5

在该温度下反应 $N_2(g)+3H_2(g)$══$2NH_3(g)$ 达平衡时，$c(N_2)=1.0\ \text{mol}\cdot\text{dm}^{-3}$，$c(H_2)=3.0\ \text{mol}\cdot\text{dm}^{-3}$，求 $c(NH_3)=?\ \text{mol}\cdot\text{dm}^{-3}$。［南京理工大学 2011 研］

解：$\Delta_r H_m^{\ominus}(700\ \text{K})=\sum\nu_B\Delta_f H_m^{\ominus}=2\times(-45.22)\ \text{kJ}\cdot\text{mol}^{-1}=-90.44\ \text{kJ}\cdot\text{mol}^{-1}$

$$\Delta_r S_m^{\ominus}(700\ \text{K})=\sum\nu_B S_m^{\ominus}=(2\times243.5-3\times155.9-217.0)\ \text{J}\cdot\text{mol}^{-1}\cdot\text{K}^{-1}$$
$$=-197.7\ \text{J}\cdot\text{mol}^{-1}\cdot\text{K}^{-1}$$

$$\Delta_r G_m^{\ominus}(700\ \text{K})=\Delta_r H_m^{\ominus}(700\ \text{K})-T\Delta_r S_m^{\ominus}(700\ \text{K})$$
$$=-90440\ \text{J}\cdot\text{mol}^{-1}-700\times(-197.7)\ \text{J}\cdot\text{mol}^{-1}=47.95\ \text{kJ}\cdot\text{mol}^{-1}$$

$$\Delta_r G_m^{\ominus}(700\ \text{K})=-RT\ln K^{\ominus}(700\ \text{K})=-RT\ln\frac{[c(NH_3)/c^{\ominus}]^2}{[c(H_2)/c^{\ominus}]^3\cdot[c(N_2)/c^{\ominus}]}$$

$$-(8.314\ \text{J}\cdot\text{mol}^{-1}\cdot\text{K}^{-1})\times(700\ \text{K})\times\ln\frac{[c(NH_3)]^2}{[3.0]^3[1.0]}=47950\ \text{J}\cdot\text{mol}^{-1}$$

解得：$c(NH_3)=0.084\ \text{mol}\cdot\text{dm}^{-3}$。

3. 反应$\frac{1}{2}Cl_2(g)+\frac{1}{2}F_2(g)\rightleftharpoons ClF(g)$在 298 K 和 398 K 下，测得其标准平衡常数分别为 9.3×10^9 和 3.3×10^7。

(1)计算 $\Delta_r G_m^\ominus(298\ K)$；

(2)若 298 K ~ 398 K 范围内 $\Delta_r H_m^\ominus$，$\Delta_r S_m^\ominus$ 基本不变，求 $\Delta_r H_m^\ominus$、$\Delta_r S_m^\ominus$。[南京航空航天大学 2017 研]

解：(1)已知温度为 298 K 时，$K^\ominus = 9.3\times10^9$，根据公式 $\Delta_r G_m^\ominus(T) = -RT\ln K^\ominus$ 得

$$\Delta_r G_m^\ominus(298\ K) = -56.87\ kJ\cdot mol^{-1}$$

(2)热力学公式中

$$\Delta_r G_m^\ominus(T) = \Delta_r H_m^\ominus - T\Delta_r S_m^\ominus = -RT\ln K^\ominus$$

$$\ln K^\ominus = -\frac{\Delta_r H_m^\ominus}{RT} + \frac{\Delta_r S_m^\ominus}{R}$$

由已知得，当温度为 298 K 时，$K_1^\ominus = 9.3\times10^9$，温度为 398 K 时，$K_2^\ominus = 3.3\times10^7$，则

$$\ln\frac{K_2^\ominus}{K_1^\ominus} = \frac{\Delta_r H_m^\ominus}{R}\frac{T_2 - T_1}{T_1 T_2}$$

则

$$\Delta_r H_m^\ominus = -55.63\ kJ\cdot mol^{-1},\ \Delta_r S_m^\ominus = 4.16\ J\cdot mol^{-1}\cdot K^{-1}$$

四、简答题

1．有人认为："某一化学反应的反应速率与温度有关，温度升高反应速率加快，而且在低温区反应速率增加的倍数大于高温区。"你是否认同该观点？请说明其原因？并简述温度影响反应速率的本质。[南京航空航天大学 2012 研]

答：该观点不完全正确。各种化学反应的速率随温度的变化关系比较复杂，除满足 Arrhenius 公式的反应外，还存在着其他类型的反应速率与温度的依赖关系。大致分以下几种情况：

(1)反应速率随温度的升高而逐渐加快，它们之间呈指数关系，符合 Arrhenius 公式，而且在低温区反应速率增加的倍数大于高温区。

(2)在低温时反应速率较慢，基本符合 Arrhenius 方程，但当温度到达某一定临界值时，反应速率迅速增大，反应以爆炸的方式极快地进行。

(3)在温度不太高时，速率随温度的升高而加快，但到达某一温度后，速率反而下降，如多相催化反应和酶催化反应。

(4)速率随温度升到某一高度后下降，但在某一温度后再升高温度，速率则又迅速上升，此时可能发生了副反应。

(5)随着温度升高速率反而下降，如 NO 氧化成 NO_2 的反应。

温度影响反应速率的本质是温度影响反应物活化分子的百分数，从而影响有效碰撞的次数，进而影响反应速率。

2．化学平衡是动态平衡，因而是暂时的、相对的、有条件的。若反应的条件发生改变，化学平衡必将被打破。试分析哪些因素可导致化学平衡的移动并说明原因。[南京航空航天大学 2012 研]

答：平衡移动的影响因素有浓度、压力、惰性气体和温度。

(1)浓度：反应物浓度增加或产物浓度减小时，反应商减小，平衡正向移动；反应物浓度减小或产物浓度增加，平衡逆向移动。

(2)压力：①定温定容条件下，只增大一种(或多种)反应物的分压，或者减小一种(或多种)产物的分压，反应商减小，平衡正向移动；反之，则逆向移动；②体积改变引起压力

变化，当 $\sum \nu_B > 0$ 时，增加压力，平衡逆向移动；当 $\sum \nu_B = 0$ 时，平衡不随压力的变化而移动；当 $\sum \nu_B < 0$ 时，增加压力，平衡正向移动。

(3)惰性气体：①恒温恒容下，引入惰性气体，系统总压力增大，但各反应物和产物的分压不变，平衡不移动；②恒温恒压下，引入惰性气体，系统体积增大，各组分气体分压减小，平衡向分子数增多的方向移动；③在惰性气体存在下达到平衡后，再恒温压缩，$\sum \nu_B \neq 0$，平衡向气体分子数减小的方向移动；$\sum \nu_B = 0$，平衡不移动。

(4)温度：升高温度，平衡向吸热反应方向移动；降低温度，平衡向放热反应方向移动。

3. 反应 $I_2(g) \rightleftharpoons 2I(g)$ 气体混合物处于平衡时：

(1)升温时，平衡常数会增大还是减小？为什么？

(2)压缩气体时，$I_2(g)$的解离度是增大还是减小？

(3)恒容时充入 N_2 时，$I_2(g)$的解离度是增大还是减小？

(4)恒压时充入 N_2 时，$I_2(g)$的解离度是增大还是减小？［江苏大学 2018 研］

答：(1)升温时，平衡常数增大，因为此分解反应为吸热反应，升温有利于平衡正向移动。

(2)压缩体积时，平衡向反应分子系数减小的方向进行，$I_2(g)$的解离度减小。

(3)恒定容积下，充入 N_2 不会改变物质的分压，平衡不移动，$I_2(g)$的解离度不变。

(4)恒压时充入 N_2，使得气体的分压减小，反应向反应分子系数增大的方向进行，$I_2(g)$的解离度增大。

第5章　酸碱反应和配位反应

5.1　复习笔记

一、酸碱质子理论

1. 酸

任何能释放质子 H^+ 的含氢原子的分子或离子，即质子的给予体。

2. 碱

任何能与质子 H^+ 结合的分子或离子，即质子的接受体。

3. 两性物质

既能给出质子，又能接受质子的物质。

4. 共轭酸碱对

共轭关系：酸给出质子生成相应的碱(共轭碱)，碱结合质子生成相应的酸(共轭酸)；酸碱之间的这种依赖关系称为共轭关系。

共轭酸碱对：符合共轭关系的一对酸碱称为共轭酸碱对。

5. 酸碱解离反应

实质：质子转移反应。

酸碱强弱的判断主要从两个方面：①酸给出质子和碱接受质子的能力(物质自身的性质)；②溶剂接受和给出质子的能力(区分效应与拉平效应)。

二、水的解离平衡

水的解离平衡为

$$H_2O(l) + H_2O(l) \rightleftharpoons H_3O^+ + OH^-$$

或

$$H_2O(l) \rightleftharpoons H^+(aq) + OH^-(aq)$$

标准平衡常数表达式为

$$K_w^\ominus = \{c(H_3O^+)\}\{c(OH^-)\} \text{或} K_w^\ominus = \{c(H^+)\}\{c(OH^-)\}$$

$K_w^\ominus$ 称为水的离子积常数，简称水的离子积。

25 ℃时纯水的 $K_w^\ominus$ 为

$$K_w^\ominus = \{c(H^+)\}\{c(OH^-)\} = (1.0\times10^{-7})^2 = 1.0\times10^{-14}$$

三、溶液的 pH 值

1. 定义

水的解离平衡受到溶液中 H^+ 或 OH^- 浓度的影响，二者的浓度反映了溶液的酸碱性。

pH：评估溶液酸碱性的一种标准。表示方法为

$$pH = -\lg\{c(H_3O^+)\}$$

与 pH 对应的 $pOH = -\lg\{c(OH^-)\}$。

2. pH 值的用法

pH、pOH 和 $pK_w^\ominus$ 间的关系为：$pH + pOH = pK_w^\ominus = 14$。

$c(H_3O^+)$与 pH 间关系如下：

(1)酸性溶液：$c(H_3O^+) > 10^{-7}\ mol\cdot L^{-1} > c(OH^-)$，$pH < 7 < pOH$；

(2)中性溶液：$c(H_3O^+) = 10^{-7}\ mol\cdot L^{-1} = c(OH^-)$，$pH = 7 = pOH$；

(3)碱性溶液：$c(H_3O^+) < 10^{-7}\ mol\cdot L^{-1} < c(OH^-)$，$pH > 7 > pOH$。

四、一元弱酸、弱碱的解离平衡

1. 弱酸和弱碱的定义

弱酸(弱碱)：水溶液中能部分解离为阳、阴离子的中性分子。

盐：大部分为强电解质，在水中完全解离为阳、阴离子。

分类标准：根据酸(碱)给出(接受)质子的数量进行划分。

2. 一元弱酸的解离平衡

(1)解离常数

在一元弱酸 HA 的水溶液中

$$HA(aq) + H_2O(l) \rightleftharpoons H_3O^+(aq) + A^-(aq)$$

弱酸 HA 的解离常数：$K_a^{\ominus}(HA) = \dfrac{\{c(H_3O^+)\}\{c(A^-)\}}{\{c(HA)\}}$。

【注意】①$c(H_3O^+)$的计算可忽略水的解离平衡；②$K_w^{\ominus} \ll K_a^{\ominus}$，$K_a^{\ominus}$ 与温度有关，但变化较小。

(2)解离度

解离分子数与总分子数之比，数学表达式为

$$\alpha = \frac{c(A^-)}{c_0(HA)} \times 100\%$$

(3)稀释定律

表示一元弱酸的 α、c 和 $K_a^{\ominus}$ 间的关系，表达式为

$$\alpha = \sqrt{\frac{K_a^{\ominus}(HA)}{\{c\}}}$$

3. 多元弱酸的一般性结论

(1)多元弱酸的解离是分步进行的，一般 $K_1^{\ominus} \gg K_2^{\ominus} \gg K_3^{\ominus}$……。溶液中的 H^+ 主要来自弱酸的第一步解离，计算 $c(H^+)$或 pH 时可只考虑第一步解离。

(2)对于二元弱酸，当 $K_1^{\ominus} \gg K_2^{\ominus}$ 时，c(酸根离子)$\approx K_2^{\ominus}$，而与弱酸的初始浓度无关(不能类推到三元弱酸)。

(3)对于二元弱酸与强酸的混合酸，若 c(弱酸)一定时，c(酸根离子)与$\{c(H_3O^+)\}^2$ 成反比。

4. 一元弱碱溶液的解离平衡

一元弱碱溶液解离平衡的计算与一元弱酸类似。

在弱碱 B 的溶液中

$$B(aq) + H_2O(l) \rightleftharpoons BH^+(aq) + OH^-(aq)$$

解离常数：$K_b^{\ominus}(B) = \dfrac{\{c(BH^+)\}\{c(OH^-)\}}{\{c(B)\}}$。

解离度：$\alpha = \sqrt{\dfrac{K_b^{\ominus}(B)}{\{c\}}}$。

五、盐类的水解反应

1. 定义

盐类水解反应：盐溶液中解离产生的离子与水发生质子转移的反应。

2. 盐的分类

盐溶液中解离产生的阴、阳离子的水解情况决定了盐溶液的酸碱性，根据离子酸和离子碱的强弱对盐进行如下分类，如表 5－1－1 所示：

表 5－1－1 盐的分类

分类	特点	盐溶液酸碱性	公式
强酸强碱盐	水中完全解离的阴、阳离子不发生水解反应	中性	$K_a^{\ominus}K_b^{\ominus}=K_w^{\ominus}$
强酸弱碱盐	水中完全解离的阳离子发生水解反应	酸性	
弱酸强碱盐	水中完全解离的阴离子发生水解反应	碱性	
酸式盐	两性物质，完全解离的阴离子既能给出质子又能接受质子	酸性、碱性	
弱酸弱碱盐	双水解	酸性、碱性、中性	

【注意】水解反应的实质是质子转移反应，即酸碱反应。

3. 影响盐类水解的因素

(1)温度：水解是吸热反应，温度升高，水解常数增大；

(2)浓度：T 一定，盐浓度 c 愈小，水解度 α 愈大。

六、缓冲溶液

1. 同离子效应

(1)定义

在弱酸或弱碱溶液中加入与其具有相同离子的强电解质时，使弱电解质解离度降低的现象。

(2)同离子效应的应用

调节$[H^+]$控制溶液中共轭酸碱的比例。

2. 缓冲溶液

(1)定义

加入少量强酸、强碱时，体系的 pH 值不发生明显改变的溶液，通常由弱酸或弱碱的共轭酸碱对组成。

(2)特点

①可由弱酸和弱酸盐或弱碱和弱碱盐组成；

②都含有两种物质：一种能抵消外加的酸(H^+)，一种能抵消外加的碱(OH^-)，这两种混合物为一对共轭酸碱；

③不同的缓冲混合物组成的缓冲溶液具有不同的 pH。

(3)缓冲原理

缓冲原理：如 HAc－NaAc 缓冲溶液，溶液中存在着如下解离平衡

$$HAc(aq)+H_2O(l)\rightleftharpoons H_3O^+(aq)+Ac^-(aq)$$

①当加入少量强酸时，溶液中的抗酸成份 Ac^- 与 H^+ 结合成难解离的 HAc 分子，从而使溶液中的$[H^+]$几乎保持不变(即 pH 值不变)，此为“抗酸作用”；

②当加入少量强碱时，则碱解离出来的 OH^- 与溶液中 H^+ 作用生成难解离的 H_2O，导致 HAc 的解离平衡右移，从而又补充了因加入少量的碱而消耗的 H^+，使溶液中的 $[H^+]$ 几乎保持不变(即 pH 值不变)，此为“抗碱作用”；

③当缓冲溶液加少量水稀释时，由于 HAc 和 Ac^- 的浓度以相同倍数降低，也可使溶液中的 $[H^+]$ 几乎保持不变(即 pH 值不变)。

【注意】缓冲溶液的缓冲作用有一定的范围，当加入的强酸和强碱的量超过了缓冲对的抗酸和抗碱的能力或过度稀释时，溶液会失去缓冲作用。

(4)缓冲溶液的 pH 值

缓冲溶液的 pH 可由 Henderson - Hasselbalch 方程计算

$$pH = pK_a^{\ominus}(HA) + \lg\frac{c(A^-)}{c(HA)}$$

25 ℃时，$pH = 14.00 - pK_b^{\ominus}(A^-) + \lg\frac{c(A^-)}{c(HA)}$

【注意】除 $pK_a^{\ominus}$(或 $pK_b^{\ominus}$) <2 外，可将平衡时的 $c(HA)$ 和 $c(A^-)$ 看作初始浓度 $c_0(HA)$ 和 $c_0(A^-)$。

(5)缓冲范围和缓冲能力

①缓冲范围

通常指 $pH = pK_a^{\ominus} \pm 1$ 的范围。

【说明】缓冲范围由缓冲对的 $pK_a^{\ominus}$(或 $pK_b^{\ominus}$)决定。

②缓冲能力

使缓冲溶液的 pH 值改变 1.0 所要加入强酸或强碱的量。

(6)缓冲溶液的选择和配制原则

①选择合适的缓冲对；

②共轭酸、碱浓度适宜，尽可能使其浓度相近；

③不与所需体系发生副反应。

七、酸碱指示剂

借助于颜色的改变来指示溶液 pH 的物质称为酸碱指示剂。

八、酸碱电子理论

Lewis 的酸碱电子理论(广义酸碱理论)认为酸碱反应实质是配位键形成产生酸碱配合物。

Lewis 酸：可接受外来电子对的分子或离子，如 Fe^{3+}、Fe、Ag^+、BF_3 等。

Lewis 碱：可给出电子对的分子或离子，如 X^-、$:NH_3$、$:CO$、H_2O 等。

九、配位化合物

1. 定义

配位化合物(配合物)：Lewis 酸碱加合产物。其中，Lewis 酸为中心离子，Lewis 碱为配体。

2. 配合物解离常数和稳定常数

(1)配合物解离常数(不稳定常数)

配位平衡：指溶液中同时存在配合物解离和生成反应间的平衡。

$[Ag(NH_3)_2]^+$ 解离反应如下：

$$[Ag(NH_3)_2]^+(aq) \rightleftharpoons [Ag(NH_3)]^+(aq) + NH_3(aq) \qquad K_{d1}^{\ominus}$$

$$[Ag(NH_3)]^+(aq) \rightleftharpoons Ag^+(aq) + NH_3(aq) \qquad K_{d2}^{\ominus}$$

该解离反应分步进行，总解离反应为

$$[Ag(NH_3)_2]^+(aq) \rightleftharpoons Ag^+(aq) + 2NH_3(aq) \qquad K_d^{\ominus}$$

其中，$K_{d1}^{\ominus}$、$K_{d2}^{\ominus}$为分步解离常数，$K_d^{\ominus}$ 为总解离常数，反映了配合物的稳定性，二者关系为

$$K_d^{\ominus} = K_{d1}^{\ominus} K_{d2}^{\ominus}$$

(2)配合物生成常数(稳定常数)

$[Ag(NH_3)_2]^+$生成反应如下：

$$Ag^+(aq) + NH_3(aq) \rightleftharpoons [Ag(NH_3)]^+(aq) \qquad K_{f1}^{\ominus}$$

$$[Ag(NH_3)]^+(aq) + NH_3(aq) \rightleftharpoons [Ag(NH_3)_2]^+(aq) \qquad K_{f2}^{\ominus}$$

该生成反应也分步进行，总生成反应为

$$Ag^+(aq) + 2NH_3(aq) \rightleftharpoons [Ag(NH_3)_2]^+(aq) \qquad K_f^{\ominus}$$

其中，$K_{f1}^{\ominus}$、$K_{f2}^{\ominus}$为分步生成常数，$K_f^{\ominus}$ 为总生成常数，二者关系为

$$K_f^{\ominus} = K_{f1}^{\ominus} K_{f2}^{\ominus}$$

【说明】$K_d^{\ominus}$ 越大，$K_f^{\ominus}$ 越小，配合物越不稳定，易解离。

(3)解离常数与生成常数间的对应关系

$$K_f^{\ominus} = \frac{1}{K_d^{\ominus}}$$

$$K_{f1}^{\ominus} = \frac{1}{K_{d2}^{\ominus}},\quad K_{f2}^{\ominus} = \frac{1}{K_{d1}^{\ominus}}$$

5.2 课后习题详解

1. 写出下列各酸的共轭碱：

HCN，H_3AsO_4，HNO_2，HF，H_3PO_4，HIO_3，H_5IO_6，$[Al(OH)(H_2O)_5]^{2+}$，$[Zn(H_2O)_6]^{2+}$。

解：题中各酸的共轭碱依次为

CN^-，$H_2AsO_4^-$，NO_2^-，F^-，$H_2PO_4^-$，IO_3^-，$H_4IO_6^-$，$[Al(OH)_2(H_2O)_4]^+$，$[Zn(OH)(H_2O)_5]^+$

2. 写出下列各碱的共轭酸：

$HCOO^-$，PH_3，ClO^-，S^{2-}，CO_3^{2-}，HSO_3^-，$P_2O_7^{4-}$，$C_2O_4^{2-}$，$C_2H_4(NH_2)_2$，CH_3NH_2。

解：题中各碱的共轭酸依次为：HCOOH，PH_4^+，HClO，HS^-，HCO_3^-，H_2SO_3，$HP_2O_7^{3-}$，$HC_2O_4^-$，$C_2H_4(NH_2)(NH_3)^+$，$CH_3NH_3^+$。

3. 根据酸碱质子理论，确定以水为溶剂时下列物种哪些是酸，哪些是碱，哪些是两性物质：

SO_3^{2-}，H_3AsO_3，$Cr_2O_7^{2-}$，$HC_2O_4^-$，HCO_3^-，NH_2—NH_2（联氨），BrO^-，$H_2PO_4^-$，HS^-，H_3PO_3。

解：属于酸性的物质：H_3AsO_3，H_3PO_3，$HC_2O_4^-$，HCO_3^-，$H_2PO_4^-$，HS^-。

属于碱性的物质：SO_3^{2-}，$Cr_2O_7^{2-}$，H_2N—NH_2，BrO^-，$HC_2O_4^-$，HCO_3^-，$H_2PO_4^-$，HS^-。

属于两性的物质：$HC_2O_4^-$，HCO_3^-，$H_2PO_4^-$，HS^-。

4. 计算下列溶液的 pH：

(1) 50 ℃纯水和 100 ℃纯水；

(2) 0.20 $mol \cdot L^{-1}$ $HClO_4$ 溶液；

(3) 4.0×10^{-3} $mol \cdot L^{-1}$ $Ba(OH)_2$ 溶液；

(4) 将 50 mL 0.10 $mol \cdot L^{-1}$ HI 溶液稀释至 1.0 L；

(5) 将 100 mL 2.0×10^{-3} $mol \cdot L^{-1}$ HCl 溶液和 400 mL 1.0×10^{-3} $mol \cdot L^{-1}$ $HClO_4$ 溶液混合；

(6) 混合等体积的 0.20 $mol \cdot L^{-1}$ HCl 溶液和 0.10 $mol \cdot L^{-1}$ NaOH 溶液；

(7) 将 pH 为 8.00 和 10.00 的 NaOH 溶液等体积混合；

(8) 将 pH 为 2.00 的强酸溶液和 pH 为 13.00 的强碱溶液等体积混合。

解： (1) 因为在 50 ℃与 100 ℃下 $K_w^\ominus$ 的大小相差较大，所以需查出两个温度下的 $K_w^\ominus$

50 ℃时，$K_w^\ominus = 5.31 \times 10^{-14}$，$K_w^\ominus = [c(H^+)][c(OH^-)]$

$$c(H^+) = 2.30 \times 10^{-7}\ mol \cdot L^{-1} \qquad pH = 6.637$$

100 ℃时，$K_w^\ominus = 5.43 \times 10^{-13}$，

$$c(H^+) = 7.37 \times 10^{-7}\ mol \cdot L^{-1} \qquad pH = 6.133$$

(2) 溶液中 $c(H^+) = 0.2\ mol \cdot L^{-1}$，$pH = -\lg c(H^+) = 0.7$

(3) 根据题意可得，溶液中 $c(OH^-) = 8.0 \times 10^{-3}\ mol \cdot L^{-1}$，所以

$$c(H^+) = K_w^\ominus / c(OH^-) = 1.25 \times 10^{-12}\ mol \cdot L^{-1}$$

故 pH = 11.90。

(4) 稀释后，溶液中 H^+ 的浓度为

$$c(H^+) = 50 \times 10^{-3}\ L \times 0.10\ mol \cdot L^{-1} / 1.0\ L = 5.0 \times 10^{-3}\ mol \cdot L^{-1}$$

故 pH = 2.3。

(5) 两种强酸混合后，溶液中 H^+ 浓度为

$$c(H^+) = \frac{c(HCl)V(HCl) + c(HClO_4)V(HClO_4)}{V(HCl) + V(HClO_4)}$$

$$= \frac{(2.0 \times 10^{-3} \times 0.100 + 1.0 \times 10^{-3} \times 0.400)\ mol}{(0.100 + 0.400)\ L}$$

$$= 1.2 \times 10^{-3}\ mol \cdot L^{-1}$$

故 $pH = -\lg[c(H^+)] = -\lg 1.2 \times 10^{-3} = 2.92$。

(6) 强酸强碱混合后首先会发生中和反应，溶液的 pH 的大小取决于混合后剩余的酸碱的浓度大小。已知 $V(HCl) = V(NaOH)$，$c(HCl) > c(NaOH)$，且中和反应后，溶液体积增大一倍，则混合液中 HCl 的浓度为

$$c(H^+) = \frac{(0.20 - 0.10)}{2} mol \cdot L^{-1} = 5.0 \times 10^{-2}\ mol \cdot L^{-1}$$

故 $pH = -\lg(5.0 \times 10^{-2}) = 1.30$。

(7) pH = 8.00 的 NaOH 溶液中，pOH = 6.00，$c(OH^-) = 1.0 \times 10^{-6}\ mol \cdot L^{-1}$

当 pH = 10.00 时，pOH = 4.00，$c(OH^-) = 1.0 \times 10^{-4}\ mol \cdot L^{-1}$

两种溶液等体积混合后，浓度减半，即

$$c(OH^-) = \frac{1}{2}(1.0 \times 10^{-4} + 1.0 \times 10^{-6})\ mol \cdot L^{-1}$$

$$= 5.05 \times 10^{-5}\ mol \cdot L^{-1}$$

则 pOH = 4.30，pH = 9.70。

(8) 对于强酸溶液 pH = 2.00，则 H^+ 浓度为

$$c(H^+) = 1.0 \times 10^{-2}\ mol \cdot L^{-1}$$

对于强碱溶液 pH = 13.00，即 pOH = 1.00，则 OH^- 浓度为

$$c(OH^-) = 0.10\ mol \cdot L^{-1}$$

该强酸强碱混合后发生中和反应，由于 $c(OH^-) > c(H^+)$，所以碱过剩，则碱的浓度为

$$c(OH^-) = (0.10 - 1.0 \times 10^{-2})/2\ mol \cdot L^{-1} = 4.5 \times 10^{-2}\ mol \cdot L^{-1}$$

$$pOH = 1.35,\ pH = 12.65$$

5. 阿司匹林的有效成分是乙酰水杨酸 $HC_9H_7O_4$，其 $K_a^{\ominus} = 3.0 \times 10^{-4}$。在水中溶解 0.65 g 乙酰水杨酸，最后稀释至 65 mL。计算该溶液的 pH。

解：$HC_9H_7O_4$ 的相对分子质量为：$M = 180\ g \cdot mol^{-1}$。

则溶解的 $HC_9H_7O_4$ 的物质的量为：$n = \frac{0.65}{180}\ mol = 0.0036\ mol$。

在水中溶解的浓度为：$c_0(HC_9H_7O_4) = [0.0036/(65 \times 10^{-3})]\ mol \cdot L^{-1} = 0.0554\ mol \cdot L^{-1}$。

$HC_9H_7O_4$ 在水中达到解离平衡时有

$$HC_9H_7O_4(aq) \rightleftharpoons H^+(aq) + C_9H_7O_4^-(aq)$$

开始时 $c_B/c^{\ominus}$	0.0554	0	0
平衡时 $c_B/c^{\ominus}$	$0.0554 - x$	x	x

平衡常数表达式为

$$K_a^{\ominus} = \frac{x^2}{0.056 - x} = 3.0 \times 10^{-4}$$

解得 $x = 4.0 \times 10^{-3}$

故溶液中 H^+ 浓度为 $c(H^+) = 4.0 \times 10^{-3}\ mol \cdot L^{-1}$，pH = 2.40。

6. 麻黄素($C_{10}H_{15}ON$)是一种碱，被用于鼻喷雾剂，以减轻充血。其 $K_b^{\ominus}(C_{10}H_{15}ON) = 1.4 \times 10^{-4}$。

(1) 写出麻黄素与水反应的离子方程式，即麻黄素这种弱碱的解离反应方程式；

(2) 写出麻黄素的共轭酸，并计算其 $K_a^{\ominus}$ 值。

解：(1) 根据题意可知，麻黄素是一种弱碱，则在水中发生电离，即其与水反应的离子方程式为

$$C_{10}H_{15}ON(aq) + H_2O(l) \rightleftharpoons C_{10}H_{15}ONH^+(aq) + OH^-(aq)$$

(2) $C_{10}H_{15}ON$ 的共轭酸为 $C_{10}H_{15}ONH^+$，其 $K_a^{\ominus}$ 为

$$K_a^{\ominus}(C_{10}H_{15}ONH^+) = \frac{K_w^{\ominus}}{K_b^{\ominus}(C_{10}H_{15}ON)} = \frac{1.0 \times 10^{-14}}{1.4 \times 10^{-4}} = 7.1 \times 10^{-11}。$$

7. 水杨酸(邻羟基苯甲酸)$C_7H_4O_3H_2$ 是二元弱酸。25 ℃下，$K_{a1}^{\ominus} = 1.06 \times 10^{-3}$，$K_{a2}^{\ominus} = 3.6 \times 10^{-14}$。有时可用它作为止痛药来代替阿司匹林，但它有较强的酸性，能引起胃出血。计算 0.065 $mol \cdot L^{-1}$ 的 $C_7H_4O_3H_2$ 溶液中平衡时各物种的浓度和 pH。

解：根据题意可知，水杨酸是二元弱酸，则其电离过程应分两步进行

$$C_7H_4O_3H_2(aq) \rightleftharpoons C_7H_4O_3H^-(aq) + H^+(aq)$$

开始时 $c_B/c^{\ominus}$	0.065	0	0
平衡时 $c_B/c^{\ominus}$	$0.065 - x$	$x - y$	$x + y$

$$C_7H_4O_3H^-(aq) \rightleftharpoons C_7H_4O_3^{2-}(aq) + H^+(aq)$$

平衡时 $c_B/c^{\ominus}$ $\quad x-y \quad\quad y \quad\quad x+y$

$$K_{a1}^{\ominus} = \frac{(x-y)(x+y)}{0.065-x} = 1.06 \times 10^{-3}$$

$$K_{a2}^{\ominus} = \frac{y(x+y)}{x-y} = 3.6 \times 10^{-14}$$

因 $K_{a2}^{\ominus}$很小，令 $x \pm y \approx x$，解得

$$y = 3.6 \times 10^{-14},\ x = 7.8 \times 10^{-3}$$

则平衡时

$$c(C_7H_4O_3H_2) = (0.065 - 7.8 \times 10^{-3})\text{mol} \cdot L^{-1} = 0.057\ \text{mol} \cdot L^{-1}$$

$$c(C_7H_4O_3^{2-}) = 3.6 \times 10^{-14}\ \text{mol} \cdot L^{-1}$$

$$c(H^+) = c(C_7H_4O_3H^-) = 7.8 \times 10^{-3}\ \text{mol} \cdot L^{-1}$$

故 pH = 2.11。

8. 确定下列反应中的共轭酸碱对，计算反应的标准平衡常数并判断在标准状态下反应进行的方向。

(1) $HClO_2(aq) + NO_2^-(aq) \rightleftharpoons HNO_2(aq) + ClO_2^-(aq)$

(2) $HPO_4^{2-}(aq) + HCO_3^- \rightleftharpoons PO_4^{3-}(aq) + H_2CO_3(aq)$

(3) $NH_4^+(aq) + CO_3^{2-}(aq) \rightleftharpoons NH_3(aq) + HCO_3^-(aq)$

(4) $HAc(aq) + OH^-(aq) \rightleftharpoons Ac^-(aq) + H_2O(l)$

(5) $HAc(aq) + NH_3(aq) \rightleftharpoons NH_4^+(aq) + Ac^-(aq)$

(6) $H_2PO_4^-(aq) + PO_4^{3-}(aq) \rightleftharpoons 2HPO_4^{2-}(aq)$

解： 下列各反应的共轭酸碱对与平衡常数如下

(1) $HClO_2(aq) + NO_2^-(aq) \rightleftharpoons HNO_2(aq) + ClO_2^-(aq)$

酸(1) 碱(2) 酸(2) 碱(1)

$$K^{\ominus} = \frac{[c(HNO_2)/c^{\ominus}][c(ClO_2^-)/c^{\ominus}]}{[c(NO_2^-)/c^{\ominus}][c(HClO_2)/c^{\ominus}]} \times \frac{c(H^+)/c^{\ominus}}{c(H^+)/c^{\ominus}}$$

$$= \frac{K_a^{\ominus}(HClO_2)}{K_a^{\ominus}(HNO_2)} = \frac{1.0 \times 10^{-2}}{6.0 \times 10^{-4}} = 17$$

$K^{\ominus} > 1$，反应正向进行。

(2) $HPO_4^{2-}(aq) + HCO_3^-(aq) \rightleftharpoons PO_4^{3-}(aq) + H_2CO_3(aq)$

酸(1) 碱(2) 碱(1) 酸(2)

$$K^{\ominus} = \frac{K_{a3}^{\ominus}(H_3PO_4)}{K_{a1}^{\ominus}(H_2CO_3)} = \frac{4.5 \times 10^{-13}}{4.2 \times 10^{-7}} = 1.1 \times 10^{-6}$$

$K^{\ominus} \ll 1$，反应逆向进行。

(3) $NH_4^+(aq) + CO_3^{2-}(aq) \rightleftharpoons NH_3(aq) + HCO_3^-(aq)$

酸(1) 碱(2) 碱(1) 酸(2)

$$K^{\ominus} = \frac{K_a^{\ominus}(NH_4^+)}{K_{a2}^{\ominus}(H_2CO_3)} = \frac{5.6 \times 10^{-10}}{4.7 \times 10^{-11}} = 12$$

$K^{\ominus} > 1$，反应正向进行。

(4) $HAc(aq) + OH^-(aq) \rightleftharpoons Ac^-(aq) + H_2O(l)$

酸(1)　　　碱(2)　　　碱(1)　　酸(2)

$$K^{\ominus} = \frac{K_a^{\ominus}(HAc)}{K_w^{\ominus}} = \frac{1.8 \times 10^{-5}}{1.0 \times 10^{-14}} = 1.8 \times 10^{9}$$

反应正向进行。

(5) $HAc(aq) + NH_3(aq) \rightleftharpoons NH_4^+(aq) + Ac^-(aq)$

酸(1)　　　碱(2)　　　酸(2)　　碱(1)

$$K^{\ominus} = \frac{[c(Ac^-)/c^{\ominus}][c(NH_4^+)/c^{\ominus}]}{[c(HAc)/c^{\ominus}][c(NH_3)/c^{\ominus}]} \times \frac{[c(H^+)/c^{\ominus}][c(OH^-)/c^{\ominus}]}{[c(H^+)/c^{\ominus}][c(OH^-)/c^{\ominus}]}$$

$$= \frac{K_a^{\ominus}(HAc)K_b^{\ominus}(NH_3)}{K_w^{\ominus}} = \frac{(1.8 \times 10^{-5})^2}{1.0 \times 10^{-14}} = 3.2 \times 10^{4}$$

反应正向进行。

(6) $H_2PO_4^-(aq) + PO_4^{3-}(aq) \rightleftharpoons 2HPO_4^{2-}(aq)$

酸(1)　　　碱(2)　　　碱(1)酸(2)

$$K^{\ominus} = \frac{K_{a2}^{\ominus}(H_3PO_4)}{K_{a3}^{\ominus}(H_3PO_4)} = \frac{6.2 \times 10^{-8}}{4.5 \times 10^{-13}} = 1.4 \times 10^{5}$$

反应正向进行。

9. 在 298 K 时，已知 0.10 mol · L^{-1}的某一元弱酸水溶液的 pH 为 3.00，试计算：

(1) 该酸的解离常数 $K_a^{\ominus}$；

(2) 该酸的解离度 α;

(3) 将该酸溶液稀释一倍后的 α 及 pH。

解：(1) pH = 3，则 $c(H^+) = 10^{-3}$ mol · L^{-1}，电离方程为

$$HA(aq) \rightleftharpoons H^+(aq) + A^-(aq)$$

平衡时 $c_B/c^{\ominus}$　　$0.10 - 1.0 \times 10^{-3}$　　1.0×10^{-3}　　1.0×10^{-3}

则酸的解离常数为

$$K_a^{\ominus} = \frac{\{c(H^+)\}\{c(A^-)\}}{\{c(HA)\}} = \frac{(1.0 \times 10^{-3})^2}{0.10 - 1.0 \times 10^{-3}} = 1.0 \times 10^{-5}$$

(2) 酸的解离度为

$$\alpha = \frac{1.0 \times 10^{-3}}{0.10} = 1.0\%$$

(3) 当该溶液被稀释一倍后，未解离前 $c'(HA) = 0.050$ mol · L^{-1}，因 $K_a^{\ominus}$ 仅是温度的函数，故 HA 浓度变化，而 $K_a^{\ominus}$ 不变。

故稀释后的解离度为

$$\alpha' = \sqrt{\frac{K_a^{\ominus}(HA)}{c(HA)}} = \sqrt{\frac{1.0 \times 10^{-5}}{0.050}} = 1.4\%$$

$$c'(H^+) = c'(HA)\alpha' = 0.050\ \text{mol} \cdot \text{L}^{-1} \times 1.4\% = 7.0 \times 10^{-4}\ \text{mol} \cdot \text{L}^{-1}$$

$$pH = -\lg(7.0 \times 10^{-4}) = 3.15$$

10. 写出下列各种盐水解反应的离子方程式，并判断这些盐溶液的 pH 大于 7，等于 7，还是小于 7。

(1) NaCN；(2) $SnCl_2$；(3) $SbCl_3$；(4) $Bi(NO_3)_3$；

(5) $NaNO_2$；(6) NaF；(7) Na_2S；(8) NH_4HCO_3。

解： 水解反应的离子方程式如下

(1) $CN^- + H_2O \rightleftharpoons HCN + OH^-$ pH > 7

(2) $Sn^{2+} + H_2O + Cl^- \rightleftharpoons Sn(OH)Cl(s) + H^+$ pH < 7

(3) $Sb^{2+} + H_2O + Cl^- \rightleftharpoons SbOCl(s) + 2H^+$ pH < 7

(4) $Bi^{3+} + H_2O + NO_3^- \rightleftharpoons BiONO_3(s) + 2H^+$ pH < 7

(5) $H_2O + NO_2^- \rightleftharpoons HNO_2 + OH^-$ pH > 7

(6) $F^- + H_2O \rightleftharpoons HF + OH^-$ pH > 7

(7) $S^{2-} + H_2O \rightleftharpoons HS^- + OH^-$ pH > 7

(8) $NH_4^+ + H_2O \rightleftharpoons NH_3 \cdot H_2O + H^+$

$HCO_3^- + H_2O \rightleftharpoons H_2CO_3 + OH^-$（水解程度更大） pH > 7

11. 下列各物种浓度均为 $0.10\ mol \cdot L^{-1}$，试按 pH 由小到大的顺序排列起来。

NaBr，HBr，NH_4Br，$(NH_4)_2CO_3$，Na_3PO_4，Na_2CO_3。

解： 根据题意可得，这些物质的 pH 的大小顺序由小到大为：HBr，NH_4Br，NaBr，$(NH_4)_2CO_3$，Na_2CO_3，Na_3PO_4。

12. 计算下列盐溶液的 pH：

(1) $0.10\ mol \cdot L^{-1}$ NaCN；

(2) $0.010\ mol \cdot L^{-1}$ Na_2CO_3；

(3) $0.10\ mol \cdot L^{-1}$ NaH_2PO_4；

(4) $0.10\ mol \cdot L^{-1}$ Na_2HPO_4。

解： (1) 盐的水解方程平衡为

$$CN^-(aq) + H_2O(l) \rightleftharpoons HCN(aq) + OH^-(aq)$$

平衡时 $c_B/c^\ominus$ $0.10 - x$ x x

$$K_b^\ominus(CN^-) = K_h^\ominus = \frac{K_w^\ominus}{K_a^\ominus(HCN)} = \frac{1.0 \times 10^{-14}}{5.8 \times 10^{-10}} = 1.7 \times 10^{-5}$$

即 $\dfrac{x^2}{0.10 - x} = 1.7 \times 10^{-5}$

解得 $x = 1.30 \times 10^{-3}$

则溶液中氢氧根的浓度及 pH 值为：$c(OH^-) = 1.30 \times 10^{-3}\ mol \cdot L^{-1}$，pH = 11.11。

(2) 多元弱碱离子只需计算其一级水解，而不需要计算其二级水解，因为二级水解太弱，则

$$CO_3^{2-}(aq) + H_2O(l) \rightleftharpoons HCO_3^-(aq) + OH^-(aq)$$

平衡时 $c_B/c^\ominus$ $0.10 - x$ x x

$$K_{b1}^\ominus(CO_3^{2-}) = K_{h1}^\ominus = \frac{K_w^\ominus}{K_{a2}^\ominus(H_2CO_3)} = \frac{1.0 \times 10^{-14}}{4.7 \times 10^{-11}} = 2.1 \times 10^{-4}$$

即 $\dfrac{x^2}{0.010 - x} = 2.1 \times 10^{-4}$

解得 $x = 1.35 \times 10^{-3}$

则溶液的氢氧根浓度和 pH 值为：$c(OH^-) = 1.35 \times 10^{-3}\ mol \cdot L^{-1}$，pH = 11.13。

(3) 酸式盐溶液中的 $c(H^+)$ 可利用下列公式计算

$$c(H^+) = \sqrt{K_{a(n-1)}^\ominus K_{an}^\ominus}\ mol \cdot L^{-1}$$

采用此方法计算必须满足：酸式盐浓度不太小，且 $c_0/c^{\ominus} \gg K_{a(n-1)}^{\ominus}$，$(c_0/c^{\ominus})K_{an}^{\ominus} \gg K_w^{\ominus}$。

已知 $K_{a(n-1)}^{\ominus} = K_{a1}^{\ominus}(H_3PO_4) = 6.7 \times 10^{-3}$，$K_{an}^{\ominus} = K_{a2}^{\ominus}(H_3PO_4) = 6.2 \times 10^{-8}$，0.10 mol·L^{-1}的 $H_2PO_4^-$ 可认为不太稀，$c = c_0$。

$K_{a(n-1)}^{\ominus} = K_{a1}^{\ominus}(H_3PO_4) = 6.7 \times 10^{-3}$，符合$(c_0/c^{\ominus}) \gg K_{a(n-1)}^{\ominus}$。

$K_{a2}^{\ominus}(H_3PO_4) \cdot (c_0/c^{\ominus}) = 6.2 \times 10^{-8} \times 0.10 = 6.2 \times 10^{-9} \gg K_w^{\ominus}$，所以

$$
\begin{aligned}
c(H^+) &= \sqrt{K_{a1}^{\ominus}(H_3PO_4)K_{a2}^{\ominus}(H_3PO_4)}\,\text{mol}\cdot\text{L}^{-1} \\
&= \sqrt{6.7 \times 10^{-3} \times 6.2 \times 10^{-8}}\,\text{mol}\cdot\text{L}^{-1} \\
&= 2.04 \times 10^{-5}\ \text{mol}\cdot\text{L}^{-1}
\end{aligned}
$$

$$\text{pH} = 4.69$$

(4) $c_0(HPO_4^{2-}) = 0.10$ mol·L^{-1}，溶液不很稀，符合 $c_0 \approx c$；$K_{an}^{\ominus} = K_{a3}^{\ominus}(H_3PO_4) = 4.5 \times 10^{-13}$，$K_{a(n-1)}^{\ominus} = K_{a2}^{\ominus}(H_3PO_4) = 6.2 \times 10^{-8}$，$c_0 \gg K_{a(n-1)}^{\ominus}$，则

$$
\begin{aligned}
c(H^+) &= \sqrt{\frac{K_{a(n-1)}^{\ominus}(K_{an}^{\ominus}\{c_0\} + K_w^{\ominus})}{\{c_0\}}}\,\text{mol}\cdot\text{L}^{-1} \\
&= \sqrt{\frac{6.2 \times 10^{-8}(4.5 \times 10^{-13} \times 0.10 + 1.0 \times 10^{-14})}{0.10}}\,\text{mol}\cdot\text{L}^{-1} \\
&= 1.85 \times 10^{-10}\ \text{mol}\cdot\text{L}^{-1}
\end{aligned}
$$

$$\text{pH} = 9.73$$

如果用公式 $c(H^+) = \sqrt{K_{n-1}^{\ominus}K_n^{\ominus}}$ mol·L^{-1}计算，则

$$
\begin{aligned}
c(H^+) &= \sqrt{K_{a2}^{\ominus}(H_3PO_4)K_{a3}^{\ominus}(H_3PO_4)}\,\text{mol}\cdot\text{L}^{-1} \\
&= \sqrt{6.2 \times 10^{-8} \times 4.5 \times 10^{-13}}\,\text{mol}\cdot\text{L}^{-1} \\
&= 1.67 \times 10^{-10}\ \text{mol}\cdot\text{L}^{-1}
\end{aligned}
$$

$$\text{pH} = 9.78$$

13. 染料溴甲基蓝(缩写为 HBb)是一元弱酸：

$$\mathbf{HBb(aq) \rightleftharpoons H^+(aq) + Bb^-(aq)}$$

加 NaOH 溶液时，上述平衡向何方移动？该染料酸(HBb)为黄色，其共轭碱(Bb^-)是蓝色。在 NaOH 溶液中滴加 HBb 指示剂，显何种颜色？

解： 加入氢氧化钠后，氢氧根离子与氢离子反应生成水，从而使得平衡向正反应方向移动。因此在氢氧化钠溶液中滴加 HBb 指示剂时，指示剂显示的是 Bb^-的蓝色。

14. 根据下列酸、碱的解离常数，选取适当的酸及其共轭碱来配制 pH = 4.50 和 pH = 10.00 的缓冲溶液，其共轭酸、碱的浓度比应是多少？

HAc，$NH_3 \cdot H_2O$，$H_2C_2O_4$，$NaHCO_3$，H_3PO_4，NaAc，Na_2HPO_4，$C_6H_5NH_2$，NH_4Cl。

解： 配置缓冲溶液时，所选用的共轭酸或共轭碱的 $pK_a^{\ominus}$ 或 $pK_b^{\ominus}$ 要与要求的 pH 接近，因此配置 pH = 4.5 的缓冲溶液选用 $pK_a^{\ominus} = 4.74$ 的 HAc 和 NaAc。

根据公式

$$\text{pH} = pK_a^{\ominus}(HA) - \lg\frac{c(HA)}{c(A^-)}$$

代入数据，得

$$4.50 = 4.74 - \lg\frac{c(HAc)}{c(Ac^-)}$$

$$\lg\frac{c(HAc)}{c(Ac^-)} = 4.74 - 4.50 = 0.24$$

则共轭酸碱浓度比为

$$\frac{c(HAc)}{c(Ac^-)} = 1.74$$

同理，配置 pOH = 4 的缓冲溶液选用 $pK_b^\ominus = 4.74$ 的 $NH_3 \cdot H_2O$ 和 NH_4Cl。

$$pOH = pK_b^\ominus - \lg\frac{c(NH_3 \cdot H_2O)}{c(NH_4^+)}$$

$$4.00 = 4.74 - \lg\frac{c(NH_3 \cdot H_2O)}{c(NH_4^+)}$$

$$\lg\frac{c(NH_3 \cdot H_2O)}{c(NH_4^+)} = 0.74$$

则共轭酸碱浓度比为

$$\frac{c(NH_3 \cdot H_2O)}{c(NH_4^+)} = 5.50$$

15. 欲配制 250 mL pH 为 5.00 的缓冲溶液，问在 125 mL 1.0 $mol \cdot L^{-1}$ NaAc 溶液中应加入多少毫升 6.0 $mol \cdot L^{-1}$ HAc 溶液？

解：根据题意可知 pH = 5，$c(H^+) = 10^{-5}\ mol \cdot L^{-1}$，假设应加入 xL 6.00 $mol \cdot L^{-1}$ 的 HAc，则其电离方程式为

$$HAc(aq) \rightleftharpoons H^+(aq) + Ac^-(aq)$$

平衡时 $c_B/c^\ominus$　　$\frac{6x}{0.25} - 10^{-5}$　　10^{-5}　　$\frac{0.125 \times 1}{0.25} + 10^{-5}$

则　$1.8 \times 10^{-5} = \dfrac{10^{-5} \times 0.5}{\dfrac{6x}{0.25}}$

解得　$x = 0.0116$

即将 125 ml 1.0 $mol \cdot L^{-1}$ NaAc 与 11.6 mL 6.00 $mol \cdot L^{-1}$ 的 HAc 混合，再加水稀释至 250 ml。

16. 今有 2.00 L 0.500 $mol \cdot L^{-1}$ $NH_3(aq)$ 和 2.00 L 0.500 $mol \cdot L^{-1}$ HCl 溶液，若配制 pH = 9.00 的缓冲溶液，不允许再加水，最多能配制多少升缓冲溶液？其中 $c(NH_3)$，$c(NH_4^+)$ 各为多少？

解：采用 $NH_3(aq)$ 和 HCl(aq) 可以配置 $NH_3 \cdot H_2O - NH_4Cl$ 体系的缓冲溶液。根据题意可知，2.00 L $NH_3(aq)$ 需完全使用掉，而 HCl(aq) 只需使用一部分。假设使用 xL HCl(aq)，则缓冲溶液的总体积为 $(2 + x)$L，酸碱中和后：

$$c(NH_3 \cdot H_2O) = \frac{(0.500 \times 2.00 - 0.500x)\ mol}{(2.00 + x)\ L}$$

$$c(NH_4^+) = \frac{0.500x\ mol}{(2.00 + x)\ L}$$

查得 $K_b^\ominus(NH_3 \cdot H_2O) = 1.8 \times 10^{-5}$，则根据公式

$$pH = 14.00 - pK_b^{\ominus} + \lg \frac{c(B)}{c(BH^+)}$$

可得 $$9.00 = 14.00 - 4.74 + \lg \frac{(0.500 \times 2.00 - 0.500x)}{0.500x}$$

解得 $x = 1.3$

即最多可配置(2 + 1.3)L = 3.3 L缓冲溶液，其中，

$$c(NH_3 \cdot H_2O) = \frac{(0.500 \times 2.00 - 0.500 \times 1.3)\text{mol}}{3.3\text{ L}} = 0.11\text{ mol} \cdot L^{-1}$$

$$c(NH_4^+) = \frac{0.500 \times 1.3\text{ mol}}{3.3\text{ L}} = 0.20\text{ mol} \cdot L^{-1}$$

17. 硼砂($Na_2B_4O_7 \cdot 10H_2O$)在水中溶解，并发生如下反应：

$$Na_2B_4O_7 \cdot 10H_2O(s) \longrightarrow 2Na^+(aq) + 2B(OH)_3(aq) + 2B(OH)_4^-(aq) + 3H_2O(l)$$

硼酸与水的反应为

$$B(OH)_3(aq) + 2H_2O(l) \rightleftharpoons B(OH)_4^-(aq) + H_3O^+(aq)$$

(1)25 ℃时，将28.6 g硼砂溶解在水中，配制成1.0 L溶液，计算该溶液的pH；

(2)在(1)的溶液中加入100 mL 0.10 mol · L^{-1}HCl溶液，其pH又是多少？

解：(1)由反应方程式可知硼砂溶于水后形成等物质的量的$B(OH)_3$和$B(OH)_4^-$，而由此两种物质形成共轭酸碱对，可形成缓冲溶液，其方程式如下

$$B(OH)_3(aq) + 2H_2O(l) \rightleftharpoons B(OH)_4^-(aq) + H_3O^+(aq)$$

查阅相关数据得$K_a^{\ominus}[B(OH)_3] = 5.8 \times 10^{-10}$，又因为$c[B(OH)_3] = c[B(OH)_4^-]$，

所以$pH = pK_a^{\ominus}[B(OH)_3] - \lg \frac{c[B(OH)_3]}{c[B(OH)_4^-]} = -\lg(5.8 \times 10^{-10}) = 9.24$。

(2)在题(1)中的硼砂溶液中加入HCl溶液后，酸、碱的浓度发生了变化，即

$$c[B(OH)_3] = \frac{0.150 \times 1.00 + 0.10 \times 0.100}{1.00 + 0.100}\text{mol} \cdot L^{-1} = 0.145\text{ mol} \cdot L^{-1}$$

$$c[B(OH)_4^-] = \frac{0.150 \times 1.00 - 0.10 \times 0.100}{1.00 + 0.100}\text{mol} \cdot L^{-1} = 0.127\text{ mol} \cdot L^{-1}$$

$$pH = pK_a^{\ominus}(H_3BO_3) - \lg \frac{c(B(OH)_3)}{c(B(OH)_4^-)}$$

$$= -\lg 5.8 \times 10^{-10} - \lg \frac{0.145}{0.127} = 9.18$$

18. 计算下列各溶液在室温下的pH：

(1)20.0 mL 0.10 mol · L^{-1}HCl溶液和20.0 mL 0.10 mol · $L^{-1}$$NH_3$(aq)混合；

(2)20.0 mL 0.10 mol · L^{-1}HCl溶液和20.0 mL 0.20 mol · $L^{-1}$$NH_3$(aq)混合；

(3)20.0 mL 0.10 mol · L^{-1}NaOH溶液和20.0 mL 0.20 mol · $L^{-1}$$NH_4Cl$溶液混合；

(4)20.0 mL 0.20 mol · L^{-1}HAc溶液和20.0 mL 0.10 mol · L^{-1}NaOH溶液混合；

(5)20.0 mL 0.10 mol · L^{-1}HCl溶液和20.0 mL 0.20 mol · L^{-1}NaAc溶液混合；

(6)20.0 mL 0.10 mol · L^{-1}NaOH溶液和20.0 mL 0.10 mol · $L^{-1}$$NH_4Cl$溶液混合；

(7)300.0 mL 0.500 mol · $L^{-1}$$H_3PO_4$溶液和250.0 mL 0.30 mol · L^{-1}NaOH溶液混合；

(8)300.0 mL 0.500 mol · $L^{-1}$$H_3PO_4$溶液和500.0 mL 0.500 mol · L^{-1}NaOH溶液混合；

(9)300.0 mL 0.500 mol · $L^{-1}$$H_3PO_4$溶液和400.0 mL 1.00 mol · L^{-1}NaOH溶液混合。

解：(1)等物质的量的 HCl 与 $NH_3 \cdot H_2O$ 混合，生成等物质的量的 NH_4Cl，则 NH_4^+ 离子的浓度为

$$c(NH_4^+) = \frac{0.10\ mol \cdot L^{-1} \times 20.0\ mL}{(20.0+20.0)mL} = 0.050\ mol \cdot L^{-1}$$

设 NH_4^+ 水解了 x，则

$$NH_4^+(aq) + H_2O(l) \rightleftharpoons NH_3(aq) + H_3O^+(aq)$$

平衡时 $c_B/c^{\ominus}$　　0.050 − x　　　　x　　　x

$$K_a^{\ominus}(NH_4^+) = K_h^{\ominus} = \frac{K_w^{\ominus}}{K_b^{\ominus}(NH_3)} = \frac{1.0 \times 10^{-14}}{1.8 \times 10^{-5}} = 5.6 \times 10^{-10}$$

即 $\frac{x^2}{0.05 - x} = 5.6 \times 10^{-10}$

解得 $x = 5.3 \times 10^{-6}\ mol \cdot L^{-1}$

则溶液中 H^+ 的浓度为 $c(H^+) = 5.3 \times 10^{-6}\ mol \cdot L^{-1}$

即 pH = 5.28。

(2)由于 $n(HCl) < n(NH_3)$，则生成等物质的量的 NH_4Cl 后 NH_3 有剩余，即该溶液为 $NH_3 \cdot H_2O - NH_4Cl$ 的缓冲溶液。

因 $c(NH_3) = \frac{20 \times 0.10}{20+20} = 0.05\ mol \cdot L^{-1}$，$c(NH_4^+) = \frac{20 \times 0.10}{20+20} = 0.05\ mol \cdot L^{-1}$，则由缓冲溶液的计算公式得

$$pH = 14.00 - pK_b^{\ominus}(NH_3) + \lg \frac{c(NH_3)}{c(NH_4^+)}$$

$$= 14.00 - 4.74 + \lg \frac{0.050}{0.050} = 9.26$$

(3)NaOH 与 NH_4Cl 反应生成 $NH_3 \cdot H_2O$，还有过剩的 NH_4Cl，因此，该混合溶液是 $NH_3 \cdot H_2O - NH_4Cl$ 缓冲溶液，$c(NH_3 \cdot H_2O) = c(NH_4Cl) = 0.05\ mol \cdot L^{-1}$，则其 pH 与题(2)相同，pH = 9.26。

(4)两溶液混合后发生中和反应，HAc 和 NaOH 反应生成等物质量的 NaAc，HAc 有剩余，该系统是 HAc − NaAc 缓冲溶液。

$$pH = pK_a^{\ominus}(HAc) - \lg \frac{c(HAc)}{c(Ac^-)}$$

$$= -\lg 1.8 \times 10^{-5} - \lg \frac{(0.20 \times 20 - 0.10 \times 20)/40}{(0.10 \times 20)/40}$$

$$= 4.74$$

(5)两溶液混合后发生中和反应，该系统是 HAc − NaAc 缓冲溶液，系统的组成与题(4)相同，pH = 4.74。

(6)因 $n(NaOH) = n(NH_4Cl)$，两溶液混合发生中和反应，生成 $NH_3 \cdot H_2O$，$c(NH_3 \cdot H_2O) = 0.05\ mol \cdot L^{-1}$。

则假设 $NH_3 \cdot H_2O$ 解离了 x，$NH_3 \cdot H_2O$ 的解离平衡为

$$NH_3 \cdot H_2O(aq) \rightleftharpoons NH_4^+(aq) + OH^-(aq)$$

平衡时 $c_B/c^{\ominus}$　　　0.05 − x　　　x　　　x

则$\frac{x^2}{0.050-x}=1.8\times10^{-5}$

解得 $x=9.5\times10^{-4}$

所以氢氧根离子的浓度为 $c(OH^-)=9.5\times10^{-4}\ mol\cdot L^{-1}$，$pH=10.98$。

(7) $n(H_3PO_4)=0.300\ L\times0.500\ mol\cdot L^{-1}=0.150\ mol$

$n(NaOH)=0.250\ L\times0.300\ mol\cdot L^{-1}=0.075\ mol$

H_3PO_4 与 NaOH 反应，生成 0.075 mol NaH_2PO_4，余下 0.075 mol H_3PO_4。

$$c(H_3PO_4)=\frac{0.075\ mol}{(0.300+0.250)\ L}=0.136\ mol\cdot L^{-1}$$

$$c(H_2PO_4^-)=\frac{0.0750\ mol}{(0.300+0.250)\ L}=0.136\ mol\cdot L^{-1}$$

电离平衡如下，假设电离了 x，则

$$H_3PO_4(aq)\rightleftharpoons H^+(aq)+H_2PO_4^-(aq)$$

平衡时 $c_B/c^\ominus$ $\quad 0.136-x \quad x \quad 0.136+x$

$$K_{a1}^\ominus(H_3PO_4)=\frac{x(0.136+x)}{0.136-x}=6.7\times10^{-3}$$

$$x^2+0.143x-9.1\times10^{-4}=0$$

$$x=6.1\times10^{-3},\ pH=2.21$$

(8) $n(H_3PO_4)=0.300\ L\times0.500\ mol\cdot L^{-1}=0.150\ mol$

$n(NaOH)=0.500\ L\times0.500\ mol\cdot L^{-1}=0.250\ mol$

0.150 mol 的 H_3PO_4 和 0.250 mol 的 NaOH 反应，生成 0.15 mol NaH_2PO_4，余 0.1 mol NaOH，二者继续反应，生成 0.1 mol Na_2HPO_4，余 0.05 mol NaH_2PO_4。

$$c(HPO_4^{2-})=\frac{0.100\ mol}{(0.300+0.500)\ L}$$

$$c(H_2PO_4^-)=\frac{0.050\ mol}{(0.300+0.500)\ L}$$

此系统为 $NaH_2PO_4-Na_2HPO_4$ 缓冲溶液。

$$pH=pK_{a2}^\ominus(H_3PO_4)-\lg\frac{c(H_2PO_4^-)}{c(HPO_4^{2-})}=-\lg(6.2\times10^{-8})-\lg\frac{0.050}{0.100}=7.51$$

(9) $n(H_3PO_4)=0.300\ L\times0.500\ mol\cdot L^{-1}=0.150\ mol$

$n(NaOH)=0.400\ L\times1.00\ mol\cdot L^{-1}=0.400\ mol$

0.150 mol H_3PO_4 和 0.400 mol NaOH 反应，生成 0.100 mol Na_3PO_4，余 0.050 mol Na_2HPO_4。

$$c(HPO_4^{2-})=\frac{0.050\ mol}{(0.400+0.300)\ L}=0.071\ mol\cdot L^{-1}$$

$$c(PO_4^{3-})=\frac{0.100\ mol}{(0.400+0.300)\ L}=0.143\ mol\cdot L^{-1}$$

PO_4^{3-} 的水解方程如下，假设 PO_4^{3-} 水解了 x，则

$$PO_4^{3-}(aq)+H_2O(l)\rightleftharpoons HPO_4^{2-}(aq)+OH^-(aq)$$

平衡时 $c_B/c^\ominus$ $\quad 0.143-x \quad 0.071+x \quad x$

$$K_{b1}^\ominus(PO_4^{3-})=K_{h1}^\ominus=\frac{K_w^\ominus}{K_{a3}^\ominus(H_3PO_4)}=\frac{1.0\times10^{-14}}{4.5\times10^{-13}}=2.2\times10^{-2}$$

$$\frac{(0.071+x)x}{0.143-x}=2.2\times10^{-2}$$

$$x^2+0.093x-3.15\times10^{-3}=0，x=0.026$$

$$c(OH^-)=0.026\ mol\cdot L^{-1}，pOH=1.59，pH=12.41$$

19. 列表指出下列配合物的形成体、配体、配位原子和形成体的配位数；确定配离子和形成体的电荷数，并给出它们的命名。

(1) $[CrCl_2(H_2O)_4]Cl$； **(2) $[Ni(en)_3]Cl_2$；**

(3) $K_2[Co(NCS)_4]$； **(4) $Na_3[AlF_6]$；**

(5) $[PtCl_2(NH_3)_2]$； **(6) $[Co(NH_3)_4(H_2O)_2]_2(SO_4)_3$；**

(7) $[Fe(edta)]^-$； **(8) $[Co(C_2O_4)_3]^{3-}$；**

(9) $Cr(CO)_6$； **(10) HgI_4^{2-}；**

(11) $K_2[Mn(CN)_5]$； **(12) $[FeBrCl(en)_2]Cl$。**

解： 得到的配合物的形成体、配体、配位原子和形成体的配位数以及配离子和形成体的电荷数、命名如表5-2-1所示。

表5-2-1

	配离子	形成体	配位体	配位原子	配位数	命名
(1)	$[CrCl_2(H_2O)_4]^+$	Cr^{3+}	Cl^-，H_2O	Cl，O	6	氯化二氯·四水合铬(Ⅲ)
(2)	$[Ni(en)_3]^{2+}$	Ni^{2+}	en	N	6	氯化三乙二胺合镍(Ⅱ)
(3)	$[Co(NCS)_4]^{2-}$	Co^{2+}	NCS^-	N	4	四异硫氰合钴(Ⅱ)酸钾
(4)	$[AlF_6]^{3-}$	Al^{3+}	F^-	F	6	六氟合铝(Ⅲ)酸钠
(5)	$[PtCl_2(NH_3)_2]$	Pt^{2+}	Cl^-，NH_3	Cl，N	4	二氯·二氨合铂(Ⅱ)
(6)	$[Co(NH_3)_4(H_2O)_2]^{3+}$	Co^{3+}	NH_3，H_2O	N，O	6	硫酸四氨·二水合钴(Ⅲ)
(7)	$[Fe(edta)]^-$	Fe^{3+}	$edta^{4-}$	N，O	6	乙二胺四乙酸根合铁(Ⅲ)离子
(8)	$[Co(C_2O_4)_3]^{3-}$	Co^{3+}	$C_2O_4^{2-}$	O	6	三草酸根合钴(Ⅲ)离子
(9)	$[Cr(CO)_6]$	Cr(0)	CO	C	6	六羰基合铬(0)
(10)	$[HgI_4]^{2-}$	Hg^{2+}	I^-	I	4	四碘合汞(Ⅱ)离子
(11)	$[Mn(CN)_5]^{2-}$	Mn^{3+}	CN^-	C	5	五氰根合锰(Ⅲ)酸钾
(12)	$[FeBrCl(en)_2]^+$	Fe^{3+}	Br^-，Cl^-，en	Br，Cl，N	6	氯化一溴·一氯·二乙二胺合铁(Ⅲ)

20. 写出下列各种配离子的分步生成反应和总的生成反应方程式，以及相应的稳定常数表达式：

(1) $[Co(NH_3)_6]^{2+}$； **(2) $[Ni(CN)_4]^{2-}$；**

(3) $FeCl_4^-$； **(4) $[Mn(C_2O_4)_3]^{4-}$。**

解： (1)各分步反应方程式为

$Co^{2+}(aq)+NH_3(aq) \rightleftharpoons [Co(NH_3)]^{2+}(aq)$

$[Co(NH_3)]^{2+}(aq)+NH_3(aq) \rightleftharpoons [Co(NH_3)_2]^{2+}(aq)$

$[Co(NH_3)_2]^{2+}(aq)+NH_3(aq) \rightleftharpoons [Co(NH_3)_3]^{2+}(aq)$

$[Co(NH_3)_3]^{2+}(aq)+NH_3(aq) \rightleftharpoons [Co(NH_3)_4]^{2+}(aq)$

$[Co(NH_2)_4]^{2+}(aq)+NH_3(aq) \rightleftharpoons [Co(NH_3)_5]^{2+}(aq)$

$[Co(NH_3)_5]^{2+}(aq)+NH_3(aq) \rightleftharpoons [Co(NH_3)_6]^{2+}(aq)$

总的反应方程式为：$Co^{2+}(aq)+6NH_3(aq) \rightleftharpoons [Co(NH_3)_6]^{2+}$。

稳定常数为：$K_f^{\ominus}=\dfrac{[c(Co(NH_3)_6^{2+})]}{[c(Co^{2+})][c(NH_3)]^6}$。

(2)各分步反应方程式为

$Ni^{2+}+CN^- \rightleftharpoons [Ni(CN)]^+$

$[Ni(CN)]^+ + CN^- \rightleftharpoons [Ni(CN)_2]$

$[Ni(CN)_2]+CN^- \rightleftharpoons [Ni(CN)_3]^-$

$[Ni(CN)_3]^- + CN^- \rightleftharpoons [Ni(CN)_4]^{2-}$

总的反应方程式为：$Ni^{2+}(aq)+4CN^- \rightleftharpoons [Ni(CN)_4]^{2-}(aq)$。

稳定常数：$K_f^{\ominus}=\dfrac{[c(Ni(CN_4)^{2-})]}{[c(Ni^{2+})][c(CN^-)]^4}$。

(3)各分步反应为

$Fe^{3+}(aq)+Cl^-(aq) \rightleftharpoons [Fe(Cl)]^{2+}(aq)$

$[Fe(Cl)]^{2+}(aq)+Cl^-(aq) \rightleftharpoons [Fe(Cl_2)]^+(aq)$

$[Fe(Cl)_2]^+(aq)+Cl^-(aq) \rightleftharpoons [Fe(Cl)_3](aq)$

$[Fe(Cl)_3](aq)+Cl^-(aq) \rightleftharpoons [Fe(Cl)_4]^-(aq)$

总的生成反应方程式为：$Fe^{3+}(aq)+4Cl^-(aq) \rightleftharpoons [Fe(Cl)_4]^-$。

稳定常数为：$K_f^{\ominus}=\dfrac{[c(Fe(Cl)_4^-)]}{[c(Fe^{3+})][c(Cl^-)]^4}$。

(4)各分步反应为

$Mn^{2+}(aq)+C_2O_4^{2-}(aq) \rightleftharpoons [Mn(C_2O_4)](aq)$

$[Mn(C_2O_4)](aq)+C_2O_4^{2-}(aq) \rightleftharpoons [Mn(C_2O_4)_2]^{2-}(aq)$

$[Mn(C_2O_4)_2]^{2-}(aq)+C_2O_4^{2-}(aq) \rightleftharpoons [Mn(C_2O_4)_3]^{4-}(aq)$

总的生成反应方程式为：$Mn^{2+}(aq)+3C_2O_4^{2-}(aq) \rightleftharpoons [Mn(C_2O_4)_3]^{4-}(aq)$。

稳定常数：$K_f^{\ominus}=\dfrac{[c(Mn(C_2O_4)_3^{4-})]}{[c(Mn^{2+})][c(C_2O_4^{2-})]^3}$。

21. 计算下列取代反应的标准平衡常数：

(1) $Ag(NH_3)_2^+(aq)+2S_2O_3^{2-}(aq) \rightleftharpoons Ag(S_2O_3)_2^{3-}(aq)+2NH_3(aq)$

(2) $Fe(C_2O_4)_3^{3-}(aq)+6CN^-(aq) \rightleftharpoons Fe(CN)_6^{3-}(aq)+3C_2O_4^{2-}(aq)$

(3) $Co(NCS)_4^{2-}(aq)+4NH_3(aq) \rightleftharpoons Co(NH_3)_4^{2+}(aq)+4NCS^-(aq)$

解：(1)查表得 $K_f^{\ominus}[Ag(S_2O_3)_2^{3-}]=2.9\times10^{13}$，$K_f^{\ominus}[Ag(NH_3)_2^+]=1.67\times10^7$，所以

$$K^{\ominus}=\frac{[c(Ag(S_2O_3)_2^{3-})][c(NH_3)]^2}{[c(Ag(NH_3)_2^+)][c(S_2O_3^{2-})]^2}$$

$$=\frac{K_f^{\ominus}(Ag(S_2O_3)_2^{3-})}{K_f^{\ominus}(Ag(NH_3)_2^+)}=\frac{2.9\times10^{13}}{1.67\times10^7}=1.7\times10^6$$

(2)查表得 $K_f^{\ominus}[Fe(CN)_6^{3-}]=4.1\times10^{52}$，$K_f^{\ominus}[Fe(C_2O_4)_3^{3-}]=1.6\times10^{20}$，所以

$$K^{\ominus}=\frac{[c(Fe(CN)_6^{3-})][c(C_2O_4^{2-})]^3}{[c(Fe(C_2O_4)_3^{3-})][c(CN^-)]^6}$$

$$=\frac{K_f^{\ominus}(Fe(CN)_6^{3-})}{K_f^{\ominus}(Fe(C_2O_4)_3^{3-})}=\frac{4.1\times10^{52}}{1.6\times10^{20}}=2.6\times10^{32}$$

(3)查表得 $K_f^{\ominus}[Co(NH_3)_6^{2+}]=1.3\times10^5$，$K_f^{\ominus}[Co(NCS)_4^{2-}]=10^3$，所以

$$K^{\ominus}=\frac{[c(Co(NH_3)_4^{2+})][c(NCS^-)]^4}{[c(Co(NCS)_4^{2-})][c(NH_3)]^4}$$

$$=\frac{K_f^{\ominus}(Co(NH_3)_4^{2+})}{K_f^{\ominus}(Co(NCS)_4^{2-})}=\frac{1.16\times10^5}{1.00\times10^3}=1.16\times10^2$$

22. 室温下，在 500.0 mL 0.010 mol · L^{-1} $Hg(NO_3)_2$ 溶液中，加入 65.0 g KI(s) 后(溶液总体积不变)，生成了 $[HgI_4]^{2-}$。计算溶液中的 Hg^{2+}，HgI_4^{2-}，I^- 的浓度。

解：查阅相关稳定常数得 $K_f^{\ominus}[HgI_4]^{2-}=5.66\times10^{29}$，由于值很大，所以假设 Hg^{2+} 与 I^- 完全转化为 $[HgI_4]^{2-}$。

已知 $M(KI)=166\ g\cdot mol^{-1}$，则 I^- 的离子浓度为

$$c_0(I^-)=\frac{65.0\ g}{166.0\ g\cdot mol^{-1}\times0.5000\ L}=0.783\ mol\cdot L^{-1}$$

配位方程式如下，假设 $[HgI_4]^{2-}$ 解离了 x，则

$$Hg^{2+}(aq)+4I^-(aq)\rightleftharpoons[HgI_4]^{2-}(aq)$$

	Hg^{2+}	I^-	$[HgI_4]^{2-}$
开始时 $c_B/c^{\ominus}$	0.0100	0.783	0
完全反应后 $c_B/c^{\ominus}$	0	$0.783-0.0100\times4$	0.0100
平衡时 $c_B/c^{\ominus}$	x	$0.743+4x$	$0.0100-x$

$$K_f^{\ominus}([HgI_4]^{2-})=\frac{c([HgI_4]^{2-})/c^{\ominus}}{[c(Hg^{2+})/c^{\ominus}][c(I^-)/c^{\ominus}]^4}$$

代入数据得 $5.66\times10^{29}=\dfrac{0.0100-x}{x(0.743+4x)^4}$

解得 $x=5.8\times10^{-32}$

则各离子浓度为

$$c(Hg^{2+})=5.8\times10^{-32}\ mol\cdot L^{-1},\quad c(HgI_4)^{2-}=0.010\ mol\cdot L^{-1}$$

$$c(I^-)=0.743\ mol\cdot L^{-1}$$

23. Cr^{3+} 与 edta 的反应为

$$\mathbf{Cr^{3+}(aq)+H_2edta^{2-}(aq)\rightleftharpoons[Cr(edta)]^-(aq)+2H^+}$$

在 pH 为 6.00 的缓冲溶液中，最初浓度为 0.0010 mol · L^{-1} Cr^{3+} 溶液和 0.050 mol · L^{-1} Na_2H_2edta 溶液反应。计算室温下达平衡时 Cr^{3+} 的浓度(不考虑系统中 pH 的微小改变)。

解：反应方程式为 $Cr^{3+}(aq)+H_2edta^{2-}(aq)\rightleftharpoons Credta^-(aq)+2H^+(aq)$

	Cr^{3+}	H_2edta^{2-}	$Credta^-$	H^+
开始时 $c_B/c^{\ominus}$	0.0010	0.050	0	1.0×10^{-6}
平衡时 $c_B/c^{\ominus}$	x	$0.049+x$	$0.0010-x$	1.0×10^{-6}

$$K^{\ominus}=\frac{[c(Credta^-)/c^{\ominus}][c(H^+)/c^{\ominus}]^2}{[c(Cr^{3+})/c^{\ominus}][c(H_2edta^{2-})/c^{\ominus}]}$$

$$=K_f^{\ominus}(Credta^-)\cdot K_{a3}^{\ominus}(H_4edta)\cdot K_{a4}^{\ominus}(H_4edta)$$

$$=1.0\times10^{23}\times6.9\times10^{-7}\times5.9\times10^{-11}$$

$$=4.1\times10^6$$

$$\frac{(0.0010-x)\times1.0\times10^{-12}}{x(0.049+x)}=4.1\times10^6$$

解得 $x=5.0\times10^{-21}$

即 $c(Cr^{3+})=5.0\times10^{-21}\ mol\cdot L^{-1}$。

24. 室温下，已知 0.010 mol · L⁻¹ 的 Na_2H_2edta 溶液的 pH 为 4.46，在 1.0 L 该溶液中加入 0.010 mol $Cu(NO_3)_2(s)$（设溶液总体积没有改变），当生成螯合物 $[Cu(edta)]^{2-}$ 的反应达到平衡后，计算 $c(Cu^{2+})$ 和溶液的 pH 的变化量。

解：根据题意可知 pH = 4.46，$c(H^+)=3.5\times10^{-5}\ mol\cdot L^{-1}$，假设平衡时 Cu^{2+} 的浓度为 $x\ mol\cdot L^{-1}$，则其反应方程式如下

$$Cu^{2+}(aq)+H_2edta^{2-}(aq)\rightleftharpoons[Cu(edta)]^{2-}(aq)+2H^+(aq)$$

开始时 $c_B/c^\ominus$	0.010	0.010	0	3.5×10^{-5}
平衡时 $c_B/c^\ominus$	x	x	$0.010-x$	$0.020+3.5\times10^{-5}-2x$

$$K^\ominus=\frac{[c([Cu(edta)]^{2-})/c^\ominus][c(H^+)/c^\ominus]^2}{[c(Cu^{2+})/c^\ominus][c(H_2edta^{2-})/c^\ominus]}$$

$$=\frac{[c([Cu(edta)]^{2-})/c^\ominus][c(H^+)/c^\ominus]^2[c(edta^{4-})/c^\ominus]}{[c(Cu^{2+})/c^\ominus][c(H_2edta^{2-})/c^\ominus][c(edta^{4-})/c^\ominus]}$$

$$=K_f^\ominus([Cu(edta)]^{2-})K_{a3}^\ominus(H_4edta)K_{a4}^\ominus(H_4edta)$$

$$=5.0\times10^{18}\times6.9\times10^{-7}\times5.9\times10^{-11}=2.0\times10^2$$

由于 $K^\ominus$ 值较大，则 x 很小，设 $0.010-x\approx0.010$，

$$0.020+3.5\times10^{-5}-2x\approx0.020$$

$$\frac{0.010\times0.020^2}{x^2}=2.0\times10^2,\quad x=1.4\times10^{-4}$$

$$c(Cu^{2+})=1.4\times10^{-4}\ mol\cdot L^{-1}$$

$$c(H^+)=(0.020-2\times1.4\times10^{-4}+3.5\times10^{-5})\ mol\cdot L^{-1}$$

$$=2.0\times10^{-2}\ mol\cdot L^{-1}$$

$$pH=1.70,\quad \Delta pH=4.46-1.70=2.76$$

25. 在 25 ℃时，$Ni(NH_3)_6^{2+}$ 溶液中，$c(Ni(NH_3)_6^{2+})=0.10\ mol\cdot L^{-1}$，$c(NH_3)=1.0\ mol\cdot L^{-1}$，加入乙二胺(en)后，使开始时 $c(en)=2.30\ mol\cdot L^{-1}$。计算平衡时溶液中 $Ni(NH_3)_6^{2+}$，NH_3，$Ni(en)_3^{2+}$ 的浓度。

解：查阅相关的稳定常数知 $K_f^\ominus[Ni(en)_3^{2+}]\gg K_f^\ominus[Ni(NH_3)_6^{2+}]$，假设 $Ni(NH_3)_6^{2+}(aq)$ 完全生成 $Ni(en)_3^{2+}(aq)$，而 $Ni(en)_3^{2+}(aq)$ 又转化 x 生成 $Ni(NH_3)_6^{2+}(aq)$，则

$$Ni(NH_3)_6^{2+}(aq)+3en(aq)\rightleftharpoons Ni(en)_3^{2+}(aq)+6NH_3(aq)$$

开始时 $c_B/c^\ominus$	0.10	2.30	0	1.0
平衡时 $c_B/c^\ominus$	x	$2.0+3x$	$0.10-x$	$1.6-6x$

$$K^\ominus=\frac{K_f^\ominus[Ni(en)_3^{2+}]}{K_f^\ominus[Ni(NH_3)_6^{2+}]}=\frac{2.1\times10^{18}}{8.97\times10^8}=2.3\times10^9$$

即 $\dfrac{(0.10-x)(1.6-6x)^6}{x(2.0+3x)^3}=2.3\times10^9$。

解得 $x=9.1\times10^{-11}$，所以有

$$c(Ni(NH_3)_6^{2+})=9.1\times10^{-11}\ mol\cdot L^{-1}$$

$$c(Ni(en)_3^{2+})=0.10\ mol\cdot L^{-1}$$

$$c(NH_3)=1.6\ mol\cdot L^{-1}$$

26. 根据硬软酸碱原则和碱的软度顺序，试预测下述两组配合物稳定性的相对强弱，并查出它们的稳定常数来验证。

(1) $CdCl_4^{2-}$，$Cd(CN)_4^{2-}$，CdI_4^{2-}，$CdBr_4^{2-}$；(2) FeF^{2+}，$FeBr^{2+}$，$FeCl^{2+}$。

解：根据 HSAB 原则和碱的软度顺序，可预测以下结果，并查阅了相关的稳定常数。

(1) Cd^{2+}软酸，Cl^-硬碱，CN^-软碱，I^-软碱，Br^-交界碱，因此

	$Cd(CN)_4^{2-}$	>	CdI_4^{2-}	>	$CdBr_4^{2-}$	>	$CdCl_4^{2-}$
稳定常数	1.95×10^{18}		4.05×10^{5}		5.0×10^{3}		6.3×10^{2}

(2) Fe^{3+}硬碱，Cl^-硬碱，F^-硬碱，Br^-交界碱，因些

	FeF^{2+}	>	$FeCl^{2+}$	>	$FeBr^{2+}$
稳定常数	7.1×10^{6}		24.9		4.17

故预测的与查阅的数据得到的结果保持一致。

5.3 名校考研真题详解

一、判断题

1. 在 $Na_2Cr_2O_7$ 溶液中加入 $NaHCO_3$，可以得到 Na_2CrO_4。( )[南京航空航天大学2014 研]

【答案】对

【解析】$Cr_2O_7^{2-}$ 和 CrO_4^{2-} 存在这样的平衡 $Cr_2O_7^{2-}+2OH^-\rightleftharpoons 2CrO_4^{2-}+H_2O$，$NaHCO_3$ 是碱性溶液，所以平衡向右移动，得到 CrO_4^{2-}。

2. NaHS 水溶液显酸性。( )[北京科技大学 2014 研]

【答案】错

【解析】HS^-既可以水解，其方程式为 $HS^-+H_2O\rightleftharpoons H_2S+OH^-$，又可以电离 $HS^-\rightleftharpoons S^{2-}+H^+$，但是电离程度远远小于水解程度，故溶液显碱性。

3. 在相同温度下，纯水或 $0.1\ mol\cdot L^{-1}$ HCl 或 $0.1\ mol\cdot L^{-1}$ NaOH 溶液中，水的离子积都相同。( )[南京航空航天大学 2012 研]

【答案】对

【解析】水的离子积常数属于平衡常数，只与温度有关。在相同温度下，无论是在碱中，还是在酸中，水的离子积都与纯水中相同。

二、选择题

1. 在一定温度下，某配离子 ML_4 的逐级稳定常数为 $K_f^\ominus(1)$、$K_f^\ominus(2)$、$K_f^\ominus(3)$、$K_f^\ominus(4)$，逐级不稳定常数为 $K_d^\ominus(1)$、$K_d^\ominus(2)$、$K_d^\ominus(3)$、$K_d^\ominus(4)$。则下列关系式中错误的是( )。[北京科技大学 2012 研]

A. $K_f^\ominus(1)\cdot K_f^\ominus(2)\cdot K_f^\ominus(3)\cdot K_f^\ominus(4)=[K_d^\ominus(1)\cdot K_d^\ominus(2)\cdot K_d^\ominus(3)\cdot K_d^\ominus(4)]^{-1}$

B. $K_f^\ominus(1)=[K_d^\ominus(1)]^{-1}$

C. $K_f^\ominus(4)=[K_d^\ominus(1)]^{-1}$

D. $K_f^\ominus(2)=[K_d^\ominus(3)]^{-1}$

【答案】B

【解析】配合物的解离常数与稳定常数存在如下关系

$$K_f^{\ominus} = \frac{1}{K_d^{\ominus}}$$

且 $K_{f1}^{\ominus} = \frac{1}{K_{dn}^{\ominus}}$，$K_{f2}^{\ominus} = \frac{1}{K_{d(n-1)}^{\ominus}}$，$K_{f3}^{\ominus} = \frac{1}{K_{d(n-2)}^{\ominus}}\cdots$

故 ACD 三项正确；B 项的正确表达式为：$K_f^{\ominus}(1) = [K_d^{\ominus}(4)]^{-1}$。

2. 影响 HAc - NaAc 缓冲系统 pH 值的主要因素是(　　)。[北京科技大学 2011 研]

A. HAc 的浓度

B. HAc - NaAc 的浓度比和 HAc 的标准解离常数；

C. 溶液的温度

D. HAc 的解离度

【答案】B

【解析】缓冲溶液的 pH 可由 Henderson - Hasselbalch 方程计算

$$pH = pK_a^{\ominus}(HA) + \lg\frac{c(A^-)}{c(HA)}$$

可以看出，公式中的变量为酸的标准解离常数和共轭酸碱的浓度比，对应题中的 HAc 的标准解离常数和 HAc - NaAc 的浓度比。

3. 在 HAc - NaAc 组成的缓冲溶液中，若 $c(HAc) > c(Ac^-)$ 则该缓冲溶液抵抗酸或碱的能力为(　　)。[南京理工大学 2011 研]

A. 抗酸能力 < 抗碱能力　　B. 抗酸能力 > 抗碱能力

C. 抗酸碱能力相同　　D. 无法判断

【答案】A

【解析】HAc 溶液的水解方程为

$$HAc(aq) + H_2O(l) \rightleftharpoons H_3O^+(aq) + Ac^-(aq)$$

共轭酸对 OH^- 有抵抗能力，共轭碱对 H^+ 有抵抗能力。当 $c(HAc) > c(Ac^-)$ 时，可释放的 H^+ 较多，抗碱能力较强。

4. 在氨水中，溶入氯化铵后，则(　　)。[北京航空航天大学 2010 研]

A. 氨水的解离(电离)常数减小　　B. 氨水的解离常数增大

C. 氨水的解离度增大　　D. 氨水的解离度减小

【答案】D

【解析】在氨水中，存在解离反应 $NH_3 \cdot H_2O \rightleftharpoons NH_4^+ + OH^-$，加入含有 NH_4^+ 的强电介质 NH_4Cl，由于同离子效应使氨水解离平衡向左移动，氨水的解离度降低，但是并不会影响其解离常数。

5. 根据酸碱质子理论，在液 NH_3 中，下列物质中属于酸的是(　　)。[电子科技大学 2010 研]

A. NH_4^+　　B. NH_3　　C. NH_2^-　　D. CH_3NO

E. 无正确答案可选

【答案】A

【解析】酸碱质子理论认为：凡是可以释放质子(氢离子，H^+)的分子或离子为酸(布朗斯特酸)，凡是能接受氢离子的分子或离子则为碱(布朗斯特碱)。

6. 在标准状态下，将 0.1 $mol \cdot dm^{-3}$ 的醋酸水溶液稀释至原体积的 10 倍，则稀释后醋酸的解离度为稀释前解离度的（　　）。（已知醋酸的解离常数 $K_a = 1.8 \times 10^{-5}$）。[电子科技大学 2010 研]

A. 大约 10 倍
B. 大约 0.1 倍
C. 大约 5 倍
D. 大约 3 倍
E. 条件不够，无法计算

【答案】D

【解析】醋酸为一元弱酸，稀释前后醋酸的解离常数不变，满足稀释定律。

稀释定律是指对一元弱酸来说，解离度与溶液浓度和解离常数之间满足的关系式，表达为：

$$\alpha = \sqrt{\frac{K_a^\ominus(\mathrm{HA})}{\{c\}}}$$

醋酸溶液稀释至原溶液体积的 10 倍，则其浓度变为原浓度的 1/10，即 $c_2 = 0.01\ \mathrm{mol \cdot dm^{-3}}$。

故 $\dfrac{\alpha_2}{\alpha_1} = \sqrt{\dfrac{K_a^\ominus(\mathrm{HA})}{\{c_2\}}} \Big/ \sqrt{\dfrac{K_a^\ominus(\mathrm{HA})}{\{c_1\}}} = \sqrt{\dfrac{\{c_1\}}{\{c_2\}}} = \sqrt{10} \approx 3$。

三、计算题

1. 用 1.00 mol·L^{-1} NaAc 溶液和 1.00 mol·L^{-1} HAc 溶液配制 pH = 4.80 的缓冲溶液 100 毫升，NaAc 和 HAc 溶液各需要多少毫升？已知 $K_a^\ominus(\mathrm{HAc}) = 1.8 \times 10^{-5}$。[南京航空航天大学 2012 研]

答：根据 $\mathrm{pH} = \mathrm{p}K_a^\ominus(\mathrm{HAc}) + \lg\dfrac{c(\mathrm{Ac^-})}{c(\mathrm{HAc})} = 4.8$

$\lg\dfrac{c(\mathrm{Ac^-})}{c(\mathrm{HAc})} = 4.8 + \lg(1.8 \times 10^{-5}) = 0.055$

则有 $\dfrac{c(\mathrm{Ac^-})}{c(\mathrm{HAc})} = 1.14$

即按 $n(\mathrm{Ac^-}) : n(\mathrm{HAc}) = 1.14 : 1$，将 NaAc 和 HAc 溶解在水中，故配制 100 毫升缓冲溶液需要 $\mathrm{Ac^-}$ 和 HAc 体积分别为

$$V(\mathrm{Ac^-}) = 100\ \mathrm{mL} \times \frac{1.14}{2.14} = 53\ \mathrm{mL}$$

$$V(\mathrm{HAc}) = 100\ \mathrm{mL} \times \frac{1}{2.14} = 47\ \mathrm{mL}$$

2. 将 0.100 mol·L^{-1} $AgNO_3$ 溶液与 6.00 mol·L^{-1} 氨水等体积混合，求混合溶液中各组份的浓度。($K_d^\ominus([\mathrm{Ag(NH_3)_2}]^+) = 8.9 \times 10^{-8}$)[北京科技大学 2011 研]

解：假设 1 L $AgNO_3$ 溶液与 1 L 氨水混合，则混合后 $c(\mathrm{AgNO_3}) = 0.05\ \mathrm{mol \cdot L^{-1}}$，$c$(氨水) = 3 mol·L^{-1}，因为 $n(\mathrm{Ag^+}) : n(\mathrm{NH_3}) < 1:2$，氨水浓度有较大的过剩，$K_d^\ominus$ 很小，$K_f^\ominus$ 很大，预计生成 $[\mathrm{Ag(NH_3)_2}]^+$ 的反应很完全，生成了 0.05 mol·L^{-1} 的 $[\mathrm{Ag(NH_3)_2}]^+$。

$[\mathrm{Ag(NH_3)_2}]^+$ 的解离反应为

	$[\mathrm{Ag(NH_3)_2}]^+(aq) \rightleftharpoons$	$\mathrm{Ag^+}(aq)$ +	$2\mathrm{NH_3}(aq)$
开始浓度/(mol·L^{-1})	0.05	0	$3 - 2 \times 0.05 = 2.9$
反应量/(mol·L^{-1})	x	x	$2x$
平衡后/(mol·L^{-1})	$0.05 - x$	x	$2.9 + 2x$

$$K_d^{\ominus}[Ag(NH_3)_2]^+ = \frac{\{c(Ag^+)\}\{c(NH_3)\}^2}{c([Ag(NH_3)_2]^+)} = \frac{x(2.9+x)^2}{0.05-x} = 8.9\times10^{-8}$$

因为 $K_d^{\ominus}$ 很小，$K_f^{\ominus}$ 很大，所以 $2.9+2x\approx2.9$，$0.05-x\approx0.05$

$$\frac{2.9^2x}{0.05} = 8.9\times10^{-8}，x = 5.29\times10^{-10}$$

平衡时，$c(AgNO_3)=5.29\times10^{-10}\ mol\cdot L^{-1}$，$c(NH_3)=2.9\ mol\cdot L^{-1}$，$c([Ag(NH_3)_2]^+)=0.05\ mol\cdot L^{-1}$。

3. 硼砂($Na_2B_4O_7\cdot10H_2O$)在水中溶解，并发生如下反应：

$Na_2B_4O_7\cdot10H_2O(s)\longrightarrow Na^+(aq)+2B(OH)_3(aq)+2B(OH)_4^-(aq)+3H_2O(l)$

硼酸与水反应为：$B(OH)_3(aq)+2H_2O(l)\rightleftharpoons B(OH)_4^-(aq)+H_3O^+(aq)$

将28.6 g硼砂溶解在水中，配制成1.0 L溶液，计算：①该溶液的pH；②在①的溶液中加入100 mL，0.1 mol·L^{-1} HCl溶液，其pH又是多少？($M(Na_2B_4O_7\cdot10H_2O)=381.2\ g\cdot mol^{-1}$，$K_a^{\ominus}(B(OH)_3)=5.8\times10^{-10}$)[南京理工大学2011研]

解：(1)$[n(Na_2B_4O_7\cdot10H_2O)] = \frac{28.6\ g}{381.2\ g\cdot mol^{-1}} = 0.075\ mol$，则反应开始时 $B(OH)_3$ 和 $B(OH)_4^-$ 物质的量都是0.15 mol。设反应平衡时参加反应的 $B(OH)_3$ 为 x mol。

	$B(OH)_3(aq)+2H_2O(l)\rightleftharpoons$	$B(OH)_4^-(aq)+$	$H_3O^+(aq)$
t=0	0.15 mol	0.15 mol	0 mol
$t=t_{平}$	$0.15-x$	$0.15+x$	x

$$K_a^{\ominus}(B(OH)_3) = \frac{\{c(H_3O^+)\}\{c(B(OH)_4^-)\}}{\{c(B(OH)_3)\}} = \frac{x(0.15+x)}{(0.15-x)} = 5.8\times10^{-10}$$

则 $x=5.8\times10^{-10}$ mol。

该溶液的体积为1.0 L，$c(H_3O^+)=5.8\times10^{-10}\ mol\cdot L^{-1}$

故 $pH=-\lg[c(H_3O^+)]=-\lg(5.8\times10^{-10}\ mol\cdot L^{-1})=9.24$

(2)加入100 mL，0.1 mol·L^{-1} HCl，即加入 H^+ 的摩尔数为 $100\times10^{-3}\times0.1=0.01$ mol。

$pOH=14-9.24=4.76$，即溶液中 OH^- 的浓度约为 $1.74\times10^{-5}\ mol\cdot L^{-1}$，

故加入HCl后溶液中的 H^+ 的摩尔数为 $5.8\times10^{-10}\ mol+(0.01-1.74\times10^{-5})\ mol\approx0.01$ mol，

$$c(H_3O^+) = \frac{0.01\ mol}{1\ L+100\times10^{-3}\ L} = 0.009\ mol\cdot L^{-1}$$

解得：$pH=-\lg[c(H_3O^+)]=-\lg0.009=2.05$

4. 在0.3 mol·dm^{-3}的盐酸溶液中通入 H_2S 水溶液至饱和(0.1 mol·dm^{-3})，求溶液中的 HS^- 和 S^{2-} 的浓度。(已知：$K_{a1}(H_2S)=8.9\times10^{-8}$；$K_{a2}(H_2S)=1.2\times10^{-13}$)[暨南大学2018研]

解：因 $K_{a1}(H_2S)>>K_{a2}(H_2S)$，且存在强酸HCl，则溶液中的 H^+ 主要为盐酸提供，H_2S 发生第一步解离反应，得到 HS^- 的平衡浓度。

	$H_2S(aq)\rightleftharpoons$	$HS^-(aq)+$	$H^+(aq)$
平衡浓度(mol·dm^{-3})	$0.1-x$	x	$0.3+x+y\approx0.3$

$$K_{a_1}=8.9\times10^{-8}=\frac{[HS^-][H^+]}{[H_2S]}=\frac{0.3x}{0.1-x}$$

解得 $x=2.97\times10^{-8}\ mol\cdot dm^{-3}$。

S^{2-}是在第二步解离中产生的

$$HS^- \rightleftharpoons S^{2-}+H^+$$

平衡浓度($mol\cdot dm^{-3}$)　　2.97×10^{-8}　　y　　0.3

$$K_{a_2}=1.2\times10^{-13}=\frac{[S^{2-}][H^+]}{[HS^-]}=\frac{0.3y}{2.97\times10^{-8}}$$

解得 $y=1.19\times10^{-20}\ mol\cdot dm^{-3}$。

即 HS^-的浓度为 $2.97\times10^{-8}\ mol\cdot dm^{-3}$，$S^{2-}$的浓度为 $1.19\times10^{-20}\ mol\cdot dm^{-3}$。

5. 向 10.0 cm^3 0.100 $mol\cdot dm^{-3}$的 $AgNO_3$ 溶液加入 10.0 cm^3 氨水，使其生成 $Ag(NH_3)_2^+$，并达到平衡，然后加入 0.200 g 固体 KCl(忽略其引起体积的变化)，问在溶液中的 NH_3 的总浓度至少要大于多少浓度才能防止 AgCl 析出？($Ag(NH_3)_2^+$ 的 $K_稳=1.6\times10^7$；AgCl 的 $K_{sp}=1.56\times10^{-10}$；相对原子质量：K 39.0，Cl 35.5)［厦门大学 2015 研］

解：加入 0.200 g 固体 KCl 后氯离子浓度为

$$c(Cl^-)=\frac{0.200}{(39.0+35.5)\times20\times10^{-3}}\ mol\cdot dm^{-3}=0.134\ mol\cdot dm^{-3}$$

若想不生成 AgCl 沉淀，则 Ag^+浓度要小于

$$c(Ag^+)=\frac{K_{sp}(AgCl)}{c(Cl^-)}=\frac{1.56\times10^{-10}}{0.134}\ mol\cdot dm^{-3}=1.16\times10^{-9}\ mol\cdot dm^{-3}$$

$$Ag(NH_3)_2^+ \rightleftharpoons Ag^+ + 2NH_3$$

平衡浓度($mol\cdot dm^{-3}$)　　$\frac{0.1\times10}{20}-1.16\times10^{-9}$　　1.16×10^{-9}　　x

$$K_稳=\frac{[Ag(NH_3)_2^+]}{[NH_3]^2[Ag^+]}=\frac{0.05-1.16\times10^{-9}}{x^2\times1.16\times10^{-9}}=1.6\times10^7$$

解得 $x=1.64\ mol\cdot dm^{-3}$，即溶液中 NH_3 的总浓度至少要大于 $1.64\ mol\cdot dm^{-3}$。

第6章　沉淀反应

6.1　复习笔记

一、溶解度和溶度积

1. 溶解度

定义：溶解度(s)指溶液在一定温度达到溶解平衡时，溶剂中所含的溶质的量。单位为mol/L或g/100g H_2O。

2. 溶度积

定义：溶度积指一定温度下，难溶电解质的溶解速率等于沉淀速率时的标准平衡常数$K_{sp}^{\ominus}$。

对于一般的沉淀反应

$$A_nB_m(s) \rightleftharpoons nA^{m+}(aq) + mB^{n-}(aq)$$

溶度积通式为：$K_{sp}^{\ominus}(A_nB_m) = \{c(A^{m+})\}^n\{c(B^{n-})\}^m$。

【注意】溶度积$K_{sp}^{\ominus}$与固体晶型有关，其大小与温度有关，与溶液离子的浓度无关；溶解度s的大小与温度、PH、溶液组成等有关。

3. 溶度积与溶解度

溶度积与溶解度换算关系如表6－1－1所示。

表6－1－1　溶度积与溶解度换算关系

类型	化学式	换算公式
AB型	$AgCl$、$BaSO_4$	$s=\sqrt{K_{sp}^{\ominus}}$
AB_2或A_2B型	$Mg(OH)_2$、Ag_2CrO_4	$s=\sqrt[3]{\frac{K_{sp}^{\ominus}}{4}}$
AB_3或A_3B型	$Fe(OH)_3$、Ag_3PO_4	$s=\sqrt[4]{\frac{K_{sp}^{\ominus}}{27}}$

【说明】对难溶电解质$A_mB_n(s)$，当"m/n"相同时，称为同类型，其$K_{sp}^{\ominus}$与S的换算关系式相同。

①对于同类型的难溶电解质可直接根据$K_{sp}^{\ominus}$的大小判断其溶解能力，$K_{sp}^{\ominus}$越大，其溶解能力越大；

②对于不同类型的难溶电解质，只能通过$K_{sp}^{\ominus}$计算比较溶解度的大小。S越大，其溶解能力越大。

二、沉淀的生成和溶解

1. 溶度积规则

对难溶电解质的解离平衡反应

$$A_nB_m(s) \rightleftharpoons nA^{m+}(aq) + mB^{n-}(aq)$$

其反应商(离子积)：$J = \{c(A^{m+})\}^n\{c(B^{n-})\}^m$

由平衡移动原理，得：

(1) $J > K_{sp}^{\ominus}$，平衡左移，析出沉淀；

(2) $J = K_{sp}$，饱和溶液，有沉淀，溶液为平衡态；

(3) $J < K_{sp}$，不饱和溶液，无沉淀析出；若系统中存在沉淀，平衡右移，沉淀溶解。

2. 同离子效应和盐效应

(1)同离子效应：在难溶电解质饱和溶液中加入含有同离子的易溶强电解质使难溶电解质的溶解度降低的现象。

(2)盐效应：在难溶电解质溶液中加入易溶强电解质使难溶电解质溶解度增大的现象。

【注意】在加入含有同离子的强电解质时，同离子效应和盐效应均会产生，以前者为主。若难溶电解质的 $K_{sp}^{\ominus}$ 很小，忽略盐效应；若 $K_{sp}^{\ominus}$ 较大，必须考虑盐效应。

3. pH 对沉淀溶解平衡的影响

(1)难溶金属氢氧化物

金属氢氧化物 $M(OH)_n$ 的溶解度 s 与 pH 值为

$$s = \frac{K_{sp}^{\ominus}[M(OH)_n]}{\{c(OH^-)\}^n} mol \cdot L^{-1} = \frac{K_{sp}^{\ominus}[M(OH)_n]}{(K_w^{\ominus})^n}\{c(H^+)\}^n mol \cdot L^{-1}$$

(2)金属硫化物

金属硫化物 MS 在酸中溶度积常数为

$$K_{spa}^{\ominus} = \frac{\{c(M^{2+})\}\{c(H_2S)\}}{\{c(H_3O^+)\}^2}$$

几种金属硫化物在酸中的溶解度差异：

①$K_{spa}^{\ominus}$ 较大的硫化物，溶于稀 HCl 和 HAc，只有在碱性溶液中才生成硫化物沉淀，如 MnS；

②FeS、ZnS 等可溶于稀 HCl，CdS、PbS 在浓 HCl 中才溶解；

③CuS、Ag_2S 不溶于浓 HCl，溶于硝酸；

④HgS 的 $K_{spa}^{\ominus}$ 非常小，只溶于王水。

三、两种沉淀之间的平衡

1. 分步沉淀

(1)定义

一定条件下，向混合离子溶液中加入沉淀剂，离子按顺序依次先后沉淀下来的现象。

(2)分步沉淀顺序

①先满足 $J > K_{sp}^{\ominus}$ 的离子先沉淀析出；

②沉淀类型相同、离子浓度相近，$K_{sp}^{\ominus}$ 小的沉淀先析出；沉淀类型不同、离子浓度不同，需通过计算决定。

2. 沉淀的转化

在含有某种沉淀溶液中，加入另一种沉淀剂，使原来沉淀转化为另一种沉淀的过程。

通常易溶的沉淀容易转化为难溶的沉淀，溶解度相差越大，沉淀转化的平衡常数越大，转化越完全，难溶的沉淀则难转化为易溶的沉淀。

6.2 课后习题详解

1. 指出下列化合物中，哪些是可溶于水的：

$Ba(NO_3)_2$，$Ca(NO_3)_2$，PbI_2，$PbCl_2$，AgF，LiF，H_2SiO_3，$Ca(OH)_2$，Hg_2Cl_2，

$HgCl_2$，$CaSO_4$，$KClO_4$，$Na[Sb(OH)_6]$，$K_2Na[Co(NO_2)_6]$。

解：可溶于水的化合物有：$Ba(NO_3)_2$，$Ca(NO_3)_2$，AgF，$KClO_4$，$HgCl_2$。

2. 写出下列难溶化合物的沉淀溶解反应方程式及其溶度积表达式。

(1) CaC_2O_4；　　(2) $Mn_3(PO_4)_2$；

(3) $Al(OH)_3$；　　(4) Ag_3PO_4；

(5) PbI_2；　　(6) $MgNH_4PO_4$。

解：(1) $CaC_2O_4(s) \rightleftharpoons Ca^{2+}(aq) + C_2O_4^{2-}(aq)$，$K_{sp}^{\ominus} = [c(Ca^{2+})][c(C_2O_4^{2-})]$

(2) $Mn_3(PO_4)_2(s) \rightleftharpoons 3Mn^{2+}(aq) + 2PO_4^{3-}(aq)$，$K_{sp}^{\ominus} = [c(Mn^{2+})]^3[c(PO_4^{3-})]^2$

(3) $Al(OH)_3(s) \rightleftharpoons Al^{3+}(aq) + 3OH^-(aq)$，$K_{sp}^{\ominus} = [c(Al^{3+})][c(OH^-)]^3$

(4) $Ag_3PO_4(s) \rightleftharpoons 3Ag^+(aq) + PO_4^{3-}(aq)$，$K_{sp}^{\ominus} = [c(Ag^+)]^3[c(PO_4^{3-})]$

(5) $PbI_2(s) \rightleftharpoons Pb^{2+}(aq) + 2I^-(aq)$，$K_{sp}^{\ominus} = [c(Pb^{2+})][c(I^-)]^2$

(6) $MgNH_4PO_4 \rightleftharpoons Mg^{2+} + NH_4^+ + PO_4^{3-}$，$K_{sp}^{\ominus} = [c(Mg^{2+})][c(NH_4^+)][c(PO_4^{3-})]$

3. 放射化学技术在确定溶度积常数中是很有用的。在测定 $K_{sp}^{\ominus}(AgIO_3)$ 实验中，将 50.0 mL 的 0.010 mol·L^{-1} $AgNO_3$ 溶液与 100.0 mL 的 0.030 mol·L^{-1} $NaIO_3$ 溶液在 25 ℃下混合，并稀释至 500.0 mL。然后过滤掉 $AgIO_3$ 沉淀。滤液的放射性计数为 44.4 s^{-1}·mL^{-1}，原 $AgNO_3$ 溶液的放射性计数 74025 s^{-1}·mL^{-1}。计算 $K_{sp}^{\ominus}(AgIO_3)$。

解：根据题意可得，$n(Ag^+) = 0.01\ mol \cdot L^{-1} \times 50 \times 10^{-3}\ L = 5.0 \times 10^{-4}\ mol$，$n(IO_3^-) = 0.03\ mol \cdot L^{-1} \times 100 \times 10^{-3}\ L = 3.0 \times 10^{-3}\ mol$。

Ag^+ 与 IO_3^- 反应生成 $AgIO_3$ 沉淀的方程式为

$$Ag^+(aq) + IO_3^-(aq) \rightleftharpoons AgIO_3(s)$$

因 IO_3^- 过量，故滤液中各离子的浓度为

$$c(IO_3^-) = \frac{3 \times 10^{-3}\ mol - 5.0 \times 10^{-4}\ mol}{0.500\ L} = 5.0 \times 10^{-3}\ mol \cdot L^{-1}$$

$$c(Ag^+) = \frac{44.4}{74025} \times 0.010\ mol \cdot L^{-1} = 6.0 \times 10^{-6}\ mol \cdot L^{-1}$$

所以 $K_{sp}^{\ominus}(AgIO_3) = \{c(Ag^+)\}\{c(IO_3^-)\} = 6.0 \times 10^{-6} \times 5.0 \times 10^{-3} = 3.0 \times 10^{-8}$。

4. 在化学手册中查到下列各物质的溶解度。由于这些化合物在水中是微溶的或是难溶的，假定溶液体积近似等于溶剂体积，计算它们各自的溶度积。

(1) TlCl，0.29 g/100 mL；　　(2) $Ce(IO_3)_4$，1.5×10^{-2} g/100 mL；

(3) $Gd_2(SO_4)_3$，3.98 g/100 mL；　　(4) InF_3，4.0×10^{-2} g/100 mL。

解：(1) TlCl 饱和溶液的浓度为

$$c(TlCl) = \frac{0.29/239.833}{0.1} mol \cdot L^{-1} = 1.21 \times 10^{-2}\ mol \cdot L^{-1}$$

所以 $K_{sp}^{\ominus}(TlCl) = [c(Tl^+)][c(Cl^-)] = (1.21 \times 10^{-2})^2 = 1.46 \times 10^{-4}$。

(2) $Ce(IO_3)_4$ 饱和溶液的浓度为

$$c = [(1.5 \times 10^{-2}/839.708)/0.100]\ mol \cdot L^{-1} = 1.786 \times 10^{-4}\ mol \cdot L^{-1}$$

所以 $K_{sp}^{\ominus}(Ce(IO_3)_4) = [c(Ce^{4+})][c(IO_3^-)]^4 = (1.786 \times 10^{-4}) \times (4 \times 1.786 \times 10^{-4})^4 = 4.66 \times 10^{-17}$。

(3) $Gd_2(SO_4)_3$ 饱和溶液的浓度为

$$c = [(3.98/602.686)/0.100]\ mol \cdot L^{-1} = 6.6 \times 10^{-2}\ mol \cdot L^{-1}$$

所以 $K_{sp}^{\ominus}(Gd_2(SO_4)_3) = [c(Gd^{3+})]^2[c(SO_4^{2-})]^3 = (2 \times 6.6 \times 10^{-2})^2 \times (3 \times 6.6 \times 10^{-2})^3 = 1.4 \times 10^{-4}$

(4) InF_3 饱和溶液的浓度为

$$c = [(4.0 \times 10^{-2}/171.814)/0.100]\ mol \cdot L^{-1} = 2.328 \times 10^{-3}\ mol \cdot L^{-1}$$

所以 $K_{sp}^{\ominus}(InF_3) = [c(In^{3+})][c(F^-)]^3 = (2.328 \times 10^{-3}) \times (3 \times 2.328 \times 10^{-3})^3 = 7.9 \times 10^{-10}$。

5. 大约50%的肾结石是由磷酸钙[$Ca_3(PO_4)_2$]组成的。正常尿液中的钙含量每天约为0.10 g Ca^{2+}，正常的排尿量每天为1.4 L，为不使尿中形成 $Ca_3(PO_4)_2$，其中最大的 PO_4^{3-} 浓度不得高于多少？对于肾结石患者来说，医生总让患者多饮水。你能简单对其加以说明吗？

解：查阅溶度积常数知 $K_{sp}^{\ominus}[Ca_3(PO_4)_2] = 2.1 \times 10^{-33}$。

正常尿液中 Ca^{2+} 离子的浓度为

$$c(Ca^{2+}) = [(0.10/40.078)/1.4]\ mol \cdot L^{-1} = 1.78 \times 10^{-3}\ mol \cdot L^{-1}$$

由 $K_{sp}^{\ominus}(Ca_3(PO_4)_2) = [c(Ca^{2+})]^3[c(PO_4^{3-})]^2 = 2.1 \times 10^{-33}$，得

$$[c(PO_4^{3-})] = \sqrt{2.1 \times 10^{-33}/(1.78 \times 10^{-3})^3}\ mol \cdot L^{-1} = 6.1 \times 10^{-13}\ mol \cdot L^{-1}$$

所以只有当磷酸根的浓度小于 $6.1 \times 10^{-13}\ mol \cdot L^{-1}$ 的时候，才不至于生成磷酸钙沉淀。多喝水有利于降低浓度，可以有效地防治肾结石。

6. 根据 AgI 的溶度积，计算 25 ℃时：

(1) AgI 在纯水中的溶解度($g \cdot L^{-1}$)；

(2) 在 0.0010 $mol \cdot L^{-1}$ KI 溶液中 AgI 的溶解度($g \cdot L^{-1}$)；

(3) 在 0.010 $mol \cdot L^{-1}$ $AgNO_3$ 溶液中 AgI 的溶解度($g \cdot L^{-1}$)。

解：查阅溶度积常数得 $K_{sp}^{\ominus}(AgI) = 8.3 \times 10^{-17}$。

(1) 假设溶解的浓度为 $x\ mol \cdot L^{-1}$，溶解平衡方程为

$$AgI(s) \rightleftharpoons Ag^+(aq) + I^-(aq)$$

平衡时 $c_B/c^{\ominus}$　　　　x　　　x

溶度积的表达式为 $K_{sp}^{\ominus}(AgI) = [c(Ag^+)/c^{\ominus}][c(I^-)/c^{\ominus}] = x^2$

即 $x^2 = 8.3 \times 10^{-17}$

解得 $x = 9.1 \times 10^{-9}$

所以 AgI 在纯水中的溶解度为

$$s_1(AgI) = 234.77\ g \cdot mol^{-1} \times 9.1 \times 10^{-9}\ mol \cdot L^{-1} = 2.1 \times 10^{-6}\ g \cdot L^{-1}$$

(2) 假设溶解的浓度为 $x\ mol \cdot L^{-1}$，溶解平衡方程为

$$AgI(s) \rightleftharpoons Ag^+(aq) + I^-(aq)$$

平衡时 $c_B/c^{\ominus}$　　　　x　　　$0.0010 + x$

$$K_{sp}^{\ominus}(AgI) = x(0.0010 + x) = 8.3 \times 10^{-17}$$

$$0.0010 + x \approx 0.0010,\ x = 8.3 \times 10^{-14}$$

$$s_2(AgI) = 234.77\ g \cdot mol^{-1} \times 8.3 \times 10^{-14}\ mol \cdot L^{-1} = 1.9 \times 10^{-11}\ g \cdot L^{-1}$$

(3) 假设溶解的浓度为 $x\ mol \cdot L^{-1}$，溶解平衡方程为

$$AgI(s) \rightleftharpoons Ag^+(aq) + I^-(aq)$$

平衡时 $c_B/c^\ominus$　　　$0.010+x$　　x

$$K_{sp}^\ominus(AgI) = (0.010+x)x = 8.3\times10^{-17}$$

$$0.010+x\approx0.010,\ x=8.3\times10^{-15}$$

$$s_3(AgI) = 234.77\ g\cdot mol^{-1}\times8.3\times10^{-15}\ mol\cdot L^{-1} = 1.9\times10^{-12}\ g\cdot L^{-1}$$

7. 25 ℃时，根据 $Mg(OH)_2$ 的溶度积计算：

(1) $Mg(OH)_2$ 在水中的溶解度($mol\cdot L^{-1}$)；

(2) $Mg(OH)_2$ 饱和溶液中的 $c(Mg^{2+})$，$c(OH^-)$ 和 pH；

(3) $Mg(OH)_2$ 在 0.010 $mol\cdot L^{-1}$ NaOH 溶液中的溶解度($mol\cdot L^{-1}$)；

(4) $Mg(OH)_2$ 在 0.010 $mol\cdot L^{-1}$ $MgCl_2$ 溶液中的溶解度($mol\cdot L^{-1}$)。

解：查阅溶度积常数得 $K_{sp}^\ominus(Mg(OH)_2) = 5.1\times10^{-12}$。

(1)假设溶解的浓度为 $x\ mol\cdot L^{-1}$，溶解平衡方程为

$$Mg(OH)_2(s) \rightleftharpoons Mg^{2+}(aq) + 2OH^-(aq)$$

平衡时 $c_B/c^\ominus$　　　x　　$2x$

$$K_{sp}^\ominus(Mg(OH)_2) = [c(Mg^{2+})/c^\ominus][c(OH^-)/c^\ominus]^2 = x(2x)^2 = 5.1\times10^{-12}$$

解得　$x = 1.1\times10^{-4}$

$$s_1(Mg(OH)_2) = 1.1\times10^{-4}\ mol\cdot L^{-1}$$

(2) $Mg(OH)_2$ 的饱和溶液中，$c(Mg^{2+}) = 1.1\times10^{-4}\ mol\cdot L^{-1}$，$c(OH^-) = 2.2\times10^{-4}\ mol\cdot L^{-1}$，pOH = 3.66，pH = 10.34。

(3)假设溶解了 $x\ mol\cdot L^{-1}$，溶解平衡方程为

$$Mg(OH)_2(s) \rightleftharpoons Mg^{2+}(aq) + 2OH^-(aq)$$

平衡时 $c_B/c^\ominus$　　　x　　$0.010+2x$

$$K_{sp}^\ominus(Mg(OH)_2) = x(0.010+2x)^2 = 5.1\times10^{-12}$$

$$0.010+2x\approx0.010,\ x=5.1\times10^{-8}$$

$$s_2(Mg(OH)_2) = 5.1\times10^{-8}\ mol\cdot L^{-1}$$

(4)假设溶解了 $x\ mol\cdot L^{-1}$，溶解平衡方程为

$$Mg(OH)_2(s) \rightleftharpoons Mg^{2+}(aq) + 2OH^-(aq)$$

平衡时 $c_B/c^\ominus$　　　$0.010+x$　　$2x$

$$K_{sp}^\ominus(Mg(OH)_2) = (0.010+x)(2x)^2 = 5.1\times10^{-12}$$

$$0.010+x\approx0.010,\ x=1.1\times10^{-5}$$

$$s_3(Mg(OH)_2) = 1.1\times10^{-5}\ mol\cdot L^{-1}$$

8. 室温下，将 50.0 mL 的 0.100 $mol\cdot L^{-1}$ $Ba(OH)_2$ 溶液与 86.4 mL 的 0.0494 $mol\cdot L^{-1}$ H_2SO_4 溶液混合。计算生成 $BaSO_4$ 的质量和混合溶液的 pH。

解：$Ba(OH)_2$ 与 H_2SO_4 同时发生中和反应和沉淀反应。

$$Ba(OH)_2(aq) + H_2SO_4(aq) = BaSO_4(s) + 2H_2O(l)$$

$n(Ba(OH)_2) = 0.100\ mol\cdot L^{-1}\times50\times10^{-3}\ L = 5.00\times10^{-3}\ mol$

$n(H_2SO_4) = 0.0494\ mol\cdot L^{-1}\times86.4\times10^{-3}\ L = 4.27\times10^{-3}\ mol$

因为 $n(Ba(OH)_2) > n(H_2SO_4)$，所以 $Ba(OH)_2(aq)$ 过剩。

生成 $BaSO_4$ 的物质的量

$$n(BaSO_4)=n(H_2SO_4)=4.27\times10^{-3}\ \text{mol}$$

$$M(BaSO_4)=233.4\ \text{g}\cdot\text{mol}^{-1}$$

则 $BaSO_4$ 的质量为

$$m(BaSO_4)=4.27\times10^{-3}\ \text{mol}\times233.4\ \text{g}\cdot\text{mol}^{-1}=0.997\ \text{g}$$

反应后，溶液中氢氧根的浓度为

$$c(OH^-)=\frac{(5.00\times10^{-3}-4.27\times10^{-3})\times2\ \text{mol}}{(0.050+0.0864)\ \text{L}}=0.0107\ \text{mol}\cdot\text{L}^{-1}$$

$$\text{pH}=12.030$$

9. 写出下列反应的标准平衡常数表达式，并确定 $K^\ominus$ 与 $K_{sp}^\ominus$ 或 $K_f^\ominus$，$K_a^\ominus$ 间的关系：

(1) $Zn(OH)_2(s)+2OH^-(aq)\rightleftharpoons[Zn(OH)_4]^{2-}(aq)$；

(2) $3Ca^{2+}(aq)+2PO_4^{3-}(aq)\rightleftharpoons Ca_3(PO_4)_2(s)$；

(3) $CaCO_3(s)+2H^+(aq)\rightleftharpoons Ca^{2+}(aq)+CO_2(g)+H_2O(l)$；

(4) $PbI_2(s)+2I^-(aq)\rightleftharpoons PbI_4^{2-}(aq)$；

(5) $Cu(OH)_2(s)+4NH_3(aq)\rightleftharpoons[Cu(NH_3)_4]^{2+}(aq)+2OH^-(aq)$。

解：(1) $K^\ominus=\dfrac{\{c[Zn(OH)_4^{2-}]\}}{[c(OH^-)]^2}$，$K^\ominus=K_f^\ominus[Zn(OH)_4^{2-}]\cdot K_{sp}^\ominus[Zn(OH)_2]$

(2) $K^\ominus=\dfrac{1}{[c(Ca^{2+})]^3[c(PO_4^{3-})]^2}$，$K^\ominus=\dfrac{1}{K_{sp}^\ominus[Ca_3(PO_4)_2]}$

(3) $K^\ominus=\dfrac{[p(CO_2)/p^\ominus][c(Ca^{2+})]}{[c(H^+)]^2}$

$K^\ominus=K_{sp}^\ominus(CaCO_3)/(K_{a1}^\ominus(H_2CO_3)\cdot K_{a2}^\ominus(H_2CO_3))$

(4) $K^\ominus=[c(PbI_4^{2-})]/[c(I^-)]^2$，$K^\ominus=K_f^\ominus(PbI_4^{2-})\cdot K_{sp}^\ominus(PbI_2)$

(5) $K^\ominus=\dfrac{\{c[Cu(NH_3)_4^{2+}]\}[c(OH^-)]^2}{[c(NH_3)]^4}$，$K^\ominus=K_f^\ominus[Cu(NH_3)_4^{2+}]\cdot K_{sp}^\ominus[Cu(OH)_2]$

10. 25 ℃时，(1)在 10.0 mL 0.015 mol·L^{-1} $MnSO_4$ 溶液中，加入 5.0 mL 0.15 mol·L^{-1} NH_3 的水溶液，是否能生成 $Mn(OH)_2$ 沉淀？

(2)若在上述 10.0 mL 0.015 mol·L^{-1} $MnSO_4$ 溶液中先加入 0.495 g $(NH_4)_2SO_4$ 晶体，再加入 5.0 mL 0.15 mol·L^{-1} NH_3 的水溶液，是否有 $Mn(OH)_2$ 沉淀生成？

解：(1)查阅溶度积常数得 $K_{sp}^\ominus(Mn(OH)_2)=2.1\times10^{-13}$，$K_b^\ominus(NH_3)=1.8\times10^{-5}$，两种溶液混合后

$$c(Mn^{2+})=\frac{0.015\ \text{mol}\cdot\text{L}^{-1}\times10.0\ \text{mL}}{(10.0+5.0)\text{mL}}=0.010\ \text{mol}\cdot\text{L}^{-1}$$

$$c(NH_3)=\frac{0.15\ \text{mol}\cdot\text{L}^{-1}\times5.0\ \text{mL}}{(10.0+5.0)\text{mL}}=0.050\ \text{mol}\cdot\text{L}^{-1}$$

假设 $NH_3\cdot H_2O$ 解离了 x mol·L^{-1}，则

$$NH_3\cdot H_2O(aq)\rightleftharpoons NH_4^+(aq)+OH^-(aq)$$

平衡时 $c_B/c^\ominus$　　$0.050-x$　　x　　x

$$\frac{x^2}{0.050-x}=1.8\times10^{-5}\qquad x=9.5\times10^{-4}$$

$$Mn(OH)_2(s) \rightleftharpoons Mn^{2+}(aq) + 2OH^-(aq)$$

$$J = \{c(Mn^{2+})\}\{c(OH^-)\}^2 = 0.010 \times (9.5 \times 10^{-4})^2 = 9.0 \times 10^{-9}$$

$J > K_{sp}^{\ominus}(Mn(OH)_2)$，能生成 $Mn(OH)_2$ 沉淀。

(2) $M((NH_4)_2SO_4) = 132.1\ g \cdot mol^{-1}$，加入 $(NH_4)_2SO_4(s)$ 后，

$$c(NH_4^+) = \frac{0.495\ g \times 2}{132.1\ g \cdot mol^{-1} \times (0.0100 + 0.0050)\ L} = 0.50\ mol \cdot L^{-1},$$

在 $NH_3 - NH_4^+$ 的缓冲溶液体系中，假设 $NH_3 \cdot H_2O$ 电离了 $x\ mol \cdot L^{-1}$.

$$NH_3(aq) + H_2O(l) \rightleftharpoons NH_4^+(aq) + OH^-(aq)$$

平衡时 $c_B/c^{\ominus}$　　0.050 − x　　0.50 + x　　x

$$K_b^{\ominus}(NH_3) = \frac{(0.50 + x)x}{0.050 - x} = 1.8 \times 10^{-5},\ x = 1.8 \times 10^{-6}$$

$$c(OH^-) = 1.8 \times 10^{-6}\ mol \cdot L^{-1}$$

$$J = 0.010 \times (1.8 \times 10^{-6})^2 = 3.2 \times 10^{-14}$$

$J < K_{sp}^{\ominus}(Mn(OH)_2)$，没有 $Mn(OH)_2$ 沉淀生成。

11. 25 ℃时，(1) 在 0.10 mol · L^{-1} $FeCl_2$ 溶液中，不断通入 $H_2S(g)$，若不生成 FeS 沉淀，溶液的 pH 最高不应超过多少？

(2) 在 pH 为 1.00 的某溶液中含有 $FeCl_2$ 与 $CuCl_2$，两者的浓度均为 0.10 mol · L^{-1}，不断通入 $H_2S(g)$ 时，能有哪些沉淀生成？各种离子浓度分别是多少？

解：(1) 此题涉及 H_2S 的解离平衡与 FeS 沉淀溶解平衡的同时平衡，溶液中 $c(H^+)$ 将影响 $c(S^{2-})$，因此，恰好生成 FeS 沉淀时的最小 $c(H^+)$ 对应的 pH 为所求的最高 pH。

$$FeS(s) + 2H_3O^+(aq) \rightleftharpoons Fe^{2+}(aq) + H_2S(aq) + 2H_2O(l)$$

该反应的平衡常数为 $K_{spa}^{\ominus}(FeS)$，查表知 $K_{spa}^{\ominus}(FeS) = 6 \times 10^2$。

$$K_{spa}^{\ominus}(FeS) = \frac{[c(Fe^{2+})/c^{\ominus}] \times [c(H_2S)/c^{\ominus}]}{[c(H_3O^+)/c^{\ominus}]^2} = \frac{0.10 \times 0.10}{[c(H^+)]^2} = 6 \times 10^2$$

得 $c(H^+) = 4.08 \times 10^{-3}\ mol \cdot L^{-1}$，即 pH = 2.39。

(2) 在 pH = 1 的酸性溶液中，$K_{spa}^{\ominus}(FeS) > K_{spa}^{\ominus}(CuS)$，所以若产生沉淀，则最先析出的是 CuS。

$$c(Cu^{2+}) = 0.10\ mol \cdot L^{-1},\ c(H^+) = 0.10\ mol \cdot L^{-1},\ c(H_2S) = 0.10\ mol \cdot L^{-1}$$

$$CuS(s) + 2H_3O^+(aq) \rightleftharpoons Cu^{2+}(aq) + H_2S(aq) + 2H_2O(l)$$

开始时　　0.10　　0.10　　0.10

平衡时　　0.10 + 2(0.10 − x)　　x　　0.10

$$J = \frac{[c(Cu^{2+})/c^{\ominus}] \times [c(H_2S)/c^{\ominus}]}{[c(H^+)/c^{\ominus}]^2} = \frac{0.10 \times 0.10}{(0.10)^2} = 1 > K_{spa}^{\ominus}(CuS)$$

所以有 CuS 沉淀生成。

$$K_{spa}^{\ominus}(CuS) = \frac{[c(Cu^{2+})/c^{\ominus}] \times [c(H_2S)/c^{\ominus}]}{[c(H^+)/c^{\ominus}]^2} = \frac{0.10x}{(0.30 - 2x)^2} = 6 \times 10^{-16}$$

得 $x = 5.4 \times 10^{-16}$，即 $c(Cu^{2+}) = 5.4 \times 10^{-16}\ mol \cdot L^{-1}$，$c(H^+) = 0.3\ mol \cdot L^{-1}$。

CuS 沉淀后，溶液中 $c(H^+)$ 大于不生成 FeS 沉淀的最低 $c(H^+)$，所以无 FeS 沉淀生成，此时 $c(Fe^{2+}) = 0.1\ mol \cdot L^{-1}$。

12. 室温下，某溶液中含有 Pb^{2+} 和 Zn^{2+}，两者的浓度均为 0.10 mol·L^{-1}；在室温下通入 $H_2S(g)$ 使之成为 H_2S 饱和溶液，并加 HCl 控制 S^{2-} 浓度。为了使 PbS 沉淀出来，而 Zn^{2+} 仍留在溶液中，则溶液中的 H^+ 浓度最低应是多少？此时溶液中的 Pb^{2+} 是否被沉淀完全？

解：查阅难溶金属硫化物在酸中的溶度积常数得 $K_{spa}^{\ominus}(ZnS)=2\times10^{-2}$，$K_{spa}^{\ominus}(PbS)=3\times10^{-7}$。已知 $c(Zn^{2+})=0.1$ mol·L^{-1}，$c(Zn^{2+})=0.1$ mol·L^{-1}，饱和 H_2S 溶液 $c(H_2S)=0.10$ mol·L^{-1}。

若不生成沉淀，则应满足 $J\leqslant K_{spa}^{\ominus}$。而 H^+ 应满足的最小浓度为恰好生成沉淀时的临界浓度。

$$ZnS(s)+2H_3O^+(aq)\rightleftharpoons Zn^{2+}(aq)+H_2S(aq)+2H_2O(l)$$

$$J=\frac{[c(Zn^{2+})/c^{\ominus}]\times[c(H_2S)/c^{\ominus}]}{[c(H^+)/c^{\ominus}]^2}=\frac{0.10\times0.10}{(0.10)^2}\leqslant K_{spa}^{\ominus}(ZnS)$$

得 $c(H^+)\geqslant0.71$ mol·L^{-1}，所以使 Zn^{2+} 不沉淀出来的最低氢离子浓度为 0.71 mol·L^{-1}。

设沉淀溶解平衡时，$c(Pb^{2+})=x$ mol·L^{-1}。

$$PbS(s)+2H_3O^+(aq)\rightleftharpoons Pb^{2+}(aq)+H_2S(aq)+2H_2O(l)$$

	H_3O^+	Pb^{2+}	H_2S
开始时	0.71	0.10	0.10
平衡时	$0.71+2(0.10-x)$	x	0.10

$$K_{spa}^{\ominus}(PbS)=\frac{[c(Pb^{2+})/c^{\ominus}]\times[c(H_2S)/c^{\ominus}]}{[c(H^+)/c^{\ominus}]^2}=\frac{0.10x}{(0.71-2x)^2}=3\times10^{-7}$$

得 $c(Pb^{2+})=2.5\times10^{-6}$ mol/L $>1.0\times10^{-5}$ mol/L，故 Pb 沉淀完全！

13. 在含有 0.010 mol·L^{-1} Zn^{2+}，0.10 mol·L^{-1} HAc 和 0.050 mol·L^{-1} NaAc 的溶液中，不断通入 $H_2S(g)$ 使之饱和，问沉淀出 ZnS 之后，溶液中残留的 Zn^{2+} 是多少？（虽然是缓冲系统，pH 的微小变化也会引起 Zn^{2+} 浓度的变化，这一点是要考虑的。）

解：该系统涉及多个反应平衡，包括了 HAc－NaAc 缓冲溶液的解离平衡和 ZnS(s)的酸溶解平衡，假设平衡时 Zn^{2+} 的浓度为 x mol·L^{-1}，总的反应如下

$$Zn^{2+}(aq)+H_2S(aq)+2Ac^-(aq)\rightleftharpoons 2HAc(aq)+ZnS(s)$$

	Zn^{2+}	H_2S	Ac^-	HAc
开始时 $c_B/c^{\ominus}$	0.010	0.10	0.050	0.10
平衡时 $c_B/c^{\ominus}$	x	0.10	$0.030+2x$	$0.12-2x$

$$K^{\ominus}=\frac{[c(HAc)/c^{\ominus}]^2}{[c(Zn^{2+})/c^{\ominus}][c(H_2S)/c^{\ominus}][c(Ac^-)/c^{\ominus}]^2}=\frac{1}{[K_a^{\ominus}(HAc)]^2K_{spa}^{\ominus}(ZnS)}$$

$$=\frac{1}{(1.8\times10^{-5})^2\times2\times10^{-2}}=1.54\times10^{11}$$

$$\frac{(0.12-2x)^2}{(0.030+2x)^2\times0.10x}=1.54\times10^{11},\ x=1.1\times10^{-9}$$

所以溶液中残留的 Zn^{2+} 的浓度为 $c(Zn^{2+})=1.1\times10^{-9}$ mol·L^{-1}。

14. 在某混合溶液中 Fe^{3+} 和 Zn^{2+} 浓度均为 0.010 mol·L^{-1}。在室温下加碱调节 pH，使 $Fe(OH)_3$ 沉淀出来，而 Zn^{2+} 保留在溶液中。通过计算确定分离 Fe^{3+} 和 Zn^{2+} 的 pH 范围。

解：查表得 $K_{sp}^{\ominus}(Fe(OH)_3)=2.8\times10^{-39}$，$K_{sp}^{\ominus}(Zn(OH)_2)=6.8\times10^{-17}$。$Fe^{3+}$ 完全沉淀后，应有 $c(Fe^{3+})\leqslant1.0\times10^{-5}$ mol·L^{-1}。则有

$$c(OH^-)\geqslant\sqrt[3]{\frac{K_{sp}^{\ominus}(Fe(OH)_3)}{c(Fe^{3+})/c^{\ominus}}}\ \text{mol}\cdot\text{L}^{-1}\geqslant\sqrt[3]{\frac{2.8\times10^{-39}}{1.0\times10^{-5}}}\ \text{mol}\cdot\text{L}^{-1}\geqslant6.5\times10^{-12}\ \text{mol}\cdot\text{L}^{-1}$$

$$pOH = 11.18,\ pH = 2.82(最小)$$

若 Zn^{2+} 刚好不生成 $Zn(OH)_2$ 沉淀，则

$$c(OH^-) = \sqrt{\frac{K_{sp}^{\ominus}(Zn(OH)_2)}{c(Zn^{2+})/c^{\ominus}}}\ mol \cdot L^{-1} = \sqrt{\frac{6.8 \times 10^{-17}}{0.010}}\ mol \cdot L^{-1} = 8.2 \times 10^{-8}\ mol \cdot L^{-1}$$

$$pOH = 7.08,\ pH = 6.92$$

所以，分离 Fe^{3+} 和 Zn^{2+} 的 pH 范围为 2.82～6.92。

15. 某化工厂用盐酸加热处理粗 CuO 的方法制备 $CuCl_2$，每 100 mL 所得的溶液中有 0.0558 g Fe^{2+} 杂质。该厂采用使 Fe^{2+} 氧化为 Fe^{3+} 再调整 pH 使 Fe^{3+} 以 $Fe(OH)_3$ 沉淀析出的方法除去铁杂质。请在 $KMnO_4$，H_2O_2，$NH_3 \cdot H_2O$，Na_2CO_3，ZnO，CuO 等化学品中为该厂选出合适的氧化剂和调整 pH 的试剂，并通过计算说明，25 ℃时：

(1) 为什么不用直接沉淀出 $Fe(OH)_2$ 的方法提纯 $CuCl_2$？

(2) 该厂所采用去除铁杂质方法的可行性。

解：(1) 查阅溶度积常数得 $K_{sp}^{\ominus}[Fe(OH)_2] = 4.86 \times 10^{-17}$，$K_{sp}^{\ominus}[Cu(OH)_2] = 2.2 \times 10^{-20}$。

两者的沉淀类型相同，$K_{sp}^{\ominus}[Fe(OH)_2] > K_{sp}^{\ominus}[Cu(OH)_2]$，若 $c(Fe^{2+}) \approx c(Cu^{2+})$，增加溶液的 pH，$Cu^{2+}$ 先沉淀出来。

若使 Fe^{2+} 先沉淀出来，并使其沉淀完全，即使 $c(Fe^{2+}) \leqslant 1.0 \times 10^{-5}\ mol \cdot L^{-1}$，则

$$c_1(OH^-) \geqslant \sqrt{\frac{K_{sp}^{\ominus}[Fe(OH)_2]}{c(Fe^{2+})/c^{\ominus}}} mol \cdot L^{-1} = \sqrt{\frac{4.86 \times 10^{-17}}{10^{-5}}} mol \cdot L^{-1} = 2.2 \times 10^{-6}\ mol \cdot L^{-1}$$

此时 Cu^{2+} 的浓度应满足

$$c_1(Cu^{2+}) \leqslant \frac{K_{sp}^{\ominus}[Cu(OH)_2]}{[c_1(OH^-)/c^{\ominus}]^2} mol \cdot L^{-1} = \frac{2.2 \times 10^{-20}}{(2.2 \times 10^{-6})^2} mol \cdot L^{-1} = 4.5 \times 10^{-9}\ mol \cdot L^{-1}$$

显然，用直接生成 $Fe(OH)_2$ 的方法提纯 $CuCl_2$ 时，溶液中的铜离子浓度已经非常低了，要得到主产品 $CuCl_2$ 是不可能的。

(2) 查阅溶度积常数得 $K_{sp}^{\ominus}[Fe(OH)_3] = 2.8 \times 10^{-39}$

Fe^{3+} 完全沉淀时，$c(Fe^{3+}) \leqslant 10^{-5}\ mol \cdot L^{-1}$，溶液中的 OH^- 的浓度为

$$c_2(OH^-) \geqslant \sqrt[3]{\frac{K_{sp}^{\ominus}[Fe(OH)_3]}{c(Fe^{3+})/c^{\ominus}}} mol \cdot L^{-1} \geqslant \sqrt[3]{\frac{2.8 \times 10^{-39}}{10^{-5}}} mol \cdot L^{-1} = 6.5 \times 10^{-12}\ mol \cdot L^{-1}$$

此时溶液中不生成 $Cu(OH)_2(s)$ 沉淀的 Cu^{2+} 浓度为

$$c_2(Cu^{2+}) \leqslant \frac{2.2 \times 10^{-20}}{(6.5 \times 10^{-12})^2} mol \cdot L^{-1} = 521\ mol \cdot L^{-1}$$

因为此时的 Cu^{2+} 远高于 $CuCl_2$ 的溶解度，所以可以采用生成 $[Fe(OH)_3]$ 沉淀的方法去除 $CuCl_2$ 中的杂质铁。

若所得溶液中 $c(Cu^{2+}) = 1.0\ mol \cdot L^{-1}$，则 $Cu(OH)_2$ 开始沉淀时 OH^- 浓度为

$$c_3(OH^-) = \sqrt{\frac{2.2 \times 10^{-20}}{1.0}} mol \cdot L^{-1} = 1.5 \times 10^{-10}\ mol \cdot L^{-1}$$

即将 pH 控制在 2.8～4.2 间，可达到除铁提纯 $CuCl_2$ 的目的。

16. 将 1.0 mL 的 1.0 $mol \cdot L^{-1}$ $Cd(NO_3)_2$ 溶液加入到 1.0 L 的 5.0 $mol \cdot L^{-1}$ 氨水中，将生成 $Cd(OH)_2$ 还是 $[Cd(NH_3)_4]^{2+}$？通过计算说明之（设反应温度为 298.15 K）。

解：查阅溶度积常数和配位平衡常数得

$$K_{sp}^{\ominus}[Cd(OH)_2]=5.3\times10^{-15},\ K_f^{\ominus}[Cd(NH_3)_4]^{2+}=2.78\times10^{7},$$

$Cd(NO_3)_2$ 溶液与氨水混合后

$$c(Cd^{2+})=\frac{1.0\ mol\cdot L^{-1}\times1.0\times10^{-3}\ L}{(1.0+1.0\times10^{-3})\ L}=1.0\times10^{-3}\ mol\cdot L^{-1}$$

$$c(NH_3)=\frac{5.0\ mol\cdot L^{-1}\times1.0\ L}{(1.0+1.0\times10^{-3})\ L}=5.0\ mol\cdot L^{-1}$$

先假设 Cd^{2+} 全部与 NH_3 反应生成了 $[Cd(NH_3)_4]^{2+}$，设平衡时 $c(Cd^{2+})$ 为 x，则反应方程如下

$$Cd^{2+}(aq)\quad+\quad4NH_3(aq)\rightleftharpoons[Cd(NH_3)_4]^{2+}(aq)$$

平衡时 $c_B/c^{\ominus}$　　x　　$5.0-4\times1.0\times10^{-3}+4x$　　$1.0\times10^{-3}-x$

$$K_f^{\ominus}[Cd(NH_3)_4]^{2+}=\frac{1.0\times10^{-3}-x}{x(5.0-4\times10^{-3}+4x)^4}=2.78\times10^{7}$$

解得 $x=5.8\times10^{-14}\ mol\cdot L^{-1}$。

$NH_3\cdot H_2O$ 的电离方程如下，假设 $NH_3\cdot H_2O$ 电离的浓度为 $y\ mol\cdot L^{-1}$，则

$$NH_3(aq)+H_2O(l)\rightleftharpoons NH_4^+(aq)+OH^-(aq)$$

平衡时 $c_B/c^{\ominus}$　　$5.0-y$　　y　　y

$$K_b^{\ominus}(NH_3)=\frac{y^2}{5.0-y}=1.8\times10^{-5}$$

解得 $y=9.5\times10^{-3}$，则 $c(OH^-)=9.5\times10^{-3}\ mol\cdot L^{-1}$。

$$J=[c(Cd^{2+})/c^{\ominus}][c(OH^-)/c^{\ominus}]^2=5.8\times10^{-14}\times(9.5\times10^{-3})^2$$
$$=5.2\times10^{-18}<K_{sp}^{\ominus}(Cd(OH)_2)$$

所以无 $Cd(OH)_2$ 沉淀生成，Cd(Ⅱ)以 $[Cd(NH_3)_4]^{2+}$ 形式存在。

17. 计算 298.15 K 下，AgBr(s) 在 0.010 $mol\cdot L^{-1}$ $Na_2S_2O_3$ 溶液中的溶解度。

解： 设 AgBr(s) 溶解了 $x\ mol\cdot L^{-1}$，则溶解平衡方程为

$$AgBr(s)+2S_2O_3^{2-}(aq)\rightleftharpoons Ag(S_2O_3)_2^{3-}(aq)+Br^-(aq)$$

平衡时 $c_B/c^{\ominus}$　　$0.010-2x$　　x　　x

$$K^{\ominus}=K_f^{\ominus}[Ag(S_2O_3)_2^{3-}]K_{sp}^{\ominus}(AgBr)=2.9\times10^{13}\times5.3\times10^{-13}=15.4$$

即 $\frac{x^2}{(0.010-2x)^2}=15.4$，解得 $x=4.4\times10^{-3}$。

所以 AgBr 的溶解度为 $s(AgBr)=4.4\times10^{-3}\ mol\cdot L^{-1}$。

18. 某溶液中含有 Ag^+，Pb^{2+}，Ba^{2+}，Sr^{2+}，各种离子浓度均为 0.10 $mol\cdot L^{-1}$。如果在室温下逐滴加入 K_2CrO_4 稀溶液（溶液体积变化略而不计），通过计算说明上述多种离子的铬酸盐开始沉淀的顺序。

解： 查阅溶度积常数得知各铬酸盐沉淀的溶度积为

$$K_{sp}^{\ominus}(Ag_2CrO_4)=1.1\times10^{-12},\ K_{sp}^{\ominus}(PbCrO_4)=2.8\times10^{-13}$$

$$K_{sp}^{\ominus}(BaCrO_4)=1.2\times10^{-10},\ K_{sp}^{\ominus}(SrCrO_4)=2.2\times10^{-5}$$

虽然各种离子的浓度相同，但是沉淀的类型不同，不能简单根据溶度积来判定沉淀顺序。

使 CrO_4^{2-} 沉淀为 Ag_2CrO_4 时，CrO_4^{2-} 的最低浓度为 $c_1(CrO_4^{2-})=1.1\times10^{-10}\ mol\cdot L^{-1}$。

使 Pb^{2+} 沉淀为 $PbCrO_4$ 时，CrO_4^{2-} 的最低浓度为

$$c_2(CrO_4^{2-})=\frac{2.8\times10^{-13}}{0.10}mol\cdot L^{-1}=2.8\times10^{-12}\ mol\cdot L^{-1}$$

使 Ba^{2+} 沉淀为 $BaCrO_4$ 时，CrO_4^{2-} 的最低浓度为

$$c_3(CrO_4^{2-})=\frac{1.2\times10^{-10}}{0.10}mol\cdot L^{-1}=1.2\times10^{-9}\ mol\cdot L^{-1}$$

使 CrO_4^{2-} 沉淀为 $SrCrO_4$ 时，CrO_4^{2-} 的最低浓度为 $c_4(CrO_4^{2-})=2.2\times10^{-6}\ mol\cdot L^{-1}$。

$$c_2(CrO_4^{2-})<c_1(CrO_4^{2-})<c_3(CrO_4^{2-})<c_4(CrO_4^{2-})$$

沉淀时所需 CrO_4^{2-} 浓度低者先沉淀出来，所以沉淀的离子顺序为：Pb^{2+}，Ag^+，Ba^{2+}，Sr^{2+}。

19. 25 ℃时，某溶液中含有 0.10 mol · L^{-1} Li^+ 和 0.10 mol · L^{-1} Mg^{2+}，滴加 NaF 溶液(忽略体积变化)，哪种离子最先被沉淀出来？当第二种沉淀析出时，第一种被沉淀的离子是否沉淀完全？两种离子有无可能分离开？

解：查阅溶度积常数得 $K_{sp}^{\ominus}(LiF)=1.8\times10^{-3}$，$K_{sp}^{\ominus}(MgF_2)=7.4\times10^{-11}$。

Li^+ 被沉淀出来的所需 F^- 浓度为

$$c_1(F^-)=\frac{1.8\times10^{-3}}{0.10}mol\cdot L^{-1}=1.8\times10^{-2}\ mol\cdot L^{-1}$$

Mg^{2+} 被沉淀为 MgF_2 所需 F^- 浓度

$$c_2(F^-)=\sqrt{\frac{7.4\times10^{-11}}{0.10}}mol\cdot L^{-1}=2.7\times10^{-5}\ mol\cdot L^{-1}$$

$c_2(F^-)<c_1(F^-)$，Mg^{2+} 先被沉淀出来。

当 LiF(s) 析出时，$c(F^-)=1.8\times10^{-2}\ mol\cdot L^{-1}$，

$$c(Mg^{2+})=\frac{7.4\times10^{-11}}{(1.8\times10^{-2})^2}mol\cdot L^{-1}=2.3\times10^{-7}\ mol\cdot L^{-1}<1.0\times10^{-5}\ mol\cdot L^{-1}$$

Mg^{2+} 已完全沉淀，两种离子可以分离开。

20. 人的牙齿表面有一层釉质，其组成为羟基磷灰石[$Ca_5(PO_4)_3OH$($K_{sp}^{\ominus}=6.8\times10^{-37}$)]。为了防止蛀牙，人们常使用含氟牙膏，其中的氟化物可使羟基磷灰石转化为氟磷灰石[$Ca_5(PO_4)_3F$($K_{sp}^{\ominus}=1\times10^{-60}$)]。写出这两种难溶化合物相互转化的离子方程式，并计算出相应的标准平衡常数。

解：这两种化合物相互转化的离子方程式为

$$Ca_5(PO_4)_3OH(s)+F^-(aq)\rightleftharpoons Ca_5(PO_4)_3F(s)+OH^-(aq)$$

$$K^{\ominus}=\frac{[c(OH^-)]}{[c(F^-)]}=\frac{K_{sp}^{\ominus}(Ca_5(PO_4)_3OH)}{K_{sp}^{\ominus}(Ca_5(PO_4)_3F)}=\frac{6.8\times10^{-37}}{10^{-60}}=6.8\times10^{23}$$

21. 298.15 K 时，如果用 $Ca(OH)_2$ 溶液来处理 $MgCO_3$ 沉淀，使之转化为 $Mg(OH)_2$ 沉淀，这一反应的标准平衡常数是多少？若在 1.0 L$Ca(OH)_2$ 溶液中溶解 0.0045 mol Mg-CO_3，则$Ca(OH)_2$溶液的最初浓度至少应为多少？

解：(1)查阅溶度积常数得知

$$K_{sp}^{\ominus}(Ca(OH)_2)=4.6\times10^{-6},\ K_{sp}^{\ominus}(CaCO_3)=4.9\times10^{-9}$$
$$K_{sp}^{\ominus}(Mg(OH)_2)=5.1\times10^{-12},\ K_{sp}^{\ominus}(MgCO_3)=6.8\times10^{-6}$$

沉淀转化方程式为

$$Ca^+(aq)+MgCO_3(s)+2OH^-(aq)\rightleftharpoons CaCO_3(s)+Mg(OH)_2(s)$$

$$K^{\ominus}=\frac{1}{[c(Ca^{2+})/c^{\ominus}][c(OH^-)/c^{\ominus}]^2}\cdot\frac{[c(Mg^{2+})/c^{\ominus}][c(CO_3^{2-})/c^{\ominus}]}{[c(Mg^{2+}/c^{\ominus})][c(CO_3^{2-})/c^{\ominus}]}$$

$$=\frac{K_{sp}^{\ominus}(MgCO_3)}{K_{sp}^{\ominus}(CaCO_3)\cdot K_{sp}^{\ominus}(Mg(OH)_2)}=\frac{6.8\times10^{-6}}{4.9\times10^{-9}\times5.1\times10^{-12}}=2.7\times10^{14}$$

(2)假设 $Ca(OH)_2$ 的最初浓度为 x mol · L^{-1}，则用 $Ca(OH)_2$ 溶液处理 $MgCO_3$ 溶液发生的平衡反应如下

$$Ca^{2+}(aq)+MgCO_3(s)+2OH^-(aq)\rightleftharpoons CaCO_3(s)+Mg(OH)_2(s)$$

平衡时 $c_B/c^{\ominus}$　　$x-0.0045$　　　　$2(x-0.0045)$

$$\frac{1}{(x-0.0045)[2(x-0.0045)]^2}=\frac{1}{4(x-0.0045)^3}=2.7\times10^{14}$$

解得 $x=0.0045$。

所以 $Ca(OH)_2$ 溶液的浓度至少为 0.0045 mol · L^{-1}。

6.3　名校考研真题详解

一、判断题

1．已知 $K_{sp}^{\ominus}(Ag_2CrO_4)=1.1\times10^{-12}$，$K_{sp}^{\ominus}(AgCl)=1.8\times10^{-10}$，则在 Ag_2CrO_4 饱和溶液中的 $c(Ag^+)$ 小于 AgCl 饱和溶液中的 $c(Ag^+)$。(　　)[北京科技大学 2014 研]

【答案】错

【解析】同种类型的难溶电解质，其溶度积越小，其溶解度越小，不同种类型的难溶电解质不能直接比较，必须计算其溶解度。

$K_{sp}^{\ominus}(Ag_2CrO_4)=1.1\times10^{-12}$，$s_{Ag_2CrO_4}=\sqrt[3]{\frac{K_{sp}^{\ominus}(Ag_2CrO_4)}{4}}=6.5\times10^{-5}$ mol/L，$c(Ag^+)=2s_{Ag_2CrO_4}=1.3\times10^{-4}$ mol/L。

$K_{sp}^{\ominus}(AgCl)=1.8\times10^{-10}$，$s_{AgCl}=\sqrt{K_{sp}^{\ominus}(AgCl)}=1.3\times10^{-5}$ mol/L，$c(Ag^+)=s_{AgCl}=1.3\times10^{-5}$ mol/L。

所以，$s_{Ag_2CrO_4}>s_{AgCl}$，Ag_2CrO_4 饱和溶液中的 $c(Ag^+)$ 大于 AgCl 饱和溶液中的 $c(Ag^+)$。

2．已知 MX 是难溶盐，可推知 $K^{\ominus}(M^{2+}/MX)<K^{\ominus}(M^{2+}/M^+)$。(　　)[北京科技大学 2011 研]

【答案】错

【解析】两者电极反应均为：$M^{2+}+e^-\longrightarrow M^+$，根据能斯特方程

$$E=E^{\ominus}-\frac{0.0592\text{ V}}{z}\lg\frac{c(R)}{c(O)}$$

可知 M^{2+}/MX 电极反应中还原型 M^+ 受到 X^- 的影响形成沉淀，使得电对中还原型浓度下降，$\lg\frac{c(R)}{c(O)}$ 减小，E 值增大，即 $K^{\ominus}(M^{2+}/MX)>K^{\ominus}(M^{2+}/M^+)$。

3．Ag_2CrO_4 的溶解度($K_{sp}=1.12\times10^{-12}$)在 0.001 mol · L^{-1} $AgNO_3$ 溶液中比在 0.001 mol · L^{-1} K_2CrO_4 溶液中小。(　　)[暨南大学 2015 研]

【答案】对

【解析】设 Ag_2CrO_4 在 $AgNO_3$ 溶液中溶解度为 x_1 mol · L^{-1}，在 K_2CrO_4 溶液中为 x_2 mol · L^{-1}。

$$K_{sp}(Ag_2CrO_4)=[Ag^+]^2[CrO_4^{2-}]$$

在 $AgNO_3$ 溶液中

$$1.12\times10^{-12}=0.001^2x_1$$

在 K_2CrO_4 溶液中

$$1.12\times10^{-12}=(2x_2)^2\times0.001$$

得到

$$x_1=1.12\times10^{-6},\ x_2=1.67\times10^{-5}$$

即 $x_1<x_2$。

二、填空题

1．已知 $K_{sp}^{\ominus}(Ag_3[Fe(CN)_6])=9.8\times10^{-26}$，在 $Ag_3[Fe(CN)_6]$ 的饱和溶液中，沉淀溶解的反应式为（　　），其溶解度为（　　）$mol\cdot L^{-1}$，$c(Ag^+)=$（　　）$mol\cdot L^{-1}$，$c(Fe(CN)_6^{3-})=$（　　）$mol\cdot L^{-1}$。［北京科技大学 2012 研］

【答案】$Ag_3[Fe(CN)_6](s)\rightleftharpoons[Fe(CN)_6]^{3-}(aq)+3Ag^+(aq)$；$2.45\times10^{-7}$；$7.36\times10^{-7}$；$2.45\times10^{-7}$

【解析】$Ag_3[Fe(CN)_6](s)\rightleftharpoons[Fe(CN)_6]^{3-}(aq)+3Ag^+(aq)$

其中，$\{c([Fe(CN)_6]^{3-})\}=\frac{1}{3}\{c(Ag^+)\}$

$K_{sp}^{\ominus}(Ag_3[Fe(CN)_6])=\{c([Fe(CN)_6]^{3-})\}\cdot\{c(Ag^+)\}^3=\frac{1}{3}\{c(Ag^+)\}^4=9.8\times10^{-26}$

解得：$\{c(Ag^+)\}=7.36\times10^{-7}\ mol\cdot L^{-1}$

故：$\{c([Fe(CN)_6]^{3-})\}=2.45\times10^{-7}\ mol\cdot L^{-1}$

$$s(Ag_3[Fe(CN)_6])=\sqrt[4]{\frac{K_{sp}^{\ominus}(Ag_3[Fe(CN)_6])}{27}}=2.45\times10^{-7}\ mol\cdot L^{-1}$$

2．在含有 Fe^{3+} 和 Cu^{2+} 的溶液中，分别滴加 $1.0\ mol\cdot L^{-1}$ 的氨水，分别生成（　　）和（　　）。［华南理工大学 2017 研］

【答案】$Fe(OH)_3$；$[Cu(NH_3)_4]^{2+}$

【解析】$1\ mol\cdot L^{-1}$ 的氨水为碱性溶液，Fe^{3-} 生成红褐色沉淀；而 $Cu(OH)_2$ 的溶解平衡常数小于 $[Cu(NH_3)_4]^{2+}$ 的稳定常数，即优先生成 $[Cu(NH_3)_4]^{2+}$。

三、选择题

1．在一定的温度下，向饱和 $BaSO_4$ 溶液中加水，下列叙述正确的是（　　）。［华南理工大学 2014］

A．$BaSO_4$ 的溶解度，$K_{sp}^{\ominus}$ 均不变　　B．$BaSO_4$ 的溶解度增大

C．$BaSO_4$ 的溶解度，$K_{sp}^{\ominus}$ 均增大　　D．$BaSO_4$ 的 $K_{sp}^{\ominus}$ 增大

【答案】A

【解析】温度不变，溶度积常数不变；在饱和溶液中加入水，不存在同离子效应、盐效应和酸效应，故其溶解度不变。

2．反应 $Ca_3(PO_4)_2(s)+6F^-\rightleftharpoons3CaF_2(s)+2PO_4^{3-}$ 的标准平衡常数为（　　）。［北京科技大学 2011 研］

A．$K_{sp}^{\ominus}(CaF_2)/K_{sp}^{\ominus}(Ca_3(PO_4)_2)$　　B．$K_{sp}^{\ominus}(Ca_3(PO_4)_2)/K_{sp}^{\ominus}(CaF_2)$

C．$[K_{sp}^{\ominus}(CaF_2)]^3/K_{sp}^{\ominus}(Ca_3(PO_4)_2)$　　D．$K_{sp}^{\ominus}(Ca_3(PO_4)_2)/K_{sp}^{\ominus}[(CaF_2)]^3$

【答案】D

【解析】$Ca_3(PO_4)_2(s) \rightleftharpoons 3Ca^{2+} + 2PO_4^{3-}$ (1)

$CaF_2 \rightleftharpoons Ca^{2+} + 2F^-$ (2)

反应 $Ca_3(PO_4)_2(s) + 6F^- \rightleftharpoons 3CaF_2(s) + 2PO_4^{3-}$ 是由(1) $-3\times$(2)得到的。

根据多重平衡原理：如果多个反应的计量式经过线性组合得到一个总的化学反应计量式，则总反应的标准平衡常数等于各反应标准平衡常数之积或商，得出

$$K^{\ominus} = K_{sp}^{\ominus}(Ca_3(PO_4)_2)/[K_{sp}^{\ominus}(CaF_2)]^3$$

3. 已知氢氧化钴(Ⅲ)的 K_{sp} 为 2.5×10^{-43}，则它在纯水中的摩尔溶解度为(　　)。[中国科学技术大学2009研]

A. 9.8×10^{-12}　　B. 2.5×10^{-22}　　C. 5.0×10^{-22}　　D. 2.2×10^{-11}

【答案】B

【解析】氢氧化钴(Ⅲ)的解离平衡为：$Co(OH)_3 \rightleftharpoons Co^{3+} + 3OH^-$，其溶度积为：$K_{sp} = [Co^{3+}][OH^-]^3$，$[OH^-] = 1.0\times10^{-7}$ mol/L，解得$[Co^{3+}] = 2.5\times10^{-22}$ mol/L，故在纯水中氢氧化钴(Ⅲ)的溶解度$[Co(OH)_3] = [Co^{3+}] = 2.5\times10^{-22}$ mol/L。

4. 下列沉淀中，可溶于1.0 mol·L^{-1} NH_4Cl 溶液中的是(　　)。[华南理工大学2017研]

A. $Fe(OH)_3(K_{sp}^{\ominus} = 4.0\times10^{-36})$　　B. $Mg(OH)_2(K_{sp}^{\ominus} = 1.8\times10^{-11})$

C. $Al(OH)_3(K_{sp}^{\ominus} = 1.8\times10^{-33})$　　D. $Cr(OH)_3(K_{sp}^{\ominus} = 6.3\times10^{-31})$

【答案】B

【解析】$NH_4^+ + H_2O = NH_3\cdot H_2O + H^+$，则1 mol·L^{-1}的 NH_4Cl 溶液其 pH<7。B项的 $Mg(OH)_2$ 在水溶液中达溶解平衡时 pH 为10.22，即只有当 pH≥10.22 时，才会产生 $Mg(OH)_2$ 沉淀，则 $Mg(OH)_2$ 在1 mol·L^{-1}的 NH_4Cl 溶液中可溶。

四、计算题

1. 25 ℃时，经实验测得，$Mg(OH)_2$ 的溶解度为0.0058 g/dm^3，试计算：①$Mg(OH)_2$ 的溶度积为多少？②在500 cm^3，0.10 mol/dm^3 $MgCl_2$ 溶液中加入500 cm^3，0.10 mol/dm^3 氨水，用计算说明是否有沉淀生成？③在上述混合溶液中，加入53.5克固体 NH_4Cl 后，用计算说明此时溶液中是否有沉淀析出？(设加入固体后，溶液体积不变)(已知 $K_b^{\ominus}(NH_3\cdot H_2O) = 1.8\times10^{-5}$，$Mg(OH)_2$ 摩尔质量为58 g/mol)[南京理工大学2011研]

解：(1) $Mg(OH)_2$ 的溶解度为0.0058 g/dm^3 = 0.0001 mol/dm^3，对 AB_2 型化合物：溶解度和溶度积的关系式为：$S = \sqrt[3]{\frac{K_{sp}^{\ominus}}{4}}$。

故 $K_{sp}^{\ominus}(Mg(OH)_2) = 4S^3 = 4\times(0.0001)^3 = 4\times10^{-12}$

(2)加入固体后，溶液体积不变，则混合后溶液的体积为 $V = 1$ dm^3，$c(NH_3\cdot H_2O) = 0.05$ mol/dm^3，$c(Mg^{2+}) = 0.05$ mol/dm^3。

氨水中存在如下解离平衡：

$$NH_3\cdot H_2O \rightleftharpoons NH_4^+ + OH^-$$

$$K_b^{\ominus}(NH_3\cdot H_2O) = \frac{\{c(NH_4^+)\}\{c(OH^-)\}}{\{c(NH_3\cdot H_2O)\}} = \frac{\{c(OH^-)\}^2}{\{c(NH_3\cdot H_2O)\}}$$

解得：

$c(OH^-) = \sqrt{K_b^{\ominus}(NH_3 \cdot H_2O) \cdot c(NH_3 \cdot H_2O)} = \sqrt{1.8 \times 10^{-5} \times 0.05} = 0.95 \times 10^{-3}\ mol \cdot L^{-1}$

$J = \{c(Mg^{2+})\}\{c(OH^-)\}^2 = 0.05 \times (0.95 \times 10^{-3})^2 = 4.5 \times 10^{-8}$

$J > K_{sp}^{\ominus}(Mg(OH)_2)$，所以有 $Mg(OH)_2$ 沉淀生成。

(3)加入 NH_4Cl 后抑制氨水电离，则

$n(NH_4Cl) = 53.5/53.5\ mol = 1\ mol$，$c(NH_4Cl) = 1\ mol/dm^3$，氨水中存在如下解离平衡：

$$NH_3 \cdot H_2O \rightleftharpoons NH_4^+ + OH^-$$

$$K_b^{\ominus}(NH_3 \cdot H_2O) = \frac{\{c(NH_4^+)\}\{c(OH^-)\}}{\{c(NH_3 \cdot H_2O)\}} = \frac{\{c(OH^-)+1\}\{c(OH^-)\}}{\{c(NH_3 \cdot H_2O)\}}$$

由于氨水分解产生的 NH_4^+ 极少，可以忽略不计，故有

$$c(OH^-) = \frac{K_b^{\ominus}(NH_3 \cdot H_2O) \cdot c(NH_3 \cdot H_2O)}{c(OH^-)+1} \approx K_b^{\ominus}(NH_3 \cdot H_2O) \cdot c(NH_3 \cdot H_2O)$$

$$= 1.8 \times 10^{-5} \times 0.05 = 0.9 \times 10^{-6}\ mol \cdot L^{-1}$$

$J = \{c(Mg^{2+})\}\{c(OH^-)\}^2 = 0.05 \times (0.9 \times 10^{-6})^2 = 4.05 \times 10^{-14}$

$J < K_{sp}^{\ominus}(Mg(OH)_2)$，所以没有 $Mg(OH)_2$ 沉淀生成。

2. 在25 ℃时，$2.0 \times 10^{-4}\ mol \cdot dm^{-3}$ $CdCl_2$ 和 $1.0\ mol \cdot dm^{-3}$ HCl 溶液等体积混合，通 H_2S 气体使之饱和，此时 CdS 刚开始沉淀，求 $CdCl_4^{2-}$ 配离子的稳定常数。

[已知：H_2S 的 $K_1^{\ominus} = 1.32 \times 10^{-7}$，$K_2^{\ominus} = 7.10 \times 10^{-15}$，$K_{sp}^{\ominus}(CdS) = 8.0 \times 10^{-27}$。][厦门大学2013研]

解：两溶液混合后氢离子浓度为

$$c(H^+) = \frac{1.0}{2}\ mol \cdot dm^{-3} = 0.5\ mol \cdot dm^{-3}$$

H_2S 气体饱和溶液中，$c(H_2S) = 0.10\ mol \cdot dm^{-3}$。

$$H_2S \rightleftharpoons HS^- + H^+$$

$$HS^- \rightleftharpoons S^{2-} + H^+$$

所以有

$$K_1^{\ominus} K_2^{\ominus} = \frac{[H^+]^2[S^{2-}]}{[H_2S]}$$

$$1.32 \times 10^{-7} \times 7.10 \times 10^{-15} = \frac{[0.5]^2[S^{2-}]}{[0.10]}$$

解得 $[S^{2-}] = 3.75 \times 10^{-22}\ mol \cdot dm^{-3}$。因为此时 CdS 刚开始沉淀，则有

$$[Cd^{2+}] = \frac{K_{sp}^{\ominus}(CdS)}{[S^{2-}]} = \frac{8.0 \times 10^{-27}}{3.75 \times 10^{-22}}\ mol \cdot dm^{-3} = 2.13 \times 10^{-5}\ mol \cdot dm^{-3}$$

$$CdCl_4^{2-} \rightleftharpoons Cd^{2+} + 4Cl^-$$

平衡浓度($mol \cdot dm^{-3}$)　$\frac{2.0 \times 10^{-4}}{2} - 2.13 \times 10^{-5}$　　2.13×10^{-5}　　0.5

$$K_稳 = \frac{[CdCl_4^{2-}]}{[Cd^{2+}][Cl^-]^4} = \frac{\frac{2.0 \times 10^{-4}}{2} - 2.13 \times 10^{-5}}{2.13 \times 10^{-5} \times 0.5^4} = 59$$

即 $CdCl_4^{2-}$ 配离子的稳定常数为59。

第7章 氧化还原反应

7.1 复习笔记

一、氧化还原反应的基本概念

化学反应可以分为氧化还原反应和非氧化还原反应。

氧化还原反应：有电子转移(或得失)的反应。

1. 氧化值

(1)氧化值的定义

元素的氧化值：指某元素的一个原子的荷电数。该荷电数是假定把每一化学键的电子指定给电负性更大的原子而求得的。

(2)确定氧化值的规则

①单质的氧化值为零；

②单原子离子的元素氧化值等于该离子所带电荷数，带正电荷者为正，带负电荷者为负；

③氢的氧化值一般为+1，氧的氧化值一般为-2，氟的氧化值为-1；特别的，金属氢化物中氢的氧化值为-1，过氧化物中氧的氧化值为-1，氧的氟化物中，如OF_2和O_2F_2中，氧的氧化值分别为+2和+1；

④碱金属和碱土金属化合物的氧化值分别为+1和+2；

⑤各元素氧化值在中性分子中的代数和为零，而在多原子离子中的代数和等于离子所带电荷数。

(3)氧化还原电对

半反应式中，同一元素的两种不同氧化数物种组成了氧化还原电对。用符号表示为：氧化型/还原型。

【注意】①氧化数可为整数、分数或小数；②氧化还原反应中，还原剂失去电子被氧化，氧化值升高，氧化剂得到电子被还原，氧化值降低；③氧化型或还原型物质必须能稳定存在。

【技巧小记】氧化还原反应关系可简记为：“失升氧、得降还”。

2. 氧化还原反应方程式的配平

(1)配平原则

①电荷守恒：氧化剂和还原剂的得失电子数相等；

②质量守恒：元素种类和原子个数必须保持不变。

(2)配平步骤

①写出反应物和生成物的离子式(气体、纯液体、固体和弱电解质则写分子式)；

②分别写出氧化剂被还原和还原剂被氧化的半反应；

③根据电荷守恒和质量守恒分别配平两个半反应方程式；

④确定两个半反应方程式得、失电子数目的最小公倍数后分别乘以相应系数，再将二者合并。

3. 反应的特殊类型

自氧化还原反应：同一物质，既是氧化剂，又是还原剂，但氧化、还原发生在不同元素的原子上。

歧化反应：同一物质中同一元素的原子，有的氧化数增加，有的氧化数减小，称为歧化反应。

二、电化学电池

1. 原电池

(1)定义

借助氧化还原反应产生电流，将化学能转变为电能的装置。

(2)组成

原电池由正极和负极两个半电池组成。正极上氧化剂得电子被还原；负极还原剂失电子被氧化。两个半电池之间需通过导线或盐桥等联系起来才能产生电流。

半电池反应(电极反应)：在两个半电池中发生的氧化(还原)反应。

电池反应：氧化还原的总反应。

(3)电极反应的书写

满足规则：物质的量守恒、电荷平衡。

书写原电池符号的规则：

①负极"－"在左边，正极"＋"在右边，盐桥用双虚线"¦¦"表示；

②半电池中两相界面用"｜"分开，同相不同物种用","分开，溶液、气体要注明 c_B，p^B；

③纯液体、固体和气体写在惰性电极一边，用","或"｜"分开；

④组分物质为参与电子转移的氧化还原电对，不包含 H^+ 和 OH^- 离子等。

盐桥的作用：消除半电池中因电极反应发生的非电中性现象，构成电子流动通路，消除两极溶液之间的液接电势。

2. 电解池与 Faraday 定律

电解池：利用电能发生氧化还原反应的装置。

法拉第(Faraday)定律：

(1)电化学电池中，正负两极消耗的物质质量正比于通过电池的电荷量；

(2)电荷量 Q 一定时，电极消耗的物质质量与该物质摩尔质量除以其每摩尔物质转移电荷数的值成正比。

【注意】电子电荷量：$e = 1.6021773 \times 10^{-19}$ C。法拉第常数：$F = 9.648531 \times 10^4\ C \cdot mol^{-1}$

3. 原电池的电动势，最大功与 Gibbs 函数

(1)电动势 E_{MF} 等于在无电流通过时正极电势 E_+ 减负极电势 E_-，数学表达式为

$$E_{MF} = E_+ - E_-$$

(2)最大功与 Gibbs 函数

可逆电池必须具备两个条件：①电极可逆；②电极的电流无限小。

电池所做的电功为

$$\text{电功(J)} = \text{电量(C)} \times \text{电势差(V)}$$

可逆电池所做的最大电功为

$$W_{max} = -zFE_{MF}$$

式中，z 为配平的电池反应方程式中负极(正极)失去(得到)的电子数，F 为法拉第常数。

T、V 一定时，系统的 Gibbs 函数的变化与系统所做的非体积功(电功)的关系为

$$\Delta_r G_m = W_{max}$$

可逆电池中系统的 Gibbs 函数变化与系统对外所做的最大电功关系为

$$\Delta_r G_m = -zFE_{MF}$$

标准状态下可逆电池：$\Delta_r G_m^{\ominus} = -zFE_{MF}^{\ominus}$。

三、电极电势

电极电势用符号 $E(M^{n+}/M)$表示，其单位为 V。

1. 标准氢电极

电极电势的绝对值尚无法确定，通常以标准氢电极为基准（参比电极），确定电极的标准电极电势。

标准氢电极：$H^+ \mid H_2(g) \mid Pt$。

电极反应：$2H^+(aq) + 2e^- \longrightarrow H_2(g)$。

标准氢电极电势：$E^{\ominus}(H^+/H_2) = 0$ V。

2. 标准电极电势

(1)标准状态

标准状态：组成电极的溶液中离子、分子活度为 1 mol · L^{-1}，气体分压为 100 kPa，液体或固体为纯净物。

(2)标准电极电势

标准电极电势($E_{MF}^{\ominus}$)：电极反应中各物质均处于标准状态时产生的电极电势。

待测电极标准电极电势测量：以标准氢电极为负极，其他标准电极为正极组成的原电池所测得的标准电池电动势。

【**注意**】这里的标准电极电势是标准还原电极电势，所对应的电极反应必须是还原反应。

原电池的标准电动势为

$$E_{MF}^{\ominus} = E_{+}^{\ominus} - E_{-}^{\ominus}$$

$E_{MF}^{\ominus}$值越小，电对对应的还原型物质的还原能力越强，氧化型物质的氧化能力越弱；反之，$E_{MF}^{\ominus}$值越大，电对对应的氧化型物质的氧化能力越强，还原型物质的还原能力越弱。

四、Nernst 方程

1. Nernst 方程

电池反应的 Nernst 方程

$$E_{MF}(T) = E_{MF}^{\ominus}(T) - \frac{RT}{zF}\ln J$$

式中，z 为电池反应式中得(失)电子数；F 为法拉第常数(96485 C · mol^{-1})；J 为电池反应的反应商。

2. 一般的电极反应

$$E(T) = E^{\ominus}(T) - \frac{RT}{zF}\ln\frac{c(\text{还原型})}{c(\text{氧化型})}$$

式中，z 为电池反应式中得(失)电子数；F 为法拉第常数；c(还原型)为还原态物质的分压或浓度的乘积；c(氧化型)为氧化态物质的分压或浓度的乘积。

3. 氧化型、还原型离子浓度对 E 的影响

c(氧化型)↑，c(还原型)↓，E↑；c(氧化型)↓，c(还原型)↑，E↓

4. 示例

298.15 K时，Nernst方程简化为

$$E(298.15\ \text{K}) = E^{\ominus}(298.15\ \text{K}) - \frac{0.0257\ \text{V}}{z}\ln\frac{c(\text{还原型})}{c(\text{氧化型})}$$

$$= E^{\ominus}(298.15\ \text{K}) - \frac{0.0592\ \text{V}}{z}\lg\frac{c(\text{还原型})}{c(\text{氧化型})}$$

5. 应用Nernst方程的注意事项

(1)电对中的固体、纯液体浓度为1，溶液浓度为相对活度，气体为相对分压；

(2)氧化型、还原型的物质系数，作为活度的方次写在Nernst方程的指数项中。

五、电极电势的应用(重要)

1. 氧化剂、还原剂相对强弱的比较

$E^{\ominus}$越大(小)，氧化性越强(弱)，还原性越弱(强)。

2. 氧化还原反应方向的判断

经验规则：

(1)$E^{\ominus}_{MF} > -0.2\ \text{V}$，反应正向进行；

(2)$E^{\ominus}_{MF} < -0.2\ \text{V}$，反应逆向进行；

(3)$-0.2\ \text{V} < E^{\ominus}_{MF} < 0.2\ \text{V}$，反应可正向进行，也可逆向进行。

【注意】非标准状态下进行的反应，需用Nernst方程计算出E_{MF}后判断。

3. 确定氧化还原反应进行的限度

标准平衡常数$K^{\ominus}$与电动势$E^{\ominus}_{MF}$间的关系为

$$\lg K^{\ominus} = \frac{zFE^{\ominus}_{MF}}{RT}$$

$K^{\ominus}$越大，反应进行得越完全。

六、元素电势图

1. 元素电势图

定义：将含有多种氧化态的元素按其氧化值从高到底的顺序排列，用横线将两氧化态物质连接起来，并在横线上、下分别标明所构成的电对的标准电极电势和转移电子数的图。

2. 元素电势图的应用

(1)判断元素各种氧化态物质在酸性和碱性介质中的存在形式；

(2)判断元素某氧化态物质能否发生还原反应；

(3)判断某氧化态物质能否发生歧化反应：

$$\text{A}\ \xrightarrow{E^{\ominus}_{\text{左}}}\ \text{B}\ \xrightarrow{E^{\ominus}_{\text{右}}}\ \text{C}$$

$E^{\ominus}_{\text{右}} > E^{\ominus}_{\text{左}}$，发生歧化反应；$E^{\ominus}_{\text{右}} < E^{\ominus}_{\text{左}}$，不发生歧化反应。

(4)计算标准电极电势。

$$\text{A}\ \xrightarrow[z_1]{E^{\ominus}_1}\ \text{B}\ \xrightarrow[z_2]{E^{\ominus}_2}\ \text{C}\ \xrightarrow[z_3]{E^{\ominus}_3}\ \text{D}$$

$$\underbrace{\text{A} \longrightarrow \text{D}}_{E^{\ominus}_x,\ z_x}$$

则A/D的标准电极电势$E^{\ominus}_x = \dfrac{z_1E^{\ominus}_1 + z_2E^{\ominus}_2 + z_3E^{\ominus}_3}{z_x}$。

7.2　课后习题详解

1. 判断下列反应中哪些是氧化还原反应，指出氧化还原反应中的氧化剂和还原剂。

(1) $2H_2O_2(aq) \rightleftharpoons O_2(g) + 2H_2O(l)$

(2) $2Cu^{2+}(aq) + 4I^-(aq) \rightleftharpoons 2CuI(s) + I_2(aq)$

(3) $2CrO_4^{2-}(aq) + 2H^+(aq) \rightleftharpoons Cr_2O_7^{2-}(aq) + H_2O(l)$

(4) $SnCl_4^{2-}(aq) + HgCl_2(aq) \rightleftharpoons Hg(l) + SnCl_6^{2-}(aq)$

(5) $SO_2(g) + I_2(aq) + 2H_2O(l) \rightleftharpoons H_2SO_4(aq) + 2HI(aq)$

(6) $HgI_2(s) + 2I^-(aq) \rightleftharpoons HgI_4^{2-}(aq)$

(7) $3I_2(aq) + 6NaOH(aq) \rightleftharpoons 5NaI(aq) + NaIO_3(aq) + 3H_2O(l)$

解： 相应氧化还原反应的氧化剂和还原剂如表 7－2－1 所示。

表 7－2－1

氧化还原反应	氧化剂	还原剂
(1)	H_2O_2	H_2O_2
(2)	Cu^{2+}	I^-
(4)	$HgCl_2$	$SnCl_4^{2-}$
(5)	I_2	SO_2
(7)	I_2	I_2

2. 指出下列各化学式中画线元素的氧化值。

$\underline{O}_3$，$H_2\underline{O_2}$，$Ba\underline{O_2}$，$K\underline{O_2}$，$\underline{O}F_2$，$H\underline{C}HO$，$\underline{C_2}H_5OH$，$K_2\underline{Pt}Cl_6$，$K_2\underline{Xe}F_6$，$K\underline{H}$，$\underline{Mn_2}O_7$，$K\underline{Br}O_4$，$Na\underline{N}H_2$，$Na\underline{Bi}O_3$，$Na_2\underline{S_2}O_3$，$Na_2\underline{S_4}O_6$。

解： 其氧化值分别为：$0, -1, -1, -\frac{1}{2}, +2, +4, +4, +4, +4, -1, +7, +7, -3, +5, +2, +\frac{5}{2}$。

3. 完成并配平下列在酸性溶液中所发生反应的方程式。

(1) $KMnO_4(aq) + H_2O_2(aq) + H_2SO_4(aq) \longrightarrow MnSO_4(aq) + K_2SO_4(aq) + O_2(g)$

(2) $PH_4^+(aq) + Cr_2O_7^{2-}(aq) \longrightarrow P_4(s) + Cr^{3+}(aq)$

(3) $As_2S_3(s) + ClO_3^-(aq) \longrightarrow Cl^-(aq) + H_2AsO_4^-(aq) + SO_4^{2-}(aq)$

(4) $Na_2S_2O_3(aq) + I_2(aq) \longrightarrow Na_2S_4O_6(aq) + NaI(aq)$

(5) $UO_2^{2+}(aq) + Te(s) \longrightarrow U^{4+}(aq) + TeO_4^{2-}(aq)$

(6) $CH_3OH(aq) + Cr_2O_7^{2-}(aq) \longrightarrow CH_2O(aq) + Cr^{3+}(aq)$

(7) $PbO_2(s) + Mn^{2+}(aq) + SO_4^{2-}(aq) \longrightarrow PbSO_4(s) + MnO_4^-(aq)$

(8) $P_4(s) + HClO(aq) \longrightarrow H_3PO_4(aq) + Cl^-(aq) + H^+(aq)$

解： (1) $2KMnO_4(aq) + 5H_2O_2(aq) + 3H_2SO_4(aq) = 2MnSO_4(aq) + 5O_2(g) + K_2SO_4(aq) + 8H_2O(l)$

(2) $4PH_4^+(aq) + 2Cr_2O_7^{2-}(aq) + 12H^+(aq) = P_4(s) + 4Cr^{3+}(aq) + 14H_2O(l)$

(3) $3As_2S_3(s) + 14ClO_3^-(aq) + 18H_2O(l) =$

$$14Cl^-(aq) + 6H_2AsO_4^-(aq) + 9SO_4^{2-}(aq) + 24H^+(aq)$$

(4) $2Na_2S_2O_3(aq) + I_2(aq) \longequal Na_2S_4O_6(aq) + 2NaI(aq)$

(5) $3UO_2^{2+}(aq) + Te(s) + 4H^+(aq) \longequal 3U^{4+}(aq) + TeO_4^{2-}(aq) + 2H_2O(l)$

(6) $3CH_3OH(aq) + Cr_2O_7^{2-}(aq) + 8H^+ \longequal 3CH_2O(aq) + 2Cr^{3+}(aq) + 7H_2O(l)$

(7) $5PbO_2(s) + 2Mn^{2+}(aq) + 5SO_4^{2-}(aq) + 4H^+(aq) \longequal$

$$5PbSO_4(s) + 2MnO_4^-(aq) + 2H_2O(l)$$

(8) $P_4(s) + 10HClO(aq) + 6H_2O(l) \longequal 4H_3PO_4(aq) + 10Cl^-(aq) + 10H^+(aq)$

4. 完成并配平下列在碱性溶液中所发生反应的方程式。

(1) $N_2H_4(aq) + Cu(OH)_2(s) \longrightarrow N_2(g) + Cu(s)$

(2) $ClO^-(aq) + Fe(OH)_3(s) \longrightarrow Cl^-(aq) + FeO_4^{2-}(aq)$

(3) $CrO_4^{2-}(aq) + CN^-(aq) \longrightarrow CNO^-(aq) + Cr(OH)_3(s)$

(4) $Br_2(l) + IO_3^-(aq) \longrightarrow Br^-(aq) + IO_4^-(aq)$

(5) $Ag_2S(s) + Cr(OH)_3(s) \longrightarrow Ag(s) + HS^-(aq) + CrO_4^{2-}(aq)$

(6) $CrI_3(s) + Cl_2(g) \longrightarrow CrO_4^{2-}(aq) + IO_4^-(aq) + Cl^-(aq)$

(7) $Fe(CN)_6^{4-}(aq) + Ce^{4+}(aq) \longrightarrow Ce(OH)_3(s) + Fe(OH)_3(s) + CO_3^{2-}(aq) + NO_3^-(aq)$

(8) $Cr(OH)_4^-(aq) + H_2O_2(aq) \longrightarrow CrO_4^{2-}(aq) + H_2O(l)$

解：(1) $N_2H_4(aq) + 2Cu(OH)_2(s) \longequal N_2(g) + 2Cu(s) + 4H_2O(l)$

(2) $3ClO^-(aq) + 2Fe(OH)_3(s) + 4OH^-(aq) \longequal 3Cl^-(aq) + 2FeO_4^{2-}(aq) + 5H_2O(l)$

(3) $2CrO_4^{2-}(aq) + 3CN^-(aq) + 5H_2O(l) \longequal 2Cr(OH)_3(s) + 3CNO^-(aq) + 4OH^-(aq)$

(4) $Br_2(l) + IO_3^-(aq) + 2OH^-(aq) \longequal 2Br^-(aq) + IO_4^-(aq) + H_2O(l)$

(5) $3Ag_2S(s) + 2Cr(OH)_3(s) + 7OH^-(aq) \longequal$

$$6Ag(s) + 3HS^-(aq) + 2CrO_4^{2-}(aq) + 5H_2O(l)$$

(6) $2CrI_3(s) + 27Cl_2(g) + 64OH^-(aq) \longequal$

$$2CrO_4^{2-}(aq) + 6IO_4^-(aq) + 54Cl^-(aq) + 32H_2O(l)$$

(7) $Fe(CN)_6^{4-}(aq) + 61Ce^{4+}(aq) + 258OH^-(aq) \longequal$

$$Fe(OH)_3(s) + 61Ce(OH)_3(s) + 6CO_3^{2-}(aq) + 6NO_3^-(aq) + 36H_2O(l)$$

(8) $2Cr(OH)_4^-(aq) + 3H_2O_2(aq) + 2OH^-(aq) \longequal 2CrO_4^{2-}(aq) + 8H_2O(l)$

5. 计算下列原电池的电动势，写出相应的电池反应。

(1) $Zn \mid Zn^{2+}(0.010\ mol \cdot L^{-1}) \parallel Fe^{2+}(0.0010\ mol \cdot L^{-1}) \mid Fe$

(2) $Pt \mid Fe^{2+}(0.010\ mol \cdot L^{-1}),\ Fe^{3+}(0.10\ mol \cdot L^{-1}) \parallel Cl^-(2.0\ mol \cdot L^{-1}) \mid Cl_2(p^\ominus) \mid Pt$

(3) $Ag \mid Ag^+(0.010\ mol \cdot L^{-1}) \parallel Ag^+(0.10\ mol \cdot L^{-1}) \mid Ag$

解：查阅电极电势表得

$$E^\ominus(Zn^{2+}/Zn) = -0.7621\ V,\ E^\ominus(Fe^{2+}/Fe) = -0.4089\ V,$$

$$E^\ominus(Fe^{3+}/Fe^{2+}) = 0.769\ V,\ E^\ominus(Cl_2/Cl^-) = 1.36\ V。$$

(1) 电池反应为：$Zn(s) + Fe^{2+}(aq) \rightleftharpoons Fe(s) + Zn^{2+}(aq)$

$$E_{MF}^{\ominus}=E^{\ominus}(Fe^{2+}/Fe)-E^{\ominus}(Zn^{2+}/Zn)$$
$$=-0.4089\ V-(-0.7621\ V)=0.3532\ V$$
$$E_{MF}=E_{MF}^{\ominus}-\frac{0.0592\ V}{2}\lg\frac{c(Zn^{2+})}{c(Fe^{2+})}$$
$$=0.3532\ V-\frac{0.0592\ V}{2}\lg\frac{0.010}{0.0010}=0.3236\ V$$

(2)电池反应为：$2Fe^{2+}(aq)+Cl_2(g)\rightleftharpoons 2Fe^{3+}(aq)+2Cl^-(aq)$

$$E_{MF}^{\ominus}=E^{\ominus}(Cl_2/Cl^-)-E^{\ominus}(Fe^{3+}/Fe^{2+})=1.36\ V-0.769\ V=0.591\ V$$

$$E_{MF}=E_{MF}^{\ominus}-\frac{0.0592\ V}{2}\lg\frac{\left[\frac{c(Cl^-)}{c^{\ominus}}\right]^2\left[\frac{c(Fe^{3+})}{c^{\ominus}}\right]^2}{\left[\frac{c(Fe^{2+})}{c^{\ominus}}\right]^2\left[\frac{p(Cl_2)}{p^{\ominus}}\right]}=0.591-\frac{0.0592\ V}{2}\lg\frac{2.0^2\times0.1^2}{1\times0.01^2}=0.514\ V$$

(3)这是个浓差电池，电池反应可表示为

$$Ag(s)+Ag^+(0.10\ mol\cdot L^{-1})\rightleftharpoons Ag^+(0.010\ mol\cdot L^{-1})+Ag(s)$$

因 $E_{MF}^{\ominus}=E^{\ominus}(Ag^+/Ag)-E^{\ominus}(Ag^+/Ag)=0\ V$

则电池的电动势为

$$E_{MF}=E_{MF}^{\ominus}-\frac{0.0592\ V}{1}\lg\frac{c_2(Ag^+)/c^{\ominus}}{c_1(Ag^+)/c^{\ominus}}$$
$$=0\ V-0.0592\ V\lg\frac{0.010}{0.10}=0.0592\ V$$

6. 某原电池中的一个半电池是由金属钴浸在 1.0 mol · L^{-1} Co^{2+} 溶液中组成的；另一半电池则由铂(Pt)片浸在 1.0 mol · L^{-1} Cl^-溶液中，并不断通入 Cl_2[$p(Cl_2)$ = 100.0 kPa]组成。测得其电动势为 1.642 V；钴电极为负极。回答下列问题：

(1)写出电池反应方程式；

(2)由附表六查得 $E^{\ominus}(Cl_2/Cl^-)$，计算 $E^{\ominus}(Co^{2+}/Co)$；

(3)$p(Cl_2)$增大时，电池的电动势将如何变化？

(4)当 Co^{2+} 浓度为 0.010 mol · L^{-1}，其他条件不变时，电池的电动势是多少？

解：(1)电池反应为：$Co(s)+Cl_2(g)\rightleftharpoons Co^{2+}(aq)+2Cl^-(aq)$

(2)查附表得 $E^{\ominus}(Cl_2/Cl^-)=1.36$ V，则 $E_{MF}^{\ominus}=E^{\ominus}(Cl_2/Cl^-)-E^{\ominus}(Co^{2+}/Co)$，即

$$E^{\ominus}(Co^{2+}/Co)=E^{\ominus}(Cl_2/Cl^-)-E_{MF}^{\ominus}=1.36\ V-1.642\ V=-0.282\ V$$

(3)正极反应的电动势为

$$E(+)=E^{\ominus}(Cl_2/Cl^-)-\frac{0.0592\ V}{2}\lg\frac{\left[\frac{c(Cl^-)}{c^{\ominus}}\right]^2}{\frac{p(Cl_2)}{p^{\ominus}}}=1.36\ V-\frac{0.0592\ V}{2}\lg\frac{\left[\frac{c(Cl^-)}{c^{\ominus}}\right]^2}{\frac{p(Cl_2)}{p^{\ominus}}},$$

$p(Cl_2)$增大，则正极电动势增大，电池电动势将增大。

(4)当 $c(Co^{2+})=0.010\ mol\cdot L^{-1}$时，

$$E(Co^{2+}/Co)=E^{\ominus}(Co^{2+}/Co)-\frac{0.0592\ V}{2}\lg\frac{1}{c(Co^{2+})/c^{\ominus}}$$
$$=-0.282\ V-\frac{0.0592\ V}{2}\lg\frac{1}{0.010}=-0.314\ V$$

$E_{MF} = E(Cl_2/Cl^-) - E(Co^{2+}/Co) = 1.360\ V - (-0.314\ V) = 1.674\ V$

7. 根据标准电极电势，判断下列氧化剂的氧化性由强到弱的次序：

$$\mathbf{Cl_2,\ Cr_2O_7^{2-},\ MnO_4^-,\ Cu^{2+},\ Fe^{3+},\ Br_2}$$

解：电对的标准电极电势越大，对应的氧化型的氧化能力越强。查阅电极电势表可知氧化剂的氧化性顺序由强到弱为：MnO_4^-，Cl_2，$Cr_2O_7^{2-}$，Br_2，Fe^{3+}，Cu^{2+}。

8. 根据标准电极电势，判断下列还原剂的还原性由强到弱的次序：

$$\mathbf{Fe^{2+},\ Sn^{2+},\ Hg_2^{2+},\ Cl^-,\ Zn,\ Sn,\ SO_3^{2-},\ Cu^+,\ H_2S,\ Br^-,\ I^-}$$

解：电对的标准电极电势越小，对应的还原型的还原能力越强。查阅电极电势表可知还原剂的还原性顺序由强到弱为：Zn，Sn，H_2S，Sn^{2+}，SO_3^{2-}，Cu^+，I^-，Fe^{2+}，Hg_2^{2+}，Br^-，Cl^-。

9. 根据各物种相关的标准电极电势，判断下列反应能否发生；如果能发生反应，完成并配平有关反应方程式。

(1) $\mathbf{Fe^{3+}(aq) + I^-(aq) \longrightarrow}$

(2) $\mathbf{Fe^{3+}(aq) + H_2S(aq) \longrightarrow}$

(3) $\mathbf{Fe^{3+}(aq) + Cu(s) \longrightarrow}$

(4) $\mathbf{Cr_2O_7^{2-}(aq) + Fe^{2+}(aq) \xrightarrow{H^+}}$

(5) $\mathbf{MnO_4^-(aq) + H_2O_2(aq) \xrightarrow{H^+}}$

(6) $\mathbf{S_2O_8^{2-}(aq) + Mn^{2+}(aq) \xrightarrow{H^+}}$

(7) $\mathbf{[Fe(CN)_6]^{4-}(aq) + Br_2(l) \longrightarrow}$

解：(1) $2Fe^{3+}(aq) + 2I^-(aq) \rightleftharpoons 2Fe^{2+}(aq) + I_2(s)$

(2) $2Fe^{3+}(aq) + H_2S(aq) \rightleftharpoons 2Fe^{2+}(aq) + S(s) + 2H^+(aq)$

(3) $2Fe^{3+}(aq) + Cu(s) \rightleftharpoons 2Fe^{2+}(aq) + Cu^{2+}(aq)$

(4) $Cr_2O_7^{2-}(aq) + 6Fe^{2+}(aq) + 14H^+(aq) \rightleftharpoons 2Cr^{3+}(aq) + 6Fe^{3+}(aq) + 7H_2O(l)$

(5) $2MnO_4^-(aq) + 5H_2O_2(aq) + 6H^+(aq) \rightleftharpoons 2Mn^{2+}(aq) + 5O_2(g) + 8H_2O(l)$

(6) $5S_2O_8^{2-} + 2Mn^{2+} + 8H_2O \rightleftharpoons 10SO_4^{2-} + 2MnO_4^- + 16H^+$

(7) $2[Fe(CN)_6]^{4-}(aq) + Br_2(l) \rightleftharpoons 2[Fe(CN)_6]^{3-}(aq) + 2Br^-(aq)$

10. 根据附表六中能查到的相关电对的标准电极电势的数据，判断下列物种能否歧化，确定其最稳定的产物，并写出歧化反应的离子方程式，计算 298.15 K 下反应的标准平衡常数。

(1) $\mathbf{In^+(aq)}$**；(2)** $\mathbf{Tl^+(aq)}$**；(3)** $\mathbf{Br_2(l)}$**在碱性溶液中。**

解：(1)查阅表得 $E^\ominus(In^{3+}/In^+) = -0.445\ V$，$E^\ominus(In^+/In) = -0.125\ V$，若发生歧化，则 $E^\ominus(In^+/In) - E^\ominus(In^{3+}/In^+)$需大于零，查表知

$E^\ominus(In^+/In) - E^\ominus(In^{3+}/In^+) = -0.125\ V - (-0.445\ V) = 0.32\ V > 0$

所以能发生歧化反应，则

$$3In^+(aq) \rightleftharpoons In^{3+}(aq) + 2In(s)$$

$$E_{MF}^\ominus = E^\ominus(In^+/In) - E^\ominus(In^{3+}/In^+) = 0.320\ V$$

$$\lg K^\ominus = \frac{zE_{MF}^\ominus}{0.0592\ V} = \frac{2 \times 0.320\ V}{0.0592\ V} = 10.811$$

$$K^\ominus = 6.47 \times 10^{10}$$

(2)查阅表得 $E^\ominus(Tl^{3+}/Tl^+) = 1.280\ V$，$E^\ominus(Tl^+/Tl) = -0.336\ V$，若发生歧化，则 $E^\ominus(Tl^+/Tl) - E^\ominus(Tl^{3+}/Tl^+)$需大于零。

查表知　$E^{\ominus}(Tl^+/Tl)-E^{\ominus}(Tl^{3+}/Tl^+)=-0.336\ V-1.280\ V=-1.616\ V<0$

所以不能发生歧化反应，则

$$E_{MF}^{\ominus}=E^{\ominus}(Tl^+/Tl)-E^{\ominus}(Tl^{3+}/Tl^+)=-1.616\ V$$

$$\lg K^{\ominus}=\frac{zE_{MF}^{\ominus}}{0.0592\ V}=\frac{2\times(-1.616\ V)}{0.0592\ V}=-54.595$$

$$K^{\ominus}=2.54\times10^{-55}$$

(3)查得碱性溶液中溴元素有关电对的标准电极电势，画出其元素电势图：

$$E_B^{\ominus}/V \qquad BrO_3^- \xrightarrow[(z=4)]{} BrO^- \xrightarrow[(z=1)]{0.4556} Br_2 \xrightarrow[(z=1)]{1.0774} Br^-$$

$$BrO_3^- \xrightarrow[(z=6)]{0.6126} Br^-$$

因为 $E^{\ominus}(Br_2/Br^-)>E^{\ominus}(BrO^-/Br_2)$，所以 $Br_2(l)$ 在碱中能歧化。

$$Br_2(l)+2OH^-(aq)\rightleftharpoons BrO^-(aq)+Br^-(aq)+H_2O(l)$$

$$E^{\ominus}(BrO^-/Br^-)=\frac{1}{2}[E^{\ominus}(BrO^-/Br_2)+E^{\ominus}(Br_2/Br^-)]$$

$$=\frac{1}{2}(0.4556\ V+1.0774\ V)=0.7665\ V$$

$$E^{\ominus}(BrO_3^-/BrO^-)=\frac{1}{4}[6E^{\ominus}(BrO_3^-/Br^-)-2E^{\ominus}(BrO^-/Br^-)]$$

$$=\frac{1}{4}(6\times0.6126\ V-2\times0.7665\ V)=0.5357\ V$$

因为 $E^{\ominus}(BrO^-/Br^-)>E^{\ominus}(BrO_3^-/BrO^-)$，所以 BrO^- 能进一步歧化为 BrO_3^- 和 Br^-。

$$3BrO^-\rightleftharpoons BrO_3^-(aq)+2Br^-(aq)$$

由此可见，$Br_2(l)$ 在碱性溶液中歧化的最稳定产物为 BrO_3^- 和 Br^-。从溴的元素电势图可求得 $E^{\ominus}(BrO_3^-/Br_2)$，即

$$E^{\ominus}(BrO_3^-/Br_2)=\frac{1}{5}[4E^{\ominus}(BrO_3^-/BrO^-)+E^{\ominus}(BrO^-/Br_2)]$$

$$=\frac{1}{5}[4\times0.5356\ V+0.4556\ V]=0.5196\ V$$

$$3Br_2(l)+6OH^-(aq)\rightleftharpoons 5Br^-(aq)+BrO_3^-+H_2O(l)$$

$$E_{MF}^{\ominus}=E^{\ominus}(Br_2/Br^-)-E^{\ominus}(BrO_3^-/Br_2)$$

$$=1.0774\ V-0.5196\ V=0.5578\ V$$

$$\lg K^{\ominus}=\frac{zE_{MF}^{\ominus}}{0.0592\ V}=\frac{5\times0.5578\ V}{0.0592\ V}=47.111 \qquad K^{\ominus}=1.29\times10^{47}$$

11. 已知某原电池反应：

$$\mathbf{3HClO_2(aq)+2Cr^{3+}(aq)+4H_2O(l)\longrightarrow 3HClO(aq)+Cr_2O_7^{2-}(aq)+8H^+(aq)}$$

(1)计算该原电池的 $E_{MF}^{\ominus}$。

(2)当 pH = 0.00，$c(Cr_2O_7^{2-})=0.80\ mol\cdot L^{-1}$，$c(HClO_2)=0.15\ mol\cdot L^{-1}$，$c(HClO)=0.20\ mol\cdot L^{-1}$，测定原电池的电动势 $E_{MF}=0.15\ V$，计算其中的 Cr^{3+} 浓度。

(3)计算 25 ℃下电池反应的标准平衡常数。

(4) $Cr_2O_7^{2-}(aq)$ 是橙红色，$Cr^{3+}(aq)$ 为绿色。如果 20.0 mL 的 1.00 $mol\cdot L^{-1}$ $HClO_2$

溶液与 20.00 mL 的 0.50 mol · L^{-1}Cr(NO$_3$)$_3$ 溶液混合，最终溶液(pH 为 0)为何种颜色？

解：(1)查阅电极电势表知

$$E^{\ominus}(HClO_2/HClO)=1.673\ V,\ E^{\ominus}(Cr_2O_7^{2-}/Cr^{3+})=1.33\ V$$

由题意得原电池的电动势为

$$E_{MF}^{\ominus}=E^{\ominus}(HClO_2/HClO)-E^{\ominus}(Cr_2O_7^{2-}/Cr^{3+})$$
$$=1.673\ V-1.33\ V=0.34\ V$$

(2)当 pH = 0 时，$c(H^+)=1.00\ mol\cdot L^{1-}$

$$E_{MF}=E_{MF}^{\ominus}-\frac{0.0592\ V}{6}\lg\frac{[c(HClO)/c^{\ominus}]^3[c(Cr_2O_7^{2-})/c^{\ominus}][c(H^+)/c^{\ominus}]^8}{[c(HClO_2)/c^{\ominus}]^3[c(Cr^{3+})/c^{\ominus}]^2}$$

$$=E_{MF}^{\ominus}-\frac{0.0592\ V}{6}\lg J$$

$$=0.34\ V-\frac{0.0592\ V}{6}\lg J$$

$$=0.15\ V$$

$$\lg J=\frac{6\times(0.34-0.15)\ V}{0.0592\ V}=19.26,\ J=1.8\times10^{19}$$

$$J=\frac{0.20^3\times0.80\times1.00^8}{0.15^3\times[c(Cr^{3+})/c^{\ominus}]^2}=1.8\times10^{19}$$

$$c(Cr^{3+})/c^{\ominus}=3.2\times10^{-10},\ c(Cr^{3+})=3.2\times10^{-10}\ mol\cdot L^{-1}$$

(3)25 ℃时，$\lg K^{\ominus}=\frac{zE_{MF}^{\ominus}}{0.0592\ V}=\frac{6\times0.34\ V}{0.0592\ V}=34.46$

$$K^{\ominus}=2.9\times10^{34}$$

(4)由题意知混合后 $c(HClO_2)=0.5\ mol\cdot L^{-1}$，$c(Cr^{3+})=0.25\ mol\cdot L^{-1}$。由于 $K^{\ominus}$很大，设平衡时 $c(Cr^{3+})$为 x mol · L^{-1}，反应方程及平衡时各物质的浓度如下

$$3HClO_2(aq)+2Cr^{3+}(aq)+4H_2O(l)\rightleftharpoons 3HClO(aq)+Cr_2O_7^{2-}(aq)+8H^+(aq)$$

$$0.50-\frac{3}{2}(0.25-x)\qquad x\qquad\qquad \frac{3}{2}(0.25-x)\quad \frac{1}{2}(0.25-x)\qquad 1.00$$

$$K^{\ominus}=\frac{[c(HClO)/c^{\ominus}]^3[c(Cr_2O_7^{2-}/c^{\ominus})][c(H^+)/c^{\ominus}]^8}{[c(HClO_2)/c^{\ominus}]^3[c(Cr^{3+})/c^{\ominus}]^2}$$

$$=\frac{\left[\frac{3}{2}(0.25-x)\right]^3\left[\frac{1}{2}(0.25-x)\right]\times1.0^8}{\left[0.500-\frac{3}{2}(0.25-x)\right]^3\cdot x^2}=2.9\times10^{34}$$

解得 $x=1.1\times10^{-17}$，即 $c(Cr^{3+})=1.1\times10^{-17}\ mol\cdot L^{-1}$；$c(Cr_2O_7^{2-})=0.125\ mol\cdot L^{-1}$。由于 $Cr_2O_7^{2-}$ 浓度大，Cr^{3+}浓度很小，所以溶液为橙红色。

12. 已知某原电池的正极是氢电极[$p(H_2)=100.0$ kPa]，负极的电极电势是恒定的。当氢电极中 pH = 4.008 时，该电池的电动势为 0.412 V；如果氢电极中所用的溶液改为一未知 $c(H^+)$的缓冲溶液，又重新测得原电池的电动势为 0.427 V。计算该缓冲溶液的 H$^+$浓度和 pH。若缓冲溶液中 $c(HA)=c(A^-)=1.0$ mol · L^{-1}，求该弱酸 HA 的解离常数。

解：由题意知正极反应为：$2H^+(aq)+2e^-\rightleftharpoons H_2(g)$

$$E_{1(+)}=E(H^+/H_2)=E^{\ominus}(H^+/H_2)-\frac{0.0592\ V}{2}\lg\frac{p(H_2)/p^{\ominus}}{[c(H^+)/c^{\ominus}]^2}$$

$$=0-\frac{0.0592\ V}{2}\lg\frac{100.0/100}{[c(H^+)/c^{\ominus}]^2}=-0.0592\ V\cdot pH_1$$

同理可得 $E_{2(+)}=-0.0592\ V\cdot pH_2$。

由于 $E_{MF(1)}=E_{1(+)}-E_{(-)}$，$E_{MF(2)}=E_{2(+)}-E_{(-)}$，又 $E_{(-)}$ 恒定，所以 $E_{MF(1)}-E_{MF(2)}=E_{1(+)}-E_{2(+)}$，即

$$0.412\ V-0.427\ V=-0.0592\ V\cdot pH_1-(-0.0592\ V\cdot pH_2)$$

将 $pH_1=4.008$ 代入上式，求得

$$pH_2=3.755,\ c(H^+)=1.8\times10^{-4}\ mol\cdot L^{-1}$$

$$HA(aq)\rightleftharpoons H^+(aq)+A^-(aq)$$

$$K_a^{\ominus}(HA)=\frac{1.8\times10^{-4}\times1.0}{1.0}=1.8\times10^{-4}$$

13. 计算下列反应的 $E_{MF}^{\ominus}$，$\Delta_rG_m^{\ominus}$，$K^{\ominus}$ 和 Δ_rG_m：

(1) $Sn^{2+}(0.10\ mol\cdot L^{-1})+Hg^{2+}(0.010\ mol\cdot L^{-1})\rightleftharpoons Sn^{4+}(0.020\ mol\cdot L^{-1})+Hg(l)$

(2) $Cu(s)+2Ag^+(0.010\ mol\cdot L^{-1})\rightleftharpoons 2Ag(s)+Cu^{2+}(0.010\ mol\cdot L^{-1})$

(3) $Cl_2(g,\ 10.0\ kPa)+2Ag(s)\rightleftharpoons 2AgCl(s)$

解：(1)查阅电极电势表知 $E^{\ominus}(Sn^{4+}/Sn^{2+})=0.1539\ V$，$E^{\ominus}(Hg^{2+}/Hg)=0.8519\ V$，则

$$E_{MF}^{\ominus}=E^{\ominus}(Hg^{2+}/Hg)-E^{\ominus}(Sn^{4+}/Sn^{2+})=0.8519\ V-0.1539\ V=0.6980\ V$$

$$\Delta_rG_m^{\ominus}=-zFE_{MF}^{\ominus}=-2\times96485\ C\cdot mol^{-1}\times0.6980\ V=-134.7\ kJ\cdot mol^{-1}$$

$$\lg K^{\ominus}=\frac{zE_{MF}^{\ominus}}{0.0592\ V}=\frac{2\times0.6980\ V}{0.0592\ V}=23.58\quad K^{\ominus}=3.80\times10^{23}$$

$$\Delta_rG_m=\Delta_rG_m^{\ominus}+RT\ln J=\Delta_rG_m^{\ominus}+RT\ln\frac{c(Sn^{4+})/c^{\ominus}}{[c(Sn^{2+})/c^{\ominus}][c(Hg^{2+})/c^{\ominus}]}$$

$$=-134.7\ kJ\cdot mol^{-1}+8.314\ J\cdot mol^{-1}\cdot K^{-1}\times298\ K\ \ln\frac{0.020}{0.10\times0.010}$$

$$=-127.3\ kJ\cdot mol^{-1}$$

(2)查得 $E^{\ominus}(Ag^+/Ag)=0.7991\ V$，$E^{\ominus}(Cu^{2+}/Cu)=0.3394\ V$

$$E_{MF}^{\ominus}=E^{\ominus}(Ag^+/Ag)-E^{\ominus}(Cu^{2+}/Cu)=0.7991\ V-0.3394\ V=0.4597\ V$$

$$\Delta_rG_m^{\ominus}=-zFE_{MF}^{\ominus}=-2\times96485C\cdot mol^{-1}\times0.4597\ V=-88.71\ kJ\cdot mol^{-1}$$

$$\lg K^{\ominus}=\frac{zE_{MF}^{\ominus}}{0.0592\ V}=\frac{2\times0.4597\ V}{0.0592\ V}=15.53\quad K^{\ominus}=3.39\times10^{15}$$

$$\Delta_rG_m=\Delta_rG_m^{\ominus}+RT\ln\frac{c(Cu^{2+})/c^{\ominus}}{[c(Ag^+)/c^{\ominus}]^2}$$

$$=-88.71\ kJ\cdot mol^{-1}+8.314\ J\cdot mol^{-1}\cdot K^{-1}\times298\ K\ \ln\frac{0.010}{0.010^2}$$

$$=-77.30\ kJ\cdot mol^{-1}$$

(3)查阅电极电势表和溶度积表知 $E^{\ominus}(Cl_2/Cl^-)=1.36\ V$，$E^{\ominus}(Ag^+/Ag)=0.7991\ V$，$K_{sp}^{\ominus}(AgCl)=1.8\times10^{-10}$。

反应 $Cl_2(g)+2Ag(s)\rightleftharpoons 2AgCl(s)$ 可由下列两个电极反应相减得到

$$Cl_2(g) + 2Ag^+(aq) + 2e^- \rightleftharpoons 2AgCl(s)$$

$$2Ag^+(aq) + 2e^- \rightleftharpoons 2Ag(s)$$

求 $E^\ominus(Cl_2/AgCl)$。

将下列两个电极反应组成原电池

$$Cl_2(g) + 2e^- \rightleftharpoons 2Cl^-(aq)$$

$$Cl_2(g) + 2Ag^+(aq) + 2e^- \rightleftharpoons 2AgCl(s)$$

$$E(Cl_2/Cl^-) = E^\ominus(Cl_2/Cl^-) + \frac{0.0592\ V}{2}\lg\frac{p(Cl_2)/p^\ominus}{[c(Cl^-)/c^\ominus]^2}$$

$$E(Cl_2/AgCl) = E^\ominus(Cl_2/AgCl) + \frac{0.0592\ V}{2}\lg[c(Ag^+)/c^\ominus]^2[p(Cl_2)/p^\ominus]$$

平衡时，$E_{MF} = 0$，$E(Cl_2/Cl^-) = E(Cl_2/AgCl)$

$$E^\ominus(Cl_2/AgCl) = E^\ominus(Cl_2/Cl^-) + \frac{0.0592\ V}{2}\lg\frac{p(Cl_2)/p^\ominus}{[c(Ag^+)/c^\ominus]^2[c(Cl^-)/c^\ominus]^2}$$

$$= E^\ominus(Cl_2/Cl^-) + \frac{0.0592\ V}{2}\lg\frac{1}{[K_{sp}(AgCl)]^2}$$

$$= 1.360\ V - 0.0592\ V\ \lg 1.8\times10^{-10} = 1.937\ V$$

$$E_{MF}^\ominus = E^\ominus(Cl_2/AgCl) - E^\ominus(Ag^+/Ag) = 1.937\ V - 0.7991\ V = 1.138\ V$$

$$\Delta_r G_m^\ominus = -zFE_{MF}^\ominus = -2\times96485C\cdot mol^{-1}\times1.138\ V = -219.6\ kJ\cdot mol^{-1}$$

$$\lg K^\ominus = \frac{zE_{MF}^\ominus}{0.0592\ V} = \frac{2\times1.138\ V}{0.0592\ V} = 38.44 \quad K^\ominus = 2.79\times10^{38}$$

$$\Delta_r G_m = \Delta_r G_m^\ominus + RT\ln\frac{1}{p(Cl_2)/p^\ominus}$$

$$= -219.6\ kJ\cdot mol^{-1} + 8.314\ J\cdot mol^{-1}\cdot K^{-1}\times298\ K\times\ln\frac{1}{10.0/100}$$

$$= -213.9\ kJ\cdot mol^{-1}$$

14. 已知下列原电池：

(a) $Tl\,|\,Tl^+ \,\|\, Tl^{3+}, Tl^+\,|\,Pt$;

(b) $Tl\,|\,Tl^{3+} \,\|\, Tl^{3+}, Tl^+\,|\,Pt$;

(c) $Tl\,|\,Tl^+ \,\|\, Tl^{3+}\,|\,Tl$;

$E^\ominus(Tl^+/Tl) = -0.336\ V$，$E^\ominus(Tl^{3+}/Tl) = 0.741\ V$，$E^\ominus(Tl^{3+}/Tl^+) = 1.280\ V$

(1) 写出各电池反应，并分别指出反应方程式中转移的电子数 z；

(2) 计算各电池的标准电动势 $E_{MF}^\ominus$；

(3) 计算各电池反应的 $\Delta_r G_m^\ominus$ 及 $K^\ominus$。

解：(1) 各电池反应分别为：

(a) $Tl^{3+}(aq) + 2Tl(s) \rightleftharpoons 3Tl^+(aq)$ $\qquad z_a = 2$

(b) $3Tl^{3+}(aq) + 2Tl(s) \rightleftharpoons 2Tl^{3+}(aq) + 3Tl^+(aq)$ $\qquad z_b = 6$

或 $Tl^{3+}(aq) + 2Tl(s) \rightleftharpoons 3Tl^+(aq)$ $\qquad z_b = 2$

(c) $Tl^{3+}(aq) + 3Tl(s) \rightleftharpoons Tl(s) + 3Tl^+(aq)$ $\qquad z_c = 3$

或 $Tl^{3+}(aq) + 2Tl(s) \rightleftharpoons 3Tl^+(aq)$ $\qquad z_c = 2$

(2)各电池的$E_{MF}^{\ominus}$可根据各反应方程式来确定，分别为：

(a)$E_{MF(a)}^{\ominus}=E^{\ominus}(Tl^{3+}/Tl^{+})-E^{\ominus}(Tl^{+}/Tl)=1.280\ V-(-0.336\ V)=1.616\ V$

(b)$E_{MF(b)}^{\ominus}=E^{\ominus}(Tl^{3+}/Tl^{+})-E^{\ominus}(Tl^{3+}/Tl)=1.280\ V-0.741\ V=0.539\ V$

(c)$E_{MF(c)}^{\ominus}=E^{\ominus}(Tl^{3+}/Tl)-E^{\ominus}(Tl^{+}/Tl)=0.741\ V-(-0.336\ V)=1.077\ V$

(3)各电池反应的$\Delta_r G_m^{\ominus}$分别为：

(a)$\Delta_r G_{m(a)}^{\ominus}=-z_a FE_{MF(a)}^{\ominus}=-2\times 96485C\cdot mol^{-1}\times 1.616\ V=-311.8\ kJ\cdot mol^{-1}$

(b)$\Delta_r G_{m(b)}^{\ominus}=-z_b FE_{MF(b)}^{\ominus}=-6\times 96485C\cdot mol^{-1}\times 0.539\ V=-312.0\ kJ\cdot mol^{-1}$

(c)$\Delta_r G_{m(c)}^{\ominus}=-z_c FE_{MF(c)}^{\ominus}=-3\times 96485C\cdot mol^{-1}\times 1.077\ V=-311.7\ kJ\cdot mol^{-1}$

各电池反应的标准平衡常数如下

(a)$\lg K_{(a)}^{\ominus}=\dfrac{z_a E_{MF(a)}^{\ominus}}{0.0592\ V}=\dfrac{2\times 1.616\ V}{0.0592\ V}=54.59$　　$K_{(a)}^{\ominus}=3.9\times 10^{54}$

(b)$\lg K_{(b)}^{\ominus}=\dfrac{z_b E_{MF(b)}^{\ominus}}{0.0592\ V}=\dfrac{6\times 0.539\ V}{0.0592\ V}=54.63$　　$K_{(b)}^{\ominus}=4.2\times 10^{54}$

(c)$\lg K_{(c)}^{\ominus}=\dfrac{z_c E_{MF(c)}^{\ominus}}{0.0592\ V}=\dfrac{3\times 1.077\ V}{0.0592\ V}=54.58$　　$K_{(c)}^{\ominus}=3.8\times 10^{54}$

或由$\Delta_r G_m^{\ominus}=-RT\ln K^{\ominus}$得$K_{(a)}^{\ominus}=K_{(b)}^{\ominus}=K_{(c)}^{\ominus}=4.5\times 10^{54}$。

15. (1)由附表六中查出$E^{\ominus}(Cu^{+}/Cu)$，$E^{\ominus}(CuI/Cu)$，试计算$K_{sp}^{\ominus}(CuI)$。

(2)计算298.15 K下反应$CuI(s)\rightleftharpoons Cu^{+}(aq)+I^{-}(aq)$的$\Delta_r G_m^{\ominus}$。

(3)若已知(2)中反应的$\Delta_r H_m^{\ominus}(298.15\ K)=84.3\ kJ\cdot mol^{-1}$，计算该反应的$\Delta_r S_m^{\ominus}(298.15\ K)$。

解：(1)查阅附表知$E^{\ominus}(CuI/Cu)=-0.1858\ V$，$E^{\ominus}(Cu^{+}/Cu)=0.518\ V$

$$E^{\ominus}(CuI/Cu)=E^{\ominus}(Cu^{+}/Cu)+0.0592\ V\lg K_{sp}^{\ominus}(CuI)$$

$$-0.1858\ V=0.5180\ V+0.0592\ V\lg K_{sp}^{\ominus}(CuI)$$

$$\lg K_{sp}^{\ominus}(CuI)=\frac{-0.1858\ V-0.5180\ V}{0.0592}=-11.89$$

解得$K_{sp}^{\ominus}=1.3\times 10^{-12}$。

(2)
$$\begin{aligned}\Delta_r G_m^{\ominus}&=-2.303RT\lg K_{sp}^{\ominus}(CuI)\\&=-2.303\times 8.314\ J\cdot mol^{-1}\cdot K^{-1}\times 298.15\ K\lg(1.3\times 10^{-12})\\&=67.9\ kJ\cdot mol^{-1}\end{aligned}$$

(3)由$\Delta_r G_m^{\ominus}=\Delta_r H_m^{\ominus}-T\Delta_r S_m^{\ominus}$得

$$\begin{aligned}\Delta_r S_m^{\ominus}(298.15\ K)&=\frac{\Delta_r H_m^{\ominus}(298.15\ K)-\Delta_r G_m^{\ominus}(298.15\ K)}{298.15\ K}\\&=\frac{84.3\ kJ\cdot mol^{-1}-67.9\ kJ\cdot mol^{-1}}{298.15\ K}\\&=55.3\ J\cdot mol^{-1}\cdot K^{-1}\end{aligned}$$

16. 已知298.15 K下，电极反应：

$$[Ag(S_2O_3)_2]^{3-}(aq)+e^{-}\rightleftharpoons Ag(s)+2S_2O_3^{2-}(aq);\ E^{\ominus}=0.017\ V$$

设计原电池，以电池图示表示之，计算$K_f^{\ominus}[Ag(S_2O_3)_2^{3-}]$。

解：由电池反应方程式可推知将银电极插入1.0 mol·L^{-1}的Ag^{+}的溶液中作为原电池的

正极，将银电极插入1.0 mol·L^{-1}的$S_2O_3^{2-}$ 和1.0 mol·L^{-1}的$[Ag(S_2O_3)_2]^{3-}$溶液作为原电池的负极。组成的原电池的电池图示如下：

$$Ag \mid Ag(S_2O_3)_2^{3-}(c^\ominus),\ S_2O_3^{2-}(c^\ominus) \ \vdots\vdots\ Ag^+(c^\ominus) \mid Ag$$

$$E_{MF}^\ominus = E^\ominus(Ag^+/Ag) - E^\ominus(Ag(S_2O_3)_2^{3-}/Ag) = 0.7991\ V - 0.017\ V = 0.7821\ V$$

两电极反应为

$$Ag^+(aq) + e^- \rightleftharpoons Ag(s)$$

$$[Ag(S_2O_3)_2]^{3-}(aq) + e^- \rightleftharpoons Ag(s) + 2S_2O_3^{2-}(aq)$$

电池反应达到平衡时，$E_{MF}=0$，则

$$\lg K_f^\ominus(Ag(S_2O_3)_2^{3-}) = \frac{E^\ominus(Ag^+/Ag) - E^\ominus(Ag(S_2O_3)_2^{3-}/Ag)}{0.0592\ V} = 13.21$$

解得$K_f^\ominus(Ag(S_2O_3)_2^{3-}) = 1.6\times10^{13}$。

17. 已知298.15 K下，$E^\ominus(HgBr_4^{2-}/Hg)=0.2318$ V，$\Delta_fG_m^\ominus(Br^-, aq) = -103.96$ kJ·mol^{-1}，计算$\Delta_fG_m^\ominus(HgBr_4^{2-}, aq)$。

解：电极反应方程为：$HgBr_4^{2-}(aq) + 2e^- \rightleftharpoons Hg(l) + 4Br^-(aq)$

$$\Delta_rG_m^\ominus = -zFE^\ominus(HgBr_4^{2-}/Hg) = -2\times96485C\cdot mol^{-1}\times0.2318\ V = -44.73\ kJ\cdot mol^{-1}$$

$$\Delta_rG_m^\ominus = \sum_B \nu_B\Delta_fG_m^\ominus = \Delta_fG_m^\ominus(Hg, l) + 4\Delta_fG_m^\ominus(Br^-, aq) - \Delta_fG_m^\ominus(HgBr_4^{2-}, aq)$$

$$\begin{aligned}\Delta_fG_m^\ominus(HgBr_4^{2-}, aq) &= 4\Delta_fG_m^\ominus(Br^-, aq) - \Delta_rG_m^\ominus \\ &= 4\times(-103.96\ kJ\cdot mol^{-1}) - (-44.73\ kJ\cdot mol^{-1}) \\ &= -371.11\ kJ\cdot mol^{-1}\end{aligned}$$

18. 根据有关配合物的稳定常数和电对的$E^\ominus$，计算下列电极反应的$E^\ominus$：

(1) $HgI_4^{2-}(aq) + 2e^- \rightleftharpoons Hg(l) + 4I^-(aq)$

(2) $Cu^{2+}(aq) + 2I^-(aq) + e^- \rightleftharpoons CuI_2^-(aq)$

(3) $[Fe(C_2O_4)_3]^{3-}(aq) + e^- \rightleftharpoons [Fe(C_2O_4)_3]^{4-}(aq)$

解：(1)查阅电极电势表和配合物的稳定常数表知$K_f^\ominus(HgI_4^{2-}) = 5.66\times10^{29}$，$E^\ominus(Hg^{2+}/Hg) = 0.8519$ V，将下列电极反应组成原电池：

$$Hg^{2+}(aq) + 2e^- \rightleftharpoons Hg(l)$$

$$HgI_4^{2-}(aq) + 2e^- \rightleftharpoons Hg(l) + 4I^-(aq)$$

平衡时，$E_{MF}=0$，所以有

$$\begin{aligned}E^\ominus(HgI_4^{2-}/Hg) &= E^\ominus(Hg^{2+}/Hg) - \frac{0.0592}{2}V\ \lg K_f^\ominus(HgI_4^{2-}) \\ &= 0.8519\ V - \frac{0.0592\ V}{2}\lg(5.66\times10^{29}) = -0.0288\ V\end{aligned}$$

(2)查阅电极电势表和配合物的稳定常数表知$K_f^\ominus(CuI_2^-) = 7.1\times10^8$，$E^\ominus(Cu^{2+}/Cu) = 0.1607$ V

$$\begin{aligned}E^\ominus(Cu^{2+}/CuI_2^-) &= E^\ominus(Cu^{2+}/Cu) + 0.0592\ V\lg K_f^\ominus(CuI_2^-) \\ &= 0.1607\ V + 0.0592\ V\lg 7.1\times10^8 = 0.68\ V\end{aligned}$$

(3)查阅电极电势表和配合物的稳定常数表知$K_f^\ominus[Fe(C_2O_4)_3^{3-}] = 1.6\times10^{20}$，$K_f^\ominus[Fe(C_2O_4)_3^{4-}] = 1.7\times10^5$，$E^\ominus(Fe^{3+}/Fe^{2+}) = 0.769$ V

所以电动电势为

$$E^{\ominus}(Fe(C_2O_4)_3^{3-}/Fe(C_2O_4)_3^{4-}) = E^{\ominus}(Fe^{3+}/Fe^{2+}) + 0.0592\ V\lg\frac{K_f^{\ominus}(Fe(C_2O_4)_3^{4-})}{K_f^{\ominus}(Fe(C_2O_4)_3^{3-})}$$

$$= 0.769\ V + 0.0592\ V\lg\frac{1.7\times10^{5}}{1.6\times10^{20}} = -0.12\ V$$

19. 已知 $K_f^{\ominus}[Fe(bipy)_3^{2+}] = 10^{17.45}$，$K_f^{\ominus}[Fe(bipy)_3^{3+}] = 10^{14.25}$，其他数据查附表。

(1)计算 $E^{\ominus}[Fe(bipy)_3^{3+}/Fe(bipy)_3^{2+}]$；

(2)将 Cl_2 通入$[Fe(bipy)_3]^{2+}$溶液中，Cl_2 能否将其氧化？写出反应方程式，并计算 25 ℃下该反应的标准平衡常数 $K^{\ominus}$；

(3)若溶液中$[Fe(bipy)_3]^{2+}$的浓度为 0.20 mol·L^{-1}，所通 Cl_2 的压力始终保持 100.0 kPa，计算平衡时溶液中各离子浓度。

解：(1)查阅电极电势表知 $E^{\ominus}(Fe^{3+}/Fe^{2+}) = 0.769$ V，则

$$E^{\ominus}(Fe(bipy)_3^{3+}/Fe(bipy)_3^{2+}) = E^{\ominus}(Fe^{3+}/Fe^{2+}) + 0.0592\ V\lg\frac{K_f^{\ominus}(Fe(bipy)_3^{3+})}{K_f^{\ominus}(Fe(bipy)_3^{2+})}$$

$$= 0.769\ V + 0.0592\ V\lg\frac{10^{17.45}}{10^{14.25}} = 0.96\ V$$

(2)查阅电极电势表知 $E^{\ominus}(Cl_2/Cl^-) = 1.36$ V，$E^{\ominus}(Cl_2/Cl^-) > E^{\ominus}[Fe(bipy)_3^{3+}/Fe(bipy)_3^{2+}]$，$Cl_2$ 能将 $Fe(bipy)_3^{2+}$ 氧化。

反应方程式为

$$2Fe(bipy)_3^{2+}(aq) + Cl_2(g) \rightleftharpoons 2Fe(bipy)_3^{3+}(aq) + 2Cl^-(aq)$$

$$E_{MF}^{\ominus} = E^{\ominus}(Cl_2/Cl^-) - E^{\ominus}(Fe(bipy)_3^{3+}/Fe(bipy)_3^{2+})$$

$$= 1.360\ V - 0.96\ V = 0.40\ V$$

$$\lg K^{\ominus} = \frac{zE_{MF}^{\ominus}}{0.0592\ V} = \frac{2\times0.40\ V}{0.0592\ V} = 13.514$$

解得 $K^{\ominus} = 3.3\times10^{13}$。

(3)假设平衡时 $Fe(bipy)_3^{2+}$ 的浓度为 x mol·L^{-1}，则

	$2[Fe(bipy)_3]^{2+}(aq)$	$+\ Cl_2(g) \rightleftharpoons$	$2[Fe(bipy)_3]^{3+}(aq)$	$+\ 2Cl^-(aq)$
平衡时 $c_B/c^{\ominus}$(或 $p_B/p^{\ominus}$)	x	1.00	$0.20-x$	$0.20-x$

$$K^{\ominus} = \frac{(0.20-x)^2(0.20-x)^2}{x^2(1.00)} = 3.3\times10^{13}$$

$$x = 7.0\times10^{-9}$$

平衡时，$c(Fe(bipy)_3^{2+}) = 7.0\times10^{-9}$ mol·L^{-1}，$c(Fe(bipy)_3^{3+}) = c(Cl^-) = (0.20 - 7.0\times10^{-9})$ mol·L^{-1} ≈ 0.20 mol·L^{-1}。

20. 已知下列电极反应的标准电极电势：

$$Cu^{2+}(aq) + 2e^- \rightleftharpoons Cu(s);\quad E^{\ominus} = 0.3394\ V$$

$$Cu^{2+}(aq) + e^- \rightleftharpoons Cu^+(aq);\quad E^{\ominus} = 0.1607\ V$$

(1)计算反应 $Cu^{2+}(aq) + Cu(s) \rightleftharpoons 2Cu^+(aq)$的标准平衡常数 $K^{\ominus}$；

(2)已知 $K_{sp}^{\ominus}(CuCl) = 1.7\times10^{-7}$，计算反应 $Cu^{2+}(aq) + Cu(s) + 2Cl^-(aq) \rightleftharpoons 2CuCl(s)$的标准平衡常数 $K^{\ominus}$。

解：(1)此反应可由以下两个半反应相减得到：

$$2Cu^{2+}(aq)+2e^- \rightleftharpoons 2Cu^+(aq)$$

$$Cu^{2+}(aq)+2e^- \rightleftharpoons Cu(s)$$

$$E^{\ominus}_{MF}=E^{\ominus}(Cu^{2+}/Cu^+)-E^{\ominus}(Cu^{2+}/Cu)=0.1607\ V-0.3394\ V=-0.1787\ V$$

$$\lg K^{\ominus}=\frac{zE^{\ominus}_{MF}}{0.0592\ V}=\frac{2\times(-0.1787\ V)}{0.0592\ V}=-6.037$$

$$K^{\ominus}=9.18\times10^{-7}$$

(2)已知

$$Cu(s)+Cu^{2+}(aq) \rightleftharpoons 2Cu^+(aq),\qquad K_1^{\ominus}$$

$$2Cu^+(aq)+2Cl^-(aq) \rightleftharpoons 2CuCl(s),\qquad K_2^{\ominus}=\frac{1}{[K_{sp}^{\ominus}(CuCl)]^2}$$

上述两个反应方程相加，可得

$$Cu(s)+Cu^{2+}(aq)+2Cl^-(aq) \rightleftharpoons 2CuCl(s)$$

则平衡常数为

$$K^{\ominus}=K_1^{\ominus}K_2^{\ominus}=\frac{K_1^{\ominus}}{[K_{sp}^{\ominus}(CuCl)]^2}=\frac{9.18\times10^{-7}}{(1.7\times10^{-7})^2}=3.2\times10^7$$

21. 由附表六中查出酸性溶液中 $E^{\ominus}(MnO_4^-/MnO_4^{2-})$，$E^{\ominus}(MnO_4^-/MnO_2)$，$E^{\ominus}(MnO_2/Mn^{2+})$，$E^{\ominus}(Mn^{3+}/Mn^{2+})$。

(1)画出锰元素在酸性溶液中的元素电势图；

(2)计算 $E^{\ominus}(MnO_4^{2-}/MnO_2)$ 和 $E^{\ominus}(MnO_2/Mn^{3+})$；

(3) MnO_4^{2-} 能否歧化？写出相应的反应方程式，并计算该反应的 $\Delta_r G_m^{\ominus}$ 与 $K^{\ominus}$；还有哪些物种能歧化？

(4)计算 $E^{\ominus}[MnO_2/Mn(OH)_2]$。

解：(1)查阅电极电势表知 $E^{\ominus}(MnO_4^-/MnO_4^{2-})=0.5545\ V$，$E^{\ominus}(MnO_4^-/MnO_2)=1.700\ V$，$E^{\ominus}(MnO_2/Mn^{2+})=1.2293\ V$，$E^{\ominus}(Mn^{3+}/Mn^{2+})=1.51\ V$，酸性条件下的电势图为：

$$MnO_4^- \xrightarrow[(z=1)]{0.5545} MnO_4^{2-} \xrightarrow[(z=2)]{} MnO_2 \xrightarrow[(z=1)]{} Mn^{3+} \xrightarrow[(z=1)]{1.51} Mn^{2+}$$

$MnO_4^- \to MnO_2$：1.700 $(z=3)$；$MnO_2 \to Mn^{2+}$：1.2293 $(z=2)$

$$(2)\ E^{\ominus}(MnO_4^{2-}/MnO_2)=\frac{1}{2}[3E^{\ominus}(MnO_4^-/MnO_2)-E^{\ominus}(MnO_4^-/MnO_4^{2-})]$$

$$=\frac{1}{2}[3\times1.700\ V-0.5545\ V]=2.27\ V$$

$$E^{\ominus}(MnO_2/Mn^{3+})=2E^{\ominus}(MnO_2/Mn^{2+})-E^{\ominus}(Mn^{3+}/Mn^{2+})$$

$$=2\times1.2293\ V-1.51\ V=0.95\ V$$

(3) $E^{\ominus}(MnO_4^{2-}/MnO_2)>E^{\ominus}(MnO_4^-/MnO_4^{2-})$，所以在酸性溶液中 MnO_4^{2-} 能发生歧化反应，其反应方程式为

$$3MnO_4^{2-}(aq)+4H^+(aq) \rightleftharpoons 2MnO_4^-(aq)+MnO_2(s)+2H_2O(l)$$

$$\Delta_r G_m^{\ominus}=-zFE^{\ominus}=-2\times96485C\cdot mol^{-1}\times(2.27-0.5545)V=-331.0\ kJ\cdot mol^{-1}$$

$$\lg K^{\ominus}=\frac{zE^{\ominus}_{MF}}{0.0592\ V}=\frac{2\times(2.27-0.5545)V}{0.0592\ V}=57.96$$

$$K^{\ominus}=9.1\times10^{57}$$

$E^{\ominus}(Mn^{3+}/Mn^{2+})>E^{\ominus}(MnO_2/Mn^{2+})$。所以在酸性溶液中 Mn^{3+} 也能歧化，其反应方程式为

$$2Mn^{3+}(aq)+2H_2O(l)\rightleftharpoons MnO_2(s)+Mn^{2+}(aq)+4H^+(aq)$$

(4)在酸性溶液中

$$MnO_2(s)+4H^+(aq)+2e^-\rightleftharpoons Mn^{2+}(aq)+2H_2O(l)$$

$$E(MnO_2/Mn^{2+})=E^{\ominus}(MnO_2/Mn^{2+})+\frac{0.0592}{2}\lg\frac{[c(H^+)/c^{\ominus}]^4}{[c(Mn^{2+})/c^{\ominus}]}$$

当 $c(OH^-)=1.0\ mol\cdot L^{-1}$ 时，有

$$c(H^+)=1.0\times10^{-14}\ mol\cdot L^{-1},\ c(Mn^{2+})/c^{\ominus}=\frac{K_{sp}^{\ominus}[Mn(OH)_2]}{[c(OH^-)/c^{\ominus}]^2}=2.0\times10^{-13}$$

则 $E(MnO_2/Mn^{2+})=1.2293\ V+\dfrac{0.0592}{2}\lg\dfrac{(1.0\times10^{-14})^4}{2.0\times10^{-13}}=-0.0524\ V$。

即 $E^{\ominus}[MnO_2/Mn(OH)_2]=-0.0524\ V$，相应的电极反应为

$$MnO_2(s)+2H_2O(l)+2e^-\rightleftharpoons Mn(OH)_2(s)+2OH^-(aq)$$

22. 铅酸蓄电池的电极反应为

负极：$Pb(s)+HSO_4^-(aq)\longrightarrow PbSO_4(s)+H^+(aq)+2e^-$

正极：$PbO_2(s)+HSO_4^-(aq)+3H^+(aq)+2e^-\longrightarrow PbSO_4(s)+2H_2O(l)$

(1)计算铅酸蓄电池的标准电动势 $E_{MF}^{\ominus}$。

(2)如果将6个(1)中的铅酸蓄电池串联在一起，其总电动势为多少？

(3)充电时的电极反应如何？写出相应的反应方程式。

(4)在使用过程中，可用测定硫酸密度的方法，确定铅酸蓄电池是否需要充电，这是什么道理？

(5)充电时，需要用新的浓度大的硫酸替换电池中的稀硫酸吗？为什么？

解：(1)查阅电极电势表及稳定常数表和解离常数表知 $E^{\ominus}(Pb^{2+}/Pb)=-0.1266\ V$，$E^{\ominus}(PbO_2/Pb^{2+})=1.458\ V$，$K_{sp}^{\ominus}(PbSO_4)=1.8\times10^{-8}$，$K_{a2}^{\ominus}(H_2SO_4)=10^{-2}$

负极反应：$Pb^{2+}(aq)+2e^-\rightleftharpoons Pb(s)$

$$PbSO_4(s)+H^+(aq)+2e^-\rightleftharpoons Pb(s)+HSO_4^-(aq)$$

$$E_{(-)}^{\ominus}=E^{\ominus}(Pb^{2+}/Pb)+\frac{0.0592\ V}{2}\lg\frac{K_{sp}^{\ominus}(PbSO_4)}{K_{a2}^{\ominus}(H_2SO_4)}$$

$$=-0.1266\ V+\frac{0.0592\ V}{2}\lg\frac{1.8\times10^{-8}}{1.0\times10^{-2}}=-0.297\ V$$

正极反应：$PbO_2(s)+4H^+(aq)+2e^-\rightleftharpoons Pb^{2+}(aq)+2H_2O(l)$

$$PbO_2(s)+HSO_4^-(aq)+3H^+(aq)+2e^-\rightleftharpoons PbSO_4(s)+2H_2O(l)$$

$$E_{(+)}^{\ominus}=E^{\ominus}(PbO_2/Pb^{2+})+\frac{0.0592\ V}{2}\lg\frac{K_{a2}^{\ominus}(H_2SO_4)}{K_{sp}^{\ominus}(PbSO_4)}$$

$$=1.458\ V+\frac{0.0592\ V}{2}\lg\frac{1.0\times10^{-2}}{1.8\times10^{-8}}=1.628$$

$$E_{MF}^{\ominus}=E_{(+)}^{\ominus}-E_{(-)}^{\ominus}=1.628\ V-(-0.297\ V)=1.925\ V$$

(2)如果将6个(1)中的铅酸蓄电池串联在一起，其总电动势为

$$E_{MF} = 6E^{\ominus}_{MF} = 6 \times 1.925\ V = 11.55\ V$$

(3)铅酸蓄电池充电时，负极发生还原反应

$$PbSO_4(s) + H^+(aq) + 2e^- \rightleftharpoons Pb(s) + HSO_4^-(aq)$$

正极发生氧化反应

$$PbSO_4(s) + 2H_2O(l) \rightleftharpoons PbO_2(s) + HSO_4^-(aq) + 3H^+(aq) + 2e^-$$

充电时两电极反应方向与放电时刚好相反，铅酸蓄电池相当于电解池。

(4)蓄电池在放电时，两极板均被硫化，电解液中的硫酸浓度逐渐减少，水分逐渐增多，因此密度会随着放电程度的增大而定量地减小，因此可通过测定电解液的密度来确定铅酸蓄电池的放电程度，从而决定是否需要充电。

(5)铅酸蓄电池充电时，由于反应生成硫酸，使硫酸的浓度增大，所以正常情况下，从原理上讲不需要用新的浓度大的硫酸替换电池中的稀硫酸。

23. 丙烷燃料电池的电极反应为

$$C_3H_8(g) + 6H_2O(l) \rightleftharpoons 3CO_2(g) + 20H^+(aq) + 20e^-$$

$$5O_2(g) + 20H^+(aq) + 20e^- \rightleftharpoons 10H_2O(l)$$

(1)指出正极反应和负极反应；

(2)写出电池反应方程式；

(3)计算25 ℃下丙烷燃料电池的标准电动势 $E^{\ominus}_{MF}$ [$\Delta_f G^{\ominus}_m(C_3H_8, g) = -23.5\ kJ \cdot mol^{-1}$]。

解：(1)正极反应：$5O_2(g) + 20H^+(aq) + 20e^- \rightleftharpoons 10H_2O(l)$

负极反应：$C_3H_8(g) + 6H_2O(l) - 20e^- \rightleftharpoons 3CO_2(g) + 20H^+(aq)$

(2)电池反应方程式为：$C_3H_8(g) + 5O_2(g) \rightleftharpoons 3CO_2(g) + 4H_2O(l)$

(3)
$$\begin{aligned}\Delta_r G^{\ominus}_m &= 3\Delta_f G^{\ominus}_m(CO_2, g) + 4\Delta_f G^{\ominus}_m(H_2O, l) - \Delta_f G^{\ominus}_m(C_3H_8, g) - 5\Delta_f G^{\ominus}_m(O_2, g)\\ &= [3 \times (-394.359) + 4 \times (-237.129) - (-23.5) - 0]\ kJ \cdot mol^{-1}\\ &= -2108.1\ kJ \cdot mol^{-1}\end{aligned}$$

由 $\Delta_r G^{\ominus}_m = -zFE^{\ominus}_{MF}$，得 $E^{\ominus}_{MF} = \dfrac{-\Delta_r G^{\ominus}_m}{zF} = \dfrac{2108.1\ kJ \cdot mol^{-1}}{20 \times 96485C \cdot mol^{-1}} = 1.09\ V$。

7.3 名校考研真题详解

一、判断题

1. 在酸性溶液中，$Br_2(l)$可以将Cr^{3+}氧化为CrO_4^{2-}。(　　)[北京科技大学2013研]

【答案】错

【解析】根据电极电势判断，其$Br_2(l)$不可以将Cr^{3+}氧化为CrO_4^{2-}。

2. 原电池中电子由负极经导线流到正极，再由正极经溶液流到负极，从而构成了回路。(　　)[南京航空航天大学2012研]

【答案】错

【解析】原电池中，负极为阳极，负极的阳离子浓度较高，而正极即阴极，阴离子浓度较高，负极的电子密度大于正极，故电子经导线流向正极，溶液中的电流通路是靠离子迁移完成的，阳离子向正极迁移，阴离子向负极迁移，构成回路。

二、填空题

1. 有下列几种物种：I^-、$NH_3 \cdot H_2O$、CN^-和S^{2-}；

(1)当(　　)存在时，Ag^+的氧化能力最强；

(2)当(　　)存在时，Ag 的还原能力最强。

$K_{sp}^{\ominus}(AgI)=8.51\times10^{-17}$，$K_{sp}^{\ominus}(Ag_2S)=6.69\times10^{-50}$，$K_{稳}^{\ominus}(Ag(NH_3)_2^+)=1.1\times10^7$，$K_{稳}^{\ominus}(Ag(CN)_2^-)=1.3\times10^{21}$。[南京航空航天大学 2014 研]

【答案】$NH_3\cdot H_2O$；S^{2-}

【解析】电极电势越大，其氧化能力越强；电极电势越小，其还原能力越强；电极电势公式为 $E_{Ag^+/Ag}=E_{Ag^+/Ag}^{\ominus}+\frac{0.0592}{1}\lg[Ag^+]$，$[Ag^+]$浓度越大，其电极电势越大。在题目中所述的几种离子使得的$[Ag^+]$浓度减小，溶度积越小，其$[Ag^+]$浓度越小，其电极电势越小，还原性越强，故有 S^{2-} 存在时，其还原性最强；配合物的稳定常数越小，$[Ag^+]$浓度越大，其电极电势越大，氧化能力越强，故有 $NH_3\cdot H_2O$ 存在时，其氧化能力最强。

2. 根据 $E^{\ominus}(PbO_2/PbSO_4)>E^{\ominus}(MnO_4^-/Mn^{2+})>E^{\ominus}(Sn^{4+}/Sn^{2+})$，则六种物质中还原性最强的是(　　)。[南京航空航天大学 2012 研]

【答案】Sn^{2+}

【解析】$E^{\ominus}$值越小，电对对应的还原型物质的还原能力越强，氧化型物质的氧化能力越弱，$E^{\ominus}(Sn^{4+}/Sn^{2+})$最小，故 Sn^{2+} 还原性最强。

3. 如果原电池$(-)Fe\,|\,Fe^{2+}(c_1)\,\|\,Fe^{2+}(c_2)\,|\,Fe(+)$能自发放电，则 Fe^{2+} 的浓度 c_1 比 c_2(　　)，$E_{MF}^{\ominus}=$(　　)V，放电停止，$E_{MF}=$(　　)V，相应的氧化还原反应的 $K^{\ominus}=$(　　)。[北京科技大学 2011 研]

【答案】小；0；0；1

【解析】电极反应的能斯特方程为：

$$E(T)=E^{\ominus}(T)-\frac{RT}{zF}\ln\frac{c(R)}{c(O)}$$

故该原电池的电动势

$$E_{MF}=E_+-E_-=\left(E_+^{\ominus}-\frac{RT}{2F}\ln\frac{1}{c_2}\right)-\left(E_-^{\ominus}-\frac{RT}{2F}\ln\frac{1}{c_1}\right)=\frac{RT}{2F}\ln\frac{c_2}{c_1}$$

该电池能自发放电，即 $E_{MF}>0$，即 $c_2>c_1$；$E_{MF}^{\ominus}=E_+^{\ominus}-E_-^{\ominus}=0$；放电停止，即正负极电极电势相等，$E_{MF}=0$ V；$\Delta_rG_m^{\ominus}=-zFE_{MF}^{\ominus}=-RT\ln K^{\ominus}=0$，解得：$K^{\ominus}=1$。

4. 请写出由氧化还原反应 $MnO_4^-+5Fe^{2+}+8H^+\longrightarrow Mn^{2+}+5Fe^{3+}+4H_2O$ 组成的标准状态下的原电池的电池符号：(　　)。[暨南大学 2018 研]

【答案】$(-)Pt\,|\,Fe^{2+}(aq),\ Fe^{3+}(aq)\,\|\,MnO_4^-(aq),\ Mn^{2+}(aq)\,|\,Pt(+)$

【解析】该氧化还原反应可改写为：

阳极：$5Fe^{2+}\longrightarrow5Fe^{3+}+5e^-$；阴极：$MnO_4^-+8H^++5e^-\longrightarrow Mn^{2+}+4H_2O$；则负极为 Fe^{2+}，正极为 MnO_4^-。

三、选择题

1. 碘元素在碱性介质中的电势图为：$H_3IO_6^{2-}\xrightarrow{0.70\ V}IO_3^-\xrightarrow{0.14\ V}IO^-\xrightarrow{0.45\ V}I_2\xrightarrow{0.53\ V}I^-$；对该图的理解或应用中，错误的是(　　)。[北京科技大学 2012 研]

A. $K^{\ominus}(IO_3^-/I_2)=0.20$ V

B. I_2 和 IO^- 都可发生歧化

C. IO^- 歧化成 I_2 和 IO_3^- 的反应倾向最大

D. I_2 歧化的反应方程式是：$I_2 + H_2O \rightleftharpoons I^- + IO^- + 2H^+$

【答案】D

【解析】A 项：

根据公式 $E_3^{\ominus}(IO_3^-/I_2) = \frac{z_1E_1^{\ominus}(IO_3^-/IO^-) + z_2E_2^{\ominus}(IO^-/I_2)}{z_3}$

$= \frac{4E^{\ominus}(IO^{3-}/IO^-) + E^{\ominus}(IO^-/I_2)}{5} = \frac{4 \times 0.14 + 0.45}{5} V = 0.202\ V$；

B 项： $A \xrightarrow{E^{\ominus}_{左}} B \xrightarrow{E^{\ominus}_{右}} C$

若 $E^{\ominus}_{右} > E^{\ominus}_{左}$，歧化反应能够发生；若 $E^{\ominus}_{右} < E^{\ominus}_{左}$，歧化反应不能发生。

可知 I_2 和 IO^- 都可发生歧化反应；

C 项：只有 I_2 和 IO^- 可以发生歧化反应，

IO^- 歧化成 I_2 和 IO_3^- 反应的 $E_1^{\ominus} = 0.45 - 0.14 = 0.31\ V$

I_2 歧化成 IO^- 和 I^- 反应的 $E_2^{\ominus} = 0.53 - 0.45 = 0.08\ V$

$E_1^{\ominus} > E_2^{\ominus}$，故 IO^- 歧化成 I_2 和 IO_3^- 反应倾向最大；

D 项：卤素的歧化反应通式为：$X_2 + H_2O \rightleftharpoons H^+ + X^- + HXO$，D 项错误。

2. 电极电势与 pH 无关的电对是（　　）。［厦门大学 2002 研］

A. H_2O_2/H_2O　　B. IO_3^-/I^-　　C. MnO_2/Mn^{2+}　　D. MnO_4^-/MnO_4^{2-}

【答案】D

【解析】A 项，$H_2O_2 + 2e^- + 2H^+ = 2H_2O$，$H^+$ 参与反应，电极电势与 pH 有关；B 项，$IO_3^- + 6e^- + 6H^+ = 3H_2O + I^-$，$H^+$ 参与反应，电极电势与 pH 有关；C 项，$MnO_2 + 2e^- + 4H^+ = Mn^{2+} + 2H_2O$，$H^+$ 参与反应，电极电势与 pH 有关；D 项，$MnO_4^- + e^- = MnO_4^{2-}$，$H^+$ 不参与反应，电极电势与 pH 无关。

3. 钒的电势图为 $V(V) \xrightarrow{+1.00\ V} V(IV) \xrightarrow{+0.36\ V} V(III) \xrightarrow{-0.25\ V} V(II)$，已知：$\varphi^{\ominus}_{Zn^{2+}/Zn} = -0.76\ V$，$\varphi^{\ominus}_{Sn^{4+}/Sn^{2+}} = +0.15\ V$，$\varphi^{\ominus}_{Fe^{3+}/Fe^{2+}} = +0.77\ V$，$\varphi^{\ominus}_{S/H_2S} = +0.14\ V$，欲将 V(Ⅴ) 还原到 V(Ⅳ)，在下列还原剂中选用（　　）。［厦门大学 2003 研］

A. $FeSO_4$　　B. Zn　　C. $SnCl_2$　　D. H_2S

【答案】A

【解析】欲使 V(Ⅴ) 还原到 V(Ⅳ)，则还原剂只能还原 V(Ⅴ)，不能还原 V(Ⅳ)，所以还原剂的电极电势应满足条件 $0.36\ V < \varphi^{\ominus} < 1.00\ V$，故答案为 A。

四、计算题

1. 已知 $E^{\ominus}(HClO/Cl_2) = 1.630\ V$，$K_a^{\ominus}(HClO) = 2.8 \times 10^{-8}$。试计算 $E^{\ominus}(ClO^-/Cl_2)$。［南京航空航天大学 2012 研］

解：根据公式 $\lg K^{\ominus} = \frac{zE^{\ominus}_{MF}}{0.0592\ V}$，及 $K^{\ominus} = \frac{1}{K_a^{\ominus}}$ 可知：

$$E^{\ominus}_{MF} = \frac{0.0592 \times \lg \frac{1}{2.8 \times 10^{-8}}}{1} = 0.447\ V$$

$$E^{\ominus}_{MF} = E^{\ominus}(HClO/Cl_2) - E^{\ominus}(ClO^-/Cl_2) = 0.447\ V$$

$$E^{\ominus}(ClO^-/Cl_2) = (1.630 - 0.447)\ V = 1.183\ V$$

2．已知$E^{\ominus}(Co^{3+}/Co^{2+})=1.84\ V$，$E^{\ominus}(Br_2/Br^-)=1.065\ V$，$K_{sp}^{\ominus}(Co(OH)_2)=1.6\times10^{-15}$，$K_{sp}^{\ominus}(Co(OH)_3)=1.6\times10^{-44}$。

（1）判断酸性溶液中Co^{2+}能否与溴水发生反应。

（2）判断碱性溶液中$Co(OH)_2$与溴水的反应能否发生。若反应可以进行，计算反应的标准平衡常数。［北京科技大学2012研］

解：（1）$E^{\ominus}(Co^{3+}/Co^{2+})=1.84\ V$，$E^{\ominus}(Br_2/Br^-)=1.065\ V$，$Co^{2+}$若能与溴水反应，$Co^{2+}$只能被氧化，而$Br_2$只能被还原，故

$E^{\ominus}=(1.065-1.84)V=-0.775\ V<0$，故反应不能发生。

（2）负极反应：$Co(OH)_2+OH^-=\!=\!=Co(OH)_3+e^-$

正极反应：$\frac{1}{2}Br_2+e^-=\!=\!=Br^-$

电池反应：$Co(OH)_2+OH^-+\frac{1}{2}Br_2=\!=\!=Co(OH)_3+Br^-$

在碱性环境中，

$$\begin{aligned}E^{\ominus}_{Co(OH)_3/Co(OH)_2}&=E^{\ominus}_{Co^{3+}/Co^{2+}}-\frac{0.0592\ V}{z}\lg\frac{c(Co^{2+})}{c(Co^{3+})}\\&=E^{\ominus}_{Co^{3+}/Co^{2+}}-\frac{0.0592\ V}{z}\lg\frac{K_{sp}^{\ominus}(Co(OH)_2)}{K_{sp}^{\ominus}(Co(OH)_3)}（其中z=1）\\&=1.84\ V-0.0592\ V\times\lg\frac{1.6\times10^{-15}}{1.6\times10^{-44}}=0.1232\ V\end{aligned}$$

故碱性环境下$E^{\ominus}=(1.065-0.1232)V=0.9418\ V>0$，反应能够发生。

$\Delta_r G_m^{\ominus}=-zFE_{MF}^{\ominus}=-RT\ln K^{\ominus}$

解得：$K^{\ominus}=8.48\times10^{15}$。

3．若向$Cu|Cu^{2+}(1.0\ mol\cdot dm^{-3})\|Ag^+(1.0\ mol\cdot dm^{-3})|Ag$电池的$Ag^+$溶液中加入$Cl^-$离子，便达到平衡后的$[Cl^-]=1.0\ mol\cdot dm^{-3}$，再向$Cu^{2+}$溶液中加入足够$NH_3$，使$Cu^{2+}$全部生成高配位$[Cu(NH_3)_4]^{2+}$离子，设平衡后的$[NH_3]=2.0\ mol\cdot dm^{-3}$，电池的正负极不变。

（1）实验测得此电池电动势为0.29 V，如已知的AgCl的$K_{sp}=1.6\times10^{-10}$，$Ag^++e^-=\!=\!=Ag$，$\varphi^{\ominus}=0.80\ V$，$Cu^{2+}+2e^-=\!=\!=Cu$，$\varphi^{\ominus}=0.34\ V$，求$[Cu(NH_3)_4]^{2+}$的$K_稳$。

（2）求此反应的平衡常数和$\Delta_r G_m^{\ominus}$。［厦门大学2018研］

解：$(-)Cu|Cu(NH_3)_4^{2+}(1.0\ mol\cdot dm^{-3})$，$NH_3(2.0\ mol\cdot dm^{-3})\|Cl^-(1.0\ mol\cdot dm^{-3})$，$Ag^+(1.0\ mol\cdot dm^{-3})|Ag(+)$

负极：$Cu+4NH_3\longrightarrow Cu(NH_3)_4^{2+}+2e^-$

正极：$AgCl+e^-\longrightarrow Ag+Cl^-$

电池反应：$2AgCl+Cu+4NH_3=\!=\!=2Ag+Cu(NH_3)_4^{2+}+2Cl^-$

（1）

$$\begin{aligned}E&=(\varphi^{\ominus}_{Ag^+/Ag}+0.0592\lg c(Ag^+))-\left(\varphi^{\ominus}_{Cu^{2+}/Cu}+\frac{0.0592}{2}\lg c(Cu^+)\right)\\&=(\varphi^{\ominus}_{Ag^+/Ag}+0.0592\lg K_{sp}(AgCl))-\left(\varphi^{\ominus}_{Cu^{2+}/Cu}+\frac{0.0592}{2}\lg\frac{1}{K^{\ominus}_稳[NH_3]^4}\right)\end{aligned}$$

$$0.29 = (0.80 + 0.0592\lg(1.6 \times 10^{-10})) - \left(0.34 + \frac{0.0592}{2}\lg\frac{1}{K_{稳}^{\ominus} \times 2^4}\right)$$

$$K_{稳}^{\ominus} = 4.41 \times 10^{12}$$

(2)

$$E^{\ominus} = (\varphi_{Ag^+/Ag}^{\ominus} + 0.0592\lg K_{sp}(AgCl)) - \left(\varphi_{Cu^{2+}/Cu}^{\ominus} + \frac{0.0592}{2}\lg\frac{1}{K_{稳}^{\ominus}}\right) = 0.25\ V$$

$$\Delta_r G_m^{\ominus} = -zFE^{\ominus} = -2 \times 96500 \times 0.25\ kJ \cdot mol^{-1} = -48.25\ kJ \cdot mol^{-1}$$

$$\Delta_r G_m^{\ominus} = -zFE^{\ominus} = -RT\ln K^{\ominus}$$

$$K^{\ominus} = 2.83 \times 10^8$$

第8章 原子结构

8.1 复习笔记

一、氢原子光谱与 Bohr 理论

1. 氢原子光谱

(1)线状光谱：元素的原子辐射所产生的具有一定频率的、离散的特征谱线。

(2)氢原子光谱特征：①线状光谱；②频率具有规律性。

(3)氢原子光谱的频率公式

$$\nu = 3.289 \times 10^{15}\left(\frac{1}{n_1^2} - \frac{1}{n_2^2}\right)\mathrm{s}^{-1}$$

【注意】$n_2 > n_1$，且均为正整数，$n_1 = 2$ 时，$n_2 = 3$，4，5，6。

2. Bohr 理论

Bohr 理论(三点假设)：

(1)定态假设：核外电子只能在有确定半径和能量的轨道上稳定运行，且不辐射能量；

(2)跃迁规则：

①基态→激发态：电子处在离核最近、能量最低的轨道上(基态)；原子获得能量后，基态电子被激发到高能量轨道上(激发态)；

②激发态→基态：不稳定的激发态电子回到基态释放光能，光的频率取决于轨道间的能量差。

光能与轨道能级能量的关系式为

$$h\nu = E_2 - E_1 = \Delta E$$

氢原子能级图如图 8-1-1 所示。

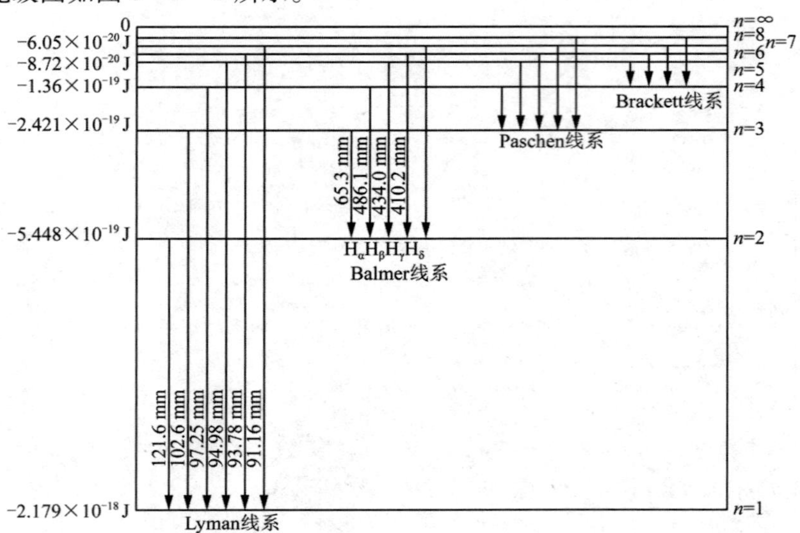

图 8-1-1 氢原子光谱中的频率与氢原子能级

能级间能量差为

$$\Delta E = R_H\left(\frac{1}{n_1^2}-\frac{1}{n_2^2}\right)$$

式中，R_H 为 Rydberg 常数，其值为 2.179×10^{-18} J。

$n_1=1$，$n_2=\infty$ 时，$\Delta E=2.179\times10^{-18}$ J，为氢原子的电离能。

二、微观粒子运动的基本特征

1. 微观粒子的波粒二象性

定义：具有粒子性和波动性的微观粒子。

微观粒子的波长为

$$\lambda=\frac{h}{mv}=\frac{h}{p}$$

式中，m 为实物粒子的质量；v 为粒子的运动速度；p 为动量。

2. 不确定原理

Heisenberg 不确定原理：处于运动状态的微观粒子的动量和位置不能同时确定。

表示为

$$\Delta x\cdot\Delta p\geqslant\frac{h}{4\pi}$$

式中，Δx 为微观粒子位置的测量偏差；Δp 为微观粒子的动量偏差。

【注意】波动性是大量粒子运动或一个粒子多次重复运动所表现出来的性质。

三、氢原子结构的量子力学描述

1. 薛定谔方程与量子数

（1）薛定谔方程

$$\frac{\partial^2\psi}{\partial x^2}+\frac{\partial^2\psi}{\partial y^2}+\frac{\partial^2\psi}{\partial z^2}+\frac{8\pi^2 m}{h^2}(E-V)\psi=0$$

式中，ψ 为量子力学中描述核外电子在空间运动的数学函数式，即原子轨道；E 为轨道能量（动能与势能总和）；V 为势能；m 为微粒质量；h 为普朗克常数；x，y，z 为微粒的空间坐标。

（2）量子数

n，l，m 和 m_s 量子数的取值及其之间的关系如表 8－1－1 所示。

表 8－1－1　四种量子数

量子数	作用	取值
主量子数 n	决定电子离核的远近和能级	正整数：$n=1, 2, 3\cdots$
角量子数 l	决定原子轨道角动量或电子云的形状	$l=0, 1, 2, 3\cdots, (n-1)$
磁量子数 m	反映了波函数（原子轨道）或电子云在空间的伸展方向	$m=0, \pm1, \pm2, \pm3\cdots, \pm l$
自旋量子数 m_s	表示同一轨道中电子的两种自旋状态	$m_s=\pm(1/2)$

确定四个量子数即可确定电子在核外空间的运动状态。同时可得出如下结论：

（1）一个原子轨道可由 n，l 和 m 三个量子数确定；

（2）一个电子的运动状态必须用 n，l，m 和 m_s 四个量子数描述；

（3）n 决定电子云的大小；l 决定电子云的形状；m 决定电子云的伸展方向。

【说明】光谱学上将 l 为0、1、2、3…分别称为s、p、d、f…态。

2. 波函数与原子轨道

波函数：描述电子空间运动状态的函数。

原子轨道函数：原子的单电子波函数 $\psi_{n,l,m}$。

四、多电子原子结构

1. 屏蔽效应与有效核电荷数

屏蔽效应：核外电子云抵消部分核电荷对指定电子吸引的作用。

多电子原子每个电子的轨道能量为

$$E_n = \frac{-2.179 \times 10^{-18}(Z-\sigma)^2}{n^2}\ \mathrm{J}$$

式中，σ 为屏蔽常数，$Z^* = Z - \sigma$，为有效核电荷数。

原子轨道能量与主量子数 n，角量子数 l 有关。各亚层的能级高低顺序为：$E_{ns} < E_{np} < E_{nd} < E_{nf}$。

2. 轨道能级

(1) Pauling 近似能级图

Pauling 近似能级图如图8-1-2所示。

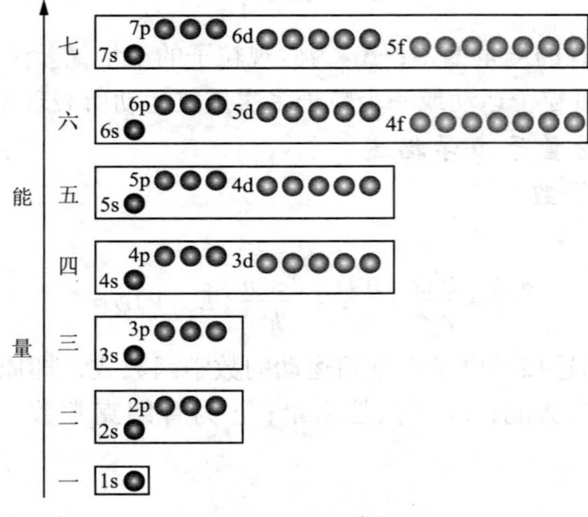

图8-1-2 Pauling 近似能级图

存在如下规律：

①l 相同的能级的能量随 n 增大而升高：$E_{1s} < E_{2s} < E_{3s} < E_{4s}$……；

②n 相同的能级的能量随 l 增大而升高：$E_{ns} < E_{np} < E_{nd} < E_{nf}$……；

③"能级交错"：$E_{4s} < E_{3d} < E_{4p}$……。

(2) Cotton 原子轨道能级

Cotton 原子轨道能级图如图8-1-3所示。

存在如下特点：

①n 相同的氢原子轨道具有简并性；

②原子序数增大，原子轨道的能量降低；

③随着原子序数的增大，原子轨道产生能级交错现象。

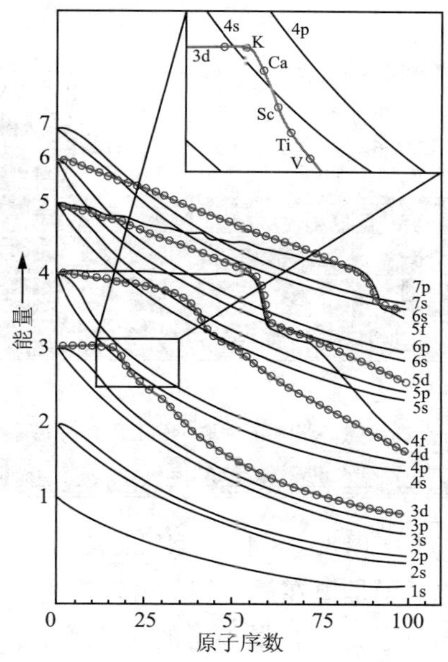

图 8－1－3　Cotton 原子轨道能级图

3. 钻穿效应

钻穿效应是由于电子受到核的较强的吸引作用而进入原子内部空间，避免其他电子屏蔽的作用。

当主量子数 n 相同时，角量子数 l 愈小的电子，钻穿效应愈明显，能级越低，即

钻穿能力大小：$ns > np > nd > nf$；

轨道能级高低：$E_{ns} < E_{np} < E_{nd} < E_{nf}$。

4. 核外电子分布

(1)基态原子的核外电子排布原则

①能量最低原理：电子优先分布在低能级轨道，以使整个原子能量处于最低状态；

②Pauli 不相容原理：单个轨道中最多容纳两个自旋方式相反的电子；

③Hund 规则：电子分布在 n 和 l 相同的轨道时，以自旋平行方向占据 m 值不同的轨道。

(2)基态原子的核外电子排布

基态原子的核外电子在各原子轨道上排布顺序：

1s，2s，2p，3s，3p，4s，3d，4p，5s，4d，5p，6s，4f，5d，6p，7s，5f，6d，7p…

【注意】出现 d 轨道时，顺序为 ns，$(n-1)$d，np；出现 d 和 f 轨道时，顺序为 ns，$(n-2)$f，$(n-1)$d，np。

五、元素周期表

元素周期表如图 8－1－4 所示。

原子的电子层结构：

(1)周期数＝电子层数＝最外电子层的主量子数 n＝相应能级组组号；

(2)各周期所含元素个数＝相应能级组中所能容纳的电子总数；

(3)主族元素价电子数＝最外层 s、p 电子总数；

(4)IB、IIB 副族元素价电子数＝最外层 s 电子数目；

(5)IIIB～VIIB 副族元素价电子数＝最外层 s 和次外层 d 电子总数；

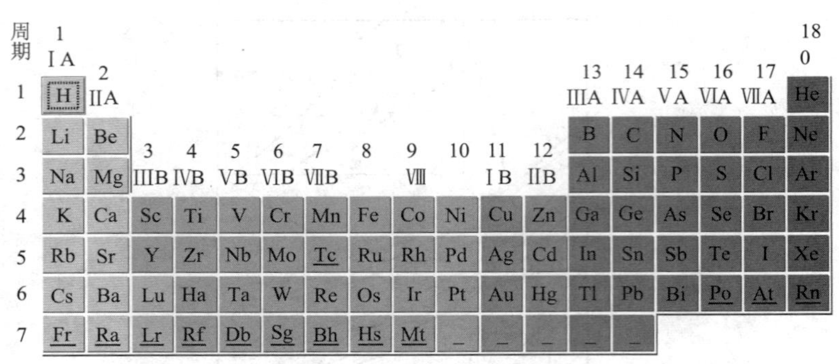

图 8-1-4　元素周期表

(6) s 区：最后一个填充的电子是填在最外层的 s 轨道上；

(7) p 区：最后一个填充的电子是填在最外层的 *p* 轨道上；

(8) d 区：最后一个填充的电子是填在最外层的 *d* 轨道上；

(9) ds 区：次外层已填满，最外层 *s* 轨道未满；

(10) f 区：最后一个填充的电子是填在倒数第三层的 *f* 轨道上。

六、元素性质的周期性

元素的物理性质及化学性质是原子序数的周期性函数。

1. 原子半径

同周期：从左到右，原子半径逐渐减小。

同族：从上到下，原子半径逐渐增大。

镧系收缩：随 f 亚层电子的填充，元素的原子半径逐步缩小的现象。

2. 电离能

第一电离能：基态气体原子失去一个电子所需要的能量，用 I_1 表示。

第二电离能：由 +1 价气态正离子失去一个电子所需要的能量，用 I_2 表示。

电离能大小反映了原子失去电子的难易。电离能愈小，原子易失去电子，金属性愈强；反之亦然。

同一元素的原子各级电离能依次增大。

同周期：从左到右，原子半径逐渐减小，电离能逐渐增大。

同族：从上到下，电离能逐渐减小。

3. 电子亲和能

电子亲和能：基态气体原子获得一个电子所放出的能量，用 A 表示。

电子亲和能大小反映了原子获得电子的难易。亲和能愈大，原子易获得电子，非金属性愈强；反之亦然。

同周期：从左到右，电子亲和能 A 的负值增加，卤素的 A 呈现最大负值。

同族：从上到下，大多 A 的负值变小。

4. 电负性

元素的电负性：元素的原子吸引成键电子的能力，用 χ 表示。

同周期：从左到右，χ 增大。

同主族：从上到下，χ 变小。

8.2 课后习题详解

1. 利用氢原子光谱的频率公式，令 $n=3, 4, 5, 6$，求出相应的谱线频率。

解：根据氢原子光谱的频率公式 $\nu = 3.289\times10^{15}\left(\frac{1}{2^2}-\frac{1}{n^2}\right)\text{s}^{-1}$（可见光区），可得各能级相应的谱线频率：

$\nu_3=4.57\times10^{14}\ \text{s}^{-1}$；$\nu_4=6.17\times10^{14}\ \text{s}^{-1}$；$\nu_5= =6.91\times10^{14}\ \text{s}^{-1}$；$\nu_6=7.31\times10^{14}\ \text{s}^{-1}$

2. 利用图 8-2 的氢原子能级数值，计算电子从 $n=6$ 能级回到 $n=2$ 能级时，由辐射能量而产生的谱线频率。

解：由光谱图可知，$n=6$，$E_6=-0.0605\times10^{-18}$ J；$n=2$，$E_2=-0.545\times10^{-18}$ J

$$\Delta E=E_6-E_2=[-0.0605-(-0.545)]\times10^{-18}\ \text{J}$$
$$=0.485\times10^{-18}\ \text{J}$$
$$\nu=\frac{\Delta E}{h}=\frac{0.485\times10^{-18}\ \text{J}}{6.626\times10^{-34}\ \text{J}\cdot\text{s}}=7.32\times10^{14}\ \text{s}^{-1}$$

3. 利用氢原子光谱的能量关系式求出氢原子各能级（$n=1, 2, 3, 4$）的能量。

解：已知氢原子光谱的能量关系式为 $\Delta E=R_{\text{H}}\left(\frac{1}{n_1^2}-\frac{1}{n_2^2}\right)$

当 $n_2=\infty$ 时，$\Delta E=\frac{R_{\text{H}}}{n_1^2}$，$E_n=-\Delta E_n=-\frac{R_{\text{H}}}{n^2}$，则

$$E_1=-\Delta E_1=-\frac{2.179\times10^{-18}\ \text{J}}{1^2}=-2.179\times10^{-18}\ \text{J}$$
$$E_2=-\Delta E_2=-\frac{2.179\times10^{-18}\ \text{J}}{2^2}=-5.45\times10^{-19}\ \text{J}$$
$$E_3=-\Delta E_3=-\frac{2.179\times10^{-18}\ \text{J}}{3^2}=-2.42\times10^{-19}\ \text{J}$$
$$E_4=-\Delta E_4=-\frac{2.179\times10^{-18}\ \text{J}}{4^2}=-1.36\times10^{-19}\ \text{J}$$

4. 钠蒸气街灯发出亮黄色光；其光谱由两条谱线组成，波长分别为 589.0nm 和 589.6nm。计算相应的光子能量和频率。

解：光子的能量关系式为 $E=h\nu$，频率的关系式为 $\nu=\frac{1}{T}=\frac{c}{\lambda}$

$$\nu_1=\frac{c}{\lambda_1}=\frac{2.998\times10^8\text{m}\cdot\text{s}^{-1}}{589.0\times10^{-9}\text{m}}=5.090\times10^{14}\ \text{s}^{-1}$$
$$\nu_2=\frac{c}{\lambda_2}=\frac{2.998\times10^8\ \text{m}\cdot\text{s}^{-1}}{589.6\times10^{-9}\text{m}}=5.085\times10^{14}\ \text{s}^{-1}$$
$$E_1=h\nu_1=6.626\times10^{-34}\ \text{J}\cdot\text{s}\times5.090\times10^{14}\ \text{s}^{-1}=3.373\times10^{-19}\ \text{J}$$
$$E_2=h\nu_2=6.626\times10^{-34}\ \text{J}\cdot\text{s}\times5.085\times10^{14}\ \text{s}^{-1}=3.369\times10^{-19}\ \text{J}$$

5. 下列各组量子数中哪一组是正确的？将正确的各组量子数用原子轨道符号表示之。

(1) $n=3$，$l=2$，$m=0$；　　(2) $n=4$，$l=-1$，$m=0$；

(3) $n=4$，$l=1$，$m=-2$；　　　　(4) $n=3$，$l=3$，$m=-3$。

解：(1)此组量子数是正确的，相应的原子轨道为 $3d_{z^2}$。

(2)组错误，l 必须大于等于0，$l=0$，1，2，……，$n-1$。

(3)组错误，$|m|$应小于等于 l，$m=-l$，……，0，……，$+l$。

(4)组错误，l 应小于 n。

6. 一个原子中，量子数 $n=3$，$l=2$，$m=2$ 时可允许的电子数最多是多少？

解：$n=3$，$l=2$，$m=2$ 此为一个量子轨道，根据 Pauli 不相容原理，一个量子轨道最多能容纳两个自旋方向相反的电子。

7. 已知 $\psi_{1s}=\sqrt{\dfrac{1}{\pi a_0^3}}e^{-r/a_0}$（氢原子基态）

(1)计算 $r=52.9$ pm 处的 ψ 值；　　(2)计算 $r=2\times52.9$ pm 处的 ψ 值；

(3)计算(1)与(2)的 ψ^2 值；　　(4)计算(1)与(2)的 $4\pi r^2\psi^2$ 值；

(5)当 $r=0$ 和 $r=\infty$ 时，$4\pi r^2\psi^2$ 分别等于多少？

解：(1)根据题给的公式，代入数据 $r=52.9$ pm 得

$$\psi_1=\sqrt{\frac{1}{\pi(52.9)^3}}e^{-52.9/52.9}=5.40\times10^{-4}$$

(2)同理，当 $r=2\times52.9$ pm 时

$$\psi_2=\sqrt{\frac{1}{\pi(52.9)^3}}e^{-2\times52.9/52.9}=1.98\times10^{-4}$$

(3) $\psi_1^2=(5.40\times10^{-4})^2=2.92\times10^{-7}$，$\psi_2^2=(1.98\times10^{-4})^2=3.92\times10^{-8}$

(4) $4\pi r_1^2\psi_1^2=4\times3.14\times52.9^2\times2.92\times10^{-7}=1.03\times10^{-2}$

$4\pi r_2^2\psi_2^2=4\times3.14\times(2\times52.9)^2\times3.92\times10^{-8}=5.51\times10^{-3}$

(5) $r=0$ 时，$4\pi r^2\psi^2=0$；$r=\infty$ 时，$\psi=0$，$4\pi r^2\psi^2=0$

8. 从 $2p_z$ 轨道的角度分布 Y_{2p_z} 图[图8-8]说明 Y_{2p_z} 的最大绝对值对应于曲线的哪一部位，最小绝对值又是哪里？这些部位怎样与 $2p_z$ 电子的出现概率密度相联系？

解：由 ψ_{2p_z} 角度分布图 $Y_{2p_z}(\theta,\phi)=\sqrt{\dfrac{3}{4\pi}}\cos\theta$ 可得，当 r 一定时，$Y_{2p_z}(\theta,\phi)$ 只是 θ 的函数。当 θ 角等于0°及180°时，$Y_{2p_z}(\theta,\phi)$ 的绝对值最大，即 $Y_{2p_z}(\theta,\phi)$ 的绝对值的最大处位于曲线(面)与 z 轴相交处，$2p_z$ 电子出现的概率密度最大。当 $\theta=90°$时，$Y(\theta,\phi)=0$，即 Y_{2p_z} 绝对值最小处位于 xy 平面上，$2p_z$ 电子出现的概率密度为零。

9. 试画出 Pauling 原子轨道近似能级图，并写出多电子原子电子填充进各能级的顺序。

解：能级图如下：

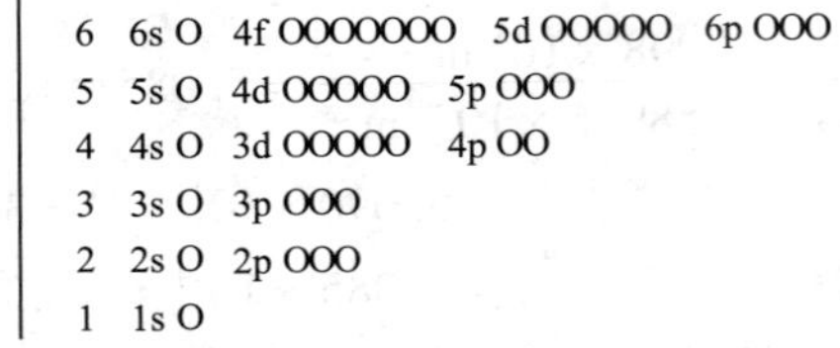

能级组				
7	7s O	5f OOOOOOO	6d OOOOO	7p OOO
6	6s O	4f OOOOOOO	5d OOOOO	6p OOO
5	5s O	4d OOOOO	5p OOO	
4	4s O	3d OOOOO	4p OO	
3	3s O	3p OOO		
2	2s O	2p OOO		
1	1s O			

填充顺序为：1s，2s，2p，3s，3p，4s，3d，4p，5s，4d，5p，6s，4f，5d，6p，7s，

5f，6d，7p…

10．试用 Slater 规则，

(1)计算说明原子序数为 13，17，27 各元素中，4s 和 3d 哪一个能级的能量高；

(2)分别计算作用于 Fe 的 3s，3p，3d 和 4s 电子的有效核电荷数，这些电子所在各轨道的能量。

解：(1)将原子轨道分组，根据 Slater 规则确定屏蔽常数 σ 及有效核电荷数 Z^*。

原子序数为 13，核外电子排布及分组为$(1s^2)$，$(2s^2, 2p^6)$，$(3s^2, 3p^1)$，$(3d^0)$，$(4s^0)$。

4s　$Z^* = 13 - (0.85 \times 2 + 1.0 \times 10) = 1.3$

3d　$Z^* = 13 - 1.0 \times 12 = 1$

由 $E = -R_H\left(\frac{Z}{n}\right)^2$ 得，$E_{4s} < E_{3d}$。

原子序数为 17，核外电子排布及分组为$(1s^2)$，$(2s^2, 2p^6)$，$(3s^2, 3p^5)$，$(3d^0)$，$(4s^0)$。

4s　$Z^* = 17 - (0.85 \times 6 + 1.0 \times 10) = 1.9$

3d　$Z^* = 17 - 1.0 \times 16 = 1$

由公式得 $E_{4s} < E_{3d}$。

原子序数为 27，核外电子排布及分组为$(1s^2)$，$(2s^2, 2p^6)$，$(3s^2, 3p^5)$，$(3d^7)$，$(4s^2)$。

4s　$Z^* = 27 - (0.35 \times 1 + 0.85 \times 15 + 1.0 \times 10) = 3.9$

3d　$Z^* = 27 - (0.35 \times 6 + 1.0 \times 18) = 6.9$

由公式计算得 $E_{3d} < E_{4s}$。

(2) Fe 元素的原子序数为 26，核外电子排布为：$1s^2 2s^2 2p^6 3s^2 3p^6 3d^6 4s^2$

3s　$Z^* = 26 - (0.35 \times 7 + 0.85 \times 8 + 1.0 \times 2) = 14.75$

3p　$Z^* = 26 - (0.35 \times 7 + 0.85 \times 8 + 1.0 \times 2) = 14.75$

3d　$Z^* = 26 - (0.35 \times 5 + 1.0 \times 18) = 6.25$

4s　$Z^* = 26 - (0.35 \times 1 + 0.85 \times 14 + 1.0 \times 10) = 3.75$

$$E_{3s} = \frac{-2.179 \times 10^{-18}\ \text{J} \times 14.75^2}{3^2} = -5.27 \times 10^{-17}\ \text{J}$$

$$E_{3p} = E_{3s} = -5.27 \times 10^{-17}\ \text{J}$$

$$E_{3d} = \frac{-2.179 \times 10^{-18}\ \text{J} \times 6.25^2}{3^2} = -9.46 \times 10^{-18}\ \text{J}$$

$$E_{4s} = \frac{-2.179 \times 10^{-18}\ \text{J} \times 3.75^2}{4^2} = -1.92 \times 10^{-18}\ \text{J}$$

11．用 s，p，d，f 等符号表示下列元素的原子电子层结构(原子电子构型)，判断它们属于第几周期、第几主族或副族。

(1)$_{20}$Ca；(2)$_{27}$Co；(3)$_{32}$Ge；(4)$_{48}$Cd；(5)$_{83}$Bi。

解：各个元素的原子电子层结构及其所属的族、周期如下：

(1)$_{20}$Ca 的电子排布式为[Ar]$4s^2$，价层电子 $4s^2$，$n=4$，第四周期，ⅡA 族。

(2)$_{27}$Co 的电子排布式为[Ar]$3d^7 4s^2$，价层电子 $3d^7 4s^2$，$n=4$，第四周期，Ⅷ族。

(3)$_{32}$Ge 的电子排布式为[Ar]$3d^{10} 4s^2 4p^2$，价层电子 $4s^2 4p^2$，$n=4$，第四周期，ⅣA 族。

(4)$_{48}$Cd 的电子排布式为[Kr]$4d^{10} 5s^2$，价层电子 $4d^{10} 5s^2$，$n=5$，第五周期，ⅡB 族。

(5)$_{83}$Bi 的电子排布式为[Xe]$4f^{14} 5d^{10} 6s^2 6p^3$，价层电子 $6s^2 6p^3$，$n=6$，第六周期，VA 族。

12. 写出下列各原子电子构型代表的元素名称及符号：

(1)[Ar]$3d^6 4s^2$； **(2)[Ar]$3d^2 4s^2$；**

(3)[Kr]$4d^{10} 5s^2 5p^5$； **(4)[Xe]$4f^{14} 5d^{10} 6s^2$。**

解：由核外电子排布可得其核电荷数，由此推知各元素为(1)铁，Fe；(2)钛，Ti；(3)碘，I；(4)汞，Hg。

13. 不查看元素周期表，试填写下表的空格：

原子序数	电子排布式	价层电子构型	周期	族	结构分区
24					
	[Ne]$3s^2 3p^6$				
		$4s^2 4p^5$			
			5	ⅡB	

解：如表8－2－1所示。

表8－2－1

原子序数	电子排布	价层电子构型	周期	族	结构分区
24	[Ar]$3d^5 4s^1$	$3d^5 4s^1$	4	ⅥB	d
18	[Ne]$3s^2 3p^6$	$3s^2 3p^6$	3	0	p
35	[Ar]$4s^2 4p^5$	$4s^2 4p^5$	4	ⅦA	p
48	[Kr]$4d^{10} 5s^2$	$4d^{10} 5s^2$	5	ⅡB	ds

14. 下列中性原子何者有最多的未成对电子？

(1)Na (2)Al (3)Si (4)P (5)S

解：根据核外电子排布规律得，各原子的未成对电子的数目为①1；②1；③2；④3；⑤2。由此可知P具有最多的未成对电子。

15. 下列离子何者不具有Ar的电子构型？

(1)Ga^{3+} (2)Cl^- (3)P^{3-} (4)Sc^{3+} (5)K^+

解：Ar的电子构型为$1s^2 2s^2 2p^6 3s^2 3p^6$，为8电子稳定结构。

Ga^{3+}的电子构型为$1s^2 2s^2 2p^6 3s^2 3p^6 3d^{10}$，为18电子稳定结构。

其他三种离子的电子构型与Ar相同。

16. 已知某元素基态原子的电子分布是$1s^2 2s^2 2p^6 3s^2 3p^6 3d^{10} 4s^2 4p^1$，请回答：

(1)该元素的原子序数是多少？

(2)该元素属第几周期？第几族？是主族元素还是过渡元素？

解：(1)原子序数与核外电子总数相同，所以相加得原子序数为31。

(2)第四周期，ⅢA族，主族元素。

17. 在某一周期(其稀有气体原子的外层电子构型为$4s^2 4p^6$)中有A，B，C，D四种元素，已知它们的最外层电子数分别为2，2，1，7；A和C的次外层电子数为8，B和D的次外层电子数为18。问A，B，C，D分别是哪种元素？

解：根据核外电子排布规律得，A、B、C、D四种元素分别为Ca、Zn、K、Br。

18. 某元素原子X的最外层只有一个电子，其X^{3+}中的最高能级的3个电子的主量子数n为3，角量子数l为2，写出该元素符号，并确定其属于第几周期、第几族的元素。

解：由 X^{3+} 的最高能级的 3 个电子的 $n=3$，$l=2$，可得其外层电子构型为 $3d^3$，故原子 X 的价层电子构型为 $3d^54s^1$，所以该元素为铬 Cr，处于第四周期第ⅥB 族。

19. 写出 K^+，Ti^{3+}，Sc^{3+}，Br^- 的离子半径由大到小的顺序。

解：同周期元素的正离子的核电荷数对外层电子的吸引力占主要因素，核电荷数越大，半径越小；而同周期元素的负离子，电子层数的增加占主要因素，核外电子数越多，电子间排斥力越强，半径越大。故可确定离子的半径大小顺序为：$Br^- > K^+ > Sc^{3+} > Ti^{3+}$。

20. 列出图 8－24 中的原子序数从 11～20 第一电离能数据出现尖端的元素名称，并指出这些元素的原子结构的特点。

解：原子序数为 11～20 的元素基本为第三周期元素，同周期元素的第一电离能从左向右变化的总趋势为逐渐增大，其中出现尖端的元素为 Mg、P 和 Ar。这三种元素的原子结构分别呈现 3p 亚层全空、半满和全满状态，而这三种状态相对稳定。

21. 下列元素中何者第一电离能最大？何者第一电离能最小？

(1)B (2)Ca (3)N (4)Mg (5)Si (6)S (7)Se

解：根据电离能变化的周期性和原子结构处于全空、半满和全满状态对电离能的影响可得：$I_1(B) < I_1(O) < I_1(N)$，B 和 N 是第二周期元素，N 的 2p 轨道处于半满状态。

Mg，Si 和 S 是第三周期元素，Mg 的电子层结构特点为 $3s^23p^0$，$I_1(S) > I_1(Si) > I_1(Mg)$。

Ca 和 Se 是第四周期元素，$I_1(Se) > I_1(Ca)$。同一主族元素自上而下电离能逐渐变小，$I_1(Mg) > I_1(Ca)$；不同周期不同主族元素 I_1 的比较则无规律可循。由于 $I_1(N) > I_1(O) > I_1(S) > I_1(Se)$，$I_1(S) > I_1(Mg) > I_1(Ca)$，故可推断，$I_1(N)$最大，$I_1(Ca)$最小。

22. 试解释下列事实：

(1)Na 的第一电离能小于 Mg，而第二电离能则大于 Mg；

(2)Cl 的电子亲和能比 F 有更大的负值；

(3)从矿物中分离 Cr 与 Mo 容易，而分离 Mo 和 W 难。

解：(1)Na 的价电子构型为 $3s^1$，Mg 的价电子构型为 $3s^2$，Na 的有效核电荷数小，原子半径大，最外层只有一个电子，所以第一电离能要小。而失去一个电子后 Na^+ 最外层电子排布为 $2s^22p^6$ 达到一种稳定结构，再失去一个电子很困难，而 Mg 失去一个电子后，其最外层电子构型为 $3s^1$，容易失去，所以 Na 的第二电离能要大于 Mg。

(2)由于 F 的原子半径小，进入的电子会受到原有电子的强烈的排斥作用，因此克服电子排斥所消耗的能量相对较多。

(3)Cr 的电负性 1.66 与 Mo 的电负性 2.16 相差较大，容易分离；由于镧系收缩，f 电子屏蔽不完全，导致 Mo 和 W 的半径很接近，因此化学性质也很接近，使得二者分离困难。

8.3 名校考研真题详解

一、判断题

1. 发生焰色反应的原因是它们的原子或离子受热时，电子容易被激发，当电子从较高能级跃迁到较低能级时，相应的能量以光的形式释放出来，产生连续光谱。( )[南京航空航天大学 2014 研]

【答案】错

【解析】当碱金属及其盐在火焰上灼烧时，原子中的电子吸收了能量，从能量较低的轨道跃迁到能量较高的轨道，但处于能量较高轨道上的电子是不稳定的，很快跃迁回能量较低的轨道，这时就将多余的能量以光的形式放出。而放出的光的波长在可见光范围内(波长为400nm~760nm),因而能使火焰呈现颜色。但是电子跃迁时产生的是线状光谱,不是连续光谱。

2. 某元素+2价离子的电子分布为[Ar]$3d^{10}4s^1$,该元素在周期表中的分区为ds区。(　　)[南京航空航天大学2012研]

【答案】错

【解析】该元素的+2价电子排布式为[Ar]$3d^{10}4s^1$,则其基态原子的电子排布式为[Ar]$3d^{10}4s^24p^1$,属于p区。

二、填空题

1. 排出以下物种性质的顺序:[厦门大学2013研]

(1)Mg^{2+},Ar,Br^-,Ca^{2+}按半径增加的顺序(　　);

(2)Na^+,Na,O,Ne按第一电离能增加的顺序(　　);

(3)H,F,Al,O按电负性增加的顺序(　　);

(4)O,Cl,Al,F按第一电子亲和能增加的顺序(　　)。

【答案】$Mg^{2+}<Ca^{2+}<Ar<Br^-$;$Na<O<Ne<Na^+$;$Al<H<O<F$;$Cl<F<O<Al$

【解析】(1)电子层数$Mg^{2+}<Ca^{2+}$,$Ar<Br^-$,相同电子排布的Ca^{2+}和Ar,原子序数越大,半径越小,故有半径$Mg^{2+}<Ca^{2+}<Ar<Br^-$;(2)电负性越大,第一电离能越大,因为Ne和Na^+均为轨道充满电子状态,核电荷数Na^+大于Ne,电子逃逸所需的静电力更大,O的电负性大于Na,故有第一电离能$Na<O<Ne<Na^+$;(3)根据元素周期律即可得到;(4)同一周期,从左到右,原子的有效核电荷数增大,原子半径逐渐减小,最外层电子数逐渐增多,趋向于结合电子形成8电子稳定结构,元素的电子亲和能减小,所以$F<O$。由于F原子的半径小,进入的电子会受到较强的排斥,用于克服电子排斥所消耗的能量相对较多,所以Cl原子的电子亲和能最小。Al是金属,结合电子的能力较弱,所以其电子亲和能最大。

2. 镧系元素原子的价层电子构型除了La是(　　),Ce是(　　),Gd是(　　),Lu是(　　)外,其它元素的构型通式是(　　)。[厦门大学2013研]

【答案】$5d^16s^2$;$4f^15d^16s^2$;$4f^75d^16s^2$;$4f^{14}5d^16s^2$;$4f^n6s^2$

三、选择题

1. 下列各组量子数中,合理的一组是:(　　)。[厦门大学2005研]

A. $n=3$,$l=1$,$m_1=+1$,$m_s=+\frac{1}{2}$　　B. $n=3$,$l=5$,$m_1=-1$,$m_s=+\frac{1}{2}$

C. $n=3$,$l=3$,$m_1=+1$,$m_s=-\frac{1}{2}$　　D. $n=4$,$l=2$,$m_1=+3$,$m_s=-\frac{1}{2}$

【答案】A

【解析】n为正整数,$l=0$,1,2,$n-1$;$m=0$,±1,±2,…,$\pm l$;$m_s=\pm\frac{1}{2}$;故可得答案为A。

2. 下列第一电离能顺序不正确的一组是(　　)。[厦门大学2006研]

A. $K<Na<Li<H$　　B. $Na<Mg>Al<Si$

C. $B<C<N<O$　　D. $Be>Mg>Ca>Sr$

【答案】C

【解析】AD项,同一主族元素,核外电子排布相同,随着原子序数增大,越易失去电子，第一电离能越来越低；BC项，同一周期元素，从左至右电负性增强，第一电离能减小，但电子填充轨道属于半满和全满状态时，属于稳定状态，第一电离能比后一元素大；故可得此题答案为C。

3．下列元素中，原子半径最接近的一组是（　　）。[厦门大学2006研]

A．Ne，Ar，Kr，Xe　　B．Mg，Ca，Sr，Ba

C．B，C，N，O　　D．Cr，Mn，Fe，Co

【答案】D

【解析】AB项，几种元素为同一主族元素，CD项，几种元素为同一周期元素，显然同一周期元素半径相差会更小。CD项中D项元素均为过渡元素，过渡元素半径变化较小，而且电子占用轨道数一样，所以D项中各元素半径最接近。

四、简答题

1．A，B两元素，A原子的M层和N层电子数分别比B原子的M层和N层的电子数少7个和4个。写出A，B的元素名称和电子排布式。[南京理工大学2011研]

答：A原子的M层电子数比B原子的M层的电子数少7个，说明B原子的M层已经排满，为$3s^23p^63d^{10}$，A原子M层为11，即$3s^23p^63d^3$；A原子的N层的电子数比B原子的N层的电子数少4个，说明B原子的4s轨道已经排满。由于原子外层存在能级交错，其排列顺序为：1s，2s，2p，3s，3p，4s，3d，4p，5s，4d，5p，6s，4f，5d，6p，7s，5f……，所以A原子的4s已经排满，故B的电子排布式为$1s^22s^22p^63s^23p^63d^{10}4s^24p^4$，是硒(Se)元素，而A的电子排布式为$1s^22s^22p^63s^23p^63d^34s^2$，是钒(V)元素。

2．试说明四个量子数的物理意义和取值范围。[南京航空航天大学2011研]

答：(1)主量子数n：它决定电子离核的远近和能级，$n=1, 2, 3\cdots$正整数。

(2)角量子数l：它决定原子轨道或电子云的形状，$l=0, 1, 2, 3\cdots, (n-1)$，以s，p，d，f对应的能级表示亚层，$n$确定后，$l$可取$n$个数值。

(3)磁量子数m：原子轨道在空间的不同取向。在给定角量子数l的条件下，$m=0, \pm1, \pm2, \pm3\cdots, \pm l$，一种取向相当于一个轨道，共可取$2l+1$个数值。

(4)自旋量子数m_s：表示同一轨道中电子的两种自旋状态，取值$+\frac{1}{2}$或$-\frac{1}{2}$。

四个量子数确定之后，电子在核外空间的运动状态就确定了。

3．元素A在$n=5$，$l=0$的轨道上有一个电子，它的次外层$l=2$的轨道上电子处于全充满状态，而元素B与元素A处于同一周期中，若A、B的简单离子混合则有难溶于水的黄色沉淀AB生成。

(1)写出元素A及B的电子构型、价层电子构型；

(2)A、B各处于第几周期第几族？是金属还是非金属？

(3)写出AB的化学式。[厦门大学2015研]

答：(1)A的核外电子分布式为：$1s^22s^22p^63s^23p^63d^{10}4s^24p^64d^{10}5s^1$；

A的价电子构型为：$4d^{10}5s^1$。

B的核外电子分布式为：$1s^22s^22p^63s^23p^63d^{10}4s^24p^64d^{10}5s^25p^5$；

B的价电子构型为：$5s^25p^5$。

(2)A处于第五周期ⅠB族，为金属元素；B处于第五周期ⅦA族，为非金属元素。

(3)AB的化学式为：AgI。

第 9 章　分子结构

9.1　复习笔记

一、价键理论(VB 理论、电子配对理论)

价键理论本质：由于原子轨道重叠，原子核间电子几率密度增大吸引原子核而成键。

1. 基本要点

(1)未成对电子的自旋方向相反时，可相互配对形成稳定的化学键；

(2)形成共价键的原子轨道的对称性一致，且发生最大程度重叠。

2. 共价键的特点

(1)饱和性：一个原子能有几个未成对的电子，便可与其他原子的几个自旋相反的未成对电子配对成键。

(2)方向性：指每个原子与周围原子形成共价键有一定的角度(两个原子间形成共价键时往往只能沿着一定的方向结合才能发生最大程度重叠)。

3. 共价键的键型

(1)σ 键：原子轨道沿核间联线方向进行同号重叠(头碰头)，键能大，稳定性高；

(2)π 键：原子轨道沿垂直核间联线并相互平行进行同号重叠(肩并肩)，键能小于 σ 键，稳定性低，π 电子活动性高；

(3)配位键：共价键中共用的一对电子由一个原子单独提供的情况。

【形成条件】成键原子一方有空轨道，另一方有孤对电子。

4. 共价键参数

(1)键级

$$键级=\frac{成键轨道的电子数-反键轨道的电子数}{2}$$

键级越大，键越牢固，分子越稳定。

(2)键能

定义：标准状态下气体分子拆开成气态原子时，每种键所需能量的平均值。

(3)键长

定义：分子中两原子核间的平衡距离。

键长：单键 > 双键 > 叁键；

键能：单键 < 双键 < 叁键。

【注意】双键，叁键的键长和键能与单键的并不成同等比例关系。

(4)键角

与键长一样，是反映分子空间构型的重要参数，可通过实验测得。

(5)键矩

定义：表示键的极性的物理量，记作 μ(矢量)。

$$\mu=q\cdot l$$

式中，q 为电荷量；l 为核间距。

二、杂化轨道理论

1. 杂化轨道理论说明

定义：分子形成时，能量相近的不同原子轨道重新形成的一组新轨道称为杂化轨道。

杂化轨道的数目 = 参与杂化的原子轨道数目。

对杂化轨道的说明：

(1)形成分子时，是中心原子的轨道进行杂化；

(2)形成分子时，激发、杂化、成键同时进行；

(3)杂化轨道的形状：成键时轨道的大头重叠多，键牢固，分子稳定。

2. 杂化轨道的类型

依据原子轨道种类和数目，杂化轨道的类型可分为 s－p 型杂化和 s－p－d 型杂化，两种类型的组成和参数如表 9－1－1 所示。

表 9－1－1　杂化轨道类型

类型	杂化轨道	组成	键角	空间构型
s－p 型杂化	sp	1 个 s 轨道和 1 个 p 轨道	180°	直线型
	sp^2	1 个 s 轨道和 2 个 p 轨道	120°	平面三角形
	sp^3	1 个 s 轨道和 3 个 p 轨道	109. 5°	四面体
s－p－d 型杂化	sp^3d	1 个 s 轨道、3 个 p 轨道和 1 个 d 轨道	90°、120°	三角双锥
	sp^3d^2	1 个 s 轨道、3 个 p 轨道和 2 个 d 轨道	90°	正八面体
不等性杂化	/	一组彼此能量不等的轨道	/	/

s－p 型杂化轨道间的夹角计算公式为

$$\cos\theta = \frac{-\alpha}{1-\alpha}$$

式中，θ 为轨道间的夹角；α 为杂化轨道中含 s 轨道的成分。

三、价层电子对互斥理论(VSEPR 理论)

VSEPR 理论是 Lewis 思维的简单延伸。基于中心原子价电子层中电子对的相互排斥，预示分子或多原子离子排布可能结构的一种理论。

1. 基本要点：

(1) AX_mL_n 型分子(A 为中心原子，X 为配位原子，L 为孤对电子)时，分子的空间构型取决于中心原子 A 的价层电子对数(VPN)；

(2)为使斥力最小，价层电子对应尽可能远离；

(3)只含共价单键的 AX_mL_n 型分子，其中心原子 A 的价层电子对数 VPN 应满足：$VPN = m + n$；

(4)中心原子 A 与配位原子 X 间以双键或叁键结合时，VSEPR 理论将多重键当成单键处理；

(5)价层电子对的类型和夹角大小决定了价层电子对间的斥力，一般规律是：①夹角愈小，斥力愈大；②电子对间斥力排序为：孤对电子－孤对电子对 > 孤对电子－成键电子对 > 成键电子对－成键电子对；③多重键的存在影响键角，其排斥作用因类型而异。

2. 判断分子几何构型的步骤：

(1)确定中心原子的 VPN；

$$VPN = \frac{1}{2}\left\{A\text{ 的价电子数} + X\text{ 提供的价电子数} \pm \text{离子电荷}\begin{pmatrix}\text{负离子}\\ \text{正离子}\end{pmatrix}\right\}$$

(2)根据中心原子的 VPN，确定价层电子对的排布方式；

(3)确定中心原子的孤对电子对数 n，推断分子的空间构型。

$$n = VPN - m$$

【说明】

①配位原子提供的价电子数：H 与卤素的每个原子各提供一个价电子；O、S 原子为配位原子时，提供的价电子数为 0。

②$n=0$，电子对的几何构型等同于分子的空间构型；$n \neq 0$，电子对的几何构型不等同于分子空间构型。

四、分子轨道理论

基本要点：

(1)分子中的每个电子并不属于某个特定原子，而是在整个分子轨道中运动；

(2)分子轨道是由原子轨道线性组合而成；

(3)分子轨道按原子轨道的组合方式分为 σ 轨道和 π 轨道；

(4)原子轨道线性组合应遵循能量近似原则、对称性匹配原则和轨道最大重叠原则；

(5)电子在分子轨道中填充应遵循能量最低原理、Pauli 不相容原理和 Hund 规则。

【知识拓展】顺磁性物质：分子中有未成对电子；逆磁性物质：分子中无未成对电子。

9.2 课后习题详解

1. 写出下列化合物分子的 Lewis 结构式，并指出其中何者是 σ 键，何者是 π 键，何者是配位键。

(1)膦 PH_3；　(2)联氨 N_2H_4(N－N 单键)；　(3)乙烯；

(4)甲醛；　(5)甲酸；　(6)四氧化二氮(有双键)。

解：其结构式与化学键类型如表 9－2－1 所示。

表 9－2－1

分子	结构式	共价键的类型
(1)PH_3	$\ddot{P}$ with three H (P—H ×3)	P—H 为 σ 键
(2)N_2H_4	H₂:N—N:H₂ (each N with lone pair, two H)	N—N 键和 N—H 键均为 σ 键
(3)C_2H_4	$H_2C{=}CH_2$	C—H 键为 σ 键；C=C 双键中，一个为 σ 键，另一个为 π 键
(4)HCHO	:O: double-bonded to C, H—C—H	C—H 键为 σ 键；C=O 双键中，一个为 σ 键，另一个为 π 键

续表

分子	结构式	共价键的类型
(5)HCOOH	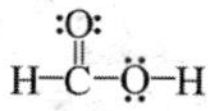 :O: ‖ H—C—Ö—H	C—H 键、C—O 键、O—H 键均为 σ 键；C ═O 双键中，一个为 σ 键，另一个为 π 键
(6)N_2O_4	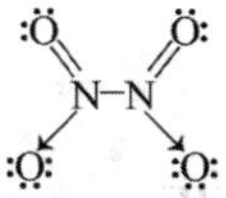 :Ö ═ N—N ═ Ö: ; N→:Ö: ; N→:Ö:	N—N 键为 σ 键； N═O 中，一个为 σ 键，另一个为 π 键；N →O 键为配位键(σ 键)

2. 反应：$BBr_3(g) + BCl_3(g) \longrightarrow BBr_2Cl(g) + BCl_2Br(g)$

画出四种化合物的结构式。不查任何数据表，根据键焓的定义，估算该反应的 $\Delta_r H_m^\ominus$ 大约是多少，并简单说明之。

解：四种物质的结构如图 9 - 2 - 1 所示。

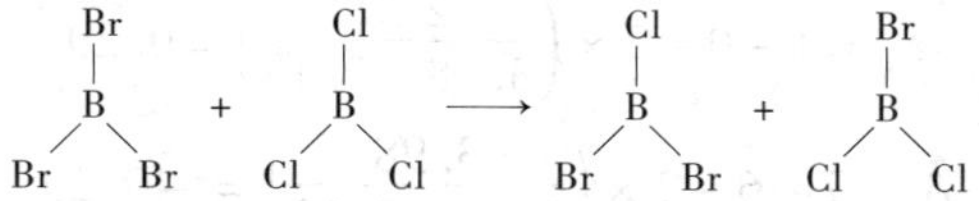

BBr_3 + BCl_3 ⟶ BBr_2Cl + BCl_2Br（平面三角形，B 为中心原子）

图 9 - 2 - 1

$$\begin{aligned}\Delta_r H_m^\ominus &= 3\Delta_B H_m^\ominus(B—Cl) + 3\Delta_B H_m^\ominus(B—Br) - \Delta_B H_m^\ominus(B—Cl) - \\ &\quad 2\Delta_B H_m^\ominus(B—Br) - 2\Delta_B H_m^\ominus(B—Cl) - \Delta_B H_m^\ominus(B—Br) \\ &= 0\end{aligned}$$

根据反应式可知，该反应断开 B—Br，B—Cl 键，但同时又生成 B—Br，B—Cl，净变化为零。所以，该反应的 $\Delta_r H_m^\ominus = 0$。

3. 利用键能数据估算丙烷的标准摩尔燃烧焓 $\Delta_c H_m^\ominus(C_3H_8, g)$ [E(O⋯O) = 498 kJ · mol^{-1}，E(C ═ O) = 803 kJ · mol^{-1}，其他键能数据查表 9 - 1]。

说明：原教材中其他键能数据查教材中表 9 - 6，应为表 9 - 1，更符合题目，在此作出修订。

解：$C_3H_8(g)$ 的燃烧反应方程式为 $C_3H_8(g) + 5O_2(g) = 3CO_2(g) + 4H_2O(l)$，利用键能估算反应的摩尔焓变时，所有物质都应为气态，所以还有水汽化的变化：

$$H_2O(l) \rightleftharpoons H_2O(g) \qquad \Delta_{vap} H_m^\ominus = 44.012\ \text{kJ} \cdot \text{mol}^{-1}$$

则

$$\begin{aligned}\Delta_r H_m^\ominus &= 2\Delta_B H_m^\ominus(C—C) + 8\Delta_B H_m^\ominus(C—H) + 5\Delta_B H_m^\ominus(O═O) - 6\Delta_B H_m^\ominus(C═O) \\ &\quad - 8\Delta_B H_m^\ominus(H—O) - 4\Delta_{vap} H_m^\ominus(H_2O) \\ &= (2 \times 346 + 8 \times 414 + 5 \times 498 - 6 \times 803 - 8 \times 464 - 4 \times 44.012)\ \text{kJ} \cdot \text{mol}^{-1} \\ &= -2212\ \text{kJ} \cdot \text{mol}^{-1}\end{aligned}$$

4. 已知下列热化学方程式：

(1) $H_2C═CH_2(g) \longrightarrow 4H(g) + C═C(g)$； $\Delta_r H_m^\ominus(1) = 1656\ \text{kJ} \cdot \text{mol}^{-1}$

(2) C(石墨，s) ⟶ C(g)； $\Delta_r H_m^\ominus(2) = 716.7\ \text{kJ} \cdot \text{mol}^{-1}$

(3) $H_2(g) \longrightarrow 2H(g)$； $\Delta_r H_m^\ominus(3) = 436.0\ \text{kJ} \cdot \text{mol}^{-1}$

(4) 2C(石墨，s) + $2H_2(g) \longrightarrow H_2C═CH_2(g)$； $\Delta_r H_m^\ominus(4) = 52.3\ \text{kJ} \cdot \text{mol}^{-1}$

计算 $\Delta_B H_m^\ominus(C═C)$。

解：反应 $C=C(g) \longrightarrow 2C(g)$ 的方程式可由(2) ×2 -(1) +(3) ×2 -(4)得到，又根据键焓的定义知，$\Delta_B H_m^\ominus(C=C)$ 即为反应的 $\Delta_r H_m^\ominus$，故有

$$\begin{aligned}\Delta_B H_m^\ominus(C=C) &= \Delta_r H_m^\ominus = 2\Delta_r H_m^\ominus(2) - \Delta_r H_m^\ominus(1) + 2\Delta_r H_m^\ominus(3) - \Delta_r H_m^\ominus(4) \\ &= (2\times716.7 - 1656 + 2\times436.0 - 52.3)\ \text{kJ}\cdot\text{mol}^{-1} \\ &= 597\ \text{kJ}\cdot\text{mol}^{-1}\end{aligned}$$

5. 计算下列分子中氟原子上的部分电荷。

(1) F_2；　　(2) HF；　　(3) ClF。

解：(1)同核双原子分子中，元素的电负性相同，因而电荷平均分配使其不带电，所以 F_2 分子中两氟原子的部分电荷为零。

(2)HF 为极性分子，其键矩不为零。则根据电负性分数，可得 H 原子和 F 原子上的部分电荷为

$$\delta_H = 1 - 0 - 2\times\left(\frac{2.18}{3.98+2.18}\right) = 0.29$$

$$\delta_F = 7 - 6 - 2\times\left(\frac{3.98}{3.98+2.18}\right) = -0.29$$

(3)ClF 为极性分子，其键矩也不为零。则根据电负性分数，可得 Cl 原子和 F 原子上的部分电荷为

$$\delta_{Cl} = 7 - 6 - 2\times\left(\frac{3.16}{3.98+3.16}\right) = 0.11$$

$$\delta_F = 7 - 6 - 2\times\left(\frac{3.98}{3.98+3.16}\right) = -0.11$$

6. 根据下列分子或离子的几何构型，试用杂化轨道理论加以说明。

(1) $HgCl_2$(直线形)；　　(2) SiF_4(正四面体)；

(3) BCl_3(平面三角形)；　　(4) NF_3(三角锥形，102°)；

(5) NO_2^-(V 形，115.4°)；　　(6) SiF_6^{2-}(八面体)。

解：分子或离子的几何构型及其杂化理论解释如表 9-2-2 所示。

表 9-2-2

分子或离子	几何构型	中心原子的杂化轨道
$HgCl_2$	直线形	Hg 以 sp 杂化轨道与 Cl 成键
SiF_4	正四面体	Si 以 sp^3 杂化轨道与 F 成键
BCl_3	平面三角形	B 以 sp^2 杂化轨道与 Cl 成键
NF_3	三角锥形	N 以 3 个 sp^3 杂化轨道与 F 成键，另一个未成键的 sp^3 杂化轨道中有一对孤对电子
NO_2^-	V 形	N 以两个 sp^2 杂化轨道与 O 成键，另一个 sp^2 杂化轨道中有一对孤对电子
SiF_6^{2-}	八面体	Si 以 sp^3d^2 杂化轨道与 F 成键

7. 试用价层电子对互斥理论推断下列各分子的几何构型，并用杂化轨道理论加以说明。

(1) $SiCl_4$；　(2) CS_2；　(3) BBr_3；　(4) PF_3；　(5) OF_2；　(6) SO_2。

解：用价层电子对互斥理论推断分子的几何构型应先计算中心原子的价电子对数，然后确定其空间分布，再根据是否有孤电子对来判断分子构型。如果孤对电子数 $n = \text{VPN} - m =$

0，则分子的空间构型与电子空间排列相同，反之，分子的空间构型与电子空间排列不相同。中心原子的杂化轨道类型与中心原子的价层电子对数有关，中心原子的价层电子对数等于其参与杂化的原子轨道数。则可推知题中的分子构型如表 9－2－3 所示。

表 9－2－3

分子	中心原子的价层电子对数	电子对的空间排布	分子的几何构型	中心原子的杂化轨道类型
$SiCl_4$	4	四面体	正四面体	sp^3
CS_2	2	直线形	直线形	sp
BBr_3	3	平面三角形	平面三角形	sp^2
PF_3	4	四面体	三角锥	sp^3
OF_2	4	四面体	V 形	sp^3
SO_2	3	平面三角形	V 形	sp^2

8. 试用 VSEPR 理论判断下列离子的几何构型。

(1) I_3^-；(2) ICl_2^+；(3) TlI_4^{3-}；(4) CO_3^{2-}；(5) ClO_3^-；(6) SiF_5^-；(7) PCl_6^-。

解： 推断结果如表 9－2－4 所示。

表 9－2－4

离子	中心原子的价层电子对数	电子对的空间排布	离子的空间构型
I_3^-	5	三角双锥	直线形
ICl_2^+	4	四面体	V 形
TlI_4^{3-}	5	三角双锥	变形四面体
CO_3^{2-}	3	平面三角形	平面三角形
ClO_3^-	4	四面体	三角锥
SiF_5^-	5	三角双锥	三角双锥
PCl_6^-	6	八面体	八面体

9. 下列离子中，何者几何构型为 T 形？何者构型为平面四方形？

(1) XeF_3^+；(2) NO_3^-；(3) SO_3^{2-}；(4) ClO_4^-；(5) IF_4^+；(6) ICl_4^-。

解： 根据 VSEPR 理论，几何构型为 T 形的分子或离子，其中心原子的价层电子对数为 5，配位原子数为 3。所以配位原子数为 3 的离子 XeF_3^+ 的几何构型为 T 形。几何构型为平面正方形的分子或离子，其中心原子的价电子对数为 6，配位原子数为 4。所以 ICl_4^- 的几何构型为平面正方形。

10. 下列各对分子或离子中，何者具有相同的几何构型？

(1) SF_4 与 CH_4；　(2) ClO_2 与 H_2O；　(3) CO_2 与 BeH_2；

(4) NO_2^+ 与 NO_2；　(5) PCl_4^+ 与 SO_4^{2-}；　(6) BrF_5 与 $XeOF_4$。

解： 中心原子价层电子对数相同，配位原子数也相同的分子或离子，一定具有相同的几何构型。中心原子价层电子对数不同，但配位原子数相同的分子或离子，可能具有相同的几何构型，则：

(1) SF_4 和 CH_4 的几何构型不同，分别为变形四面体和正四面体。

(2) ClO_2 和 H_2O 的几何构型相同，均为 V 形。

(3) CO_2 和 BeH_2 的几何构型相同，均为直线形。

(4) NO_2^+ 与 NO_2 的几何构型不同，分别为直线形和 V 形。

(5) PCl_4^+ 与 SO_4^{2-} 的几何构型相同，均为正四面体。

(6) BrF_5 与 $XeOF_4$ 的几何构型相同，均为四方锥。

11. 下列分子或离子中何者键角最小？

(1) NH_3；　(2) PH_4^+；　(3) BF_3；　(4) H_2O；　(5) $HgBr_2$。

解： (1) NH_3 分子中，键角为 107°18′；(2) PH_4^+ 分子中，键角为 109°28′；(3) BF_3 分子中，键角为 120°；(4) H_2O 分子中，键角为 104°30′；(5) $HgBr_2$ 分子中，键角为 180°。故 H_2O 的键角最小。

12. 指出下列分子或离子的几何构型、键角、中心原子的杂化轨道，并估计分子中键的极性。

(1) KrF_2；(2) BF_4^-；(3) SO_3；(4) XeF_4；(5) PCl_5；(6) SeF_6。

解： 采用 VSEPR 理论来推知分子或离子构型，并确定键角。由中心原子的价层电子对数确定杂化轨道，键的极性由电负性判断，如表 9－2－5 所示。

表 9－2－5

分子或离子	几何构型	键角	中心原子的杂化轨道	键的极性
KrF_2	直线形	180°	sp^3d	极性键
BF_4^-	正四面体	109°28′	sp^3	极性键
SO_3	平面三角形	120°	sp^2	极性键
XeF_4	平面正方形	90°	sp^3d^2	极性键
$PCl_5(g)$	三角双锥	120°，90°	sp^3d	极性键
SeF_6	正八面体	90°	sp^3d^2	极性键

13. 试写出下列同核双原子分子的电子排布式、计算键级，指出何者最稳定，何者不稳定，且判断哪些具有顺磁性，哪些具有反磁性。

H_2，He_2，Li_2，Be_2，B_2，C_2，N_2，O_2，F_2

解： 结果如表 9－2－6 所示。

表 9－2－6

分子	分子轨道电子排布式	键级	稳定性	磁性
H_2	$[(\sigma_{1s})^2]$	1	稳定	反磁
He_2	$[(\sigma_{1s})^2(\sigma_{1s}^*)^2]$	0	不存在	
Li_2	$[KK(\sigma_{2s})^2]$	1	稳定	反磁
Be_2	$[KK(\sigma_{2s})^2(\sigma_{2s}^*)^2]$	0	不存在	
B_2	$[KK(\sigma_{2s})^2(\sigma_{2s}^*)^2(\pi_{2p})^2]$	1	稳定	顺磁
C_2	$[KK(\sigma_{2s})^2(\sigma_{2s}^*)^2(\pi_{2p})^4]$	2	稳定	反磁
N_2	$[KK(\sigma_{2s})^2(\sigma_{2s}^*)^2(\pi_{2p})^4(\sigma_{2p})^2]$	3	最稳定	反磁
O_2	$[KK(\sigma_{2s})^2(\sigma_{2s}^*)^2(\sigma_{2p})^2(\pi_{2p})^4(\pi_{2p}^*)^2]$	2	稳定	顺磁
F_2	$[KK(\sigma_{2s})^2(\sigma_{2s}^*)^2(\sigma_{2p})^2(\pi_{2p})^4(\pi_{2p}^*)^4]$	1	稳定	反磁

14. 写出 O_2^+，O_2，O_2^-，O_2^{2-} 的分子轨道电子排布式，计算其键级，比较其稳定性强

弱，并说明其磁性。

解：O_2^+，O_2，O_2^-，O_2^{2-} 的分子轨道排布图如下：

$O_2^+[KK(\sigma_{2s})^2(\sigma_{2s}^*)^2(\sigma_{2p})^2(\pi_{2p})^4(\pi_{2p}^*)^1]$

$O_2[KK(\sigma_{2s})^2(\sigma_{2s}^*)^2(\sigma_{2p})^2(\pi_{2p})^4(\pi_{2p}^*)^2]$

$O_2^-[KK(\sigma_{2s})^2(\sigma_{2s}^*)^2(\sigma_{2p})^2(\pi_{2p})^4(\pi_{2p}^*)^3]$

$O_2^{2-}[KK(\sigma_{2s})^2(\sigma_{2s}^*)^2(\sigma_{2p})^2(\pi_{2p})^4(\pi_{2p}^*)^4]$

	O_2^+	O_2	O_2^-	O_2^{2-}
键级	2.5	2	1.5	1
磁性	顺磁	顺磁	顺磁	反磁
		（有未成对电子）		（无未成对电子）
稳定性		由强变弱		
核间距 l		由小变大		

15. 实验测得 O_2 的键长比 O_2^+ 的键长长，而 N_2 的键长比 N_2^+ 的键长短；除 N_2 以外，其他三个物种均为顺磁性，如何解释上述实验事实？

解：根据分子轨道理论，键级越大则键能越大，键长越短。经计算得知 O_2 的键级大小为 2，O_2^+ 的键级大小为 2.5，所以 O_2^+ 的键长短。同理计算可得 N_2 的键级为 3，N_2^+ 的键级为 2.5，所以 N_2 的键长短。N_2 分子中没有未成对电子，而其余三个物种都有未成对电子，所以 N_2 分子为反磁性。

9.3 名校考研真题详解

一、判断题

1. 气态 SO_3 为平面三角形，硫原子以 sp^2 方式杂化，分子中共包括两个 σ 键和一个四中心六电子大 π 键。（　　）［南京航空航天大学 2014 研］

【答案】错

【解析】气态的 SO_3 分子有三个 σ 键和一个四中心 6 电子的大 π 键。

2. 相同原子间双键的键能等于其单键键能的两倍。（　　）［南京航空航天大学 2011 研］

【答案】错

【解析】键能通常是指标准状态下气体分子拆开成气态原子时，每种键所需能量的平均值。键能是平均值，但双键的键能和单键的键能并不是简单的线性关系，与构成键的原子结构有关。

3. 原子形成共价键的数目，等于气态原子的未成对的电子数。（　　）［南京航空航天大学 2011 研］

【答案】错

【解析】原子形成共价键的数目，等于杂化态的未成对电子数（不算配位键）。五氯化磷的共价键数目是 5 个，但是其气态原子未成对的电子数只有 3 个，而 sp^3d 杂化后，未成对的电子数变为 5 个。

二、填空题

1. H_2O_2 分子中 O—O 键级为（　　），O_2 分子中 O—O 键级为（　　），上述两分子中（　　）分子较稳定。［南京理工大学 2011 研］

【答案】1；2；O_2

【解析】键级的定义是：

$$键级=\frac{(成键轨道的电子数-反键轨道的电子数)}{2}=\frac{稳定结构的电子总数-价电子总数}{2}$$

H_2O_2 分子中 O—O，成键轨道共有 14 个电子，价电子总数为 12，故键级为(14－12)/2＝1；O_2 分子中 O—O，成键轨道上有 16 个电子，价电子总数为 12，键级为(16－12)/2＝2。键级越大，键越牢固，分子越稳定。因此，题中两分子中 O_2 分子较稳定。

2．填写下列表格 9－3－1 中的空格：

表 9－3－1

分子或离子	ICl_4^-	ICl_2^+	I_3^-	N_2O
几何构型				

上述这些分子或离子，有离域 π 键的为(　　)，其离域 π 键类型为(　　)，含 I 的三个离子最不稳定的是(　　)，ICl_2^+ 中原子的杂化方式为(　　)。[厦门大学 2018 研]

【答案】平面正方形；V 形；直线形；直线形；N_2O；Π_3^4；ICl_4^-；sp^3

【解析】根据价层电子对数＝1/2(中心原子价电子数＋配体提供的价电子数±离子电荷)可得，ICl_4^- 价层电子对数为 6，属于 sp^3d^2 杂化，有四个配体，故为平面正方形构型；ICl_2^+ 价层电子对数为 4，属于 sp^3 杂化，有 2 个配体，故为 V 形构型；I_3^- 价层电子对数为 5，属于 sp^3d 杂化，有 2 个配体，故为直线形构型；N_2O 情况比较特殊，需要单独记忆，N_2O 结构为 N≡N－O，价层电子对数为 2，属于 sp 杂化，有 2 个配体，故为直线形构型；从构型比较，平面正方形结构最不稳定；只有 sp 杂化和 sp^2 杂化存在离域 π 键，N_2O 为直线型，有两个 Π_3^4 离域 π 键。

三、选择题

1．下列晶体中，具有正四面体空间网状结构(原子以 sp^3 杂化轨道键合)的是(　　)。[北京科技大学 2014 研]

A．金刚石　　B．石墨　　C．干冰　　D．铝

【答案】A

【解析】B 项石墨是 sp^2 杂化，具有层面结构，层与层之间有大 Π 键相连接，具有导电性；C 项干冰中心原子 C 以 sp 杂化，成直线形；D 项 Al 是金属晶体，是以金属键相连接。

2．下列分子中不呈直线形的是(　　)。[北京科技大学 2012 研]

A．$HgCl_2$　　B．CO_2　　C．H_2O　　D．CS_2

【答案】C

【解析】价电子对数＝1/2(中心原子的价电子数＋配位原子提供的价电子数±离子电荷)，规定：①作为配体，卤素原子和 H 原子提供 1 个电子，氧族元素的原子不提供电子；②作为中心原子，卤素原子按提供 7 个电子计算，氧族元素的原子按提供 6 个电子计算；③对于复杂离子，在计算价层电子对数时，还应加上负离子的电荷数或减去正离子的电荷数；④计算电子对数时，若剩余 1 个电子，亦当作 1 对电子处理；⑤双键、叁键等多重键作为 1 对电子看待。

中心原子上的孤对电子对数＝(中心原子 A 的价电子数－A 与配位原子 B 成键用去的价电子数之和)/2

对 $HgCl_2$：价层电子对数 = [2 + 2]/2 = 2；对 CO_2：价层电子对数 = (4 + 0)/2 = 2；对 H_2O：价层电子对数 = [6 + 2]/2 = 4；对 CS_2：价层电子对数 = (4 + 0)/2 = 2。

对电子对数是 2 的分子，分子空间构型只有一种，为直线形。故，$HgCl_2$、CO_2 和 CS_2 均是直线形。对电子对数是 4 的 H_2O 分子，根据孤对电子数判定构型。

对 H_2O：孤对电子数 = (6 − 2)/2 = 2，故其空间构型为 V 型。

电子对数与空间构型的对应关系如表 9 − 3 − 2 所示。

表 9 − 3 − 2　价电子对数与空间构型的对应关系

电子对数	电子对空间排布	孤电子对数	分子类型	分子形状(分子空间构型)	实例
2	直线	0	AB_2	直线	$BeCl_2$
3	平面三角形	0	AB_3	平面三角形	BF_3
		1	$:\dot{A}B_2$	V 型	$SnCl_2$
4	正四面体	0	AB_4	正四面体	CH_4
		1	$:AB_3$	三角锥	NH_3
		2	$:\dot{A}B_2$	V 型	H_2O
5	三角双锥	0	AB_5	三角双锥	PCl_5
		1	$:AB_4$	变形四面体	$TeCl_4$
		2	$:\dot{A}B_3$	T 型	ClF_3
		3	$:\dot{A}B_2$	直线	I_3^-
6	正八面体	0	AB_6	正八面体	SF_6
		1	$:AB_5$	四方锥	IF_5
		2	$:\dot{A}B_4$	平面正方形	ICl_4

3. 下列分子或离子中，构型不为直线的是(　　)。[南京理工大学 2011 研]

A. I_3^+　　B. I_3^-　　C. CS_2　　D. $BeCl_2$

【答案】A

【解析】BCD 三项，CS_2 和 $BeCl_2$ 的配合键都是 2，构型均为直线；I_3^- 中价层电子对数为 (7 + 1 × 2 + 1)/2 = 5，孤对电子对数 n = (7 − 2 + 1)/2 = 3，故分子构型为直线型。A 项，I_3^+ 的配合键是 4，孤对电子数 n = (7 − 2 − 1)/2 = 2，故构型为 V 形。

4. 下列叙述中错误的是(　　)。[南京理工大学 2011 研]

A. 分子的偶极矩是键矩的矢量和

B. 键离解能可作为衡量化学键牢固程度的物理量

C. 键长约等于两个原子的共价半径之和

D. 所有单质分子的偶极矩都等于 0

【答案】D

【解析】键矩定义为 $\mu = q \cdot l$，其矢量和即构成分子的偶极矩(μ)。键离解能是双原子分子中，于 100 kPa 下按化学反应计量式使气态分子断裂成气态原子所需要的能量，键能越大，分子越稳定。D 项：O_3 是单质分子，但是它为极性分子，偶极矩不等于零。

5. 下列化合物中，键的极性最弱的是(　　)。[南京理工大学 2011 研]

A. $FeCl_3$　　B. $AlCl_3$　　C. PCl_5　　D. $SiCl_4$

【答案】C

【解析】成键的两个原子电负性之差越小，则键的极性越弱。A 项 $FeCl_3$ 为离子键，键的极性最强。BCD 三项中均为共价键，其中电负性大小为：$P > Si > Al$，因此 PCl_5 中键的极性最弱。

6．下列分子中只含有一个 Π_3^4 键的是（　　）。［暨南大学 2018 研］

A．CO_2　　B．SiO_2　　C．SO_3　　D．SO_2

【答案】D

【解析】SO_2 中 S 原子采取 sp^2 杂化，未参与杂化的 p 轨道上的两个电子与两个氧原子的未成对 p 电子形成三中心四电子的共轭 Π_3^4 键。A 项，有两个 Π_3^4 键；B 项，SiO_2 属于原子晶体，sp^3 杂化，没有离域 π 键；C 项，Π_4^6 键。

7．CN_2^{2-} 离子的几何构型为（　　）。［中科院 2010 研］

A．角型　　B．直线型　　C．三角　　D．四面体

【答案】B

【解析】C 原子最外层有 4 个电子，所形成的 CN_2^{2-} 离子中，C 原子得到 2 个电子，共有 6 个电子，C 原子与 N 原子成双键，其中一个 σ 键，一个 C→N 配位键，没有孤对电子。由能量最低原则，离子的几何构型应为直线型。

第10章　固体结构

10.1　复习笔记

一、晶体结构和类型

1. 晶体的组成和性质

(1)定义：由原子、分子或离子等微粒在空间按一定规律，周期性重复排列所构成的固体。

(2)晶体特征：

①具有规则的多面体几何外形；

②呈各向异性；

③具有固定的熔点。

2. 晶格理论

(1)基本概念

点阵：研究晶体周期结构，采用数学上的几何点代表基元位置，得到空间点阵。

晶格：将组成晶体的微粒所在的空间的点联结起来得到的空间格子。

晶格结点：晶格上排列的微粒所抽象成的空间点。

晶胞：晶格中能代表晶体结构特征的最小重复单元。

晶体：无数个晶胞在空间周期性的紧密排列形成晶体。

(2)晶系

晶体的七种晶系：立方晶系、三方晶系、四方晶系、六方晶系、正交晶系、单斜晶系和三斜晶系。几种晶系特点如表10-1-1所示。

表10-1-1　晶体的七种晶系

晶系	边长	夹角	晶体实例
立方晶系	$a=b=c$	$\alpha=\beta=\gamma=90°$	NaCl
三方晶系	$a=b=c$	$\alpha=\beta=\gamma\neq90°$	Al_2O_3
四方晶系	$a=b\neq c$	$\alpha=\beta=\gamma=90°$	SnO_2
六方晶系	$a=b\neq c$	$\alpha=\beta=90°$，$\gamma=120°$	AgI
正交晶系	$a\neq b\neq c$	$\alpha=\beta=\gamma=90°$	$HgCl_2$
单斜晶系	$a\neq b\neq c$	$\alpha=\gamma=90°$，$\beta\neq90°$	$KClO_3$
三斜晶系	$a\neq b\neq c$	$\alpha\neq\beta\neq\gamma\neq90°$	$CuSO_4\cdot5H_2O$

3. 晶体缺陷

按缺陷产生的原因可以分为以下三种缺陷：

(1)本征缺陷：因晶格微粒的热振动导致，与温度T有关；

(2)杂质缺陷：因晶体中掺入杂质所致；

(3)非化学计量化合物：不能用整数比表示组分元素的原子相对数目的化合物。

4. 非晶体和准晶体

非晶体：无规则外形和特定晶面，质点排列长程无序，无固定熔点。例如：沥青。

晶体：有规则外形和特定晶面，质点排列在三维空间上周期性重复且长程有序，有固定熔点。例如：石英晶体(水晶)。

准晶体：介于非晶体和晶体之间的物质。质点排列长程有序但不具有空间周期性。

二、晶体的类型与性质

根据晶体的组成粒子和粒子间作用力的不同，将晶体分为四类：离子晶体、原子晶体、金属晶体和分子晶体。

1. 金属晶体

(1)金属晶体的形成

定义：由金属原子(金属离子)通过金属键结合而成的晶体。

金属键：金属离子与自由电子间强烈的相互作用。无方向性、饱和性，无固定的键能。

影响因素：自由电子，离子半径、电子层结构。

(2)粒子排列方式

金属晶体中粒子的堆积方式主要包括：六方密堆积、面心立方堆积和体心立方堆积。

(3)能带理论

能带：能量十分接近的分子轨道连成一片称为能带。

电子在能带中的填充：s 带最多容纳 $2N$ 个电子；p 带最多容纳 $6N$ 个电子；d 带最多容纳 $10N$ 个电子；f 带最多容纳 $14N$ 个电子。

能带分类：根据填充电子的情况分为满带(也称价带)、空带和导带三类。

带隙(禁带)：能带与能带之间存在能量的间隙。

物质分类：根据能带电子填充状况和禁带宽度分为导体、半导体和绝缘体。其中，导体具有导带，绝缘体的禁带很宽(能量间隔 3eV)，半导体的禁带较窄(能量间隔 0.1 ~ 3eV)。

成键实质：电子填充在低能量的能级中，使晶体的能量低于金属原子单独存在时的能量。

2. 离子晶体

(1)离子晶体的形成

定义：由正、负离子靠离子键结合而成的晶体，具有硬度大、熔沸点高、无延展性等特点。

离子键：正、负离子之间的结合力。无方向性、饱和性。

配位数：晶体内某粒子周围最邻近的(异号)粒子数目。

(2)典型的三种结构：

①NaCl 型(面心立方)：配位比为 6∶6，范畴：KBr，RbI，LiCl，MgO；

②CsCl 型(体心立方)：配位比为 8∶8，范畴：TlCl，CsBr，CsI；

③ZnS 型(六方密堆积)：配位比为 4∶4，范畴：MnS，ZnO，AgI。

半径比规则(如表 10 - 1 - 2 所示)：

表 10－1－2　离子半径与配位数的关系

r_+/r_-	配位数	构型
0.225～0.414	4	ZnS 型
0.414～0.732	6	NaCl 型
0.732～1.00	8	CsCl 型

(3)晶格能

定义：标准状态下，1 mol 离子晶体变成相互远离的气态正、负离子所吸收的能量。符号为 U(>0)。

影响因素：①离子电荷；②离子半径；③晶体的结构类型；④离子电子层结构类型。

意义：衡量离子键的强弱，晶格能大，离子键强、硬度大，熔点高。

【适用范围】典型的离子晶体。

(4)离子极化

定义：在电场的作用下，正负离子的原子核和电子发生位移，导致正负离子变形，产生诱导偶极的过程。

离子极化示意图如图 10－1－1 所示。

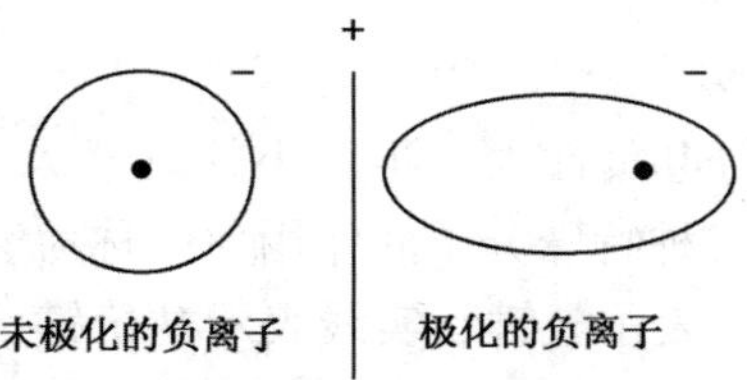

图 10－1－1　负离子在电场中的极化

离子极化率 α：描述离子本身变形程度的物理量。

一般规律：①离子半径 r 愈大，极化率 α 愈大；②α(负) > α(正)；③正离子电荷少的极化率大，负离子电荷多的极化率大；④离子的电子层构型：$(18+2)e^-$，$18e^- > 9 \sim 17e^- > 8e^-$。

3. 分子晶体

(1)分子晶体的形成

定义：由分子通过分子间作用力或氢键结合而成的晶体，具有熔点低，硬度小，易挥发等特点。

(2)极化

①定义

分子在外电场中产生的诱导偶极的现象为极化，极化反映了分子在外电场下的变形程度。

②分子的偶极矩和极化率

a. 偶极矩($\boldsymbol{\mu}$)：正电(负电)中心上的电荷量 q 与两电荷中心间距离 l 的乘积，表示分子极性大小，表达式为

$$\boldsymbol{\mu} = q \cdot l$$

式中，q 为电荷量；l 为正、负电荷中心间距。

【注意】μ 为矢量，方向：正电中心→负电中心。

b. 极化率：表示分子变形大小的物理量。与外加电场、分子大小有关。

c. 极性分子和非极性分子

极性分子：$\mu \neq 0$，分子正、负电荷中心不重合。

非极性分子：$\mu = 0$，分子正、负电荷中心重合。

【知识点比较】

键矩：表示键的极性大小，以极性键结合异核双原子分子的偶极矩。

偶极矩：表示分子极性大小，多原子分子中的偶极矩由分子中的原子和键矩所决定。

分子有对称中心的，偶极矩 =0，键矩可不为 0。

(3)分子间的吸引作用

分子间的力包括：色散力、诱导力和取向力。三种分子间作用力的比较如表 10 -1 -3 所示。

表 10 -1 -3　三种分子间作用力

类型	产生原因	存在	特点	影响因素
色散力	瞬时偶极	各种分子间均存在	无方向性、无饱和性	分子的变形性
诱导力	诱导偶极	极性分子间、极性分子与非极性分子间		极性分子的极性、距离、变形性
取向力	固有偶极	极性分子间		分子极性、距离、温度

(4)氢键

①定义

氢键：H 原子通过共价键与电负性大、半径小的原子 X 相连，同时可和另一个高电负性、半径小的原子 Y 之间形成一种特殊分子间作用力，称为氢键。

表示方法：X—H…Y。点线表示氢键，实线表示共价键，X、Y 可以是同种原子，也可以是不同种原子。

②氢键的形成条件

a. 存在与高电负性元素 X 以共价键结合的氢原子；

b. 与氢原子相结合的另一个原子 Y 必须带孤对电子、电负性大且半径小。

③影响因素

a. 高电负性，小半径，形成氢键越强；

b. 酸碱性：酸或酸式盐中氢键较强。

④特点

氢键本质是静电作用力；有方向性、饱和性；比化学键弱，比分子间力强，键能为 10 ~ 40 $kJ \cdot mol^{-1}$。

a. 氢键的方向性

氢键中 X、H、Y 三原子在一条直线时会形成稳定性氢键，键角接近 180°。

b. 氢键的饱和性

较小的 H 原子与较大的 X、Y 原子接触后，当 X 或 Y 原子再接近 X—H…Y 氢键时，受到高电负性 X、Y 原子电子云的排斥作用要大于 H 原子的吸引作用，氢原子不可能形成第二个氢键。

4. 原子晶体

定义：原子间以共价键结合而成的晶体，具有硬度大、密度低、熔点高，一般不导电等特点。

【小结】四种晶体的类型及性质如表 10 -1 -4 所示。

表 10-1-4　晶体的类型及性质

晶体类型	金属晶体	离子晶体	原子晶体	分子晶体
构成粒子	金属原子(离子)	正、负离子	原子	分子
粒子间作用力	金属键	离子键	共价键	分子间作用力
熔、沸点	差异较大	较高	高	低
硬度	差异较大	较大	大	小
导热性	良好	不良	不良	不良
导电性	良好	熔融态或水溶液导电	一般不导电，半导体导电	不导电
溶解性	难溶于水	多数易溶于水等极性溶剂	难溶	相似相溶
代表物	Na、Hg	NaCl、NaOH	金刚石、晶体硅	H_2O、CO_2

10.2　课后习题详解

1．填充下表：

物质	晶体中质点间作用力	晶体类型	熔点/℃
KI			880
Cr			1907
BN(立方)			3300
BBr_3			-46

解：根据已知条件可得表 10-2-1。

表 10-2-1

物质	晶体中质点间作用力	晶体类型	熔点/℃
KI	离子键	离子晶体	880
Cr	金属键	金属晶体	1907
BN(立方)	共价键	原子晶体	3300
BBr_3	分子间作用力	分子晶体	-46

2．根据晶胞参数，判断下列物质各属于何种晶系？

化合物	a/nm	b/nm	c/nm	α	β	γ	晶系
Sb	6.23	6.23	6.23	57°5′	57°5′	57°5′	
TiO_2	4.58	4.58	2.95	90°	90°	90°	
Cu	0.356	0.356	0.356	90°	90°	90°	
$FeSO_4 \cdot 7H_2O$	15.34	10.98	20.02	90°	90°	104°15′	

解：根据已知条件可得表 10－2－2。

表 10－2－2

化合物	a/nm	b/nm	c/nm	α	β	γ	晶系
Sb	6. 23	6. 23	6. 23	57°5′	57°5′	57°5′	三方
TiO_2	4. 58	4. 58	2. 95	90°	90°	90°	四方
Cu	0. 356	0. 356	0. 356	90°	90°	90°	立方
$FeSO_4 \cdot 7H_2O$	15. 34	10. 98	20. 02	90°	90°	104°15′	单斜

3. 根据离子半径比推测下列物质的晶体各属何种类型。

(1) KBr；(2) CsI；(3) NaI；(4) BeO；(5) MgO。

解：各物质的正负离子半径比如下，根据鲍林规则来推测其为何种晶型。

(1) $\dfrac{r(K^+)}{r(Br^-)}=\dfrac{133\ pm}{196\ pm}=0.679$，配位数为 6，故 KBr 属于 NaCl 型离子晶体。

(2) $\dfrac{r(Cs^+)}{r(I^-)}=\dfrac{169\ pm}{216\ pm}=0.782$，配位数为 8，故 CsI 属于 CsCl 型离子晶体。

(3) $\dfrac{r(Na^+)}{r(I^-)}=\dfrac{95\ pm}{216\ pm}=0.440$，配位数为 6，故 NaI 属于 NaCl 型离子晶体。

(4) $\dfrac{r(Be^{2+})}{r(O^{2-})}=\dfrac{31\ pm}{140\ pm}=0.221$，配位数为 4，故 BeO 属于 ZnS 型离子晶体。

(5) $\dfrac{r(Mg^{2+})}{r(O^{2-})}=\dfrac{65\ pm}{140\ pm}=0.464$，配位数为 6，故 MgO 属于 NaCl 型离子晶体。

4. 利用 Born－Haber 循环计算 NaCl 的晶格能。

解：设计循环如下：

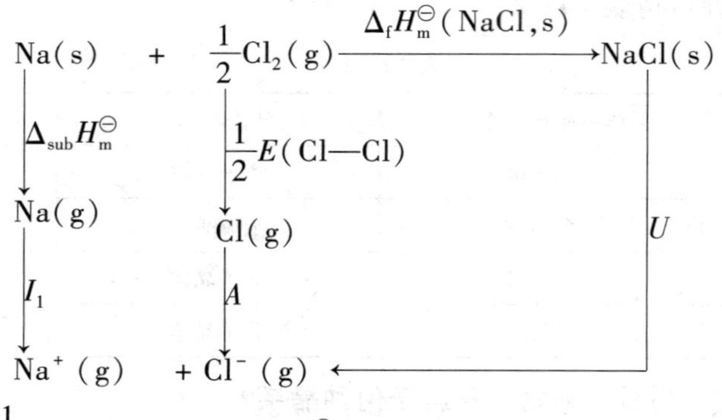

$$
\begin{array}{ccccc}
Na(s) & + & \frac{1}{2}Cl_2(g) & \xrightarrow{\Delta_f H_m^\ominus(NaCl,s)} & NaCl(s) \\
\downarrow \Delta_{sub}H_m^\ominus & & \downarrow \frac{1}{2}E(Cl—Cl) & & \\
Na(g) & & Cl(g) & & \downarrow U \\
\downarrow I_1 & & \downarrow A & & \\
Na^+(g) & + & Cl^-(g) & \longleftarrow &
\end{array}
$$

$$U=\Delta_{sub}H_m^\ominus+I_1+\frac{1}{2}E(Cl—Cl)+A-\Delta_f H_m^\ominus(NaCl,\ s)$$

$$=\left[107.32+495.8+\frac{1}{2}\times 243+(-349.0)-(-411.153)\right]\ kJ\cdot mol^{-1}=787\ kJ\cdot mol^{-1}$$

5. 试通过 Born－Haber 循环，计算 $MgCl_2$ 晶格能，并用 Капустинский 公式计算出晶格能，再确定两者符合程度(已知镁的 I_2 为 1457 kJ·mol^{-1})。

解：设计的循环如下：

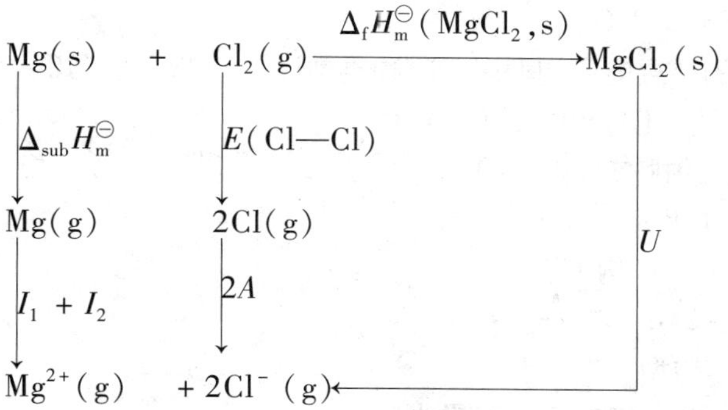

$$
\begin{array}{ccccc}
\mathrm{Mg(s)} & + & \mathrm{Cl_2(g)} & \xrightarrow{\Delta_f H_m^{\ominus}(\mathrm{MgCl_2,s})} & \mathrm{MgCl_2(s)} \\
\downarrow \Delta_{sub}H_m^{\ominus} & & \downarrow E(\mathrm{Cl—Cl}) & & \\
\mathrm{Mg(g)} & & \mathrm{2Cl(g)} & & \downarrow U \\
\downarrow I_1 + I_2 & & \downarrow 2A & & \\
\mathrm{Mg^{2+}(g)} & + & \mathrm{2Cl^-(g)} & \longleftarrow &
\end{array}
$$

则通过 Born－Haber 循环，计算 $MgCl_2$ 晶格能为

$$
\begin{aligned}
U &= \Delta_{sub}H_m^{\ominus} + I_1 + I_2 + E(\mathrm{Cl—Cl}) + 2A - \Delta_f H_m^{\ominus}(\mathrm{MgCl_2,\ s}) \\
&= [147.70 + 737.7 + 1457 + 243 + 2 \times (-349.0) - (-641.32)]\ \mathrm{kJ \cdot mol^{-1}} \\
&= 2528\ \mathrm{kJ \cdot mol^{-1}}
\end{aligned}
$$

用 Капустинский 公式计算出的晶格能为

$$
\begin{aligned}
U &= 1.202 \times 10^5 \times \frac{\Sigma z_1 z_2}{(r_+ + r_-)}\left(1 - \frac{34.5}{r_+ + r_-}\right)\ \mathrm{kJ \cdot mol^{-1}} \\
&= 1.202 \times 10^5 \times \frac{(1+2) \times 1 \times 2}{65 + 181}\left(1 - \frac{34.5}{65 + 181}\right)\ \mathrm{kJ \cdot mol^{-1}} = 2521\ \mathrm{kJ \cdot mol^{-1}}
\end{aligned}
$$

通过比较两种方法计算出的晶格能大小，可见用两种方法计算的结构基本相符。

6. KF 晶体属于 NaCl 构型，试利用 Born－Landé 公式计算 KF 晶体的晶格能。已知从 Born－Haber 循环求得的晶格能为 802.5 kJ·mol^{-1}，比较实验值和理论值的符合程度。

解： 由于 KF 晶体属于 NaCl 构型，则相对应的 $A = 1.748$。

又因为 $n = \frac{1}{2}(7 + 9) = 8$，$R_0 = r(\mathrm{K^+}) + r(\mathrm{F^-}) = 133\ \mathrm{pm} + 136\ \mathrm{pm} = 269\ \mathrm{pm}$，所以

$$
\begin{aligned}
U &= \frac{1.389 \times 10^5 A z_1 z_2}{R_0}\left(1 - \frac{1}{n}\right)\ \mathrm{kJ \cdot mol^{-1}} \\
&= \frac{1.389 \times 10^5 \times 1.748 \times 1 \times 1}{269}\left(1 - \frac{1}{8}\right)\ \mathrm{kJ \cdot mol^{-1}} = 790.0\ \mathrm{kJ \cdot mol^{-1}}
\end{aligned}
$$

与 Born－Haber 循环所得结果相比，误差为

$$
\frac{802.5 - 790.0}{802.5} \times 100\% = 1.6\%
$$

7. 下列物质中，何者熔点最低？

(1) NaCl；(2) KBr；(3) KCl；(4) MgO。

解： 一般情况下，离子晶体的晶格能越大，则其熔点越高。影响晶格能的因素很多，主要是离子的半径和电荷。电荷数越大，离子半径越小，其晶格能就越大，熔点越高。KBr 的电荷数比 MgO 的小，离子半径之和是其余三种物质中最大的，所以 KBr 的熔点最低。

8. 列出下列两组物质熔点由高到低的次序。

(1) NaF，NaCl，NaBr，NaI；

(2) BaO，SrO，CaO，MgO。

解： 两组离子晶体的熔点顺序由高到低分别为

(1) NaF > NaCl > NaBr > NaI

(2) $MgO > CaO > SrO > BaO$

9. 指出下列离子的外层电子构型属于哪种类型[$8e^-$，$18e^-$，$(18+2)e^-$，$(9\sim17)e^-$]。

(1) Ba^{2+}；(2) Cr^{3+}；(3) Pb^{2+}；(4) Cd^{2+}。

解：根据外层电子的排布规则可得：

(1) Ba^{2+}属于$8e^-$构型；

(2) Cr^{3+}属于$(9\sim17)e^-$构型；

(3) Pb^{2+}属于$(18+2)e^-$构型；

(4) Cd^{2+}属于$18e^-$构型。

10. 指出下列离子中，何者极化率最大。

(1) Na^+；(2) I^-；(3) Rb^+；(4) Cl^-。

解：首先负离子的极化率大于正离子，因此排除Na^+和Rb^+，而I^-和Cl^-的电荷相同、电子构型相同，I^-的半径较大，极化率大，更易极化。所以I^-的极化率最大。

11. 写出下列物质的离子极化作用由大到小的顺序。

(1) $MgCl_2$；(2) $NaCl$；(3) $AlCl_3$；(4) $SiCl_4$。

解：四种物质的阴离子相同，正离子半径越小、电荷越多，引起相反离子极化的程度越大，所以极化作用由大到小的顺序为$SiCl_4 > AlCl_3 > MgCl_2 > NaCl$。

12. 讨论下列物质的键型有何不同。

(1) Cl_2；(2) HCl；(3) AgI；(4) NaF。

解：根据晶体类型及元素的极性大小不同可以判断得到：

(1) Cl_2中，Cl—Cl键为非极性共价键。

(2) HCl中，H—Cl键为极性共价键。

(3) AgI中，由于离子极化，由离子键过渡为共价键占优势。

(4) NaF中，离子键。

13. 指出下列各固态物质中分子间作用力的类型。

(1) Xe；(2) P_4；(3) H_2O；(4) NO；(5) BF_3；(6) C_2H_6；(7) H_2S。

解：(1) Xe，(2) P_4，(5) BF_3，(6) C_2H_6均为非极性分子，因而其固态分子中只存在色散力。(3) H_2O，(4) NO，(7) H_2S均为极性分子，其分子中既存在色散力，还存在诱导力和取向力。除此之外H_2O分子中还存在氢键。

14. 指出下列物质何者不含有氢键。

(1) $B(OH)_3$；(2) HI；(3) CH_3OH；(4) $H_2NCH_2CH_2NH_2$。

解：HI分子间不存在氢键，因为I的电负性太小，半径太大，不足以与H形成氢键。其他三种物质都可以形成氢键。

15. 对下列各对物质的沸点的差异给出合理的解释。

(1) HF(20 ℃)与HCl(−85 ℃)；　(2) NaCl(1465 ℃)与CsCl(1290 ℃)；

(3) $TiCl_4$(136 ℃)与LiCl(1360 ℃)　(4) CH_3OCH_3(−25 ℃)与CH_3CH_2OH(79 ℃)。

解：(1) 主要是由于HF之间存在较强氢键的缘故。

(2) 二者是典型的离子晶体，Na^+的半径比Cs^+小，$U(NaCl) > U(CsCl)$，因而NaCl的沸点较高。

(3) TiCl是共价化合物，属于分子晶体，而LiCl属于离子晶体，一般来说分子晶体的沸点要低于离子晶体。

(4) CH_3CH_2OH 之间存在氢键，因而 CH_3CH_2OH 的沸点较高，而 CH_3OCH_3 的沸点较低。

16. 试用离子极化的观点解释 AgF 易溶于水，而 AgCl、AgBr 和 AgI 难溶于水，并且由 AgF 到 AgBr 再到 AgI 溶解度依次减小的现象。

解：当离子键极化作用明显时，离子键向共价键过渡的程度较大，水不能像减弱离子间静电作用一样减弱共价键的结合力，所以离子极化作用显著，使得晶体难溶于水。而这四种阴离子的极化作用的大小顺序为 $F^- < Cl^- < Br^- < I^-$，因而 AgF 易溶于水，其他的难溶于水，且由 AgF 到 AgI 溶解度依次减小。

17. 指出下列各组物质中某种性质之最的化学式：

(1) 沸点最高：NaCl，Na，Cl_2；

(2) 溶解度最小：NaF，NaCl，CaF_2，$CaCl_2$；

(3) 汽化热最大：H_2O，H_2S，H_2Se，H_2Te；

(4) 熔化焓最小：H_2O，CO_2，MgO，SiO_2。

解：(1) NaCl 的沸点最高。NaCl 是离子晶体，Na 是金属晶体，Cl_2 是分子晶体。

(2) 四种物质都是离子晶体，但是 CaF_2 的晶格能最大，溶解度最小。

(3) 四种物质是同族元素的氢化物，H_2O 分子间可形成氢键，气化热最大。

(4) MgO 是离子型化合物，晶格能大，熔点高，熔化焓大。SiO_2 是原子晶体，熔化焓也大。H_2O 和 CO_2 都是共价化合物，属于分子晶体，熔化焓低于 MgO。因为 H_2O 之间能存在氢键，所以 CO_2 的熔化焓最小。

10.3 名校考研真题详解

一、判断题

1. CaF_2 难溶，而其它卤化钙易溶；AgF 易溶，而其它卤化银难溶，这主要取决于它们的离子半径和晶体结构。(　　)［南京航空航天大学 2014 研］

【答案】错

【解析】Ca^{2+} 最外层是 8 电子构型，几乎没有极化作用，随着卤原子的半径逐渐增大，其晶格能减小，其溶解度增大；Ag^+ 最外层是 18 电子构型，易变形和极化，随着卤原子的半径增大，相互极化作用增强，其共价性增强、溶解度减小。

2. 对偶极矩为零的多原子分子，其组成分子的原子的电负性必定相等。(　　)［南京航空航天大学 2011 研］

【答案】错

【解析】对 H_2 和 N_2 分子，组成分子的原子相同，电负性相同，偶极矩为零；而对 CO_2 分子，分子构型为直线型，属于非极性分子，偶极矩为零，但是其组成原子 C 和 O 的电负性并不相同。

二、填空题

1. 按从大到小的顺序排列以下各组物质：

(1) 按离子极化大小排列 $MnCl_2$，$ZnCl_2$，NaCl，$CaCl_2$ (　　)；

(2) 按键的极性大小排列 NaCl，HCl，Cl_2，HI (　　)。［厦门大学 2005 研］

【答案】(1) $ZnCl_2 > MnCl_2 > CaCl_2 > NaCl$；(2) $NaCl > HCl > HI > Cl_2$

【解析】(1) 离子极化中，阴离子相同时，当阳离子的电荷相同，半径相近时，18 电子、(18 + 2) 电子以及 2 电子构型的离子具有强的极化力，(9 ~ 17) 电子构型的离子次之，8 电子构型的离子极化力最弱；阴离子相同时，当阳离子半径相近时，离子的电荷越多，离子的极化力越强，所以有极化大小：$ZnCl_2 > MnCl_2 > CaCl_2 > NaCl$。(2)电负性相差越大，极性越强，电负性大小：Cl > I > H > Na，所以有极性大小：$NaCl > HCl > HI > Cl_2$。

2．请写出 $CH_3OH - H_2O$ 之间存在的分子间的力类型为(　　)。[南京航空航天大学2011研]

【答案】氢键

【解析】CH_3OH 中的—OH 能和 H_2O 形成 O—H…O 氢键。

三、选择题

1．下列关于离子晶体的叙述中正确的是(　　)。[北京科技大学2014研]

A．离子晶体的熔点是所有晶体中熔点最高的一类晶体

B．离子晶体通常均可溶于极性或非极性溶剂中

C．离子晶体中不存在单个小分子

D．离子晶体可以导电

【答案】C

【解析】A项，离子晶体具有较高的熔沸点，并不是熔沸点最高，其晶格能越大，熔沸点越大；B项，可溶于极性溶剂，不一定溶于非极性溶剂；D项，离子晶体不导电，在熔融状态下或者溶液中可以导电；C项，离子晶体是由正负离子按一定比例通过离子键结合而成的晶体。

2．下列分子中偶极矩最大的是(　　)。[北京科技大学2012研]

A．HCl　　B．HI　　C．HBr　　D．HF

【答案】D

【解析】卤素中电负性从氟到碘逐渐减弱，而偶极矩是由于成键原子的电负性不同引起的，电负性越大，分子偶极矩越大。

3．已知钠的电负性为0.93，Cl的电负性为3.16，则NaCl中化学键的离子百分数为(　　)。[电子科技大学2010研]

A．100%　　B．95.2%　　C．87.81%　　D．71.15%

E．无答案可选

【答案】D

【解析】键的离子百分数大小由两成键原子的电负性差值($\Delta\chi$)决定，两元素电负性差值越大，它们之间键的离子性也就越大，单键的离子性百分数与电负性差值之间的关系如表10-3-1所示。Na与Cl的电负性之差 $\Delta\chi = 3.16 - 0.93 = 2.23$，位于2.2与2.4之间，离子百分数位于70~76%之间，故答案为D项。

表10-3-1　单键的离子性百分数与电负性差值之间的关系

$\chi_A - \chi_B$	离子性百分数/%	$\chi_A - \chi_B$	离子性百分数/%
0.2	1	1.8	55
0.4	4	2.0	63
0.6	9	2.2	70

续表

$\chi_A-\chi_B$	离子性百分数/%	$\chi_A-\chi_B$	离子性百分数/%
0.8	15	2.4	76
1.0	22	2.6	82
1.2	30	2.8	86
1.4	39	3.0	89
1.6	47	3.2	92

4. 下列离子化合物中，晶格能大小顺序正确的是(　　)。[南开大学2009研]

A. $MgO > CaO > Al_2O_3$　　B. $LiF > NaCl > KI$

C. $KCl > CsI > RbBr$　　D. $BaS > BaO > BaCl_2$

【答案】B

【解析】晶格能是指使离子晶体变为气态正离子和气态负离子时所吸收的能量。其来源于正、负离子之间的静电作用，即正、负离子之间的静电作用越强其晶格能越大。正、负离子半径越小，电荷数越大，其晶格能就越大。

四、简答题

1. 如何理解“离子键中的共价性”。[南京航空航天大学2012研]

答：两个原子间以共价键和离子键两种方式结合。如果电子对被两个原子共同吸引，形成共用电子对，则形成共价键；如果电子对被完全吸引到一方，则形成完全离子键，但这只是理想模型，在实际结合中，两种形式都存在。当两个原子的电负性相差甚远，电子对被完全吸引到一方，则为离子性极强的离子键，几乎没有共价性；但若两个原子电负性相差不太多，而原子间又形成了离子键，则这个离子键就有共价性。

2. 在ⅣA元素C、Si的氧化物中，SiO_2的熔点高达1710 ℃，而CO_2在通常情况下是气体，试解释其原因。[南京航空航天大学2012研]

答：CO_2是分子晶体，分子间作用力为范德华力；SiO_2是原子晶体，Si原子和O原子以共价键结合。由于共价键比范德华力强得多，熔化时，破坏共价键所需的能量要比破坏范德华力所需的能量多很多，所以一般情况下，原子晶体的熔点都比分子晶体的熔点高很多。

3. 根据已给数据，判断下列晶体BeS，NH_4CN，CdO是什么类型的离子晶体。正离子所占空隙是什么？晶格类型是什么？晶胞中正负离子数目各是多少？[厦门大学2018研]

表10-3-2

离子半径/pm		离子半径比	阳离子配位数
Be^{2+}	43	$0.225 < \frac{r_+}{r_-} \leq 0.414$	4
Cd^{2+}	100		
CN^-	180	$0.414 < \frac{r_+}{r_-} \leq 0.732$	6
NH_4^+	135		
O^{2-}	140	$0.732 < \frac{r_+}{r_-}$	8
S^{2-}	180		

答：BeS：$r_+/r_- = 43/180 = 0.239$；

CdO：$r_+/r_- = 100/140 = 0.714$；

NH_4CN：$r_+/r_- = 135/180 = 0.750$。

BeS：ZnS 型，Be^{2+} 处于四面体空隙，面心立方晶格，正负离子数 4：4；

CdO：NaCl 型，Cd^{2+} 处于八面体空隙，面心立方晶格，正负离子数 4：4；

NH_4CN：CsCl 型，NH_4^+ 处在立方体空隙，简单立方晶格，正负离子数 1：1。

五、计算题

1. 已知 KI 的晶格能(U)为 631.9 kJ/mol，钾的升华热 S(K)为 90.0 kJ/mol，钾的电离能(I)为 418.9 kJ/mol，碘的升华热 $S(I_2)$为 62.4 kJ/mol，碘的离解能(D)为 151 kJ/mol，碘的电子亲和能(E)为 310.5 kJ/mol，求碘化钾的生成热($\Delta_f H^\ominus$)。［南京航空航天大学 2011 研］

解：反应为

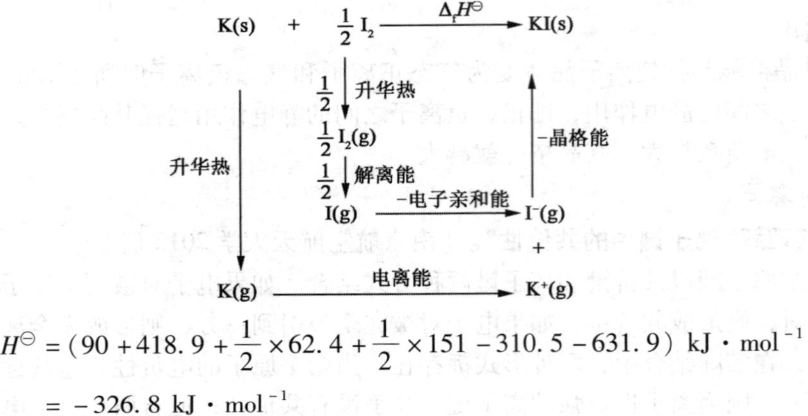

$$\Delta_f H^\ominus = (90 + 418.9 + \frac{1}{2} \times 62.4 + \frac{1}{2} \times 151 - 310.5 - 631.9)\ \text{kJ} \cdot \text{mol}^{-1}$$

$$= -326.8\ \text{kJ} \cdot \text{mol}^{-1}$$

2. 试由下列数据计算 NaF 的晶格能

	NaCl(s)	**KF(s)**	**NaF(s)**	**KCl(s)**
$\Delta_f H_m^\ominus/(kJ \cdot mol^{-1})$	**-411.1**	**-567.3**	**-573.7**	**-436.7**
$U/(kJ \cdot mol^{-1})$	**788.1**	**802.5**	?	**703.5**

(晶格能指定为反应：$AB(s) \rightarrow A^+(g) + B^-(g)$ 的 $\Delta_r H_m^\ominus$)［北京科技大学 2011 研］

解：$NaCl \longrightarrow Na^+ + Cl^-$　　(1)

$KF \longrightarrow K^+ + F^-$　　(2)

$KCl \longrightarrow K^+ + Cl^-$　　(3)

$NaF \longrightarrow Na^+ + F^-$　　(4)

根据题意有：$\Delta_r H_m^\ominus(1) = U(NaCl) = 788.1\ kJ \cdot mol^{-1}$，$\Delta_r H_m^\ominus(2) = U(KF) = 802.5\ kJ \cdot mol^{-1}$，$\Delta_r H_m^\ominus(3) = U(KCl) = 703.5\ kJ \cdot mol^{-1}$

反应(4) = (1) + (2) - (3)，根据基尔霍夫定理可得：

$$\Delta_r H_m^\ominus(4) = \Delta_r H_m^\ominus(1) + \Delta_r H_m^\ominus(2) - \Delta_r H_m^\ominus(3)$$

$$= (788.1 + 802.5 - 703.5)\ kJ \cdot mol^{-1} = 887.1\ kJ \cdot mol^{-1}$$

即 NaF 的晶格能 $U = 887.1\ kJ \cdot mol^{-1}$。

第 11 章　配合物结构

11.1　复习笔记

一、配合物的空间构型、异构现象和磁性

1. 配合物的空间结构

(1)定义

配合物：提供孤电子对的配体与接受孤电子对的中心离子(或原子)以配位键结合形成的化合物。

配合物的空间结构：围绕着中心离子(或原子)的配体排布的几何构型。

(2)影响因素

①配位数的多少；

配合物的空间构型与配位数间的关系如表 11－1－1 所示。

表 11－1－1　配合物的空间构型与配位数

配位数	配合物空间构型	示例
2	直线型	$[AgX_2]^-$
3	平面三角形	$[HgI_3]^-$
4	四面体	$[BF_4]^-$
	平面正方形	$[PdCl_4]^{2-}$
5	四方锥	$[MnCl_5]^{2-}$
	三角双锥	$[CuCl_5]^{3-}$
6	八面体	$[SiF_6]^{2-}$

②中心离子、配体种类。

示例：$[Ni(CN)_4]^{2-}$为平面正方形构型，而$[Ni(Cl)_4]^{2-}$是四面体构型。

(3)配合物的空间构型的规律

①形成体在中间，配体围绕中心离子排布；

②配体间倾向于尽可能远离，能量低，配合物稳定。

2. 配合物的异构现象

(1)定义

配合物的异构现象：两种或两种以上配合物的化学组成相同而结构、性质不同的现象。

(2)分类

配合物的异构现象可分为：键合异构、配位异构、几何异构和旋光异构。在这里主要介绍后两种异构现象。

①几何异构：根据配体相对于中心离子的排列位置可分为顺式异构体和反式异构体两类。

配位数为 4 的平面正方形和配位数为 6 的八面体构型的配合物会发生顺、反异构。配位

数为4的四面体配合物以及配位数为2和3的配合物不存在几何异构体。

②旋光异构（光学异构）：由分子的特殊对称性（无对称面和对称中心）形成的两种异构体而引起旋光性相反的现象。

两种旋光异构体互成镜像关系。

配位数为4的平面正方形构型的配合物一般无旋光性，而四面体构型则存在旋光性。

3. 配合物的磁性

（1）定义

配合物的磁性：配合物在磁场中所表现出来的相关特性。

（2）分类：

①顺磁性物质：含有未成对电子的配合物；

②反磁性物质：不含有未成对电子的配合物。

（3）表示方法

配合物磁性可用磁矩（μ）进行表示。磁矩μ与配合物中的未成对电子数n间的关系为

$$\mu = \sqrt{n(n+2)}\ \mu_B$$

式中，μ_B为磁矩单位，玻尔磁子，$1\mu_B = 9.274 \times 10^{-24}\ J \cdot T^{-1}$。

顺磁性：被磁场吸引，$n>0$，$\mu>0$。例：O_2，NO_2。

反磁性：被磁场排斥，$n=0$，$\mu=0$。例：H_2，N_2。

铁磁性：被磁场强烈吸引。例：Fe，Ni。

二、配合物的化学键理论

配合物中的化学键：中心离子（或原子）与配体之间的化学键。

化学键理论主要包括：价键理论、晶体场理论、配位场理论和分子轨道理论。

1. 价键理论

（1）理论要点

①配体提供的孤对电子与形成体的空电子轨道进行配对形成配位键；

②为了形成结构匀称的配合物，形成体采取杂化轨道与配体成键；

③杂化轨道不同，配合物空间构型不同，如表11－1－2所示。

表11－1－2 配合物的空间构型与杂化轨道类型

配位数	空间构型	杂化轨道	实例
2	直线型	sp	$[Ag(NH_3)_2]^+$
4	四面体	sp^3	$[Zn(NH_3)_4]^{2+}$
	平面正方形	dsp^2	$[PtCl_2(NH_3)_2]$
6	八面体	d^2sp^3	$[Fe(CN)_6]^{3-}$
		sp^3d^2	$[FeF_6]^{3-}$

（2）价键理论评价

优点：简单方便，解释了配合物的空间构型、磁性、稳定性等性质；

缺点：无法解释配合物的颜色（吸收光谱）；未考虑配体对中心离子的影响。

（3）价键理论基本思路

磁矩μ→未成对电子数n→中心离子价电子排布→杂化方式→配合物类型（外轨、内轨）→相对稳定性。

2. 晶体场理论

(1)理论要点

①配体形成的静电场中，中心离子与配体依靠静电作用相结合，形成稳定配合物；

②配体形成的晶体场排斥中心离子的最外层电子，使中心离子的价层d轨道能级分裂；

③配合物空间构型不同，配体产生的晶体场不同，对中心离子d轨道的影响不同。

(2)八面体场中中心离子d轨道能级的分裂

①晶体场分裂能：八面体场中，中心离子的d轨道可分裂成为低能量轨道t_{2g}(3个)和高能量轨道e_g(2个)。e_g轨道和t_{2g}轨道的的能量差称为晶体场分裂能，用Δ_o或$10Dq$表示。单位为cm^{-1}或$kJ \cdot mol^{-1}$；

②$\Delta_o > P$(电子成对能)的配体为强场配体，反之则为弱场配体。

(3)分裂能的影响因素

①中心离子的电荷：Δ_o随中心离子电荷的增大而增大；

②中心离子的周期：Δ_o随周期数的增加而增大；

③配体的影响：

各种配体对同一M产生的晶体场分裂能的值由小到大的顺序(光谱化学序列)：

$$I^- < Br^- < Cl^- < S^{2-} < SCN^- < NO_3^- < F^- < OH^- \sim ONO^- < C_2O_4^{2-} <$$
$$H_2O < NCS^- < EDTA < NH_3 < en < SO_3^{2-} < NO_2^- < CN^-,\ CO$$

④配合物的几何构型：在八面体场和四面体场中，d轨道的分裂情况不同，Δ_o值不同。Δ_o大小顺序为：四面体＜八面体＜平面正方形。

(4)高自旋与低自旋配合物及其d电子分布

①八面体场的中心离子的d电子在分裂后的轨道(t_{2g}轨道和e_g轨道)中的分布遵循能量最低原理、Pauli不相容原理和Hund规则；

②对于$d^{1\sim3}$和$d^{8\sim10}$构型的中心离子，d电子自旋平行排布在低能量轨道(t_{2g}轨道)，排布方式惟一。对于$d^{4\sim7}$构型的中心离子，排布方式不惟一，有两种排布方式；

③强场配体形成低自旋配合物，弱场配体形成高自旋配合物。同一中心离子的低自旋配合物比高自旋配合物稳定；

④晶体场稳定化能：中心离子的d轨道未分裂时的系统总能量与d电子在分裂后的d轨道中排布时的系统总能量相比，所降低的这部分能量为晶体场稳定化能，以CFSE表示。

(5)配合物的吸收光谱

①吸收光子的频率与分裂能大小有关，即

$$E(e_g) - E(t_{2g}) = \Delta_o = h\nu = hc/\lambda$$

②颜色的深浅与跃迁电子数目有关。

(6)晶体场理论基本思路

晶体场分裂能、电子成对能→晶体场的相对强弱→中心离子d电子分布→配合物类型→磁性→稳定化能→相对稳定性。

11.2 课后习题详解

1. 指出下列配合物可能存在的几何异构体：

(1) $[Co(NH_3)_4(H_2O)_2]^{3+}$； **(2) $[PtCl(NO_2)(NH_3)_2]$；**

(3) $[PtI_2(NH_3)_4]^{2+}$； **(4) $[Co(H_2O)_2(C_2O_4)_2]^-$；**

(5) $[IrCl_3(NH_3)_3]$。

解：(1)可能存在的异构体，如图 11－2－1 所示。

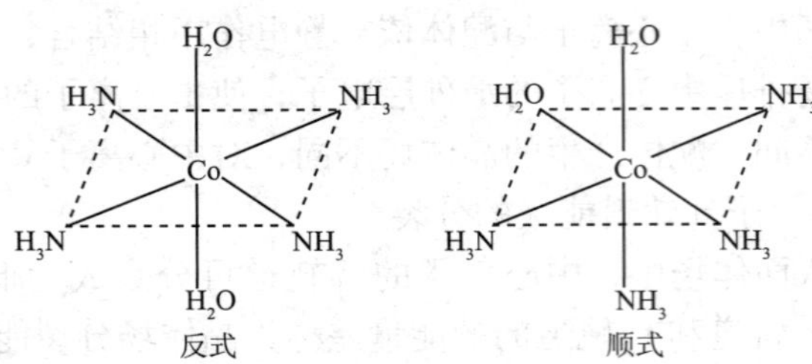

图 11－2－1

(2)可能存在的异构体，如图 11－2－2 所示。

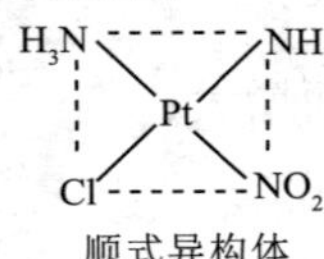

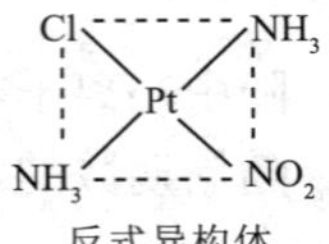

图 11－2－2

(3)可能存在的异构体，如图 11－2－3 所示。

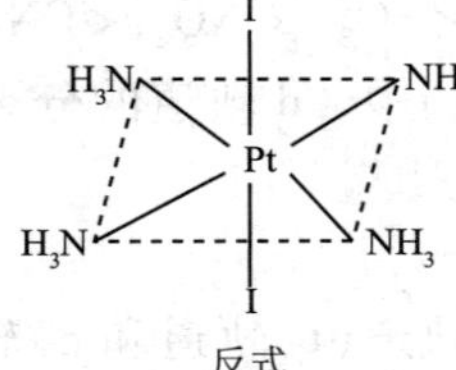

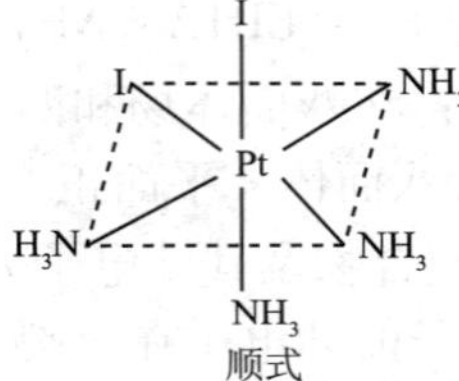

图 11－2－3

(4)可能存在的异构体，如图 11－2－4 所示。

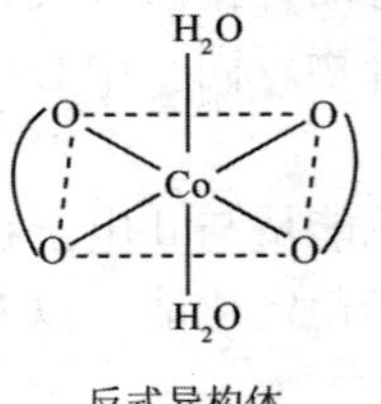

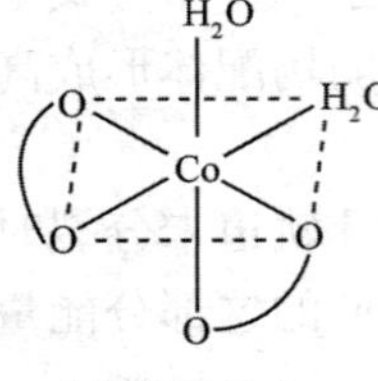

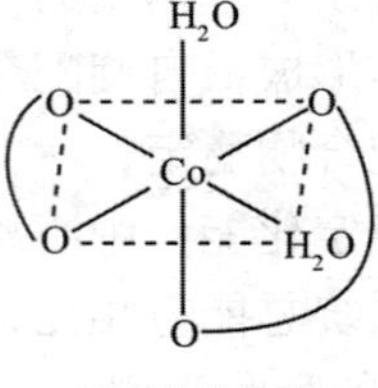

图 11－2－4

(5)可能存在的异构体，如图 11－2－5 所示。

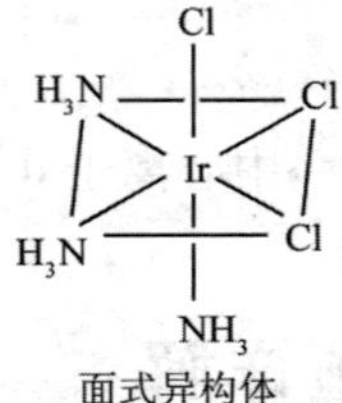

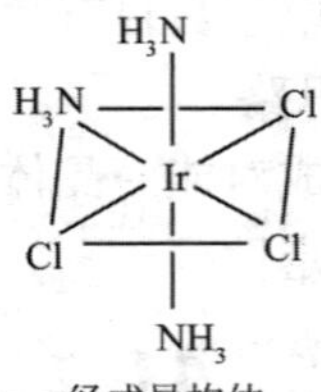

图 11－2－5

2. 根据下列配离子的空间构型，画出它们形成时中心离子的价层电子分布，并指出它们以何种杂化轨道成键，估计其磁矩各为多少(μ_B)。

(1) $[CuCl_2]^-$（直线形）；(2) $[Zn(NH_3)_4]^{2+}$（四面体）；(3) $[Co(NCS)_4]^{2-}$（四面体）。

解：(1)根据题意可得，$[CuCl_2]^-$的空间构型为直线形，则以 sp 杂化轨道成键，所以其形成配合物时中心离子的价层电子分布如图 11－2－6 所示，其磁矩 $\mu=0$。

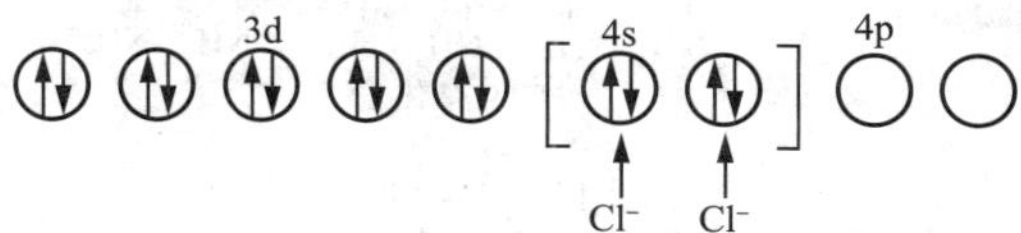

图 11－2－6

(2) $[Zn(NH_3)_4]^{2+}$的空间构型为四面体，Zn^{2+}以 sp^3 杂化轨道成键，所以其形成配合物时中心离子的价层电子分布如图 11－2－7 所示，其磁矩 $\mu=0$。

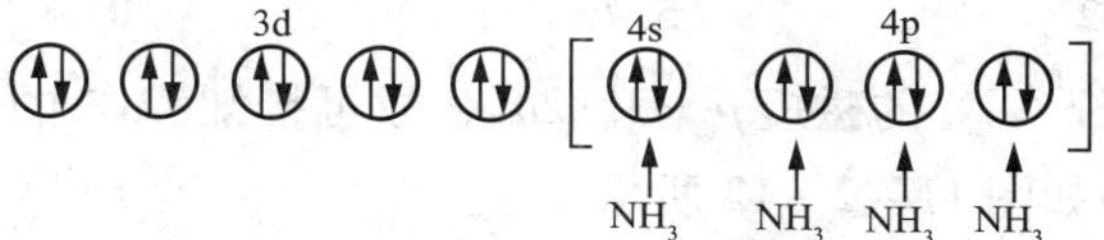

图 11－2－7

(3) $[Co(NCS)_4]^{2-}$的空间构型为四面体，Co^{2+}以 sp^3 杂化轨道成键，所以其形成配合物时中心离子的价层电子分布如图 11－2－8 所示，其磁矩 $\mu=\sqrt{3(3+2)}=3.87\mu_B$。

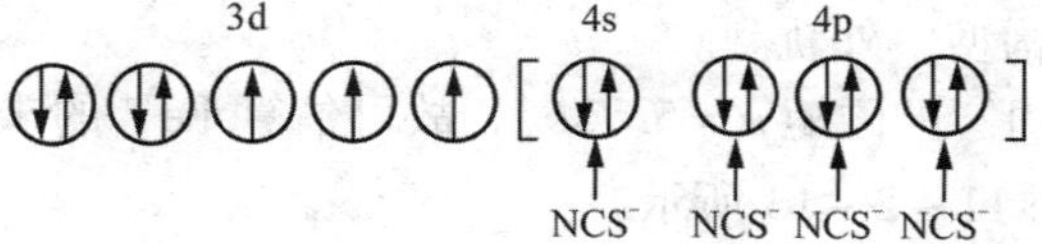

图 11－2－8

3. 根据下列配离子的磁矩画出它们中心离子的价层电子分布，指出杂化轨道和配离子的空间构型。

	$[Co(H_2O)_6]^{2+}$	$[Mn(CN)_6]^{4-}$	$[Ni(NH_3)_6]^{2+}$
μ/μ_B	**4.3**	**1.8**	**3.11**

解：(1)由$[Co(H_2O)_6]^{2+}$的磁矩 $\mu=4.3\mu_B$，可知其未成对电子数为 3。Co^{2+}的价层电子构型分布如图 11－2－9 所示，配合物空间构型为正八面体。

sp^3d^2杂化

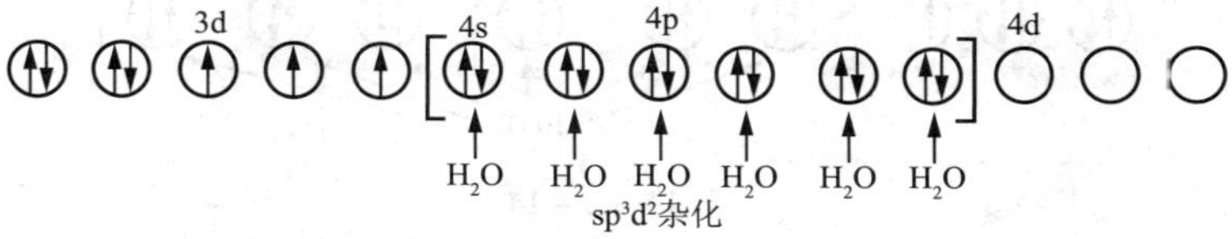

图 11－2－9

(2)由$[Mn(CN)_6]^{4-}$的磁矩 $\mu=1.8\mu_B$，可知其未成对电子数为 1。Mn^{2+}的价层电子构型为 $3d^5$，其价层电子分布如图 11－2－10 所示，配合物空间构型为正八面体。

d^2sp^3杂化

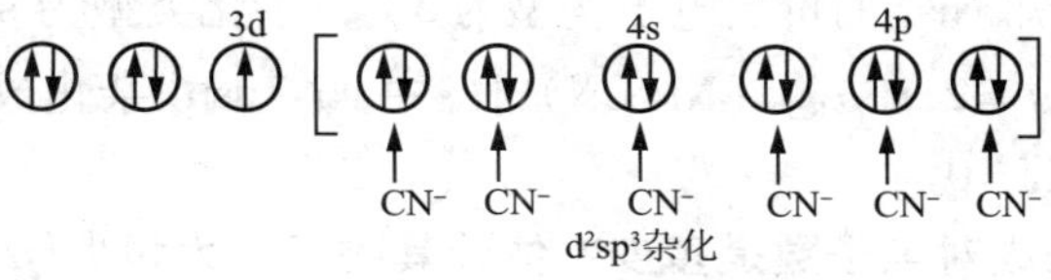

图 11－2－10

(3)由$[Ni(NH_3)_6]^{2+}$的磁矩 $\mu=3.11\mu_B$，可知未成对电子数为 2。Ni^{2+}的价层电子构型

为 $3d^8$，其价层电子分布如图 11－2－11 所示，配合物的空间构型为正八面体。

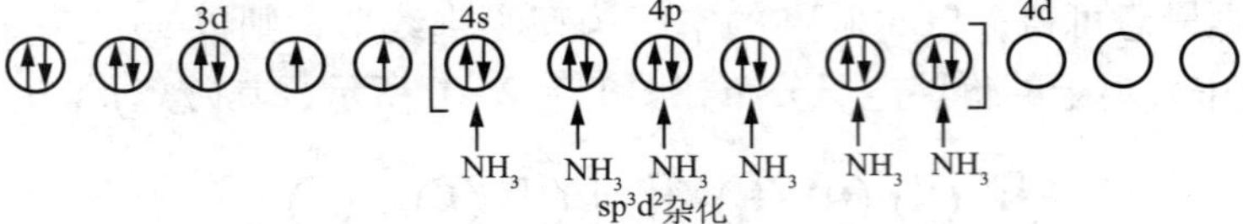

图 11－2－11

4. 已知下列螯合物的磁矩，画出它们中心离子的价层电子分布，并指出其空间构型。这些螯合物中哪种是内轨型？哪种是外轨型？

	$[Co(en)_3]^{2+}$	$[Fe(C_2O_4)_3]^{3-}$	$[Co(edta)]^-$
μ/μ_B	**3.82**	**5.75**	**0**

解：(1)已知$[Co(en)_3]^{2+}$的磁矩 $\mu=3.82\mu_B$，故可推知 Co^{2+} 的未成对电子数为 $n=3$，则 Co^{2+} 的价层电子分布如图 11－2－12 所示。

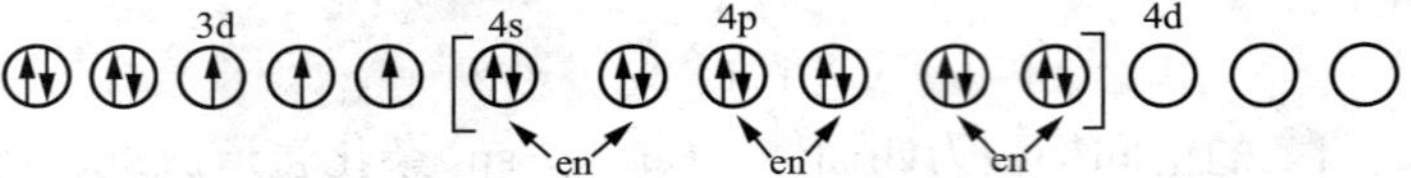

图 11－2－12

sp^3d^2 杂化，八面体构型，外轨型。

(2)已知$[Fe(C_2O_4)_3]^{3-}$的磁矩 $\mu=5.75\mu_B$，故可估算 Fe^{3+} 的未成对电子数为 $n=5$，则 Fe^{3+} 的价层电子分布如图 11－2－13 所示。

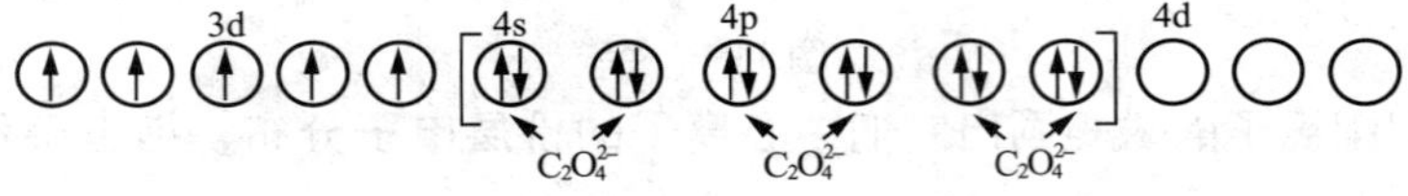

图 11－2－13

sp^3d^2 杂化，八面体构型，外轨型。

(3)已知$[Co(EDTA)]^-$的磁矩 $\mu=0\mu_B$，故可估算 Co^{3+} 无未成对电子，则 Co^{3+} 的价层电子分布如图 11－2－14 所示。

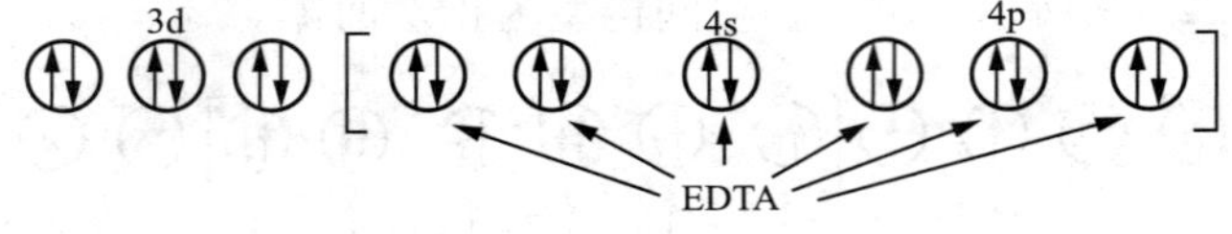

图 11－2－14

d^2sp^3 杂化，八面体构型，内轨型。

5. 配离子$[NiCl_4]^{2-}$含有 2 个未成对电子，但$[Ni(CN)_4]^{2-}$是反磁性的，指出两种配离子的空间构型，并估算它们的磁矩。

解：由$[NiCl_4]^{2-}$可知 Ni^{2+} 的价层电子构型为 $3d^8$，杂化类型为 sp^3 杂化，配离子空间构型为四面体，磁矩约为 $\mu=2.83\mu_B$，$[Ni(CN)_4]^{2-}$中 Ni^{2+} dsp^2 杂化成键，配离子空间构型为平面正方形，磁矩约为 $\mu=0$。

6. 下列配离子中未成对电子数是多少？估计其磁矩各为多少(μ_B)。

(1)$[Ru(NH_3)_6]^{2+}$(低自旋状态)； **(2)$[Fe(CN)_6]^{3-}$(低自旋状态)；**

(3)$[Ni(H_2O)_6]^{2+}$； **(4)$[V(en)_3]^{3+}$；**

(5) $[CoCl_4]^{2-}$。

解：(1) Ru^{2+} 的价电子构型为 $4d^6$，根据晶体场理论知配离子的排布式为 $t_{2g}^6e_g^0$，$n=0$，$\mu=0$。

(2) Fe^{3+} 的价电子构型为 $3d^5$，根据晶体场理论，为低自旋态，配离子的排布式为 $t_{2g}^5e_g^0$，$n=1$，$\mu=1.73\mu_B$。

(3) Ni^{2+} 的价电子构型为 $3d^8$，根据晶体场理论，为高自旋态，配离子的排布式为 $t_{2g}^6e_g^2$，$n=2$，$\mu=2.83\mu_B$。

(4) V^{3+} 的价电子构型为 $3d^2$，根据晶体场理论，为低自旋态，配离子的排布式为 $t_{2g}^2e_g^0$，$n=2$，$\mu=2.83\mu_B$。

(5) Co^{2+} 的价电子构型为 $3d^7$，空间构型为四面体，根据晶体场理论，电子排布式为 $t_{2g}^5e_g^2$，$n=3$，$\mu=3.87\mu_B$。

7. 画出下列离子在八面体场中 d 轨道能级分裂图，写出 d 电子排布式。

(1) Fe^{2+}（高自旋和低自旋）；(2) Fe^{3+}（高自旋）；(3) Ni^{2+}；(4) Zn^{2+}；(5) Co^{2+}（高自旋和低自旋）。

解：(1) Fe^{2+} 的价层电子构型为 $3d^6$，在八面体场中其 d 轨道能级分布如图 11－2－15 所示。

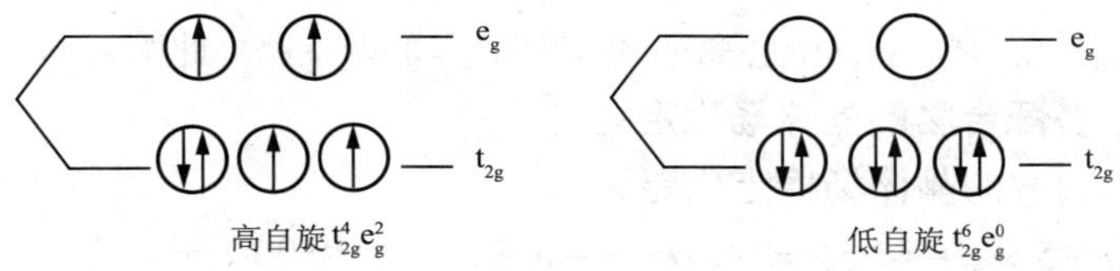

图 11－2－15

(2) Fe^{3+} 的价层电子构型为 $3d^5$，在八面体场中其 d 轨道能级分布如图 11－2－16 所示。

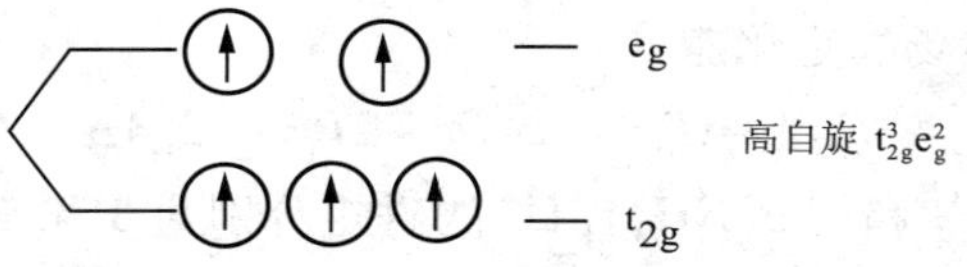

e_g

高自旋 $t_{2g}^3e_g^2$

t_{2g}

图 11－2－16

(3) Ni^{2+} 的价层电子构型为 $3d^8$，在八面体场中其 d 轨道能级分布如图 11－2－17 所示。

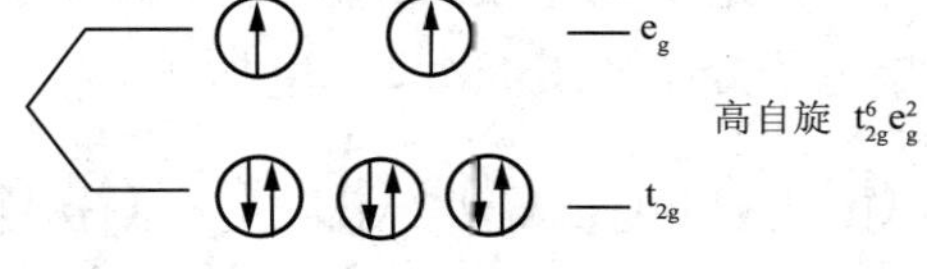

图 11－2－17

(4) Zn^{2+} 的价层电子构型为 $3d^{10}$，在八面体场中其 d 轨道能级分布如图 11－2－18 所示。

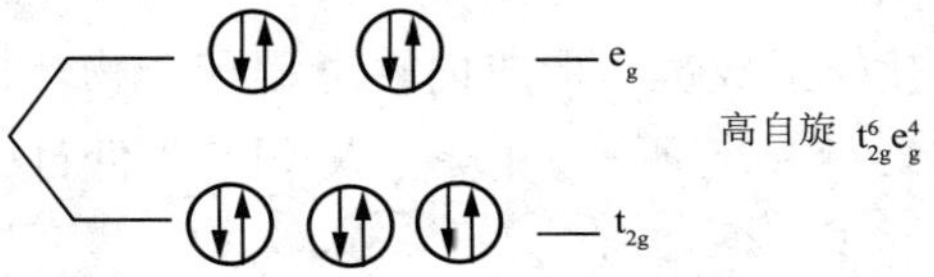

e_g

高自旋 $t_{2g}^6e_g^4$

t_{2g}

图 11－2－18

(5) Co^{2+} 的价层电子构型为 $3d^7$，在八面体场中其 d 轨道能级分布如图 11－2－19 所示。

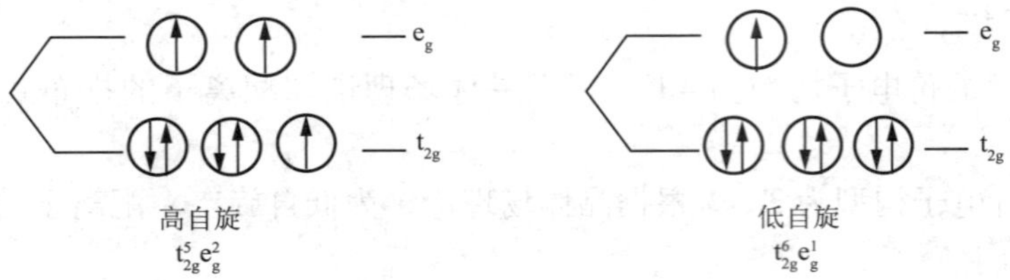

图 11－2－19

8. 已知下列配合物的分裂能(Δ_0)和中心离子的电子成对能(P)，表示出各中心离子的 d 电子在 e_g 轨道和 t_{2g} 轨道中的分布，并估计它们的磁矩(μ_B)各约为多少。指出这些配合物中何者为高自旋配合物，何者为低自旋配合物。

	$[Co(NH_3)_6]^{2+}$	$[Fe(H_2O)_6]^{2+}$	$[Co(NH_3)_6]^{3+}$
M^{n+} 的 P/cm^{-1}	22500	17600	21000
Δ_0/cm^{-1}	11000	10400	22900

解：由题表可知，对于$[Co(NH_3)_6]^{2+}$，$P>\Delta_0$，中心离子的 d 电子排布为 $t_{2g}^5e_g^2$，此配合物为高自旋型，$\mu\approx3.87\mu_B$。

对于$[Fe(H_2O)_6]^{2+}$，$P>\Delta_0$，中心离子的 d 电子排布式 $t_{2g}^4e_g^2$，此配合物为高自旋型，$\mu\approx4.90\mu_B$。

对于$[Co(NH_3)_6]^{3+}$，$P<\Delta_0$，中心离子的 d 电子排布为 $t_{2g}^6e_g^0$，此配合物为低自旋型，$\mu\approx0$。

9. 计算 8 题中各配合物的晶体场稳定化能。

解：$[Co(NH_3)_6]^{2+}$的晶体场稳定化能为：

$CFSE=2\times6Dq+5\times(-4Dq)=-8Dq=-0.8\Delta_O=-8800\ cm^{-1}$

$[Fe(H_2O)_6]^{2+}$的晶体场稳定化能为：

$CFSE=2\times6Dq+4\times(-4Dq)=-4Dq=-0.4\Delta_O=-4160\ cm^{-1}$

$[Co(NH_3)_6]^{3+}$的晶体场稳定化能为：

$CFSE=0\times6Dq+6\times(-4Dq)+2P=-24Dq+2P=-2.4\Delta_O+2P=-12960\ cm^{-1}$

10. 已知$[Fe(CN)_6]^{4-}$和$[Fe(NH_3)_6]^{2+}$的磁矩分别为 0 和 $5.2\mu_B$。用价键理论和晶体场理论，分别画出它们形成时中心离子的价层电子分布。这两种配合物各属哪种类型(指内轨型和外轨型，低自旋和高自旋)。

解：已知$[Fe(CN)_6]^{4-}$的磁矩为零，故其未成对电子数为零，根据价键理论，$[Fe(CN)_6]^{4-}$的中心离子价层电子分布如图 11－2－20 所示。

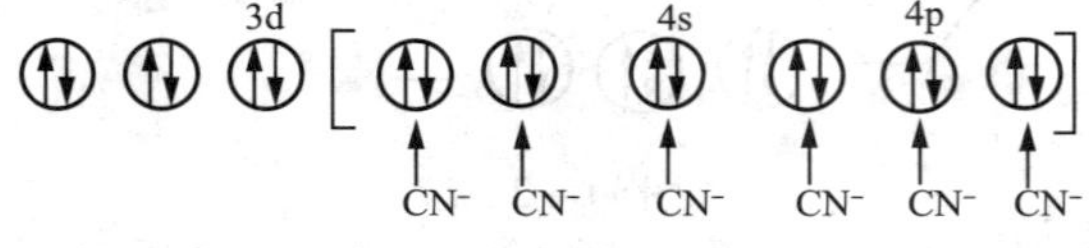

图 11－2－20

中心离子采用 d^2sp^3 杂化轨道成键，形成内轨道型配合物。根据晶体场理论，中心的 d 电子排布式为 $t_{2g}^6e_g^0$，如图 11－2－21 所示，$[Fe(CN)_6]^{4-}$为低自旋配合物。

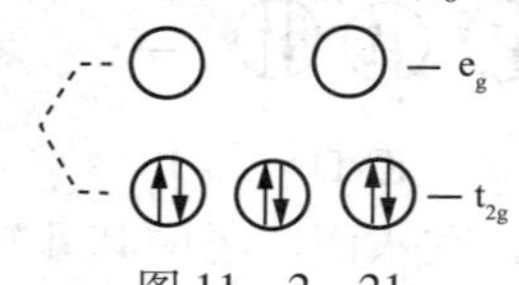

图 11－2－21

$[Fe(NH_3)_6]^{2+}$的磁矩为$\mu = 5.2\mu_B$，故其未成对电子数为4。根据价键理论，中心离子的价层电子分布如图11-2-22所示。

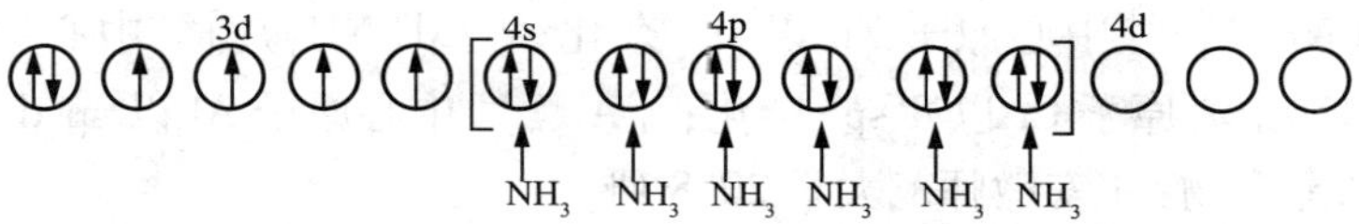

图11-2-22

中心离子采用sp^3d^2杂化轨道成键，形成外轨道型配合物。根据晶体场理论，中心的d电子排布式为$t_{2g}^4e_g^2$，如图11-2-23所示，$[Fe(NH_3)_6]^{2+}$为高自旋配合物。

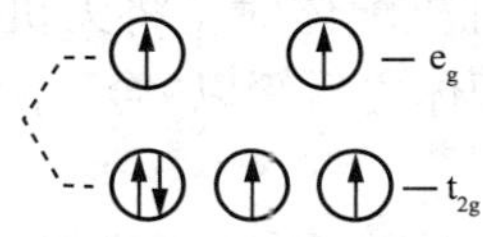

图11-2-23

11. 利用光谱化学序列确定下列配合物的配体哪些是强场配体？哪些是弱场配体？并确定电子在t_{2g}或e_g中的分布、未成对d电子数和晶体场稳定化能。

(1) $[Co(NO_2)_6]^{3-}$ ($\mu = 0\mu_B$)；　　(2) $[Fe(CN)_6]^{3-}$；

(3) $[Cr(NH_3)_6]^{3+}$ ($\mu = 3.88\mu_B$)；　　(4) $[FeF_6]^{3-}$。

解：在下列化合物中，F^-是弱场配体；CN^- NH_3和NO_2^-为强场配体。其结果如表11-2-1所示。

表11-2-1

配合物	强/弱场	d电子排布式	未成对电子数	CFSE
(1) $[Co(NO_2)_6]^{3-}$	强场	$t_{2g}^6e_g^0$	0	$-24Dq+2P$
(2) $[Fe(CN)_6]^{3-}$	强场	$t_{2g}^5e_g^0$	1	$-20Dq+2P$
(3) $[Cr(NH_3)_6]^{3+}$	强场	$t_{2g}^3e_g^0$	3	$-12Dq$
(4) $[FeF_6]^{3-}$	弱场	$t_{2g}^3e_g^2$	5	0

11.3 名校考研真题详解

一、判断题

1. $[Ni(CN)_4]^{2-}$是反铁磁性的，以dsp^2杂化轨道成键，空间构型为四面体。(　　)[南京航空航天大学2014研]

【答案】错

【解析】中心离子Ni^{2+}的价层电子对构型是$3d^8$，因为CN为强场，其电子重新排布，形成反磁性物质，采取dsp^2杂化，其构型是正方形。

2. 配位化合物的配位数是指与中心原子相连的配体个数。(　　)[电子科技大学2010研]

【答案】错

【解析】配位数是指配合物中直接与中心离子相结合的配位原子的总数。

二、填空题

1. 根据配合物的价键理论，判断下列配合物形成体的杂化轨道类型：

$[Zn(NH_3)_4]^{2+}$(　　)；$[Cd(NH_3)_4]^{2+}$(　　)；$[Cr(H_2O)_6]^{3+}$(　　)；$[AlF_6]^{3-}$

(　　)。[北京科技大学2014研]

【答案】sp^3；sp^3；d^2sp^3；sp^3d^2

【解析】$[Zn(NH_3)_4]^{2+}$中心原子Zn以sp^3杂化；$[Cd(NH_3)_4]^{2+}$中心原子Cd以sp^3杂化；$[Cr(H_2O)_6]^{3+}$中心原子Cr以d^2sp^3杂化；$[AlF_6]^3$中心原子Al以sp^3d^2杂化。

2. 命名下列配合物：[安徽师范大学2018研]

$[Cu(NH_3)_4][PtCl_4]$(　　)；　　　$K_3[Fe(C_2O_4)_3]\cdot 3H_2O$(　　)。

【答案】四氯合铂(Ⅳ)酸四氨合铜(Ⅱ)；三水·三草酸合铁(Ⅲ)酸钾

【解析】含配离子的配合物的命名遵循无机盐的命名规则；含配阴离子的配合物内外层间缀以“酸”字；既有无机配体又有有机配体时，将无机配体排列在前；排列时，不同配体的名称之间以“·”分开，最后一个配体之后缀以“合”字。

三、选择题

1. 关于配合物形成体的配位数，下列叙述中正确的是(　　)。[北京科技大学2012研]

A. 配位体半径愈大，配位数愈大

B. 形成体的电荷数愈多，配位数愈大

C. 中心原子(或离子)半径愈大，配位数愈大

D. 由单齿(单基)配体形成的配合物，则配体总数就是形成体的配位数

【答案】D

【解析】只有一个配位原子同中心离子配合的配位体，称为单齿(或一价)配体，单齿配体的数目就是中心离子(即形成体)的配位数。

2. 配位化合物形成时中心离子(或原子)轨道杂化成键，与简单二元化合物形成时中心原子轨道杂化成键的主要不同之处是：配位化合物形成时中心原子的轨道杂化(　　)。[北京科技大学2011研]

A. 一定要有d轨道参与杂化

B. 一定要激发成对电子成单后杂化

C. 一定要有空轨道参与杂化

D. 一定要未成对电子偶合后让出空轨道杂化

【答案】C

【解析】在配合物中，中心原子与配位体之间共享两个电子，组成的化学键称为配位键，这两个电子不是由两个原子各提供一个，而是来自配位体原子本身。形成配位键的条件是中心原子必须具有空轨道。

3. 某金属离子所形成的八面体配合物，磁矩为$\mu=4.9$B. M. 或0B. M.，则该金属最可能是下列中的(　　)。[北京科技大学2011研]

A. Cr^{3+}　　　B. Mn^{2+}　　　C. Fe^{2+}　　　D. Co^{2+}

【答案】C

【解析】由物质的磁矩与分子中未成对电子数n的近似关系$\mu=\sqrt{n(n+2)}$可知，磁矩$\mu=$0B. M. 时，未成对电子数$n=0$；磁矩$\mu=4.9$B. M时，未成对电子数$n=4$。由于形成八面体配合物，中心离子的d^2sp^3杂化和sp^3d^2杂化的未成对电子数应分别为0和4。A项中的Cr^{3+}，其d^2sp^3杂化的未成对电子数为3；B项中的Mn^{2+}，其d^2sp^3杂化和sp^3d^2杂化的未成对电子数为1和5；C项中的Fe^{2+}，其d^2sp^3杂化和sp^3d^2杂化的未成对电子数应分别为0和4；D项中的Co^{2+}，其sp^3d^2杂化的未成对电子数为3。

4. 下列几种物质中最稳定的是(　　)。[暨南大学2017研]

A. $Co(NO_3)_3$　　B. $[Co(NH_3)_6](NO_3)_3$

C. $[Co(NH_3)_6]Cl_3$　　D. $[Co(en)_3]Cl_3$

【答案】D

【解析】当中心原子相同时，配体对配合物稳定性的影响有多种的因素：结构类似的配体与同种金属离子形成配合物时，配体的碱性越强，配合物越稳定；与对应的单齿配体相比，螯合配体形成更稳定的配合物，此为螯合效应；螯合环越多，配合物越稳定。D项中配体是螯合配体，因此最稳定。

5. 下列配离子中，分裂能 Δ_0 最大的是(　　)。[中国科学技术大学2009研]

A. $[Cr(NH_3)_6]^{3+}$　　B. $[Co(NH_3)_6]^{3+}$　　C. $[Rh(NH_3)_6]^{3+}$　　D. $[Ir(NH_3)_6]^{3+}$

【答案】D

【解析】影响分裂能的因素有中心离子的电荷、d轨道的主量子数 n、价电子构型以及配体的结构和性质。相同配体带相同电荷的同族金属离子，分裂能随着中心离子周期数的增加而增加。

四、简答题

已知：(a)某配合物组成是：Cr 20.0%；NH_3 39.2%；Cl 40.8%。它的化学式量是260.6（原子量：Cr 52.0；Cl 35.5；N 14.0；H 1.00）；

(b)25.0 cm^3 0.052 $mol\cdot dm^{-3}$ 该溶液和32.5 cm^3 0.121 $mol\cdot dm^{-3}$ $AgNO_3$ 恰好完全沉淀；

(c)往盛有该溶液的试管中加NaOH并加热，在试管口的湿pH试纸不变蓝。

根据上述情况，(1)判断该配合物的结构式；

(2)写出此配合物的名称；

(3)指出配离子杂化轨道类型；

(4)推算自旋磁矩。[厦门大学2005研]

【答案】(1)$[Cr(NH_3)_6]Cl_3$；(2)氯化六氨合铬(Ⅲ)；(3)d^2sp^3；(4)3.87μ_B

【解析】由(a)可计算配合物中Cr、NH_3、Cl的物质的量比为

$$n(Cr):n(NH_3):n(Cl)=\frac{20.0\%}{52.0}:\frac{39.2\%}{17.0}:\frac{40.8\%}{35.5}\approx 1:6:3$$

又配合物化学式量为260.6，则配合物化学式为 $Cr(NH_3)_6Cl_3$；

由(b)可计算配合物中外界的Cl原子个数

$$\frac{32.5\times 0.121}{25.0\times 0.052}\approx 3$$

说明配合物中三个氯原子全是外界；由(c)可以知道配合物外界中无 NH_3。

所以配合物结构式为 $[Cr(NH_3)_6]Cl_3$，配离子的杂化方式为 d^2sp^3；Cr^{3+} 有三个未成对电子，所以磁矩 $\mu=\sqrt{3(3+2)}\mu_B=3.87\mu_B$。

第12章 s区元素

12.1 复习笔记

一、s区元素概述

1. s区元素

s区元素：包括IA族碱金属(Li, Na, K, Rb, Cs, Fr)和ⅡA族碱土金属(Be, Mg, Ca, Sr, Ba, Ra)。

2. s区元素的活泼性质

(1)易与 H_2 直接化合成 MH、MH_2 离子型氢化物；

(2)易与 O_2 形成正常氧化物、过氧化物、超氧化物；

(3)易与 H_2O 反应生成相应氢氧化物(除Be、Mg外)；

(4)与非金属作用形成相应的化合物；

(5)s区元素通常只有一种稳定的氧化态。碱金属和碱土金属常见的氧化值分别为+1和+2。

3. s区元素性质的变化规律

同一族元素自上而下：核电荷数↑，原子半径↑，离子半径↑，金属性↑，还原性↑，电离能↓，电负性↓。

二、s区元素的单质

1. 单质的物理性质和化学性质

(1)物理性质

单质的物理性质包括：金属光泽、硬度小、密度小、熔点低、导电、导热性好。

(2)化学性质

①与非金属(如：氧、硫、氮、卤素)作用形成相应的化合物；

②与水作用：$2M(s)+2H_2O(l)\longrightarrow 2MOH+H_2(g)$

③与液氨作用：$2M(s)+2NH_3(l)\longrightarrow 2MNH_2+H_2(g)$

(3)焰色反应

①定义：s区元素及其化合物在无色火焰中燃烧时会呈现出一定的颜色，称为焰色反应。

②作用：鉴定某种元素的存在。Li：深红、Na：黄、K：紫、Rb：红紫、Cs：蓝、Ca：砖红(橙红)、Sr：深红、Ba：绿。

2. s区元素的存在和单质和制备

(1)存在形式

s区元素的高度活泼性质使其只能以化合物的形式存在于自然界中。

钠长石：$Na[AlSi_3O_8]$、光卤石：$KCl\cdot MgCl_2\cdot 6H_2O$、明矾石：$K(AlO)_3(SO_4)_2\cdot 3H_2O$、锂辉石：$LiAl(SiO_3)_2$、绿柱石：$Be_3Al_2(SiO_3)_6$、菱镁矿：$MgCO_3$、石膏：$CaSO_4\cdot 2H_2O$、大理石：$CaCO_3$、萤石：$CaF_2$、天青石：$SrSO_4$、重晶石：$BaSO_4$。

(2)制备

通常采用电解其化合物的熔融盐的方法制取单质。

【注意】由于 K、Rb、Cs 单质易溶于熔融液，因此工业上对其的制备并不采用电解熔融盐的方法，而是采用热还原法。

3. s 区元素的化合物

(1)氢化物

①来源

s 区元素的单质(Be、Mg 除外)均可与氢气作用形成离子型氢化物。

②特点

a. 均为白色晶体，熔、沸点高、热稳定性差异大；

b. 强还原性；

钛的冶炼：$4NaH + TiCl_4 \longrightarrow Ti + 4NaCl + 2H_2$

剧烈水解：$MH + H_2O \longrightarrow MOH + H_2$

c. 形成配位氢化物。

LiH 与 AlCl3 在乙醚中反应生成铝氢化锂的反应式为

$$4LiH + AlCl_3 \xrightarrow{(无水)乙醚} Li[AlH_4] + 3LiCl$$

$Li[AlH_4]$遇水发生水解：$Li[AlH_4] + 4H_2O \longrightarrow LiOH + Al(OH)_3 + 4H_2$

(2)氧化物

①四类氧化物

s 区元素能与 O 反应生成四类含氧化合物，如表 12－1－1。

表 12－1－1　四类氧化物

分类	阴离子	分子轨道电子排布	磁性	稳定性	示例
正常氧化物	O^{2-}	$1s^2 2s^2 2p^6$	反磁性	$O^{2-} > O_2^- >$ $O_2^{2-} > O_3^-$	Na_2O
过氧化物	O_2^{2-}	$(\sigma_{1s})^2(\sigma_{1s}^*)^2(\sigma_{2s})^2(\sigma_{2s}^*)^2(\sigma_{2p})^2(\pi_{2p})^4(\pi_{2p}^*)^4$			Na_2O_2
超氧化物	O_2^-	$(\sigma_{1s})^2(\sigma_{1s}^*)^2(\sigma_{2s})^2(\sigma_{2s}^*)^2(\sigma_{2p})^2(\pi_{2p})^4(\pi_{2p}^*)^3$	顺磁性		KO_2
臭氧化物	O_3^-	\			KO_3

②制备

s 区元素的氧化物制备分为直接法和间接法。具体元素如表 12－1－2 所示。

表 12－1－2　s 区元素氧化物的制备

分类	在空气中直接形成	间接形成	应用示例
正常氧化物	Li、Be、Mg、Ca、Sr、Ba	ⅠA、ⅡA 所有元素	BeO：耐高温材料
过氧化物	Na、Ba	ⅠA、ⅡA 所有元素(除 Be 外)	Na_2O_2：漂白剂
超氧化物	K、Rb、Cs	ⅠA、ⅡA 所有元素(除 Be、Mg、Li 外)	KO_2：供氧剂
臭氧化物	\	Na、K、Rb、Cs	\

③化学性质

a. 与 H_2O 反应

示例：$Na_2O_2 + 2H_2O \longrightarrow 2NaOH + H_2O_2$

b. 与 CO_2 反应

示例：$4KO_2 + 2CO_2 \longrightarrow 2K_2CO_3 + 3O_2$

(3)氢氧化物

①来源

s 区元素的氧化物能与水反应生成相应的氢氧化物。

②特点

a. 均为白色固体；

b. 易吸水潮解：金属离子半径越大，在水中溶解度越大，可用作干燥剂；

c. 碱性：大部分为强碱或中强碱(除 $Be(OH)_2$ 为两性氢氧化物外)，金属离子半径增大，碱性增强。

(4)重要盐类及其性质

①几种重要的盐

碱金属、碱土金属的盐主要包括：卤化物、硫酸盐、硝酸盐、碳酸盐等。

②盐类的性质

a. 晶体类型：绝大多数是离子晶体，熔、沸点较高。

b. 极化力强：部分锂盐及碱土金属盐(如 $BeCl_2$、$MgCl_2$)具有一定程度的共价性。

但随原子半径的增加，碱土金属盐的离子性顺序如下：

$$BeCl_2 < MgCl_2 < CaCl_2 < SrCl_2 < BaCl_2$$

c. 一般无色或白色。

d. 溶解度：碱金属盐类一般易溶于水；碱土金属盐类除卤化物、硝酸盐、醋酸盐外多数溶解度较小。

e. 热稳定性较高，碱金属热稳定性高于碱土金属。碱土金属碳酸盐的稳定性随金属离子半径的增大而增强。

4. 锂、铍的特殊性——对角线规则

(1)定义

对角线规则：元素周期表中某一元素的性质与其左上角(或右下角)的另一元素的性质具有相似性的情况，这种相似性称为对角线规则。

(2)Li 与 Mg 的相似性

①与氧燃烧后均生成正常氧化物；

②与 N 作用生成氮化物；

③氢氧化物均为中强碱，微溶于水；

④氟化物、碳酸盐、磷酸盐均难溶于水，氯化物均易溶于有机溶剂中。

(3)Be 与 Al 的相似性

①均为两性金属；

②能被冷的浓硝酸钝化；

③氢氧化物为两性；

④氯化物、溴化物、碘化物均易溶于水，氯化物为共价化合物。

12.2 课后习题详解

1. 完成并配平下列反应方程式：

(1) $Na + H_2 \xrightarrow{\triangle}$　　　　**(2)** LiH(熔融) $\xrightarrow{\text{电解}}$

(3) $CaH_2 + H_2O \longrightarrow$

(4) $NaH + HCl \longrightarrow$

(5) $Na_2O_2 + Na \longrightarrow$

(6) $Na_2O_2 + CO_2 \longrightarrow$

(7) $Na_2O_2 + MnO_4^- + H^+ \longrightarrow$

(8) $BaO_2 + H_2SO_4$(稀、冷)$\longrightarrow$

解：各配平的化学方程式如下

(1) $2Na + H_2 \xlongequal{\triangle} 2NaH$

(2) $2LiH$(熔融)$\xlongequal{电解} 2Li + H_2$

(3) $CaH_2 + 2H_2O \xlongequal{} Ca(OH)_2 + 2H_2$

(4) $NaH + HCl \xlongequal{} NaCl + H_2$

(5) $Na_2O_2 + 2Na \xlongequal{} 2Na_2O$

(6) $2Na_2O_2 + 2CO_2 \xlongequal{} 2Na_2CO_3 + O_2$

(7) $5Na_2O_2 + 2MnO_4^- + 16H^+ \xlongequal{} 2Mn^{2+} + 5O_2 + 10Na^+ + 8H_2O$

(8) $BaO_2 + H_2SO_4$(稀，冷)$\xlongequal{} BaSO_4 + H_2O_2$

2. 写出下列过程的反应方程式，并予以配平：

(1) 金属镁在空气中燃烧生成两种二元化合物；

(2) 在纯氧中加热氧化钡；

(3) 氧化钙用来除去火力发电厂排出废气中的二氧化硫；

(4) 惟一能生成氮化物的碱金属与氮气反应；

(5) 在消防队员的空气背包中，超氧化钾既是空气净化剂又是供氧剂；

(6) 用硫酸锂同氢氧化钡反应制取氢氧化锂；

(7) 铍是 s 区元素中惟一的两性元素，它与氢氧化钠水溶液反应生成了气体和澄清的溶液；

(8) 铍的氢氧化物与氢氧化钠溶液混合；

(9) 金属钙在空气中燃烧，将燃烧产物再与水反应。

解：上述过程的化学反应方程式如下

(1) $2Mg(s) + O_2(g) \xlongequal{} 2MgO(s)$　　$3Mg(s) + N_2(g) \xlongequal{} Mg_3N_2(s)$

(2) $2BaO(s) + O_2(g) \xlongequal{\triangle} 2BaO_2(s)$

(3) $CaO(s) + SO_2(g) \xlongequal{} CaSO_3(s)$

(4) $6Li(s) + N_2(g) \xlongequal{} 2Li_3N(s)$

(5) $4KO_2(s) + 2CO_2(g) \xlongequal{} 2K_2CO_3(s) + 3O_2(g)$

(6) $Li_2SO_4(aq) + Ba(OH)_2(aq) \xlongequal{} BaSO_4(s) + 2LiOH(aq)$

(7) $Be(s) + 2NaOH(aq) + 2H_2O(l) \xlongequal{} Na_2[Be(OH)_4](aq) + H_2(g)$

(8) $Be(OH)_2(s) + 2NaOH(aq) \xlongequal{} Na_2[Be(OH)_4](aq)$

(9) $2Ca(s) + O_2(g) \xlongequal{} 2CaO(s)$

$3Ca(s) + N_2(g) \xlongequal{} Ca_3N_2(s)$

$CaO(s) + H_2O(l) \xlongequal{} Ca(OH)_2(aq)$

$Ca_3N_2(s) + 6H_2O(l) \xlongequal{} 3Ca(OH)_2(aq) + 2NH_3(g)$

3. 商品 $NaOH(s)$ 中常含有少量的 Na_2CO_3，如何鉴别之，并将其除掉？在实验室中，如何配制不含 Na_2CO_3 的 NaOH 溶液？

解：鉴别方法：将样品溶于少量水中，然后加入过量盐酸，若出现气泡，则说明有

Na_2CO_3 存在。溶液中的 CO_3^{2-} 可以通过加入 $Ca(OH)_2$ 生成 $CaCO_3$ 沉淀来去除；实验室中，配制 NaOH 纯溶液时可先配制出其饱和溶液，再用煮沸过的超纯水将其稀释至所需浓度，即可制得不含 Na_2CO_3 的 NaOH 纯溶液。

4. 用两种不同的简便方法区分 $Li_2CO_3(s)$ 和 $K_2CO_3(s)$。

解： 方法一：将两种样品加入稀盐酸中，反应得到 LiCl 和 KCl，然后分别做焰色反应，火焰呈深红色的为 Li_2CO_3，呈紫色的为 K_2CO_3。

方法二：将两种样品用水进行溶解，能溶解的是 K_2CO_3，不能溶解的是 Li_2CO_3。

5. NaOH(s)，$Ca(OH)_2(s)$ 都是强碱，自行设计不同的实验方案来区分这两种碱。如何区分 KOH(s) 和 $Ba(OH)_2(s)$？

解： (1) 鉴别 NaOH 和 $Ca(OH)_2$ 的方法：

①将两种碱各取少量配成溶液，分别通入二氧化碳气体，产生白色沉淀的是 $Ca(OH)_2$，无明显现象的是 NaOH。

②将两种碱各取少量配成溶液，分别加入一定量的盐酸，作焰色反应实验。产生黄色火焰的是 NaOH，产生橙红色火焰的是 $Ca(OH)_2$。

(2) 区分 KOH 和 $Ba(OH)_2$ 的方法：

①将两种碱各取少量配成溶液，分别加入足量的稀硫酸，产生白色沉淀的是 $Ba(OH)_2$，无明显现象的是 KOH。

②将两种物质分别溶解在稀盐酸中，各取少量作焰色反应，产生紫色火焰的是 KOH，产生绿色火焰的是 $Ba(OH)_2$。

6. 某溶液中含有 $MgCl_2$ 和 $BaCl_2$，试设计一实验方案将 Mg^{2+} 和 Ba^{2+} 分离开。如何分离 NaCl 和 $MgCl_2$？

解： (1) 分离 Mg^{2+} 和 Ba^{2+} 的方法：在混合溶液中加入足量的 $Ba(OH)_2$ 溶液，充分沉淀后过滤。将沉淀用盐酸溶解，得到 $MgCl_2$，滤液加入盐酸调节其 pH 至酸性，即可得到 $BaCl_2$ 溶液；

(2) 分离 NaCl 和 $MgCl_2$ 的方法：在混合溶液中加入足量的 NaOH 溶液，充分沉淀后过滤。将沉淀用盐酸溶解，得到 $MgCl_2$，滤液加入盐酸调节其 pH 至中性，即可得到 NaCl 溶液。

7. 下列物质均为白色固体，试用较简单的方法，较少的实验步骤和常用试剂区别它们，并写出现象和有关的反应方程式。

$$Na_2CO_3,\ Na_2SO_4,\ MgCO_3,\ Mg(OH)_2,\ CaCl_2,\ BaCO_3$$

解： 首先取少量各样品用水溶解，能溶解的是 Na_2CO_3、Na_2SO_4 和 $CaCl_2$，不溶的是 $MgCO_3$、$Mg(OH)_2$ 和 $BaCO_3$。然后将溶解得到的三种物质溶液中分别加入稀盐酸和 $BaCl_2$ 溶液，产生白色沉淀的是 Na_2SO_4，无任何现象的是 $CaCl_2$，产生气泡的是 Na_2CO_3。在三种不溶于水的固体中分别加入稀 H_2SO_4，溶解且有气泡产生的是 $MgCO_3$，溶解但没有气泡产生的是 $Mg(OH)_2$，有气泡产生但仍有沉淀的是 $BaCO_3$。

相关反应方程式如下

$$Na_2CO_3 + 2HCl = 2NaCl + CO_2(g) + H_2O$$

$$Na_2SO_4 + BaCl_2 = BaSO_4(s) + 2NaCl$$

$$Mg(OH)_2(s) + H_2SO_4 = MgSO_4 + 2H_2O$$

$$MgCO_3(s) + H_2SO_4 = MgSO_4 + CO_2(g) + H_2O$$

$$BaCO_3(s) + H_2SO_4 = BaSO_4(s) + CO_2(g) + H_2O$$

8. 将 1.00 g 白色固体 A 加强热，得到白色固体 B(加热时直至 B 的质量不再变化)和无色气体。将气体收集在 450 mL 的烧瓶中，温度为 25 ℃，压力为 27.9 kPa。将该气体通入 $Ca(OH)_2$ 饱和溶液中得到白色固体 C。如果将少量 B 加入水中，所得 B 溶液能使红色石蕊试纸变蓝。B 的水溶液被盐酸中和后，经蒸发干燥得白色固体 D。用 D 做焰色反应试验，火焰为绿色。如果 B 的水溶液与 H_2SO_4 反应后，得白色沉淀 E，E 不溶于盐酸。试确定 A，B，C，D，E 各是什么物质，并写出相关反应方程式。

解： A、$BaCO_3$　B、BaO　C、$CaCO_3$　D、$BaCl_2$　E、$BaSO_4$

相关反应方程式

$BaCO_3(s) \overset{\triangle}{=\!=\!=} BaO(s) + CO_2(g)$

$Ca(OH)_2 + CO_2(g) =\!=\!= CaCO_3(s) + H_2O$

$BaO(s) + H_2O =\!=\!= Ba(OH)_2$

$Ba(OH)_2 + 2HCl =\!=\!= BaCl_2 + 2H_2O$

$Ba(OH)_2 + H_2SO_4 =\!=\!= BaSO_4(s) + 2H_2O$

9. 以 Na_2SO_4，NH_4HCO_3 和 $Ca(OH)_2$ 为原料可依次制备 $NaHCO_3$，Na_2CO_3 和 NaOH，试以反应方程式表示之。

解： 相关反应方程式：

$Na_2SO_4 + 2NH_4HCO_3 =\!=\!= 2NaHCO_3(s) + (NH_4)_2SO_4$

$2NaHCO_3 \overset{\triangle}{=\!=\!=} Na_2CO_3 + CO_2(g) + H_2O(g)$

$Na_2CO_3 + Ca(OH)_2 =\!=\!= 2NaOH + CaCO_3(s)$

10. 在工业生产中，以氯化钠为原料所能得到的化工产品有哪些？简述其工艺过程或写出相应的反应方程式。

解： 氯化钠是很重要的一种化工原料，其能生产许多的化工产品。

在氯碱工业上，电解氯化钠水溶液生产 NaOH、氯气和氢气。

$$2NaCl(aq) + 2H_2O(l) \xrightarrow{\text{电解}} 2NaOH(aq) + Cl_2(g) + H_2(g)$$

电解熔融的氯化钠生产金属钠和氯气。

$$2NaCl(\text{熔融}) \xrightarrow{\text{电解}} 2Na(l) + Cl_2(g)$$

在制碱工业上，以 NaCl 为原料制取 $NaHCO_3$，Na_2CO_3 以及 NH_4Cl。

$$NaCl + NH_3(g) + CO_2(g) + H_2O(l) \longrightarrow NaHCO_3(s) + NH_4Cl$$

$$2NaHCO_3 \xrightarrow{\triangle} Na_2CO_3 + CO_2(g) + H_2O(g)$$

11. 写出 $Ca(OH)_2(s)$ 与 $MgCl_2$ 溶液反应的离子方程式，计算该反应在 298.15 K 下的标准平衡常数 $K^{\ominus}$。如果 $CaCl_2$ 溶液中含有少量 $MgCl_2$ 可怎样除去？

解： 二者的离子反应方程式为

$$Ca(OH)_2(s) + Mg^{2+}(aq) \rightleftharpoons Mg(OH)_2(s) + Ca^{2+}(aq)$$

反应在 298.15 K 下的标准平衡常数为

$$K^{\ominus} = \frac{c(Ca^{2+})}{c(Mg^{2+})} \cdot \frac{\{c(OH^-)\}^2}{\{c(OH^-)\}^2} = \frac{K_{sp}^{\ominus}(Ca(OH)_2)}{K_{sp}^{\ominus}(Mg(OH)_2)} = \frac{4.6 \times 10^{-6}}{5.1 \times 10^{-12}} = 9.0 \times 10^5$$

在 $CaCl_2$ 溶液中加入 $Ca(OH)_2$，过滤，即可除去 $MgCl_2$ 杂质。

12. 计算 298.15 K 标准状态下金属镁在 CO_2 中燃烧的焓变。根据计算结果说明能否用

CO_2 作为镁着火时的灭火剂。

解： 金属 Mg 在 CO_2 中燃烧的反应方程式为

$$2Mg(s) + CO_2(g) \xlongequal{} 2MgO + C(s)$$

$\Delta_f H_m^\ominus(B)/(kJ \cdot mol^{-1})$　　0　　-393.509　　-601.70　　0

$$\Delta_r H_m^\ominus = 2\Delta_f H_m^\ominus(MgO, s) - \Delta_f H_m^\ominus(CO_2, g)$$
$$= 2 \times (-601.70\ kJ \cdot mol^{-1}) - (-393.509\ kJ \cdot mol^{-1}) = -809.89\ kJ \cdot mol^{-1}$$

可见该反应可放出大量的热，所以镁着火时不能用 CO_2 作为灭火剂。

13. 已知钡的升华焓 $\Delta_{sub}H_m^\ominus = 180.0\ kJ \cdot mol^{-1}$，第一、第二电离能分别为 507.94 kJ · mol^{-1} 和 971.44 kJ · mol^{-1}，$Ba^{2+}(aq)$ 的标准摩尔生成焓的相对值 $\Delta_f H_m^\ominus(Ba^{2+}, aq) = -537.64\ kJ \cdot mol^{-1}$。试用热力学循环计算：(1) $Ba^{2+}(g)$ 的标准摩尔生成焓 $\Delta_f H_m^\ominus(Ba^{2+}, g)$；(2) $Ba^{2+}(g)$ 的水合焓 $\Delta_h H_m^\ominus(Ba^{2+}, g)$。

解： 设计热力学循环，如图 12－2－1 所示。

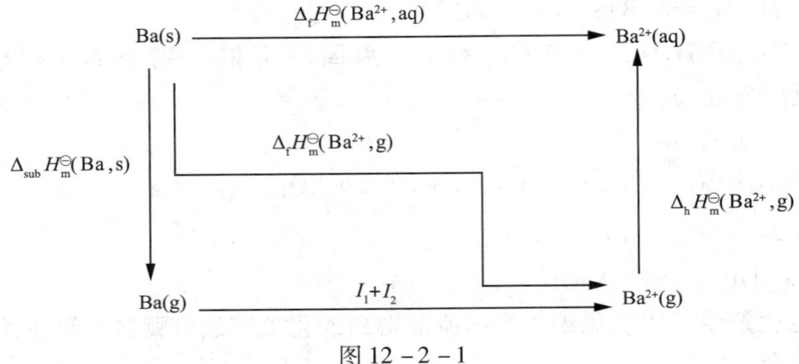

图 12－2－1

由 Hess 定律得

(1) $\Delta_f H_m^\ominus(Ba^{2+}, g) = \Delta_{sub}H_m^\ominus(Ba, s) + I_1 + I_2$
$$= (180.0 + 507.94 + 971.44)\ kJ \cdot mol^{-1}$$
$$= 1659.4\ kJ \cdot mol^{-1}$$

(2) 水合 Ba^{2+} 的标准摩尔生成焓的绝对值为

$$\Delta_f H_m^\ominus(Ba^{2+}, aq) = (-537.64 + 2 \times 429)\ kJ \cdot mol^{-1} = 320.36\ kJ \cdot mol^{-1}$$
$$\Delta_h H_m^\ominus(Ba^{2+}, g) = \Delta_f H_m^\ominus(Ba^{2+}, aq) - \Delta_f H_m^\ominus(Ba^{2+}, g)$$
$$= (320.36 - 1659.4)\ kJ \cdot mol^{-1} = -1339.04\ kJ \cdot mol^{-1}$$

14. 已知 NaH 晶体中，Na^+ 与 H^- 的核间距离为 245 pm，试用 Born－Landé 公式计算 NaH 的晶格能；再用 Born－Haber 循环计算 NaH 的标准摩尔生成焓。

解： NaH 属于 NaCl 型离子晶体，易知 $A = 1.748$，$z_1 = 1$，$z_2 = 1$，$R_0 = 245$ pm，Na^+ 与 Ne 电子构型相同，$n = 7$，H^- 与 He 电子构型相同，$n = 5$，则 NaH 的 $n = \frac{1}{2}(5 + 7) = 6$。则

$$U = \frac{kAz_1z_2}{R_0}\left(1 - \frac{1}{n}\right) = \frac{1.38940 \times 10^5 \times 1.748 \times 1 \times 1}{245}\left(1 - \frac{1}{6}\right)\ kJ \cdot mol^{-1} = 826\ kJ \cdot mol^{-1}$$

Born－Haber 循环，如图 12－2－2 所示。

查表，得 $\Delta_{sub}H_m^\ominus(Na, s) = 107.32\ kJ \cdot mol^{-1}$

$I_1(\text{Na, g}) = 502.04\ \text{kJ} \cdot \text{mol}^{-1}$

$\frac{1}{2}D(\text{H—H}) = \frac{1}{2} \times 436\ \text{kJ} \cdot \text{mol}^{-1} = 218\ \text{kJ} \cdot \text{mol}^{-1}$

$A(\text{H, g}) = -72.7\ \text{kJ} \cdot \text{mol}^{-1}$

Born-Haber 循环如下：

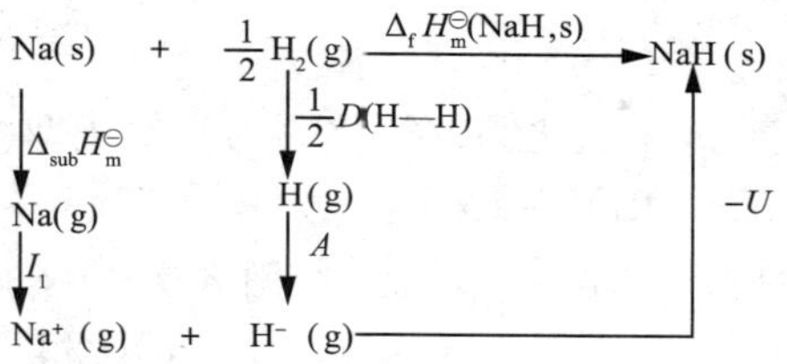

$Na(s)$ + $\frac{1}{2}H_2(g)$ $\xrightarrow{\Delta_f H_m^\ominus(\text{NaH,s})}$ $NaH(s)$

$\Delta_{sub}H_m^\ominus$ ；$\frac{1}{2}D(\text{H—H})$ ；$-U$

$Na(g)$ 　 $H(g)$

I_1 ；A

$Na^+(g)$ + $H^-(g)$

图 12－2－2

$$
\begin{aligned}
\Delta_f H_m^\ominus(\text{NaH, s}) &= \Delta_{sub}H_m^\ominus(\text{Na, s}) + I_1(\text{Na, g}) + 1/2D(\text{H—H}) + A(\text{H, g}) - U \\
&= [107.32 + 502.04 + 218 + (-72.7) - 826]\ \text{kJ} \cdot \text{mol}^{-1} \\
&= -71.34\ \text{kJ} \cdot \text{mol}^{-1}
\end{aligned}
$$

15. 计算反应 $MgO(s) + C(\text{石墨}) \rightleftharpoons CO(g) + Mg(s)$ 的 $\Delta_r H_m^\ominus(298.15\ \text{K})$，$\Delta_r S_m^\ominus(298.15\ \text{K})$ 和 $\Delta_r G_m^\ominus(298.15\ \text{K})$ 及该反应可以自发进行的最低温度。

解：根据题意可得

$$
\begin{aligned}
\Delta_r H_m^\ominus(298.15\ \text{K}) &= \Delta_f H_m^\ominus(\text{CO, g}) - \Delta_f H_m^\ominus(\text{MgO, s}) \\
&= [-110.525 - (-601.70)]\ \text{kJ} \cdot \text{mol}^{-1} \\
&= 491.18\ \text{kJ} \cdot \text{mol}^{-1}
\end{aligned}
$$

$$
\begin{aligned}
\Delta_r S_m^\ominus(298.15\ \text{K}) &= S_m^\ominus(\text{CO, g}) + S_m^\ominus(\text{Mg, s}) - S_m^\ominus(\text{MgO, s}) - S_m^\ominus(\text{石墨, s}) \\
&= [197.674 + 32.68 - 26.94 - 5.740]\ \text{J} \cdot \text{mol}^{-1} \cdot \text{K}^{-1} \\
&= 197.67\ \text{J} \cdot \text{mol}^{-1} \cdot \text{K}^{-1}
\end{aligned}
$$

$$
\begin{aligned}
\Delta_r G_m^\ominus(298.15\ \text{K}) &= \Delta_f G_m^\ominus(\text{CO, g}) - \Delta_f G_m^\ominus(\text{MgO, s}) \\
&= [-137.168 - (-569.43)]\ \text{kJ} \cdot \text{mol}^{-1} \\
&= 432.26\ \text{kJ} \cdot \text{mol}^{-1}
\end{aligned}
$$

在标况下，反应刚好可以自发进行时，有

$$\Delta_r G_m^\ominus(T) = \Delta_r H_m^\ominus(298.15\ \text{K}) - T\Delta_r S_m^\ominus(298.15\ \text{K}) = 0$$

则该反应可以自发进行的最低温度为

$$T = \frac{\Delta_r H_m^\ominus(298.15\ \text{K})}{\Delta_r S_m^\ominus(298.15\ \text{K})} = \frac{491.18 \times 10^3}{197.67}\text{K} = 2485\ \text{K}。$$

12.3 名校考研真题详解

一、填空题

1. 超氧化钾常用做防毒面具的供氧剂，其反应方程式为(　　)。[南京航空航天大学 2011 研]

【答案】$4KO_2 + 2CO_2 \longrightarrow 2K_2CO_3 + 3O_2$

2. 金属钠与液氨反应的方程式为(　　)。[南京航空航天大学 2011 研]

【答案】$2Na(s)+2NH_3(l) \longrightarrow 2NaNH_2(s)+H_2(g)$

二、选择题

1. 钙在空气中燃烧所得到的产物之一用水润湿后，所放出的气体是(　　)。[北京科技大学2012研]

A. O_2　　B. N_2　　C. NH_3　　D. H_2

【答案】C

【解析】Ca与空气反应生成了氮化钙，氮化钙与水发生双水解，生成了NH_3，反应方程式为：$Ca_3N_2+6H_2O \longrightarrow 3Ca(OH)_2+2NH_3$。

2. 超氧化钠与水反应的产物是(　　)。[暨南大学2018研]

A. NaOH和H_2　　B. NaOH和O_2

C. NaOH，O_2和H_2O_2　　D. NaOH和H_2O_2

【答案】C

【解析】超氧化钠的分子式为NaO_2，与水会发生反应：$2NaO_2+2H_2O = 2NaOH+H_2O_2+O_2$。

3. Ca、Sr、Ba的草酸盐在水中的溶解度与其碳酸盐相比(　　)。[南开大学2009研]

A. 前者递增，后者递减　　B. 前者递减，后者递增

C. 递变规律相同　　D. 无一定规律

【答案】A

【解析】一般阳离子半径小的盐易溶，$Ca^{2+}<Sr^{2+}<Ba^{2+}$。碳酸盐的溶解度依Ca、Sr、Ba次序递减；而草酸盐中草酸钙是所有钙盐中溶解度最小，依Ca、Sr、Ba次序，溶解度递增。

4. 在下列碱金属电对M^+/M中，$\varphi^\ominus$最小的是(　　)。[厦门大学2016研]

A. Li^+/Li　　B. Na^+/Na　　C. K^+/K　　D. Rb^+/Rb

【答案】A

【解析】Li的水化热最负，造成了锂的电极电势最低，但并不代表Li的金属性最强；Li的电极电势比较特殊，需要专门记忆。

5. 和水反应得不到H_2O_2的是(　　)。[厦门大学2017研]

A. K_2O_2　　B. Na_2O_2　　C. KO_2　　D. KO_3

【答案】D

【解析】$4KO_3+2H_2O \longrightarrow 4KOH+5O_2$。

三、配平题

1. $Na_2O_2(s)+MnO_4^-+H^+ \rightarrow$[北京科技大学2012研]

答：$5Na_2O_2(s)+2MnO_4^-+16H^+ \longrightarrow 2Mn^{2+}+8H_2O+5O_2+10Na^+$

2. $Na+H_2 \xrightarrow{300\ ℃}$[北京科技大学2011研]

答：$2Na+H_2 \xrightarrow{300\ ℃} 2NaH$

四、简答题

1. 简要解释下列事实：电对Li^+/Li的标准电极电势比电对Na^+/Na的电极电势小，但锂与水反应不如钠与水反应剧烈。[北京航空航天大学2014研]

答：(1)Li的水化热最负，造成了锂的电极电势最低，但这并不代表Li的金属性最强；

(2)LiOH 的溶解度小，包覆在 Li 的表面，阻碍了反应的进一步进行；(3)速率快慢是动力学问题，电极电势是热力学范畴，两者不能混为一谈；(4)Li 熔点高，反应产生的热不足以使 Li 熔化，因而固态的 Li 与水的接触面不大；(5)Li^+ 的水合半径大，难以扩散到溶液的本体里去，也使反应速率减慢。

2．为什么碱金属硫化物是可溶性的，而其它多数金属硫化物是难溶性的？为什么许多难溶金属硫化物都有特殊的颜色？［南京航空航天大学 2012 研］

答：皮尔孙提出的酸碱反应规律为："硬酸优先与硬碱结合，软酸优先与软碱结合"，且软－软、硬－硬化合物较为稳定，软－硬化合物不够稳定。由于硫离子为软碱，碱金属离子大多数为硬酸，故碱金属硫化物比较易溶，而除碱金属外的金属离子大多数为软酸，故结合的化合物比较难溶。

难溶金属硫化物在水中溶解性差，对光的反射性强，故有特殊的颜色。

3．金属氢氧化物的酸碱性取决于它们的解离方式。试以 ROH 表示金属氢氧化物，讨论它们的解离及判断其酸碱性的经验规律。［南京航空航天大学 2011 研］

答：ROH 的酸碱性取决于它的解离方式，与元素 R 的电荷数 z 和半径 r_+ 的比值 $\phi = z/r$（称为离子势）有关。当 R 的 z 小、r_+ 大、即 ϕ 值小时，R—O 键比 O—H 键弱，ROH 将倾向于碱式解离，ROH 呈碱性；若 R 的 z 大、r_+ 小、即 ϕ 值大，R—O 键比 O—H 键强，ROH 倾向于酸式解离，ROH 呈酸性。判断金属氢氧化物酸碱性的经验规律为：(1) $\sqrt{\phi} < 0.22$，则金属氢氧化物为碱性；(2) $0.22 < \sqrt{\phi} < 0.32$，则金属氢氧化物为两性；(3) $\sqrt{\phi} > 0.32$，则金属氢氧化物为酸性。

4．在消防队员的背包中，超氧化钾既是空气净化剂，又是供氧剂。［北京航空航天大学 2010 研］

答：超氧化钾 KO_2 是很强的氧化剂，与水剧烈的反应，生成氧气和过氧化氢

$$2KO_2 + 2H_2O \longrightarrow O_2\uparrow + H_2O_2 + 2KOH$$

KO_2 也能与 CO_2 反应并放出氧气

$$4KO_2 + 2CO_2 \longrightarrow 2K_2CO_3 + 3O_2\uparrow$$

H_2O_2 是强氧化剂，具有杀菌消毒作用。KO_2 也能用来除去 CO_2 和再生 O_2。因此，超氧化钾既是空气净化剂，又是供氧剂。

第13章　p区元素(一)

13.1　复习笔记

一、p区元素概述

1. p区元素

p区元素：除H以外的所有非金属元素和部分金属元素。

惰性电子对效应：同族元素，自上而下，氧化值低的化合物的稳定性高于氧化值高的化合物的现象。

2. p区元素特征

(1)各族元素性质自上而下呈规律性变化

同族自上而下：原子半径↑，金属性↑，非金属性↓。

(2)多种氧化值

$ns^2np^{1\sim6}$的价电子构型使大部分p区元素具有多种氧化值。

(3)电负性大

电负性：p区元素>s区元素。

(4)第二周期元素具有反常性

第二周期元素单键键能(N、O、F)<第三周期元素单键键能(P、S、Cl)。

(5)第四周期元素表现出异样性

d区元素的插入，使第四周期元素的原子半径显著减小，性质展现出特殊性。

二、硼族元素

1. 硼族元素概述

(1)硼族元素

硼族元素：元素周期表中第ⅢA族元素(B、Al、Ga、In、Tl)。

缺电子原子：价层轨道数大于价电子数的原子。

(2)硼族元素的性质

①价电子构型：ns^2np^1；

②常见氧化值：+3，+1；

③电负性：硼族元素的原子半径小、电负性大，易形成共价型化合物。

2. 硼族元素的单质

(1)硼单质

单质硼的同素异形体包括无定形硼和晶形硼等，二者的差异为：

共同点：电负性大，熔点、沸点高。

不同点：无定形硼为棕色粉末，化学活性高。晶形硼为黑灰色，硬度大。

(2)铝单质

铝单质特点：银白色固体金属，密度小，导电性和延展性良好，化学性质活泼。

3. 硼的化合物

(1)硼的氢化物

硼烷：硼与氢间接反应生成共价氢化物，氢化物的物理性质与烷烃相似。

通式：B_nH_{n+4}、B_nH_{n+6}。

乙硼烷的性质：

①自燃：$B_2H_6(g)+3O_2(g) \longrightarrow B_2O_3(s)+3H_2O(g)$

②水解：$B_2H_6(g)+6H_2O(l) \longrightarrow 2H_3BO_3(s)+6H_2(g)$

③加合反应：$B_2H_6+2NH_3 \longrightarrow [BH_2\cdot(NH_3)_2]^+ + [BH_4]^-$

【注意】①乙硼烷自燃和水解放热较大，可用于制作火箭燃料。②乙硼烷是剧毒物质，空气中其最高允许含量为0.1 μg/g。

(2)硼的含氧化合物

①三氧化二硼 B_2O_3

a. 物理性质

颜色：白色固体；密度：2.55 $g\cdot cm^{-3}$；熔点：450 ℃。

b. 化学性质

被碱金属还原：$B_2O_3+3Mg \longrightarrow 2B+3MgO$

与水反应：$B_2O_3 \underset{-H_2O}{\overset{+H_2O}{\rightleftharpoons}} 2HBO_2 \underset{-H_2O}{\overset{+H_2O}{\rightleftharpoons}} 2H_3BO_3$

②硼酸 H_3BO_3

化学性质：硼酸为一元弱酸(固体酸)；与多羟基化合物发生加合反应；受热易分解。

③硼砂

硼砂：硼酸盐的一种，水解呈碱性；溶液中，$n(H_3BO_3)=n(B(OH)_4^-)$，具有缓冲作用。

(3)硼的卤化物

①三卤化硼 BX_3

BX_3 在湿空气中发生水解反应

$$BX_3+3H_2O \longrightarrow B(OH)_3+3HX$$

②氟硼酸 $H[BF_4]$

$H[BF_4]$的酸性比 HF 强，可利用 BF_3 的水解制备，反应方程为

$$4BF_3+3H_2O \longrightarrow H_3BO_3+3H[BF_4]$$

4. 铝的化合物

(1)氧化铝和氢氧化铝

①氧化铝 Al_2O_3

Al_2O_3 的两种主要变体为 $\alpha-Al_2O_3$ 和 $\gamma-Al_2O_3$。二者的物化性质分别为：

a. $\alpha-Al_2O_3$(刚玉)：硬度大、熔点高、化学性质不活泼、不溶于酸和碱(可溶于熔融的碱)。

b. $\gamma-Al_2O_3$(活性氧化铝)：比表面积大、溶于酸和碱、含杂质时颜色鲜明。

②氢氧化铝 $Al(OH)_3$

物化性质：两性氢氧化物，可溶于酸、碱。

用途：阻燃剂、医学上用氢氧化铝治疗胃肠溃疡。

(2)铝的卤化物 AlX_3

物化性质：熔点低，易挥发，易溶于有机溶剂，易形成双聚物。

无水 $AlCl_3$ 可发生剧烈水解反应，放出大量的热，在湿空气中发生水解反应而发烟。

【注意】AlF_3 是离子型化合物，其他 AlX_3 为共价型化合物。

(3)铝的含氧酸盐

铝的含氧酸盐包括：硫酸铝、硝酸铝、氯酸铝和高氯酸铝等。

用途：明矾净水。

三、碳族元素

1. 碳族元素概述

(1)碳族元素

碳族元素：元素周期表第ⅣA 族元素(C、Si、Ge、Sn、Pb)。

(2)碳族元素的性质

①价电子构型：ns^2np^2；

②常见氧化值：+4，+2；

③稳定性：随着原子序数的增大，氧化值为+4 的化合物的稳定性降低，惰性电子对效应表现得较为明显。

2. 碳族元素的单质

(1)碳单质

碳单质的同素异形体包括：石墨和金刚石等。石墨与金刚石的相关性质比较如表 13-1-1 所示。

表 13-1-1　石墨与金刚石性质比较

名称	颜色、状态	硬度	导电性	导热性	用途
石墨	深灰色、有金属光泽、层状晶体	质软	导电	良好	电极、铅笔芯
金刚石	无色、原子晶体	最硬	不导电	无	钻头、刀具

(2)硅单质：质硬，熔点、沸点较高，分为无定形体和晶体两种。

(3)锗单质：灰白色金属，硬而脆。

(4)锡单质：有三种同素异形体：灰锡(α-锡)$\xrightleftharpoons{13.2\ ℃}$白锡($\beta$-锡)$\xrightarrow{161\ ℃}$脆锡；

(5)铅单质：质软，能阻挡 X 射线，熔点较低。可作电缆的包皮，核反应堆的防护屏。

3. 碳的化合物

(1)碳的氧化物

①一氧化碳(CO)

无色无臭有毒气体，微溶于水；可作配体、还原剂。

②二氧化碳(CO_2)

无色无臭易液化；热稳定性高；固体二氧化碳(干冰)为分子晶体，经典的直线型分子结构：O=C=O。

(2)碳酸及其盐

CO_2 溶于水后形成二元弱酸 H_2CO_3，在水溶液中存在解离平衡

$$H_2CO_3 \rightleftharpoons H^+ + HCO_3^-$$

$$HCO_3^- \rightleftharpoons H^+ + CO_3^{2-}$$

碳酸盐可分为正盐和酸式盐两种，对于可溶性碳酸盐，加入不同的金属离子所生成的沉淀类型不同，具体包括：碳酸盐沉淀、碳酸羟盐(碱式碳酸盐)沉淀和氢氧化物沉淀

碳酸及其盐的热稳定性：$H_2CO_3 < MHCO_3 < M_2CO_3$；同族金属的碳酸盐稳定性自上而下增加；过渡金属碳酸盐稳定性差。

4. 硅的化合物

(1)硅的氧化物

①物化性质

二氧化硅(硅石)：键能高，熔点、沸点较高，不溶于水也不和水反应，化学性质稳定，是一种酸性氧化物。

②分类

SiO_2 按照形态的不同具体可分为无定形体和晶体两种。

无定形体：包括石英玻璃、硅藻土、燧石等；

晶体：包括原子晶体石英，Si 原子位于 O 原子形成的四面体中心。

【拓展】纯石英又称为水晶，含有杂质的石英有玛瑙，紫晶等。

(2)硅酸及其盐

硅酸的分类：原硅酸 H_4SiO_4、偏硅酸 H_2SiO_3 和多硅酸 $xSiO_2 \cdot yH_2O$。

硅酸盐的分类：可溶性硅酸盐、不可溶性硅酸盐。

常见的硅酸盐 Na_2SiO_3(水玻璃)和 K_2SiO_3 可溶于水，水溶液呈碱性，天然硅酸盐都是不溶性的。

(3)硅的氢化物

硅烷：硅与氢生成的的氢化物，通式为 Si_nH_{2n+2}，结构与烷烃类似。

化学性质：化学性质活泼，可自燃，热稳定性差，有强还原性，高温下(400℃)可分解成为单质硅和氢。

5. 锡、铅的化合物

二者均能形成氧化值为 +4 和 +2 的化合物。

(1)锡、铅的氧化物和氢氧化物

$$Sn^{2+} \underset{H^+}{\overset{\text{适量 }OH^-}{\rightleftharpoons}} Sn(OH)_2(\text{s，白}) \xrightarrow{\text{过量 }OH^-} [Sn(OH)_4]^{2-}$$

$$Pb^{2+} \underset{HNO_3\text{ 或 }HAc}{\overset{\text{适量 }OH^-}{\rightleftharpoons}} Pb(OH)_2(\text{s，白}) \xrightarrow{\text{过量 }OH^-} [Pb(OH)_3]^-$$

$$Sn^{4+} \underset{H^+}{\overset{\text{适量 }OH^-}{\rightleftharpoons}} \alpha-H_2SnO_3(\text{s，白}) \xrightarrow{\text{过量 }OH^-} [Sn(OH)_6]^{2-}$$

$$\alpha-H_2SnO_3 \xrightarrow{\text{放置}} \beta-H_2SnO_3$$

$$Sn \xrightarrow{\text{浓 }HNO_3} \beta-H_2SnO_3(\text{s，白}) \quad \text{不溶于酸或碱}$$

$$Sn + 4HNO_3(\text{浓}) \longrightarrow \beta-H_2SnO_3 + 4NO_2 + H_2O$$

锡、铅的氢氧化物属于两性化合物，其酸碱性递变规律如图 13 - 1 - 1 所示。

(2)锡、铅的盐

①化学性质

二者均易水解，铅盐少数可溶、多数难溶，其可溶性化合物都有毒。

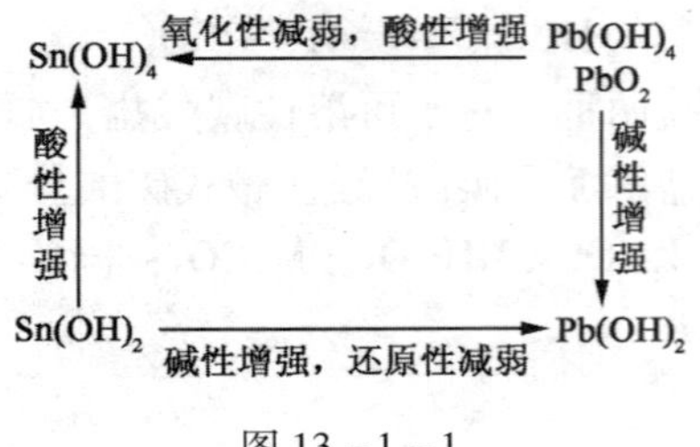

图 13－1－1

②Pb^{2+}的鉴定

Pb^{2+}和 CrO_4^{2-} 反应能生成黄色沉淀 $PbCrO_4$。反应方程式为

$$Pb^{2+} + CrO_4^{2-} \longrightarrow PbCrO_4(\text{s，黄色})$$

(3) 锡、铅的硫化物

锡、铅的硫化物主要包括：SnS，SnS_2，PbS。三者均不溶于稀盐酸，其中，SnS 和 PbS 不溶于碱，而 SnS_2 能和碱作用。

13.2 课后习题详解

1. 完成并配平下列反应方程式：

(1) $B_2H_6 + O_2 \longrightarrow$　　**(2) $B_2H_6 + H_2O \longrightarrow$**

(3) $H_3BO_3 + HOCH_2CH_2OH \longrightarrow$　　**(4) $BBr_3 + H_2O \longrightarrow$**

(5) $Na_2B_4O_7 + H_2O \longrightarrow$

解：各反应方程式如下：

(1) $B_2H_6 + 3O_2 = B_2O_3 + 3H_2O$

(2) $B_2H_6 + 6H_2O = 2H_3BO_3 + 6H_2$

(3) $H_3BO_3 + 2HOCH_2CH_2OH = [BO_4(C_2H_4)_2]^- + H^+ + 3H_2O$

(4) $BBr_3 + 3H_2O = H_3BO_3 + 3HBr$

(5) $Na_2B_4O_7 + 5H_2O = 2H_3BO_3 + 2NaH_2BO_3$

2. 写出下列反应方程式：

(1) 用氢气还原三氯化硼；　　**(2) 由三氟化硼和氢化铝锂制备乙硼烷；**

(3) 由三氟化硼生成氟硼酸；　　**(4) 由三氯化硼生成硼酸；**

(5) 由硼的氧化物、萤石、硫酸制取三氟化硼。

解：各反应方程式如下：

(1) $2BCl_3(g) + 6H_2(g) = B_2H_6(g) + 6HCl(g)$

(2) $4BF_3(g) + 3LiAlH_4(s) = 2B_2H_6(g) + 3LiF(s) + 3AlF_3(s)$

(3) $BF_3(aq) + HF(aq) = HBF_4(aq)$

(4) $BCl_3(g) + 3H_2O(l) = H_3BO_3(s) + 3HCl(aq)$

(5) $B_2O_3(s) + 3H_2SO_4(100\%) + 3CaF_2(s) \xlongequal{\triangle} 2BF_3(g) + 3CaSO_4(s) + 3H_2O(l)$

3. 何为硼砂珠试验？写出硼砂与下列氧化物共熔时的现象和反应方程式。

(1) NiO　　**(2) CoO**

解：硼砂珠试验是指熔融的硼砂能与金属氧化物形成有特征颜色的偏硼酸复盐，用于定性鉴定某些金属离子。硼砂与氧化物共熔时的现象和反应方程式如下：

(1) $NiO + Na_2B_4O_7 \xlongequal{\triangle} Ni(BO_2)_2 \cdot 2NaBO_2$(绿色)

(2) $CoO + Na_2B_4O_7 \xlongequal{\triangle} Co(BO_2)_2 \cdot 2NaBO_2$(蓝色)

4. 以硼砂为原料如何制备下列物质？写出有关的反应方程式。

(1) H_3BO_3　　(2) B_2O_3　　(3) B

解：(1)将硼砂溶于沸水中，加入盐酸，放置后可析出硼酸。反应方程式如下：

$$Na_2B_4O_7 + 2HCl + 5H_2O \xlongequal{} 4H_3BO_3(s) + 2NaCl$$

(2)将硼酸加热脱水得到 B_2O_3，反应方程式如下：

$$2H_3BO_3(s) \xlongequal{\triangle} B_2O_3(s) + 3H_2O(g)$$

(3)高温下用金属 Mg 还原 B_2O_3 得到单质 B，反应方程式如下：

$$B_2O_3(s) + 3Mg(s) \xlongequal{高温} 2B(g) + 3MgO(s)$$

5. 某气态硼氢化合物在 25 ℃和 50.66 kPa 时的密度 0.57 g·L^{-1}。求此化合物的摩尔质量，并推测其化学式。

解：由题意可知 $M = \dfrac{\rho RT}{p} = \dfrac{0.57\ g/L \times 8.314\ J \cdot mol^{-1} \cdot K^{-1} \times 298\ K}{50.66\ kPa} = 28\ g/mol$。

硼氢化合物的组成可分为多氢硼烷和少氢硼烷，其通式分别为 B_nH_{n+6} 和 B_nH_{n+4}。

若化学式为 B_nH_{n+6}，则 $28 = 11n + (n+6)$，解得 n 为非整数；

若化学式为 B_nH_{n+4}，则 $28 = 11n + (n+4)$，解得 $n = 2$，

故推测其化学式为 B_2H_6。

6. 已知 $\Delta_f H_m^{\ominus}(BH_3, g) = 100\ kJ \cdot mol^{-1}$。试根据教材附表中的有关热力学数据计算：

(1) B－H 键键焓；(2)乙硼烷中 $\overset{H}{\frown}$ B　B 键的键焓。

解：(1)根据题意设计热力学循环如图 13－2－1 所示。

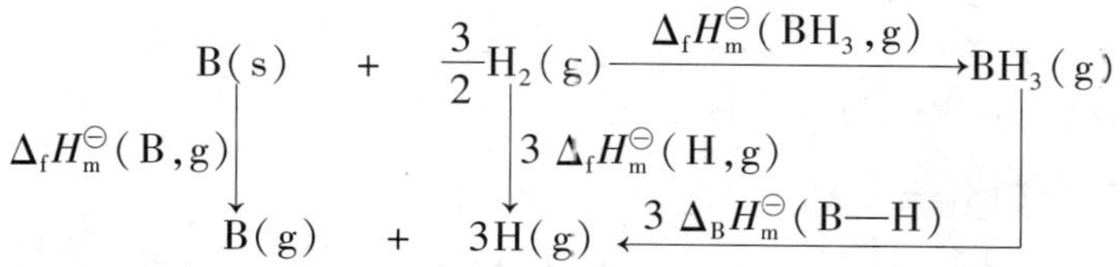

$$\begin{array}{ccccc}
B(s) & + & \frac{3}{2}H_2(g) & \xrightarrow{\Delta_f H_m^{\ominus}(BH_3,g)} & BH_3(g) \\
\downarrow \Delta_f H_m^{\ominus}(B,g) & & \downarrow 3\Delta_f H_m^{\ominus}(H,g) & & \downarrow \\
B(g) & + & 3H(g) & \xleftarrow{3\Delta_B H_m^{\ominus}(B—H)} &
\end{array}$$

图 13－2－1

$$\Delta_f H_m^{\ominus}(BH_3, g) = \Delta_f H_m^{\ominus}(B, g) + 3\Delta_f H_m^{\ominus}(H, g) - 3\Delta_B H_m^{\ominus}(B—H)$$

$$\begin{aligned}
\Delta_B H_m^{\ominus}(B—H) &= \frac{1}{3}[\Delta_f H_m^{\ominus}(B, g) + 3\Delta_f H_m^{\ominus}(H, g) - \Delta_f H_m^{\ominus}(BH_3, g)] \\
&= \frac{1}{3}[562.7 + 3 \times 217.965 - 100]\ kJ \cdot mol^{-1} \\
&= 372\ kJ \cdot mol^{-1}
\end{aligned}$$

(2)同理设计热力学循环如图 13－2－2 所示。

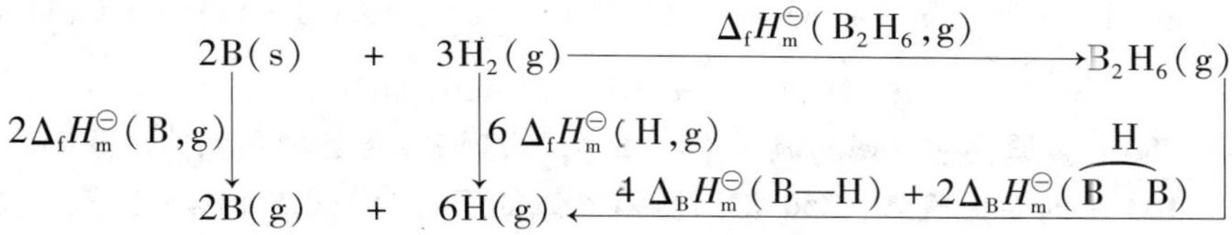

$$\begin{array}{ccccc}
2B(s) & + & 3H_2(g) & \xrightarrow{\Delta_f H_m^{\ominus}(B_2H_6,g)} & B_2H_6(g) \\
\downarrow 2\Delta_f H_m^{\ominus}(B,g) & & \downarrow 6\Delta_f H_m^{\ominus}(H,g) & & \downarrow \\
2B(g) & + & 6H(g) & \xleftarrow{4\Delta_B H_m^{\ominus}(B—H) + 2\Delta_B H_m^{\ominus}(\overset{H}{\frown}B\ \ B)} &
\end{array}$$

图 13－2－2

$$\Delta_f H_m^\ominus(B_2H_6, g) = 2\Delta_f H_m^\ominus(B, g) + 6\Delta_f H_m^\ominus(H, g) - 4\Delta_B H_m^\ominus(H, g) - 2\Delta_B H_m^\ominus(\overset{H}{\frown}{B\ \ B})$$

$$\Delta_B H_m^\ominus(\overset{H}{\frown}{B\ \ B}) = \frac{1}{2}[2\Delta_f H_m^\ominus(B, g) + 6\Delta_f H_m^\ominus(H, g) - 4\Delta_B H_m^\ominus(H, g) - \Delta_f H_m^\ominus(B_2H_6, g)]$$

$$= \frac{1}{2}[2 \times 562.7 + 6 \times 217.965 - 4 \times 372 - 35.6]\ \text{kJ} \cdot \text{mol}^{-1}$$

$$= 455\ \text{kJ} \cdot \text{mol}^{-1}$$

7. 25 ℃时，用 1.50 g 乙硼烷和 1.00 L 水反应。试计算所得溶液的 pH。

解：相关的反应方程式如下：

$$B_2H_6 + 6H_2O \Longrightarrow 2H_3BO_3 + 6H_2$$

$$n(B_2H_6) = \frac{m(B_2H_6)}{M(B_2H_6)} = \frac{1.50\ \text{g}}{27.7\ \text{g} \cdot \text{mol}^{-1}} = 0.0542\ \text{mol}$$

生成硼酸溶液的浓度为

$$c(H_3BO_3) = \frac{2 \times 0.0542\ \text{mol}}{1.00\ \text{L}} = 0.108\ \text{mol} \cdot \text{L}^{-1}$$

假设平衡时 H_3BO_3 反应掉的浓度为 $x\ \text{mol} \cdot \text{L}^{-1}$，则

$$\begin{array}{llll} H_3BO_3(aq) + H_2O(l) \rightleftharpoons & [B(OH)_4]^-(aq) & + & H^+(aq) \\ 0.108 - x & x & & x \end{array}$$

$$\frac{x^2}{0.108 - x} = 5.8 \times 10^{-10} \qquad x = 7.9 \times 10^{-6}$$

$$pH = -\lg(7.9 \times 10^{-6}) = 5.10$$

8. 写出下列反应方程式：

(1) 氧化铝与碳和氯气反应；

(2) 在 $Na[Al(OH)_4]$ 溶液中加入氯化铵；

(3) $AlCl_3$ 溶液加氨水。

解：各反应的反应方程式为：

(1) $Al_2O_3 + 3C + 3Cl_2 \xlongequal{\triangle} 2AlCl_3 + 3CO$

(2) $[Al(OH)_4]^-(aq) + NH_4^+(aq) \Longrightarrow Al(OH)_3(s) + NH_3(g) + H_2O(l)$

(3) $Al^{3+}(aq) + 3NH_3 \cdot H_2O(aq) \Longrightarrow Al(OH)_3(s) + 3NH_4^+(aq)$

9. 铝矾土中常含有氧化铁杂质。将铝矾土和氢氧化钠共熔($Na[Al(OH)_4]$为生成物之一)，用水溶解熔块后过滤。在滤液中通入二氧化碳后生成沉淀。再次过滤后将沉淀灼烧，便得到较纯的氧化铝。试写出有关反应方程式，并指出杂质铁是在哪一步除去的。

解：有关的化学反应方程式如下：

$$Al_2O_3 + 2NaOH + 3H_2O \xrightarrow{\triangle} 2Na[Al(OH)_4]$$

Fe_2O_3 与 NaOH 不反应，用水溶解熔块后过滤时可将其除去。

$$2Na[Al(OH)_4](aq) + CO_2 \Longrightarrow 2Al(OH)_3(s) + Na_2CO_3(aq) + H_2O(l)$$

$$2Al(OH)_3 \xrightarrow{\triangle} Al_2O_3(s) + 3H_2O(g)$$

10. 将 0.250 g 金属铝在干燥的氯气流中加热，得到 1.236 g 白色固体。此固体在 200 mL 容器中加热至 183 ℃时变为气体，250 ℃时测得气体的压力为 100.8 kPa。计算气态物质的摩尔质量，并写出气体分子的结构式。

解：由理想气体状态方程得：

$$M=\frac{mRT}{pV}=\frac{1.236\ \text{g}\times 8.314\ \text{J}\cdot\text{mol}^{-1}\cdot\text{K}^{-1}\times 523\ \text{K}}{100.8\ \text{kPa}\times 0.200\ \text{L}}=266.6\ \text{g}\cdot\text{mol}^{-1}$$

反应的方程式为：$2Al(s)+3Cl_2(g)=\!=\!=2AlCl_3(s)$

$AlCl_3$ 的摩尔质量为 133.3 g/mol，其会在 183 ℃升华得到双聚分子 Al_2Cl_6，其结构式为：

Cl　Cl　Cl
Al　Al
Cl　Cl　Cl

11. 完成并配平下列反应方程式：

(1) $Sr^{2+}+CO_3^{2-}\longrightarrow$　　　(2) $Cr^{3+}+CO_3^{2-}+H_2O\longrightarrow$

(3) $Mg^{2+}+CO_3^{2-}+H_2O\longrightarrow$　　　(4) $Pb^{2+}+CO_3^{2-}+H_2O\longrightarrow$

解：反应方程式如下：

(1) $Sr^{2+}+CO_3^{2-}=\!=\!=SrCO_3(s)$

(2) $2Al^{3+}+3CO_3^{2-}+3H_2O=\!=\!=2Al(OH)_3(s)+3CO_2(g)$

(3) $2Mg^{2+}+2CO_3^{2-}+H_2O=\!=\!=Mg(OH)_2\cdot MgCO_3(s)+CO_2(g)$

(4) $2Pb^{2+}+CO_3^{2-}+H_2O\longrightarrow Pb(OH)_2\cdot PbCO_3(s)+CO_2(g)$

12. (1) 试根据有关热力学数据估算当 $p(CO_2)=100$ kPa 时 $Na_2CO_3(s)$，$MgCO_3(s)$，$BaCO_3(s)$ 和 $CdCO_3(s)$ 的分解温度。

(2) 从书中查出上述各碳酸盐的分解温度（$CdCO_3$ 为 345 ℃），与计算结果加以比较，并加以评价。

(3) 各碳酸盐分解温度的实验值与由计算结果所得出的有关碳酸盐的分解温度的规律是否一致？并从离子半径、离子电荷、离子的电子构型等因素对上述规律加以说明。

解：(1) 各碳酸盐分解成二氧化碳和其氧化物，根据下式来估算其分解温度

$$T=\frac{\Delta_r H_m^\ominus(298\ \text{K})}{\Delta_r S_m^\ominus(298\ \text{K})}$$

查阅相关热力学数据得

	$Na_2CO_3(s)$ =	$Na_2O(s)$ +	$CO_2(g)$
$\Delta_f H_m^\ominus/(\text{kJ}\cdot\text{mol}^{-1})$	−1130.68	−414.22	−393.509
$S_m^\ominus(\text{J}\cdot\text{mol}^{-1}\cdot\text{K}^{-1})$	134.98	75.06	213.74

$$\Delta_r H_m^\ominus=(-393.509-414.22+1130.68)\ \text{kJ}\cdot\text{mol}^{-1}=322.95\ \text{kJ}\cdot\text{mol}^{-1}$$

$$\Delta_r S_m^\ominus=(213.74+75.06-134.98)\ \text{J}\cdot\text{mol}\cdot\text{K}^{-1}=153.82\ \text{J}\cdot\text{mol}^{-1}\cdot\text{K}^{-1}$$

$$T=\frac{322.95\times 10^3}{153.82}\ \text{K}=2100\ \text{K},\ t=1827\ ℃$$

	$MgCO_3(s)$ =	$MgO(s)$ +	$CO_2(g)$
$\Delta_f H_m^\ominus/(\text{kJ}\cdot\text{mol}^{-1})$	−1095.8	−601.70	−393.509
$S_m^\ominus(\text{J}\cdot\text{mol}^{-1}\cdot\text{K}^{-1})$	65.7	26.94	213.74

$$\Delta_r H_m^\ominus=(-393.509-601.70+1095.8)\ \text{kJ}\cdot\text{mol}^{-1}=100.6\ \text{kJ}\cdot\text{mol}^{-1}$$

$$\Delta_r S_m^\ominus=(213.74+26.94-65.7)\ \text{J}\cdot\text{mol}\cdot\text{K}^{-1}=175.0\ \text{J}\cdot\text{mol}^{-1}\cdot\text{K}^{-1}$$

$$T=\frac{100.6\times 10^3}{175}\ \text{K}=575\ \text{K},\ t=302\ ℃$$

$$BaCO_3(s) \xlongequal{} BaO(s) + CO_2(g)$$

$\Delta_f H_m^\ominus/(kJ \cdot mol^{-1})$	-1216.3	-553.5	-393.509
$S_m^\ominus(J \cdot mol^{-1} \cdot K^{-1})$	112.1	70.42	213.74

$$\Delta_r H_m^\ominus = (-393.509 - 553.5 + 1216.3)\ kJ \cdot mol^{-1} = 269.3\ kJ \cdot mol^{-1}$$

$$\Delta_r S_m^\ominus = (213.74 + 70.42 - 112.1)\ J \cdot mol \cdot K^{-1} = 172.1\ kJ \cdot mol^{-1} \cdot K^{-1}$$

$$T = \frac{269.3 \times 10^3}{172.1}\ K = 1565\ K,\ t = 1292\ ℃$$

$$CdCO_3(s) \xlongequal{} CdO(s) + CO_2(g)$$

$\Delta_f H_m^\ominus/(kJ \cdot mol^{-1})$	-750.6	-258.2	-393.509
$S_m^\ominus(J \cdot mol^{-1} \cdot K^{-1})$	92.5	54.8	213.74

$$\Delta_r H_m^\ominus = (-393.509 - 258.2 + 750.6)\ kJ \cdot mol^{-1} = 98.9\ kJ \cdot mol^{-1}$$

$$\Delta_r S_m^\ominus = (213.74 + 54.8 - 92.5)\ J \cdot mol \cdot K^{-1} = 176.0\ J \cdot mol^{-1} \cdot K^{-1}$$

$$T = \frac{98.9 \times 10^3}{176}\ K = 562\ K,\ t = 289\ ℃$$

(2)将估算结果和查到的相应的碳酸盐分解温度如下：

	$NaCO_3$	$MgCO_3$	$BaCO_3$	$CdCO_3$
实际分解温度/℃	1800	540	1360	345
估算分解温度/℃	1827	302	1292	289

比较结果说明，碳酸盐的实际分解温度和估算分解温度大致符合，有的偏高或偏低，但多数偏差不大。

(3)如表 13－2－1 所示。

表 13－2－1

	$r+$/pm	正离子电荷数	正离子电子构型
Na_2CO_3	95	+1	$8e^-$
$MgCO_3$	65	+2	$8e^-$
$BaCO_3$	135	+2	$8e^-$
$CdCO_3$	97	+2	$18e^-$

上述碳酸盐分解温度的实验值和计算值的规律是一致的。正离子半径越小，离子电荷数越大，其极化力越大，其碳酸盐分解温度越低；$18e^-$ 电子构型的正离子极化力比 $8e^-$ 构型的正离子大，其碳酸盐分解温度低。

13．完成并配平下列反应方程式：

(1) $SiO_2 + Na_2CO_3 \xrightarrow{\triangle}$ **(2) $SiO_2 + HF \longrightarrow$**

(3) $Na_2SiO_3 + NH_4Cl + H_2O \longrightarrow$ **(4) $SiCl_4 + H_2O \longrightarrow$**

解：各反应方程式为：

(1) $SiO_2 + Na_2CO_3 \xrightarrow{\triangle} Na_2SiO_3 + CO_2(g)$

(2) $SiO_2 + 4HF \longrightarrow SiF_4(g) + 2H_2O$

$2HF + SiF_4 \longrightarrow H_2[SiF_6]$

总反应可写为 $SiO_2 + 6HF \longrightarrow H_2[SiF_6] + 2H_2O$

(3) $Na_2SiO_3 + 2NH_4Cl + 2H_2O \longrightarrow H_2SiO_3(s) + 2NH_3 \cdot H_2O + 2NaCl$

(4) $SiCl_4 + 4H_2O \longrightarrow H_4SiO_4(s) + 4HCl$

14. 写出下列各反应的方程式：

(1)氢氧化亚锡溶于氢氧化钾溶液； **(2)铅丹溶于盐酸中；**

(3)铬酸铅与氢氧化钠溶液反应； **(4)用 Na_2S 溶液处理 SnS_2。**

解： 各反应的化学方程式为

(1) $Sn(OH)_2(s) + OH^-(aq) \longrightarrow [Sn(OH)_3]^-(aq)$

(2) $Pb_3O_4(s) + 8HCl(aq) \longrightarrow 3PbCl_2(aq) + Cl_2(g) + 4H_2O(l)$

(3) $PbCrO_4(s) + 3OH^-(aq) \longrightarrow Pb(OH)_3^-(aq) + CrO_4^{2-}(aq)$

(4) $SnS_2(s) + S^{2-}(aq) \longrightarrow SnS_3^{2-}(aq)$

15. 完成并配平下列反应方程式：

(1) $SnCl_2 + FeCl_3 \longrightarrow$ **(2) $PbO + Cl_2 + NaOH \longrightarrow$**

(3) $SnS + Na_2S_2 \longrightarrow$ **(4) $PbS + HNO_3 \longrightarrow$**

(5) $PbO_2 + Mn(NO_3)_2 + HNO_3 \longrightarrow$ **(6) $Na_2SnS_3 + HCl \longrightarrow$**

解： 各反应的化学方程式为

(1) $SnCl_2 + 2FeCl_3 \longrightarrow SnCl_4 + 2FeCl_2$

(2) $PbO + Cl_2 + 2NaOH \longrightarrow PbO_2 + 2NaCl + H_2O$

(3) $SnS + Na_2S_2 \longrightarrow Na_2SnS_3$

(4) $3PbS + 8HNO_3 \longrightarrow 3Pb(NO_3)_2 + 3S + 2NO + 4H_2O$

(5) $5PbO_2 + 2Mn(NO_3)_2 + 6HNO_3 \longrightarrow 5Pb(NO_3)_2 + 2HMnO_4 + 2H_2O$

(6) $Na_2SnS_3 + 2HCl \longrightarrow SnS_2 + 2NaCl + H_2S$

16. 为什么在配制 $SnCl_2$ 溶液时要加入盐酸和锡粒？否则会发生哪些反应？试写出反应方程式。

解： 因为 $SnCl_2$ 容易水解，生成 Sn(OH)Cl 和 HCl，因而加 HCl 能抑制其水解。而在空气中 Sn^{2+} 易被氧化成 Sn^{4+}，加入 Sn 粒可防止其被氧化。

反应方程式如下

$$SnCl_2(aq) + H_2O(l) \longrightarrow Sn(OH)Cl(s) + HCl(aq)$$

$$4H^+(aq) + Sn^{2+}(aq) + O_2(g) \longrightarrow Sn^{4+}(aq) + 2H_2O(l)$$

17. 在过量氧气中加热 2.00 g 铅，得到红色粉末。将其用浓硝酸处理，形成棕色粉末，过滤并干燥。在滤液中加入碘化钾溶液，生成黄色沉淀。写出每一步反应方程式，并计算最多能得到多少克棕色粉末和黄色沉淀。

解： 反应方程式为

$3Pb(s) + 2O_2(g) \longrightarrow Pb_3O_4(s)$ 红色

$Pb_3O_4(s) + 4HNO_3(浓) \longrightarrow PbO_2(s) + 2Pb(NO_3)_2(aq) + 2H_2O(l)$ 棕色

$Pb^{2+}(aq) + 2I^-(aq) \longrightarrow PbI_2(s)$ 黄色

$$n(Pb) = \frac{m(Pb)}{M(Pb)} = \frac{2.00\ g}{207.2\ g \cdot mol^{-1}} = 9.65 \times 10^{-3}\ mol$$

生成 Pb_3O_4 的物质的量为

$$n(Pb_3O_4) = \frac{1}{3}n(Pb) = \frac{1}{3} \times 9.65 \times 10^{-3}\ mol = 3.22 \times 10^{-3}\ mol$$

生成 PbO_2 的物质的量为

$$n(PbO_2)=n(Pb_3O_4)=3.22\times10^{-3}\ mol$$

$$m(PbO_2)=n(PbO_2)M(PbO_2)=3.22\times10^{-3}\ mol\times239.2\ g\cdot mol^{-1}=0.77\ g$$

故最多能得到 0.770 g 棕色粉末。

$$n(Pb^{2+})=2n(Pb_3O_4)=2\times3.22\times10^{-3}\ mol=6.44\times10^{-3}\ mol$$

$$n(PbI_2)=n(Pb^{2+})=6.44\times10^{-3}\ mol$$

$$m(PbI_2)=n(PbI_2)M(PbI_2)=6.44\times10^{-3}\ mol\times461.0\ g\cdot mol^{-1}=2.97\ g$$

故最多能得到 2.97 g 棕色粉末。

13.3 名校考研真题详解

一、判断题

1. 酸式碳酸盐比其正盐易分解，是因为金属离子与 HCO_3^- 离子的离子键很强。（　　）［南京航空航天大学 2012 研］

【答案】错

【解析】根据极化理论，HCO_3^- 中的 H^+ 与 O^{2-} 之间的作用较强，削弱了 C 与 O 之间的共价键，导致键能减小，比较容易断裂，故酸式碳酸盐比其正盐易分解。

2. 配制 $SnCl_2$ 溶液，常在溶液中放入少量固体 Sn 粒，其原因是防止 Sn^{2+} 水解。（　　）［南京航空航天大学 2011 研］

【答案】错

【解析】Sn^{2+} 容易被氧化为 Sn^{4+} 离子，而 Sn^{4+} 离子具有氧化性，又会把 Sn 单质氧化为 Sn^{2+} 离子，所以加入 Sn 单质，是为了防止 Sn^{2+} 被氧化。

二、填空题

1. 画出 $Al_2(CH_3)_4H_2$ 的结构简式（　　）。［厦门大学 2013 研］

【答案】

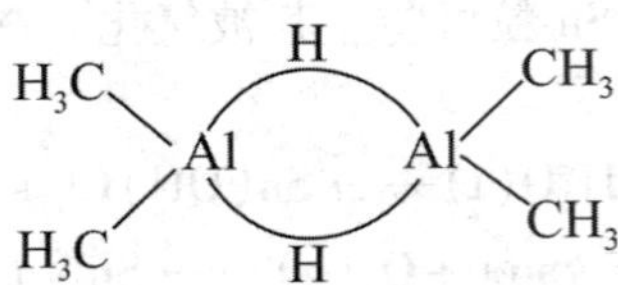

2. H_3BO_3 是（　　）元弱酸，请写出相应的化学方程式（　　）。［南京航空航天大学 2012 研］

【答案】一；$H_3BO_3+H_2O \rightleftharpoons B(OH)_4^-+H^+$

【解析】原硼酸不是自身电离释放 H^+，而是溶于水发生水解反应，产生 H^+，所以硼酸只能产生一个 H^+，故为一元酸。

3. 写出 PbO_2 和浓盐酸反应的方程式（　　）。［南京航空航天大学 2011 研］

【答案】$PbO_2+4HCl(浓)\longrightarrow PbCl_2+Cl_2+2H_2O$

三、选择题

1. BF_3、B_2H_6、Al_2Cl_6 都是稳定的化合物，BH_3、$AlCl_3$ 则相对不稳定，其原因：（　　）。［厦门大学 2005 研］

A. 前者形成大 π 键，后者缺电子

B. 前者通过大 π 键、多中心键、配位键补偿了缺电子，后者缺电子

C. 前者缺电子，后者有多中心键

D. 前者有配位键，后者缺电子

【答案】B

2. 下列关于 $PbCl_2$ 和 $SnCl_2$ 的叙述中，错误的是(　　)。[北京科技大学 2012 研]

A. $SnCl_2$ 比 $PbCl_2$ 易溶于水

B. 它们都能被 Hg^{2+} 氧化

C. 它们都可以与 Cl^- 形成配合物

D. 在多种有机溶剂中，$SnCl_2$ 比 $PbCl_2$ 更易溶

【答案】B

【解析】A 项，绝大多数 Pb^{2+} 的化合物是难溶于水的，而 $SnCl_2$ 溶于小于本身重量的水；B 项，$SnCl_2$ 是重要的还原剂，能将 $HgCl_2$ 还原为白色沉淀氯化亚汞 Hg_2Cl_2，而 $PbCl_2$ 的还原性比 $SnCl_2$ 弱，在碱性溶液且较强的氧化剂条件下，才能将 Pb^{2+} 氧化为 Pb^{4+}；C 项，Pb^{2+} 和 Sn^{2+} 都可以与 Cl^- 形成配合物，反应方程式为：$PbCl_2 + 2HCl \longrightarrow H_2[FbCl_4]$ 和 $2HgCl_2 + Sn^{2+} + 4Cl^- \longrightarrow Hg_2Cl_2(s) + [SnCl_6]^{2-}$。D 项，$PbCl_2$ 在有机溶剂中溶解缓慢，而 $SnCl_2$ 溶于乙醇、乙酸乙酯、冰乙酸溶液。

3. 与 Na_2CO_3 溶液作用全部都生成碱式盐沉淀的一组离子是(　　)。[北京航空航天大学 2010 研]

A. Mg^{2+}，Al^{3+}，Co^{2+}，Zn^{2+}

B. Fe^{3+}，Co^{2+}，Ni^{2+}，Cu^{2+}

C. Mg^{2+}，Mn^{2+}，Ba^{2+}，Zn^{2+}

D. Mg^{2+}；Mn^{2+}，Co^{2+}，Ni^{2+}

【答案】D

【解析】氢氧化物碱性较强的金属离子可沉淀为碳酸盐，如 Ba^{2+}；氢氧化物碱性较弱的金属离子可沉淀为碱式碳酸盐，如 Zn^{2+}、Mn^{2+}、Cu^{2+}、Mg^{2+}、Co^{2+} 和 Ni^{2+}；而强水解性的金属离子(特别是两性者)可沉淀为氢氧化物，如 Fe^{3+} 和 Al^{3+}，推出 D 项正确。

四、配平题

1. $PbS + HNO_3$(稀)$\longrightarrow$ [北京科技大学 2011 研]

解：$PbS + 4HNO_3$(稀)$\longrightarrow Pb(NO_3)_2 + S + 2NO_2 + 2H_2O$

2. 氢氟酸刻画玻璃的反应。[北京航空航天大学 2010 研]

解：$4HF + SiO_2 \longrightarrow SiF_4\uparrow + 2H_2O$

五、简答题

1. AlF_3 具有很高的熔点且难溶于有机溶剂中，而 $AlCl_3$ 的熔点较低，且易溶于有机溶剂中。[华南理工大学 2014 研]

答：AlF_3 是离子化合物，两离子所带电荷多，半径小，其晶格能大，所以具有很高的熔点并且难溶于有机溶剂中。$AlCl_3$ 是偏共价性的化合物，Cl^- 的半径大，有较大的变形性，Al^{3+} 所带电荷多，有较强的极化作用，因此 Al 和 Cl 所形成的键偏共价性，所以 $AlCl_3$ 的熔点较低，且易溶于有机溶剂中。

2. 试分析ⅣA 元素中，为什么锡的价态中，四价比二价稳定？而铅则相反，二价比四价稳定？[南京航空航天大学 2012 研]

答：(1)Sn 的原子核外电子排布为 Sn：$[Kr]4d^{10}5s^25p^2$，先失去 5p 上的 2 个电子，再失去 5s 上的 2 个电子。一般认为外层 *n*s 轨道上的电子较活泼，故 Sn 很容易失去 4 个电子，所以 Sn 的四价比二价稳定。

(2)Pb 的原子核外电子排布为：$[Kr]4f^{14}5d^{10}6s^26p^2$，但在第六周期 p 区元素中惰性电子

对效应体现突出，使得Pb在失去两个电子后，非常稳定，不易再失去两个电子形成四价铅，所以铅的二价比四价稳定。

3. 试分析 B_4H_{10} 中所形成的化学键。［南京航空航天大学2011研］

答：B_4H_{10} 中的化学键有共价键和三中心键（氢桥）。B原子是缺电子原子，硼烷分子内所有的价电子总数不能满足形成一般共价键所需的数目，所以一般硼烷也呈缺电子状态。在硼烷分子中，除形成一部分共价键外，还形成一部分三中心键，即2个硼原子与1个氢原子通过共用2个电子而形成的三中心二电子键，又称为氢桥。

4.（1）画出 $K_3B_3O_6$ 中环型阴离子、$Ca(BO_2)_2$ 中链式阴离子和 $[B_4O_5(OH)_4]^{2-}$ 的结构图。

（2）写出下列图示的平面二维结构的硅酸盐阴离子的化学式。［厦门大学2013研］

图13－3－1

【答案】（1）$K_3B_3O_6$ 中环型阴离子、$Ca(BO_2)_2$ 中链式阴离子和 $[B_4O_5(OH)_4]^{2-}$ 的结构图分别为：

```
      |                                          OH
      O                                          |
      |                                      O—B—O
      B                                     /   |   \
    O   O                               HO—B    O    B—OH
     \ /                                    \   |   /
   —O—B   B—O—  ]3-  ;  [ —B—O— ]-  ;       O—B—O
       \ O /                 ‖                   |
                             O                   OH        ]2-
```

（2）硅酸盐阴离子的化学式为：$(Si_{4n}O_{11n+2})^{(6n+4)-}$。

【解析】（2）将如下四个硅氧四面体看成整体

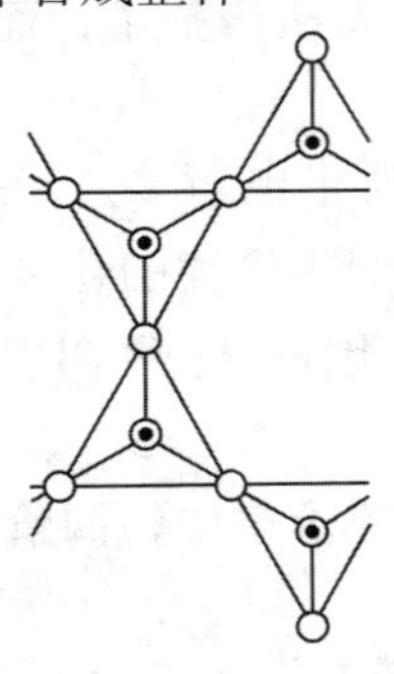

图13－3－2

可以计算出Si∶O＝4∶11（平面图中硅的位置还有一个氧），然后加上链端的两个氧，即可得到结构式。

第 14 章　p 区元素(二)

14.1　复习笔记

一、氮族元素概述

1. 氮族元素

氮族元素：元素周期表中第ⅤA 族元素(N、P、As、Sb、Bi)。

2. 氮族元素的性质

(1)价电子构型：ns^2np^3；

(2)常见氧化值：+3，+5；

(3)电负性：不大；

(4)稳定型：氮族元素氢化物的稳定性和碱性从 NH_3 到 BiH_3 依次减弱；

(5)酸性：氮族元素氢化物酸性依次增强，氧化物酸性依次减弱。

二、氮族元素单质

单质存在方式：(1)氮：以单质 N_2 形式；(2)磷：以磷酸盐形式；(3)砷、锑和铋：以硫化物矿的形式。

【拓展】磷的同素异形体有白磷、红磷和黑磷三种。白磷化学性质活泼，易氧化，能自燃，有剧毒。

三、氮族元素化合物

1. 氮的化合物

(1)氨与铵盐

①氨的性质

三角锥构型，极性分子；分子间可形成氢键；有特殊刺激性气味；极易溶于水；易液化，可用作制冷剂。

②反应类型

氨的主要反应类型主要包括：

a. 作为 Lewis 碱发生加合反应；

b. 氨分子中的氢被取代；

c. 作为还原剂被氧化。

③铵盐的性质

无色晶体；易溶于水，在水中发生水解反应；固体铵盐受热易分解。

④固体铵盐受热分解的规律

固体铵盐的分解产物与铵盐的酸的物理化学性质有关，主要可分为以下几点：

a. 无氧化性、易挥发性的酸的铵盐(如 $(NH_4)_2CO_3$ 等)分解为氨和相应的酸；

b. 无氧化性、不挥发性的酸的铵盐(如 $(NH_4)_3PO_4$ 等)分解为氨和相应的酸或酸式盐；

c. 氧化性的酸的铵盐(如 $(NH_4)_2Cr_2O_7$ 等)分解为氮气等产物。

(2)氮的氧化物、含氧酸及其盐

①亚硝酸：弱酸，不稳定，易分解；

②亚硝酸盐：易溶于水，碱金属、碱土金属的亚硝酸盐热稳定性较高；酸性溶液中亚硝酸盐具有氧化性。

③硝酸：强酸；不稳定，受热易分解；具有强氧化性，与非金属反应时，其还原产物为 NO；浓硝酸与金属反应时被还原为 NO_2；稀硝酸与金属反应时一般被还原为 NO；活泼金属可将稀硝酸还原为 N_2O 或 NH_4^+。

④硝酸盐

物化性质：离子型化合物；易溶于水，水溶液基本没有氧化性；固体硝酸盐高温时为强氧化剂。

金属的活泼型不同，固体硝酸盐受热分解的产物不同。

2. 磷的化合物

(1)磷的氧化物

三氧化二磷(P_2O_3)：白色固体或无色液体；可溶于有机溶剂，与冷水反应生成亚磷酸。

五氧化二磷(P_2O_5)：白色雪花状晶体；酸性氧化物；有强吸水性、腐蚀性；不燃烧；与水反应生成磷酸。

(2)磷的含氧酸及其盐

①一元中强酸：次磷酸(H_3PO_2)。

②二元中强酸：亚磷酸(H_3PO_3)。

③含氧酸：正磷酸、焦磷酸、偏磷酸、三聚磷酸等。

④三元中强酸：磷酸(H_3PO_4)，沸点高，黏度大，没有氧化性。

⑤四元酸：焦磷酸($H_4P_2O_7$)，其酸性比 H_3PO_4 强，$P_2O_7^{4-}$ 具有配位能力。

(3)磷的卤化物

三卤化磷(PX_3)：三角锥分子构型，熔点随相对分子质量的增大而增大。PCl_3 水解生成 H_3PO_3 和 HCl。

五卤化磷(PX_5)：气态分子为三角双锥构型。PCl_5 水解的最终产物为 H_3PO_4 和 HCl。

3. 砷、锑、铋的化合物

(1)砷、锑、铋的氧化物和氢氧化物的酸碱性

砷、锑、铋形成的氧化物和氢氧化物(或含氧酸)的酸碱性及其递变规律如图 14－1－1 所示。

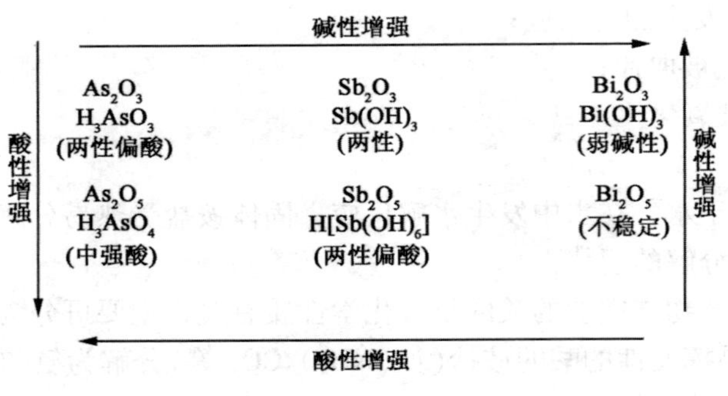

图 14－1－1

(2)砷、锑、铋化合物的氧化还原性

①As(Ⅲ)、Sb(Ⅲ)、Bi(Ⅲ)化合物的还原性依次减弱，碱性依次增强。

②As(Ⅴ)、Sb(Ⅴ)、Bi(Ⅴ)化合物的氧化性依次增强，酸性依次减弱。

【注意】$NaBiO_3$ 在酸性溶液中是强氧化剂，可将 Mn^{2+} 氧化为 MnO^-，此反应用于 Mn^{2+} 的鉴定。

(3)砷、锑、铋的硫化物

As(Ⅲ)、Sb(Ⅲ)、Bi(Ⅲ)硫化物的酸性依次减弱，碱性依次增强，它们的生成和溶解过程如图 14-1-2 所示。

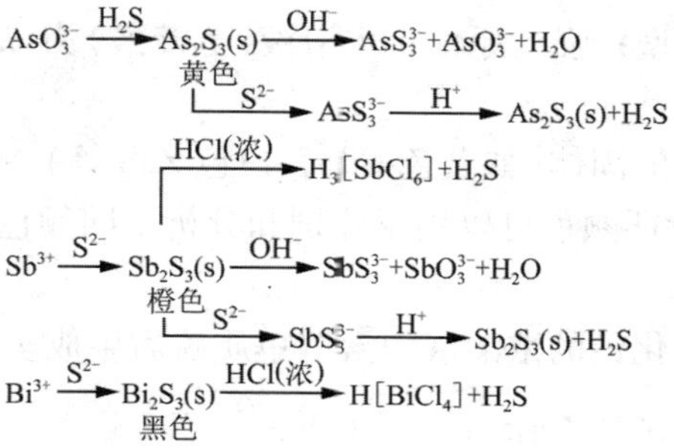

$$AsO_3^{3-} \xrightarrow{H_2S} \underset{\text{黄色}}{As_2S_3(s)} \xrightarrow{OH^-} AsS_3^{3-} + AsO_3^{3-} + H_2O$$

$$As_2S_3(s) \xrightarrow{S^{2-}} AsS_3^{3-} \xrightarrow{H^+} As_2S_3(s) + H_2S$$

$$Sb_2S_3(s) \xrightarrow{HCl(浓)} H_3[SbCl_6] + H_2S$$

$$Sb^{3+} \xrightarrow{S^{2-}} \underset{\text{橙色}}{Sb_2S_3(s)} \xrightarrow{OH^-} SbS_3^{3-} + SbO_3^{3-} + H_2O$$

$$Sb_2S_3(s) \xrightarrow{S^{2-}} SbS_3^{3-} \xrightarrow{H^+} Sb_2S_3(s) + H_2S$$

$$Bi^{3+} \xrightarrow{S^{2-}} \underset{\text{黑色}}{Bi_2S_3(s)} \xrightarrow{HCl(浓)} H[BiCl_4] + H_2S$$

图 14-1-2

四、氧族元素

1. 氧族元素

氧族元素：元素周期表中第ⅥA 族元素(O、S、Se、Te、Po)。

其中，O、S、Se、Te 是非金属元素，Po 是放射性金属元素。

2. 氧族元素的性质

(1)价电子构型：ns^2np^4；

(2)常见氧化值：O(-2)，S、Se、Te、Po(+2、+4、+6)；

(3)电负性：较大，O 的电负性最大(3.44)，仅次于 F；

(4)非金属性：O > S > Se > Te。

五、氧及其化合物

1. 氧气和臭氧

氧气和臭氧互为同素异形体，是氧元素组成的不同单质，二者的物化性质比较如表 14-1-1 所示。

表 14-1-1　氧和臭氧的物化性质

物质	物态	熔点/K	沸点/K	磁性	稳定性
O_2	气体：无色无臭； 液体：淡蓝色	54.6	90	顺磁性	稳定
O_3	气体：淡蓝色； 液体：深蓝色	21.6	160.6	反磁性	不稳定

【注意】氧气和臭氧都具有氧化性，但臭氧的氧化性要比氧气高。

2. 过氧化氢(双氧水)

①物理性质：水溶液为无色透明液体；熔点(纯)-1 ℃，沸点 150 ℃。

②化学性质：分子构型为非直线型；弱酸，强氧化剂。

六、硫及其化合物

1. 单质硫

单质硫（硫磺）：分子晶体；不溶于水；导热、导电性差，低毒。

单质硫的同素异形体包括正交硫（又称为菱形硫、斜方硫）和单斜硫。

2. 硫化氢和硫化物

①硫化氢（H_2S）

物理性质：无色、剧毒气体；微溶于水；沸点 −60 ℃，熔点 −86 ℃。

化学性质：V 形分子构型；强还原性；水溶液（氢硫酸）为二元弱酸。

②金属硫化物

物理性质：有特征颜色的固体（如黄色 CdS，白色 ZnS 等）；多数难溶于水。

【拓展】金属硫化物的特征颜色可以用于鉴别和分析不同颜色的金属。

3. 多硫化物

多硫化钠：可溶性的硫化钠的浓溶液中溶解单质硫后生成多硫化钠。

$$Na_2S+(x-1)S \xrightarrow{\triangle} Na_2S_x$$

多硫化物具有不稳定性，在酸性溶液中易歧化分解。

4. 二氧化硫和三氧化硫

SO_2 和 SO_3 的相关物化性质如表 14−1−2 所示。

表 14−1−2　SO_2 和 SO_3 的物化性质

物质	分子构型	物态	溶解度	沸点	熔点
SO_2	V 形	无色、有强烈刺激性气味的气体	易溶	−10 ℃	−75.5 ℃
SO_3	平面三角形	无色、易挥发固体	易溶	44.8 ℃	16.8 ℃

【注意】SO_2 可氧化成 SO_3，反应方程式为

$$2SO_2+O_2 \xrightarrow[>450\ ℃]{V_2O_5} 2SO_3$$

5. 硫的其他含氧酸及其盐

硫的若干含氧酸和盐的性质如表 14−1−3 所示。

表 14−1−3　硫的若干含氧酸和盐

物质	化学式	物态	性质	存在形式	用途
亚硫酸	H_2SO_3	无色透明液体	二元中强酸，还原性，氧化性	盐	漂白剂
硫酸	H_2SO_4	无色油状液体	二元强酸、强吸水性、强氧化剂	酸、盐	干燥剂
焦硫酸	$H_2S_2O_7$	无色晶体	强吸水性、强氧化剂，磺化剂	酸、盐	炸药
硫代硫酸	$H_2S_2O_3$	/	不稳定	盐	脱氯剂
过一硫酸	H_2SO_5	无色晶体	强吸水性、氧化性，受热易分解	酸、盐	聚合引发剂
过二硫酸	$H_2S_2O_8$	无色晶体	强吸水性、氧化性，受热易分解	酸、盐	氧化剂

14.2　课后习题详解

1. 试写出下列物质之间的反应方程式：

(1)氨和氧(铂催化)；(2)液氨和钠；(3)浓硝酸和汞；(4)稀硝酸和铝；
(5)稀硝酸和银；(6)锡和浓硝酸；(7)氯化铵溶液与亚硝酸钠溶液；
(8)酸性溶液中碘化钾与亚硝酸钠。

解：各反应方程式如下：

(1)$4NH_3(g) + 5O_2(g) \xrightarrow{Pt} 4NO(g) + 6H_2O(l)$

(2)$2NH_3(l) + 2Na(s) \longrightarrow 2NaNH_2(aq) + H_2(g)$

(3)$Hg(l) + 4HNO_3$(浓)$\longrightarrow Hg(NO_3)_2(aq) + 2NO_2(g) + 2H_2O(l)$

(4)$8Al(s) + 30HNO_3$(稀)$\longrightarrow 8Al(NO_3)_3(aq) + 3N_2O(g) + 15H_2O(l)$

(5)$3Ag(s) + 4HNO_3$(稀)$\longrightarrow 3AgNO_3(aq) + NO(g) + 2H_2O(l)$

(6)$Sn(s) + 4HNO_3$(浓)$\longrightarrow H_2SnO_3(s) + 4NO_2(g) + H_2O(l)$

(7)$NH_4Cl(aq) + NaNO_2(aq) \longrightarrow N_2(g) + NaCl(aq) + 2H_2O(l)$

(8)$2I^-(aq) + 2NO_2^-(aq) + 4H^+(aq) \longrightarrow I_2(aq) + 2NO(g) + 2H_2O(l)$

2. 完成并配平下列反应方程式：

(1)$NH_4HS \xrightarrow{\triangle}$　　**(2)$NH_4HCO_3 \xrightarrow{\triangle}$**

(3)$Ca(NO_3)_2 \xrightarrow{\triangle}$　　**(4)$Cu(NO_3)_2 \xrightarrow{\triangle}$**

(5)$Hg(NO_3)_2 \xrightarrow{\triangle}$

解：各反应方程式如下：

(1)$NH_4HS(s) \xrightarrow{\triangle} NH_3(g) + H_2S(g)$

(2)$NH_4HCO_3(s) \xrightarrow{\triangle} NH_3(g) + H_2O(g) + CO_2(g)$

(3)$Ca(NO_3)_2(s) \xrightarrow{\triangle} Ca(NO_2)_2(s) + O_2(g)$

(4)$2Cu(NO_3)_2(s) \xrightarrow{\triangle} 2CuO(s) + 4NO_2(g) + O_2(g)$

(5)$Hg(NO_3)_2 \xrightarrow{\triangle} Hg(g) + 2NO_2(g) + O_2(g)$

3. 完成并配平下列反应方程式：

(1)$PBr_3 + H_2O \longrightarrow$　　**(2)$Ag^+ + HPO_4^{2-}$(过量)$\longrightarrow$**

(3)$P_4O_{10} + HNO_3 \longrightarrow$　　**(4)$Cu^{2+} + P_2O_7^{4-}$(过量)$\longrightarrow$**

说明：原教材中(3)小问的P_4H_{10}错误，应为P_4O_{10}，在此处进行更正。

解：各反应方程式如下：

(1)$PBr_3 + 3H_2O \longrightarrow H_3PO_3 + 3HBr$

(2)$3Ag^+ + 2HPO_4^{2-}$(过量)$\longrightarrow Ag_3PO_4 + H_2PO_4^-$

(3)$P_4O_{10} + 12HNO_3 \longrightarrow 4HPO_3 + 4H_2O + 6N_2O_5$

(4)$Cu^{2+} + 2P_2O_7^{4-}$(过量)$\longrightarrow [Cu(P_2O_7)_2]^{6-}$

4. 写出下列反应方程式：

(1)三氧化二砷溶于氢氧化钠溶液；　　**(2)三硫化二锑溶于硫化铵溶液；**
(3)五硫化二锑溶于浓盐酸；　　**(4)硝酸铋溶液稀释时变混浊；**
(5)硫代亚锑酸钠与盐酸作用；　　**(6)铋酸钠与浓盐酸反应；**
(7)硫酸亚锑与单质锡反应。

解：各反应方程式如下：

(1) $As_2O_3 + 6NaOH \longrightarrow 2Na_3AsO_3 + 3H_2O$

(2) $Sb_2S_3 + 3(NH_4)_2S \longrightarrow 2(NH_4)_3SbS_3$

(3) $Sb_2S_5 + 6HCl$(浓)$\longrightarrow 3H_2S + 2S + 2SbCl_3$

(4) $Bi(NO_3)_3 + H_2O \longrightarrow BiONO_3(s) + 2HNO_3$

(5) $2Na_3SbS_3 + 6HCl \longrightarrow Sb_2S_3 + 3H_2S + 6NaCl$

(6) $NaBiO_3 + 6HCl$(浓)$\longrightarrow BiCl_3 + Cl_2 + NaCl + 3H_2O$

(7) $Sb_2(SO_4)_3 + 3Sn \longrightarrow 2Sb + 3SnSO_4$

5. 如何鉴定 Bi^{3+}，Sb^{3+} 的存在是否干扰 Bi^{3+} 的鉴定？如何分离 Bi^{3+} 和 Sb^{3+}？

解： 鉴定 Bi^{3+} 的方法为：在试液中加入 $Sn[(OH)_4]^{2-}$，若生成黑色沉淀，则证明有 Bi^{3+}。

$$2Bi^{3+} + 3[Sn(OH)_4]^{2-} + 6OH^- \longrightarrow 3[Sn(OH)_6]^{2-} + 2Bi(s)$$

Sb^{3+} 的存在会干扰 Bi^{3+} 的鉴定，因为碱性介质中 $Sn[(OH)_4]^{2-}$ 也能将 Sb^{3+} 还原为黑色的锑。

分离两者的方法：在含有 Sb^{3+} 和 Bi^{3+} 的溶液中，加入过量的 NaOH 稀溶液，发生的反应如下：

$$Sb^{3+} + 3OH^- \longrightarrow Sb(OH)_3(s)$$

$$Sb(OH)_3 + OH^- \longrightarrow [Sb(OH)_4]^-$$

$$Bi^{3+} + 3OH^- \longrightarrow Bi(OH)_3(s)$$

离心分离，即可将两者分开。

6. 某金属氯化物 A 的晶体放入水中生成白色沉淀 B；再加入盐酸，沉淀 B 消失，又得到 A 的溶液。此溶液与过量的稀 NaOH 溶液反应生成白色沉淀 C；C 与 NaClO – NaOH 混合溶液反应生成土黄色沉淀 D，D 可与 $MnSO_4$ 和 HNO_3 的混合溶液反应生成紫色溶液。A 溶液与 H_2S 溶液反应生成黑色沉淀 E。沉淀 C 同亚锡酸钠的碱性溶液混合，生成黑色沉淀 F。试确定各字母所代表物种的化学式，写出相关反应方程式。

解： A. $BiCl_3$；B. $BiOCl$；C. $Bi(OH)_3$；D. $NaBiO_3$；E. Bi_2S_3；F. Bi

相应反应方程式如下

$$BiCl_3 + H_2O \longrightarrow BiOCl(s) + 2HCl$$

$$Bi^{3+} + 3OH^- \longrightarrow Bi(OH)_3(s)$$

$$Bi(OH)_3 + ClO^- + OH^- + Na^+ \longrightarrow NaBiO_3(s) + Cl^- + 2H_2O$$

$$5NaBiO_3(s) + 2Mn^{2+} + 14H^+ \longrightarrow 2MnO_4^- + 5Bi^{3+} + 5Na^+ + 7H_2O$$

$$2Bi^{3+} + 3H_2S \longrightarrow Bi_2S_3(s) + 6H^+$$

$$2Bi(OH)_3 + 3[Sn(OH)_4]^{2-} \longrightarrow 2Bi(s) + 3[Sn(OH)_6]^{2-}$$

7. 根据教材附表一中的相关数据计算电势图 N_2 —— $HN_3(aq)$ —— $NH_4^+(aq)$ 在酸性溶液中 $E^\ominus(N_2/HN_3)$ 和 $E^\ominus(HN_3/NH_4^+)$。写出 $HN_3(aq)$ 的歧化反应方程，计算 25 ℃下该反应的标准平衡常数 $K^\ominus$，并评价 $HN_3(aq)$ 的稳定性。

解： 查阅相关的热力学数据得：

	$N_2(g)$ ——	$HN_3(aq)$ ——	$NH_4^+(aq)$
$\Delta_f G_m^\ominus(kJ \cdot mol^{-1})$	0	321.8	−79.31

(1) $2H^+(aq) + 3N_2(g) + 2e^- \rightleftharpoons 2HN_3(aq)$

$$\Delta_r G_m^{\ominus}(1) = 321.8\ \text{kJ}\cdot\text{mol}^{-1} \times 2 = 643.6\ \text{kJ}\cdot\text{mol}^{-1}$$

根据 $\Delta_r G_m^{\ominus} = -zFE^{\ominus}$，有

$$E^{\ominus}(N_2/HN_3) = \frac{-643.6\times10^3\ \text{J}\cdot\text{mol}^{-1}}{2\times9.6485\times10^4\ \text{C}\cdot\text{mol}^{-1}} = -3.335\ \text{V}$$

(2) $HN_3(aq) + 11H^+(aq) + 8e^- \rightleftharpoons 3NH_4^+(aq)$

$$\Delta_r G_m^{\ominus}(2) = (-79.31\times3 - 321.8)\ \text{kJ}\cdot\text{mol}^{-1} = -559.73\ \text{kJ}\cdot\text{mol}^{-1}$$

$$E^{\ominus}(HN_3/NH_4^+) = \frac{559.73\times10^3\ \text{J}\cdot\text{mol}^{-1}}{8\times9.6485\times10^4\ \text{C}\cdot\text{mol}^{-1}} = 0.725\ \text{V}$$

$HN_3(aq)$的歧化反应为 $3HN_3(aq) + H^+(aq) = 4N_2(g) + NH_4^+(aq)$。

$$\lg K^{\ominus} = \frac{zE^{\ominus}}{0.0592\ \text{V}} = \frac{8\times(0.725+3.335)\ \text{V}}{3\times0.0592\ \text{V}} = 182.883$$

$$K^{\ominus} = 7.64\times10^{182}$$

由 $K^{\ominus}$可知反应正向进行趋势很大，说明 HN_3 在常温下不稳定，易分解。

8. 试计算 25 ℃时反应 $H_3AsO_4 + 2I^- + 2H^+ \rightleftharpoons H_3AsO_3 + I_2 + H_2O$ 的标准平衡常数。当 H_3AsO_4，H_3AsO_3 和 I^-的浓度均为 1.0 mol · L^{-1}，该反应正、负极电极电势相等时，溶液的 pH 为多少？

解：查阅标准电极电势表可知：$E^{\ominus}(H_3AsO_4/H_3AsO_3) = 0.5748\ \text{V}$，$E^{\ominus}(I_2/I^-) = 0.5345\ \text{V}$

$$\lg K^{\ominus} = \frac{zE_{MF}^{\ominus}}{0.0592\ \text{V}} = \frac{2\times(0.5748-0.5345)\ \text{V}}{0.0592\ \text{V}} = 1.3615$$

$$K^{\ominus} = 23.0$$

当 $E(H_3AsO_4/H_3AsO_3) = E(I_2/I^-)$，且 $c(H_3AsO_4) = c(H_3AsO_3) = c(I^-) = 1.0\ \text{mol}\cdot\text{L}^{-1}$ 时，则有

$$E^{\ominus}(H_3AsO_4/H_3AsO_3) + \frac{0.0592\ \text{V}}{2}\lg[c(H^+)/c^{\ominus}]^2 = E^{\ominus}(I_2/I^-)$$

$$0.5748\ \text{V} - 0.0592\ \text{V}\cdot\text{pH} = 0.5345\ \text{V}$$

$$\text{pH} = 0.681$$

9. 完成并配平下列反应方程式：

(1) $I^- + O_3 + H^+ \longrightarrow$

(2) $H_2O_2 + I^- + H^+ \longrightarrow$

(3) $H_2O_2 + MnO_4^- + H^+ \longrightarrow$

(4) $FeCl_3 + H_2S \longrightarrow$

(5) $Ag_2S + HNO_3$(浓)$\longrightarrow$

(6) $S + HNO_3$(浓)$\longrightarrow$

(7) $Na_2S_2O_3 + I_2 \longrightarrow$

(8) $I_2 + H_2SO_3 + H_2O \longrightarrow$

(9) $H_2S + H_2SO_3 \longrightarrow$

(10) $Na_2S_2O_3 + Cl_2 + H_2O \longrightarrow$

(11) $Mn^{2+} + S_2O_8^{2-} + H_2O \longrightarrow$

(12) $S_2O_8^{2-} + S^{2-} + OH^- \longrightarrow$

解：各反应方程式如下：

(1) $2I^- + O_3 + 2H^+ \longrightarrow I_2 + O_2 + H_2O$

(2) $H_2O_2 + 2I^- + 2H^+ \longrightarrow I_2 + 2H_2O$

(3) $5H_2O_2 + 2MnO_4^- + 6H^+ \longrightarrow 2Mn^{2+} + 5O_2 + 8H_2O$

(4) $2FeCl_3 + H_2S \longrightarrow 2FeCl_2 + 2HCl + S$

(5) $3Ag_2S + 8HNO_3$(浓)$\longrightarrow 6AgNO_3 + 3S + 2NO + 4H_2O$

(6) $S + 2HNO_3$(浓)$\longrightarrow H_2SO_4 + 2NO$

(7)$2Na_2S_2O_3 + I_2 \longrightarrow Na_2S_4O_6 + 2NaI$

(8)$I_2 + H_2SO_3 + H_2O \longrightarrow H_2SO_4 + 2HI$

(9)$2H_2S + H_2SO_3 \longrightarrow 3S + 3H_2O$

(10)$Na_2S_2O_3 + 4Cl_2 + 5H_2O \longrightarrow 2NaHSO_4 + 8HCl$

(11)$2Mn^{2+} + 5S_2O_8^{2-} + 8H_2O \longrightarrow 2MnO_4^- + 10SO_4^{2-} + 16H^+$

(12)$4S_2O_8^{2-} + S^{2-} + 8OH^- \longrightarrow 9SO_4^{2-} + 4H_2O$

10. 在4个瓶子内分别盛有 $FeSO_4$，$Pb(NO_3)_2$，K_2SO_4，$MnSO_4$ 溶液，怎样用通入 H_2S 和调节 pH 的方法来鉴别它们?

解：分别取少量四种溶液于试管中，然后通入 H_2S 至饱和，有黑色沉淀生成的是 $Pb(NO_3)_2$，然后在无沉淀的三支试管中加入 $NH_3 \cdot H_2O$，有黑色沉淀生成的是 $FeSO_4$，有肉色沉淀生成的是 $MnSO_4$，无沉淀的是 K_2SO_4。

PbS 的 $K_{sp}^{\ominus}$为 8.0×10^{-28}，不溶于稀酸，加入 H_2S 就出现沉淀。MnS 的 $K_{sp}^{\ominus}$为 2.5×10^{-13}，FeS 的 $K_{sp}^{\ominus}$为 6.3×10^{-18}，二者均可溶于稀酸，仅加入 H_2S 不能出现沉淀，继续加入氨碱性溶液可出现沉淀。K_2S 是水溶性硫化物。

11. 试用一种试剂将钠的硫化物、多硫化物、亚硫酸盐、硫代硫酸盐和硫酸盐彼此区分开来。写出有关的离子方程式。

解：可以采用盐酸来区分：

(1)硫化物溶于盐酸时产生 H_2S 气体，其离子反应方程式为

$$S^{2-} + 2H^+ \longrightarrow H_2S(g)$$

可通过气味或醋酸铅试纸检验 H_2S 气体。

(2)多硫化合物与盐酸作用生成多硫化氢，多硫化氢不稳定，易分解，有白色胶状硫磺生成，其离子反应方程式为

$$S_x^{2-} + 2H^+ \longrightarrow H_2S_x,\ H_2S_x \longrightarrow H_2S + (x-1)S(s)$$

(3)亚硫酸盐与盐酸反应放出有刺激性气味的 SO_2 气体，其离子反应方程式为

$$SO_3^{2-} + 2H^+ \longrightarrow SO_2(g) + H_2O(l)$$

(4)硫代硫酸盐与盐酸作用有白色胶状硫磺生成，并放出 SO_2 刺激性气体，其离子反应方程式为

$$S_2O_3^{2-} + 2H^+ \longrightarrow S(s) + SO_2(g) + H_2O(l)$$

(5)硫酸盐与盐酸不反应。

12. 将 $SO_2(g)$通入纯碱溶液中，有无色无味气体 A 逸出，所得溶液经烧碱中和，再加入硫化钠溶液除去杂质，过滤后得溶液 B。将某非金属单质 C 加入溶液 B 中加热，反应后再经过滤、除杂等过程后，得溶液 D。取 3 mL 溶液 D 加入 HCl 溶液，其反应产物之一为沉淀 C。另取 3 mL 溶液 D，加入少许 AgBr(s)，则其溶解，生成配离子 E。再取第 3 份 3 mL溶液 D，在其中加入几滴溴水，溴水颜色消失，再加入 $BaCl_2$ 溶液，得到不溶于稀盐酸的白色沉淀 F。试确定 A，B，C，D，E，F 的化学式，并写出各步反应方程式。

解：A. CO_2；B. Na_2SO_3；C. S；D. $Na_2S_2O_3$；E. $[Ag(S_2O_3)_2]^{3-}$；F. $BaSO_4$

相关反应方程式如下

$$SO_2 + Na_2CO_3 \longrightarrow Na_2SO_3 + CO_2$$

$$Na_2SO_3 + S \xrightarrow{\triangle} Na_2S_2O_3$$

$$Na_2S_2O_3 + 2HCl \longrightarrow 2NaCl + S + SO_2 + H_2O$$
$$AgBr(s) + 2S_2O_3^{2-} \longrightarrow [Ag(S_2O_3)_2]^{3-} + Br^-$$
$$S_2O_3^{2-} + 4Br_2 + 5H_2O \longrightarrow 2SO_4^{2-} + 8Br^- + 10H^+$$
$$Ba^{2+} + SO_4^{2-} \longrightarrow BaSO_4(s)$$

13. 两种盐的晶体 A，B 溶于水都能得到无色溶液。在 A 溶液中加入饱和 H_2S 溶液没有沉淀生成；B 溶液中加入饱和 H_2S 溶液产生黑色沉淀 C。将 A 和 B 溶液混合后生成白色沉淀 D 与溶液 E；D 可溶于 $Na_2S_2O_3$ 溶液生成无色溶液 F；F 中加入 KI 溶液生成黄色沉淀 G；若在 F 中加入 Na_2S 溶液可生成沉淀 C，C 与硝酸混合后加热生成含 B 的溶液和淡黄色沉淀 H，并有气体生成。溶液 E 中加入 Na_2SO_4，生成不溶于盐酸的白色沉淀 I。试确定各字母所代表物种的化学式，写出相关反应方程式。

解： A. $BaCl_2$；B. $AgNO_3$；C. Ag_2S；D. AgCl；E. $Ba(NO_3)_2$；F. $[Ag(S_2O_3)_2]^{3-}$；G. AgI；H. S；I. $BaSO_4$

相关反应方程式如下

$$2Ag^+ + H_2S \longrightarrow Ag_2S(s) + 2H^+$$
$$Ag^+ + Cl^- \longrightarrow AgCl(s)$$
$$AgCl(s) + 2S_2O_3^{2-} \longrightarrow [Ag(S_2O_3)_2]^{3-} + Cl^-$$
$$[Ag(S_2O_3)_2]^{3-} + I^- \longrightarrow AgI(s) + 2S_2O_3^{2-}$$
$$2[Ag(S_2O_3)_2]^{3-} + S^{2-} \longrightarrow Ag_2S + 4S_2O_3^{2-}$$
$$3Ag_2S(s) + 8HNO_3 \xrightarrow{\triangle} 6AgNO_3 + 2NO + 3S + 4H_2O$$
$$Ba^{2+} + SO_4^{2-} \longrightarrow BaSO_4(s)$$

14. Fe^{3+} 可以作为 H_2O_2 歧化(分解)反应的催化剂。若该反应的机理为

(1) $H_2O_2(aq) + 2Fe^{3+}(aq) \longrightarrow 2Fe^{2+}(aq) + 2H^+(aq) + O_2(g)$

(2) $H_2O_2(aq) + 2Fe^{2+}(aq) \longrightarrow 2Fe^{3+}(aq) + 2OH^-(aq)$

总反应：$2H_2O_2(aq) \longrightarrow 2H_2O(l) + O_2(g)$

查出相关电对的标准电极电势，说明上述机理的可行性。并推断 Ca^{2+} 催化 H_2O_2 分解的反应机理。

解： 查阅相关的标准电极电势表知：

$E_A^{\ominus}(Fe^{3+}/Fe^{2+}) = 0.769\ V$　$E_A^{\ominus}(O_2/H_2O_2) = 0.694\ V$　$E_A^{\ominus}(H_2O_2/H_2O) = 1.76\ V$

$E_A^{\ominus}(Fe^{3+}/Fe^{2+}) > E_A^{\ominus}(O_2/H_2O_2)$，所以反应(1)可以进行。

$E_A^{\ominus}(H_2O_2/H_2O) > E_A^{\ominus}(Fe^{3+}/Fe^{2+})$，则反应(2)也可以进行。

$E_A^{\ominus}(Ca^{2+}/Ca) = -2.869\ V < E_A^{\ominus}(O_2/H_2O_2)$，则第一步反应无法进行，所以 Ca^{2+} 不能催化 H_2O_2 分解反应。

15. 已知 $\Delta_f H_m^{\ominus}(H_2O_2, aq) = -191.17\ kJ \cdot mol^{-1}$，$\Delta_f H_m^{\ominus}(H_2O, l) = -285.83\ kJ \cdot mol^{-1}$，$E^{\ominus}(O_2/H_2O_2) = 0.6945\ V$，$E^{\ominus}(H_2O_2/H_2O) = 1.763\ V$。试计算 25 ℃时反应 $2H_2O_2(l) \rightleftharpoons 2H_2O(l) + O_2(g)$ 的 $\Delta_r H_m^{\ominus}$，$\Delta_r G_m^{\ominus}$，$\Delta_r S_m^{\ominus}$ 和标准平衡常数 $K^{\ominus}$。

解： 反应方程式为 $2H_2O_2(aq) \rightleftharpoons 2H_2O(l) + O_2(g)$ 时，已知

$$E^{\ominus}(O_2/H_2O_2) = 0.6945\ V$$
$$E^{\ominus}(H_2O_2/H_2O) = 1.763\ V$$

$$\Delta_f H_m^\ominus(H_2O_2, aq) = -191.17\ kJ \cdot mol^{-1}$$

$$\Delta_f H_m^\ominus(H_2O_2, l) = -187.78\ kJ \cdot mol^{-1}$$

$$\Delta_f H_m^\ominus(H_2O, l) = -285.83\ kJ \cdot mol^{-1}$$

则有

$$\begin{aligned}\Delta_r H_m^\ominus(298.15\ K) &= 2\Delta_f H_m^\ominus(H_2O, l) + \Delta_f H_m^\ominus(O_2, g) - 2\Delta_f H_m^\ominus(H_2O_2, aq)\\ &= [2\times(-285.83)+0-2\times(-191.17)]\ kJ \cdot mol^{-1}\\ &= -189.32\ kJ \cdot mol^{-1}\end{aligned}$$

$$\begin{aligned}\Delta_r G_m^\ominus(298.15\ K) &= -zFE_{MF}^\ominus\\ &= -2\times 96485\times(1.763-0.6945)\ kJ \cdot mol^{-1}\\ &= -206.3\ kJ \cdot mol^{-1}\end{aligned}$$

由 $\Delta_r G_m^\ominus = \Delta_r H_m^\ominus - T\Delta_r S_m^\ominus$ 得

$$\begin{aligned}\Delta_r S_m^\ominus(298.15\ K) &= \frac{\Delta_r H_m^\ominus(298.15\ K) - \Delta_r G_m^\ominus(298.15\ K)}{T}\\ &= \frac{[-189.32-(-206.3)]\ kJ \cdot mol^{-1}}{298.15\ K}\\ &= 57.0\ J \cdot mol^{-1} \cdot K^{-1}\end{aligned}$$

$$2H_2O_2(l) \rightleftharpoons 2H_2O(l) + O_2(g) \tag{1}$$

$$2H_2O_2(aq) \rightleftharpoons 2H_2O(l) + O_2(g) \tag{2}$$

$$H_2O_2(aq) = H_2O_2(l) \tag{3}$$

查表得

$$\begin{aligned}\Delta_r G_m^\ominus(3) &= \Delta_f G_m^\ominus(H_2O_2, l) - \Delta_f G_m^\ominus(H_2O_2, aq)\\ &= (-120.35-(-134.03))\ kJ \cdot mol^{-1}\\ &= 13.68\ kJ \cdot mol^{-1}\end{aligned}$$

$$\begin{aligned}\Delta_r H_m^\ominus(3) &= \Delta_f H_m^\ominus(H_2O_2, l) - \Delta_f H_m^\ominus(H_2O_2, aq)\\ &= (-187.78-(-191.17))\ kJ \cdot mol^{-1}\\ &= 3.39\ kJ \cdot mol^{-1}\end{aligned}$$

$$\begin{aligned}\Delta_r S_m^\ominus(3) &= S_m^\ominus(H_2O_2, l) - S_m^\ominus(H_2O_2, aq)\\ &= (109.6-143.9)\ J \cdot mol^{-1} \cdot K^{-1}\\ &= -34.3\ J \cdot mol^{-1} \cdot K^{-1}\end{aligned}$$

由(1) = (2) − 2 × (3)得

$$\begin{aligned}\Delta_r G_m^\ominus(1) &= \Delta_r G_m^\ominus(2) - 2\times\Delta_r G_m^\ominus(3)\\ &= -206.3\ kJ \cdot mol^{-1} - 2\times 13.68\ kJ \cdot mol^{-1}\\ &= -233.66\ kJ \cdot mol^{-1}\end{aligned}$$

$$\begin{aligned}\Delta_r H_m^\ominus(1) &= \Delta_r H_m^\ominus(2) - 2\times\Delta_r H_m^\ominus(3)\\ &= -189.32\ kJ \cdot mol^{-1} - 2\times 3.39\ kJ \cdot mol^{-1}\\ &= -196.1\ kJ \cdot mol^{-1}\end{aligned}$$

$$\begin{aligned}\Delta_r S_m^{\ominus}(1) &= \Delta_r S_m^{\ominus}(2) - 2\times\Delta_r S_m^{\ominus}(3)\\ &= 57.0\ \text{J}\cdot\text{mol}^{-1}\cdot\text{K}^{-1} - 2\times(-34.3)\ \text{J}\cdot\text{mol}^{-1}\cdot\text{K}^{-1}\\ &= 125.6\ \text{J}\cdot\text{mol}^{-1}\cdot\text{K}^{-1}\end{aligned}$$

根据 $\Delta_r G_m^{\ominus} = -RT\ln K^{\ominus}$得

$$K^{\ominus}(1) = e^{\frac{-\Delta_r G_m^{\ominus}(1)}{RT}} = e^{\frac{233660}{8.314\times 298.15}} = 8.66\times 10^{40}$$

14.3 名校考研真题详解

一、判断题

氨在纯氧中燃烧可生成水和氮气，在催化剂下完全氧化可生成 NO_2。(　　)[南京航空航天大学2014研]

【答案】错

【解析】氨在催化剂条件下完全氧化可生成 NO。

二、填空题

1. H_2S 在充足的空气中燃烧的化学方程式为(　　)。[南京航空航天大学2012研]

【答案】$2H_2S + 3O_2 \longrightarrow 2SO_2 + 2H_2O$

【解析】硫化氢在充足的空气中燃烧生成二氧化硫和水，当空气不足或温度较低时，生成游离的硫和水。

2. 在下述硫化物中：

A. As_2S_3　　B. Sb_2S_3　　C. Bi_2S_3　　D. SnS

(1)不溶于盐酸的是__________；

(2)不溶于 NaS 溶液的是__________；

(3)不溶于 NaS_x 溶液的是__________。[厦门大学2013研]

【答案】(1)As_2S_3；(2)SnS、Bi_2S_3；(3)Bi_2S_3

【解析】As_2S_3 显酸性，可溶于碱性溶液，但不溶于酸性溶液；Bi_2S_3 显碱性，可溶于酸性溶液，但不溶于碱性溶液；NaS 溶液只能溶解含多个硫原子的化合物，所以 SnS 不溶；而 NaS_x 可以溶解 SnS。

3. 五氯化磷蒸气是分子化合物，但固体五氯化磷是(　　)阳离子与(　　)阴离子构成的离子化合物。[厦门大学2005研]

【答案】$[PCl_4]^+$；$[PCl_6]^-$

三、选择题

1. 下列叙述中，错误的是(　　)。[北京科技大学2012研]

A. $Na_2S_2O_3$ 可作为还原剂，在反应中只能被氧化成 $S_4O_6^{2-}$

B. 在早期的防毒面具中，曾应用 $Na_2S_2O_3$ 作解毒剂

C. 照相术中，AgBr 被 $Na_2S_2O_3$ 溶液溶解而生成配离子

D. $Na_2S_2O_3$ 可用于棉织物等漂白后脱氯

【答案】A

【解析】A 项，硫代硫酸钠具有还原性，可以被较强的氧化剂 Cl_2 氧化为硫酸钠，反应方程式为：$S_2O_3^{2-} + 4Cl_2 + 5H_2O \longrightarrow 2SO_4^{2-} + 8Cl^- + 10H^+$；

B 项，$Na_2S_2O_3$ 在医药上可用作氰化物(如氰化钠 NaCN)的解毒剂，反应方程式为：

$CN^- + S_2O_3^{2-} \longrightarrow SCN^- + SO_3^{2-}$；

C 项，硫代硫酸钠具有配位能力，可与 Ag^+ 和 Cd^{2+} 等形成稳定的配离子，如用作照相的定影剂，底片上未感光的溴化银在定影液中被溶解，反应方程式为：$2S_2O_3^{2-} + AgBr \longrightarrow [Ag(S_2O_3)_2]^{3-} + Br^-$；

D 项，如 A 项中的反应，在纺织工业上用 $Na_2S_2O_3$ 作脱氯剂。

2. 下列对氧族元素性质的叙述中正确的是(　　)。[北京科技大学 2012 研]

A. 氧族元素与其它元素化合时，均可呈现 +2，+4，+6 或 -1，-2 等氧化值

B. 氧族元素电负性从氧到钋依次增大

C. 氧族元素的电负性从氧到钋依次减小

D. 氧族元素都是非金属元素

【答案】C

【解析】A 项，氧只有与氟化合时，其氧化值才为正值；B 项，氧是氧族元素中电负性最大的元素，从氧到钋电负性逐渐减弱；D 项，氧族元素钋属于放射性金属元素。

3. 下列氢化物与水反应不产生氢气的是(　　)。[北京科技大学 2012 研]

A. LiH　　　　B. SiH_4　　　　C. B_2H_6　　　　D. PH_3

【答案】D

【解析】A 项，离子型氢化物与水都会发生剧烈的水解反应而放出氢气

$$LiH + H_2O \longrightarrow LiOH + H_2$$

B 项，硅烷对碱十分敏感，溶液中有微量的碱就会引起硅烷迅速水解

$$SiH_4 + (n+2)H_2O \xrightarrow{\text{碱催化}} SiO_2 \cdot nH_2O + 4H_2$$

C 项，乙硼烷在室温下极易水解：

$$B_2H_6 + 6H_2O \longrightarrow 2H_3BO_3 + 6H_2$$

D 项，PH_3 与水不反应。

四、简答题

1. 比较氮的氢化物 NH_3、N_2H_4、NH_2OH、HN_3 的酸碱性强弱，并说明原因。[电子科技大学 2010 研]

答：根据酸碱电子理论，物质的酸碱性与原子的给电子能力与接受电子能力大小直接相关。物质的给电子能力越大，则碱性越强；物质的接受电子能力越大，则酸性越强：

氮的氢化物 N_2H_4、NH_2OH 可看成是 NH_3 分子内的一个氢原子被—NH_2、—OH 取代的产物，由于取代基的吸电子能力顺序为：—NH_2 < —OH。所以取代后中心 N 原子的给电子能力大小顺序：$NH_3 > N_2H_4 > NH_2OH$。

HN_3 中的 N_3^- 为类卤离子，HN_3 具有卤化氢的基本性质，即具有给出质子的能力，在水中显酸性。

即氮的氢化物碱性大小顺序为：$NH_3 > N_2H_4 > NH_2OH > HN_3$。

2. 在一种含有配离子 A 的溶液中，加入稀盐酸，有刺激性气味气体 B、黄色沉淀 C 和白色沉淀 J 产生。气体 B 能使 $KMnO_4$ 溶液褪色。若通氯气于溶液 A 中得到白色沉淀 J 和含有 D 的溶液。D 与 $BaCl_2$ 作用，有不溶于酸的白色沉淀 E 产生。若在溶液 A 中加入 KI 溶液，产生黄色沉淀 F，再加入 NaCN 溶液，黄色沉淀 F 溶解，形成无色溶液 G，向 G 中通入 H_2S 气体，得到黑色沉淀 H。根据上述实验结果，写出各步反应的方程式，并确定 A、

B、C、D、E、F、G、H 及 J 各为何物。［厦门大学 2017 研］

答：A：$[Ag(S_2O_3)_2]^{3-}$；B：SO_2；C：S；D：SO_4^{2-}；E：$BaSO_4$；F：AgI；G：$[Ag(CN)_2]^-$；H：Ag_2S；J：AgCl

(1) $[Ag(S_2O_3)_2]^{3-} + 4H^+ + Cl^- \longrightarrow AgCl\downarrow + 2S\downarrow + 2SO_2 + 2H_2O$

(2) $5SO_2 + 2KMnO_4 + 2H_2O \longrightarrow K_2SO_4 + 2MnSO_4 + 2H_2SO_4$

(3) $[Ag(S_2O_3)_2]^{3-} \longrightarrow Ag^+ + 2S_2O_3^{2-}$

$S_2O_3^{2-} + 4Cl_2 + 5H_2O \longrightarrow 2SO_4^{2-} + 8Cl^- + 10H^+$

$Ag^+ + Cl^- \longrightarrow AgCl\downarrow$

(4) $Ba^{2+} + SO_4^{2-} \longrightarrow BaSO_4\downarrow$

(5) $[Ag(S_2O_3)_2]^{3-} + I^- \longrightarrow AgI\downarrow + 2S_2O_3^{2-}$

(6) $AgI + 2CN^- \longrightarrow [Ag(CN)_2]^- + I^-$

(7) $2[Ag(CN)_2]^- + H_2S \longrightarrow Ag_2S\downarrow + 2HCN + 2CN^-$

3. 解释下列现象：

(1) 气体状态和固体状态时，$BeCl_2$ 各为何种结构？为什么 $BeCl_2$ 溶于水显酸性？

(2) 石硫合剂是以硫磺粉、石灰及水混合、煮沸、摇匀而制得的橙色至樱桃红色透明水溶液，写出相关反应方程式。溶液在空气的作用下又会发生什么反应？［厦门大学 2016 研］

答：(1) 气态时 $BeCl_2$ 为直线型分子或 Cl—Be—Cl 或二聚体 Cl—Be(Cl)₂Be—Cl（两个 Cl 桥连两个 Be），在固态时以链状的多聚体存在：

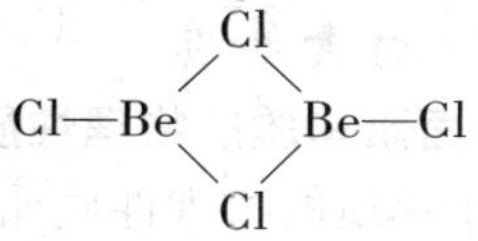

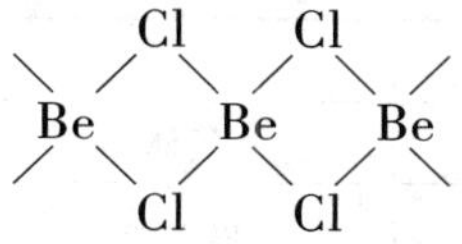

（链状结构：…Be 原子之间以两个 Cl 桥连，Be—(Cl)₂—Be—(Cl)₂—Be…）

$BeCl_2$ 溶于水时会发生部分水解，故水溶液显酸性。

$$BeCl_2 + H_2O \rightleftharpoons Be(OH)Cl + HCl$$

(2) $3S + 3Ca(OH)_2 \longrightarrow 2CaS + CaSO_3 + 3H_2O$

$(x-1)S + CaS \longrightarrow CaS_x$（橙色），随 x 升高显樱桃红色。

$$S + CaSO_3 \longrightarrow CaS_2O_3$$

所以石硫合剂是 $CaS_x \cdot CaS_2O_3$ 和 $Ca(OH)_2$ 的混合物。

石硫合剂在空气中与 H_2O 及 CO_2 作用，发生以下反应

$$CaS_x + H_2O + CO_2 \longrightarrow CaCO_3 + H_2S_x$$

$$H_2S_x \longrightarrow H_2S + (x-1)S$$

生成的 S 具有杀虫作用，可用作杀虫剂。

五、配平题

1. 在碱性条件下，S_4N_4 发生歧化反应。［中国科学院大学 2010 研］

解：$S_4N_4 + 6OH^- + 3H_2O = 2SO_3^{2-} + S_2O_3^{2-} + 4NH_3$

2. 白磷与氢氧化钠溶液反应。［中国科学技术大学 2009 研］

解：$P_4 + 3NaOH + 3H_2O = PH_3 + 3NaH_2PO_2$

3. $H_3AsO_4 + HI \longrightarrow$［南开大学 2009 研］

解：$H_3AsO_4 + 2HI \longrightarrow H_3AsO_3 + I_2 + H_2O$

第15章　p区元素(三)

15.1　复习笔记

一、卤素概述

1. 卤素

卤素：元素周期表中第ⅦA族元素(F、Cl、Br、I、At)。

其中，氟的非金属性最强，碘有微弱的金属性，砹是放射性元素。

2. 卤素的性质

(1)价电子构型：ns^2np^5；

(2)常见氧化值：F(−1)，Cl、Br、I(−1，+1，+3，+5，+7)；

(3)电负性：大，F > Cl > Br > I；

(4)单质氧化性：$F_2 > Cl_2 > Br_2 > I_2$。

二、卤素单质

1. 卤素单质的物理性质

卤素单质的物理性质如表15−1−1所示。

表15−1−1　卤素单质的物理性质

性质	F_2	Cl_2	Br_2	I_2
物态	气体	气体	液体	固体
颜色	淡黄色	黄绿色	红棕色	紫(黑)色
密度/(g·mL^{-1})	1.513 (−188 ℃)	1.655 (−70 ℃)	3.187 (0 ℃)	3.960 (120 ℃)
熔点/℃	−219.61	−101.5	−7.25	113.60
沸点/℃	−188.13	−34.04	58.8	185.24

2. 卤素单质的化学性质

卤素单质与水作用会发生置换反应和歧化反应。

(1)置换反应：$2X_2 + 2H_2O \longrightarrow 4HX + O_2$，激烈程度：$F_2 > Cl_2 > Br_2 > I_2$。

(2)歧化反应：$X_2 + H_2O \rightleftharpoons HX + HXO$，激烈程度：$Cl_2 > Br_2 > I_2$。

【注意】需要重点掌握几种卤素单质的颜色及其反应类型，溶液鉴别类题目中经常会涉及到此部分内容。

三、卤化物

1. 卤化物

(1)定义

卤化物是卤素与电负性较小的元素生成的化合物。

(2)分类

根据卤化物的元素种类，可分为金属卤化物和非金属卤化物；根据卤化物的键型，可分为离子型卤化物和共价型卤化物。

(3)金属卤化物和非金属卤化物

金属卤化物：碱金属、碱土金属等元素卤化物属于离子型卤化物，熔、沸点较高，易溶于水，熔融状态和水溶液中可导电；高氧化值金属卤化物，如 $AlCl_3$、$FeCl_3$ 等，属共价型卤化物，熔沸点低，熔融后不导电，极易水解。

非金属卤化物：共价型卤化物，熔沸点随卤素原子序数的增大而升高。

(4)卤化物的键型及性质的递变规律

同周期：从左到右，离子型向共价型过渡，离子半径↓，阳离子电荷数↑，熔沸点↓，导电性↓。

同一金属不同卤素：随着卤素 X 离子半径↑，极化率↑，共价性↑。

同一金属不同氧化值：氧化值高的卤化物具有明显共价性，熔沸点相对较低。

2. 卤化氢

(1)物理性质

无色、具有刺激性气味的气体，液态的卤化氢不导电。

(2)化学性质

共价型分子，溶于水可生成氢卤酸，具有酸性、还原性等特性。

酸性：$HF < HCl < HBr < HI$

极性、键离能、热稳定性：$HF > HCl > HBr > HI$

还原性：$HF < HCl < HBr < HI$

(3)卤化氢的制备

①直接合成法：$X_2 + H_2 \longrightarrow 2HX$

②复分解反应法：$CaF_2 + H_2SO_4(浓) \longrightarrow CaSO_4 + 2HF$，$NaCl + H_2SO_4 \xrightarrow{150℃} NaHSO_4 + HCl$

③水解法：$PBr_3 + 3H_2O \longrightarrow 3HBr + H_3PO_3$，$PI_3 + 3H_2O \longrightarrow 3HI + H_3PO_3$

3. 次卤酸

物化性质：弱酸；强氧化性；在光的作用下或加热条件下易分解。

次卤酸的酸性、强氧化性排序：$HClO > HBrO > HIO$

用途：漂白粉的制备。

4. 氯的含氧酸及其盐

表 15－1－2 列出了氯元素的几种含氧酸及其对应盐的相关性质。

表 15－1－2　氯的含氧酸及其盐

物质	性质	制备方法	相应盐的性质及用途
亚氯酸	不稳定，水溶液中易分解	$2ClO_2 + H_2O \longrightarrow HClO_2 + HClO_3$	亚氯酸盐：稳定，具有强氧化性，可用作漂的剂
氯酸	强酸，具有强氧化性	$Ba(ClO_3)_2 + H_2SO_4 \longrightarrow BaSO_4 + 2HClO_3$	氯酸盐：强氧化性，可用作火柴
高氯酸	强酸，稀溶液稳定，浓高氯酸受热易分解	$Ba(ClO_4)_2 + H_2SO_4(浓) \longrightarrow BaSO_4 + 2HClO_4$	高氯酸盐：易溶于水稳定，可作干燥剂

5. 溴和碘的含氧酸及其盐

(1)次溴酸、次碘酸：二者均为弱酸，不稳定，具有强氧化性，氧化性比次氯酸弱。

(2)高溴酸、高碘酸：高溴酸是强酸，高碘酸是弱酸，二者均为强氧化剂，稳定性好，均已获得纯物质。

四、稀有气体

1. 组成

稀有气体(惰性气体)包括 He、Ne、Ar、Kr、Xe、Rn 等 7 种元素，在自然界是以单质的形式存在的。

2. 物理性质

无色、无味的单原子分子；分子间力为范德华力。

熔、沸点：He < Ne < Ar < Kr < Xe < Rn

溶解度：He < Ne < Ar < Kr < Xe < Rn

3. 化学性质

稀有气体的化学性质不活泼，具有较大的电离能(He > Ne > Ar > Kr > Xe > Rn)。

五、p 区元素化合物性质的递变规律

1. p 区元素的氢化物性质的递变规律

同周期：从左到右，酸性逐渐增强。

同族：自上而下，酸性逐渐增强。

氢化物性质的具体递变规律如图 15－1－1 所示。

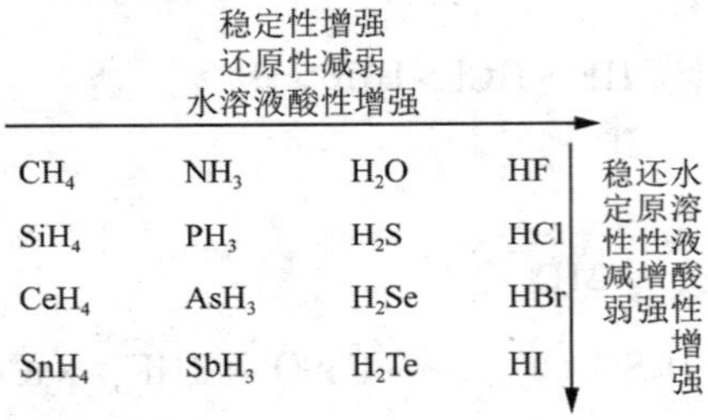

稳定性增强
还原性减弱
水溶液酸性增强
→

CH_4	NH_3	H_2O	HF	↓ 稳定性减弱 还原性增强 水溶液酸性增强
SiH_4	PH_3	H_2S	HCl	
CeH_4	AsH_3	H_2Se	HBr	
SnH_4	SbH_3	H_2Te	HI	

图 15－1－1

2. p 区元素氧化物水合物的酸碱性

同族元素，同一氧化值的氧化物水合物：自上而下酸性逐渐减弱，碱性逐渐增强。

同周期最高氧化值氧化物的水合物：从左到右碱性依次减弱，酸性依次增强。

氧化物水合物的酸碱性的具体递变规律如图 15－1－2 所示。

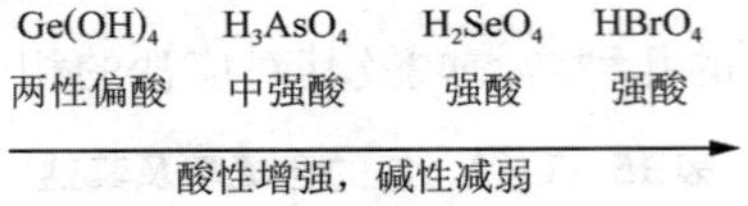

$Ge(OH)_4$	H_3AsO_4	H_2SeO_4	$HBrO_4$
两性偏酸	中强酸	强酸	强酸

→ 酸性增强，碱性减弱

图 15－1－2

3. p 区元素含氧酸盐的溶解性和热稳定性

同种金属：正盐比酸式盐稳定。

同种含氧酸形成的盐：金属愈活泼，对应的含氧酸盐愈稳定。

15.2 课后习题详解

1. 完成并配平下列反应方程式：

(1) $KI + KIO_3 + H_2SO_4$(稀) $\longrightarrow$

(2) $MnO_2 + HBr \longrightarrow$

(3) $Ca(OH)_2 + Br_2 \xrightarrow{常温}$

(4) $Br_2 + Cl_2(g) + H_2O \longrightarrow$

(5) $BrO_3^- + Br^- + H^+ \longrightarrow$ **(6) $NaBrO_3 + F_2 + NaOH \longrightarrow$**

解：各物质的化学反应方程式如下：

(1) $5KI + KIO_3 + 3H_2SO_4$(稀) $\longrightarrow 3I_2 + 3K_2SO_4 + 3H_2O$

(2) $MnO_2 + 4HBr \longrightarrow MnBr_2 + Br_2 + 2H_2O$

(3) $6Ca(OH)_2 + 6Br_2 \xrightarrow{常温} Ca(BrO_3)_2 + 5CaBr_2 + 6H_2O$

(4) $Br_2 + 5Cl_2(g) + 6H_2O \longrightarrow 2HBrO_3 + 10HCl$

(5) $BrO_3^- + 5Br^- + 6H^+ \longrightarrow 3Br_2 + 3H_2O$

(6) $NaBrO_3 + F_2 + 2NaOH \longrightarrow NaBrO_4 + 2NaF + H_2O$

2. 写出下列物质间的反应方程式：

(1) 氯气与热的碳酸钾；

(2) 常温下，液溴与碳酸钠溶液；

(3) 将氯气通入 KI 溶液中，呈黄色或棕色后，再继续通入氯气至无色；

(4) 碘化钾晶体加入浓硫酸，并微热。

解：各物质的化学反应方程式如下：

(1) $3K_2CO_3 + 3Cl_2 \xrightarrow{\triangle} KClO_3 + 5KCl + 3CO_2$

(2) $3Na_2CO_3 + 3Br_2 \longrightarrow NaBrO_3 + 5NaBr + 3CO_2$

(3) $2KI + Cl_2 \longrightarrow 2KCl + I_2$，$I_2 + 5Cl_2 + 6H_2O \longrightarrow 2HIO_3 + 10HCl$

(4) $8KI(s) + 5H_2SO_4$(浓) $\xrightarrow{\triangle} 4I_2 + H_2S + 4H_2O + 4K_2SO_4$

3. 由海带提碘的生产中，可以用 $NaNO_2$，NaClO 或 Cl_2 为氧化剂将 I^- 氧化为 I_2。试分别写出有关反应的离子方程式。如何由智利硝石中的碘化合物制取单质碘？写出相关的反应方程式。

解：有关离子的反应方程式如下

$$2NO_2^- + 2I^- + 4H^+ \longrightarrow 2NO + I_2 + 2H_2O$$

$$ClO^- + 2I^- + 2H^+ \longrightarrow Cl^- + I_2 + H_2O$$

$$2I^- + Cl_2 \longrightarrow I_2 + 2Cl^-$$

智利硝石中的碘化合物为碘酸钠，可与亚硫酸氢钠反应制备碘，反应方程式为

$$2IO_3^- + 5HSO_3^- \longrightarrow I_2 + 2SO_4^{2-} + 3HSO_4^- + H_2O$$

4. 回答下列问题：

(1) 比较高氯酸、高溴酸、高碘酸的酸性和它们的氧化性；

(2) 比较氯酸、溴酸、碘酸的酸性和它们的氧化性。

解：(1) 酸性强弱顺序为 $HClO_4 > HBrO_4 > H_5IO_6$；氧化性强弱顺序为 $HBrO_4 > H_5IO_6 > HClO_4$，可通过电对的标准电极电势看出：

$E_A^\ominus(BrO_4^-/BrO_3^-) = 1.763$ V，$E_A^\ominus(H_5IO_6/IO_3^-) = 1.60$ V，$E_A^\ominus(ClO_4^-/ClO_3^-) = 1.226$ V。

(2) $HClO_3$、$HBrO_3$、HIO_3 的酸性强弱次序为：$HClO_3 > HBrO_3 > HIO_3$。

三者的非羟基氧原子数相同，都为 2，而卤素原子 Cl、Br、I 的电负性依次减小，所以 $HClO_3$、$HBrO_3$、HIO_3 的酸性依次减弱。

$HClO_3$、$HBrO_3$、HIO_3 中，$HBrO_3$ 的氧化性最强，$HClO_3$ 次之，HIO_3 最弱。

可以从下列酸性溶液中有关电对的标准电极电势看出：

$E_A^\ominus(BrO_3^-/Br_2)=1.513$ V，$E_A^\ominus(ClO_3^-/Cl_2)=1.458$ V，$E_A^\ominus(IO_3^-/I_2)=1.209$ V。

5. 根据价层电子对互斥理论，推测下列分子或离子的空间构型：

$$\mathbf{ICl_2^-，ClF_3，ICl_4^-，IF_5，TeCl_4}$$

解： 根据价电子对互斥理论推测得：

分子或离子	价层电子对数	孤对电子对数	价层电子对的空间排布	分子或离子的空间构型
ICl_2^-	5	3	三角双锥	直线形
ClF_3	5	2	三角双锥	T形
ICl_4^-	6	2	八面体	平面正方形
IF_5	6	1	八面体	四方锥
$TeCl_4$	5	1	三角双锥	变形四面体

6. 在三支试管中分别盛有 NaCl，NaBr，NaI 溶液，如何鉴定它们？

解： 取少量三种溶液分别置于三支试管中，加 HNO_3 酸化后，再加入少量的 $AgNO_3$ 溶液，由沉淀的颜色来判断。反应方程式如下：

$$Ag^+ + Cl^- \longrightarrow AgCl(白色)$$

$$Ag^+ + Br^- \longrightarrow AgBr(淡黄色)$$

$$Ag^+ + I^- \longrightarrow AgI(黄色)$$

7. 食盐是基本的化工原料之一。以它为主要原料，如何制备 Cl_2，$Ca(ClO)_2$，$KClO_3$。简要叙述，并写出相关重要反应方程式。

解： 首先通过电解的方式来制备 Cl_2，反应方程式为

$$2NaCl + 2H_2O \xrightarrow{电解} 2NaOH + Cl_2 + H_2$$

再用 Cl_2 与 $Ca(OH)_2$ 反应制备 $Ca(ClO)_2$，反应方程式为

$$2Cl_2 + 3Ca(OH)_2 \longrightarrow Ca(ClO)_2 + CaCl_2 \cdot Ca(OH)_2 \cdot H_2O + H_2O$$

制备 $KClO_3$ 的反应方程式为

$$3Cl_2 + 6NaOH \xrightarrow{>70\ ℃} NaClO_3 + 5NaCl + 3H_2O$$

$$NaClO_3 + KCl \longrightarrow KClO_3(s) + NaCl$$

8. 有一种白色的钾盐固体 A，取其少量加入试管中；然后，加入一定量的无色油状液体酸 B，有紫色蒸气凝固在试管壁上，得到紫黑色固体 C。C 微溶于水，加入 A 后 C 的溶解度增大，可得到棕黄色溶液 D。取一定量 D 溶液，将其加入一种无色钠盐溶液 E，D 褪色；在 E 溶液中加入盐酸有淡黄色沉淀和有强烈刺激性气味的气体生成。再取一定量 E 溶液，将 $Cl_2(g)$ 通入其中，得到无色溶液 F。若在 F 溶液中，再加入 $BaCl_2$ 溶液，则有不溶于 HNO_3 中的白色沉淀 G 生成。试确定各字母所代表物质的化学式，并写出相关的反应方程式。

解： A. KI；B. 浓 H_2SO_4；C. I_2；D. KI_3；E. $Na_2S_2O_3$；F. Na_2SO_4；G. $BaSO_4$。

相关的反应方程式为

$$8KI + 9H_2SO_4(浓) \longrightarrow 8KHSO_4 + H_2S + 4I_2 + 4H_2O$$

$$I_2 + KI \longrightarrow KI_3$$

$$KI_3 + 2Na_2S_2O_3 \longrightarrow KI + Na_2S_4O_6 + 2NaI$$

$$Na_2S_2O_3 + 2HCl \longrightarrow S(s) + SO_2(g) + 2NaCl + H_2O$$

$$Na_2S_2O_3 + 4Cl_2 + 5H_2O \longrightarrow Na_2SO_4 + H_2SO_4 + 8HCl$$
$$Na_2SO_4 + 2BaCl_2 + H_2SO_4 \longrightarrow 2BaSO_4(s) + 2NaCl + 2HCl$$

9. 计算 298.15 K 时碱性溶液中下列歧化反应的标准平衡常数。

$$\mathbf{3ClO^-(aq) \rightleftharpoons 2Cl^-(aq) + ClO_3^-(aq)}$$

解： 两电极反应分别为：

$$ClO^- + H_2O + 2e^- \rightleftharpoons Cl^- + 2OH^- \qquad E^{\ominus} = 0.8902\ V$$
$$ClO_3^- + 2H_2O + 4e^- \rightleftharpoons ClO^- + 4OH^- \qquad E^{\ominus} = 0.476\ V$$

则电动势为：

$$E_{MF}^{\ominus} = 0.8902\ V - 0.476\ V = 0.414\ V$$
$$\lg K^{\ominus} = \frac{zE_{MF}^{\ominus}}{0.0592\ V} = \frac{4 \times 0.414\ V}{0.0592\ V} = 27.97$$

解得

$$K^{\ominus} = 9.4 \times 10^{27}$$

10. 在碘量瓶中加入 5.00 mL 的 NaClO 漂白液（$\rho = 1.00\ g \cdot mL^{-1}$），再加入过量的 KI 溶液。然后用稀硫酸酸化，控制 pH < 9。立即以淀粉液为指示剂，用 0.100 mol · L^{-1} $Na_2S_2O_3$ 溶液滴定。到达终点时消耗 $Na_2S_2O_3$ 溶液体积为 33.8 mL。写出相关反应的离子方程式，并计算漂白液中 NaClO 的质量分数 w(NaClO)。

解： 相关的离子反应方程式如下

$$ClO^- + 2I^- + 2H^+ \longrightarrow I_2 + Cl^- + H_2O$$
$$I_2 + 2S_2O_3^{2-} \longrightarrow S_4O_6^{2-} + 2I^-$$

$$n(I_2) = \frac{1}{2}n(S_2O_3^{2-}) = \frac{c(S_2O_3^{2-})V(S_2O_3^{2-})}{2} = \frac{0.100\ mol \cdot L^{-1} \times 33.8 \times 10^{-3}\ L}{2} = 1.69 \times 10^{-3}\ mol$$

$$n(NaClO) = n(I_2) = 1.69 \times 10^{-3}\ mol \qquad M(NaClO) = 74.442\ g \cdot mol^{-1}$$

$$w(NaClO) = \frac{n(NaClO)M(NaClO)}{\rho V} = \frac{1.69 \times 10^{-3}\ mol \times 74.442\ g \cdot mol^{-1}}{1.00\ g \cdot mL^{-1} \times 5.00\ mL} \times 100\% = 2.52\%$$

11. 用价层电子对互斥理论推测下列分子或离子的空间构型，并用杂化轨道理论解释之。

$$\mathbf{XeF_2,\ XeF_4,\ XeOF_4,\ XeO_3,\ XeO_4,\ XeO_6^{4-}}$$

解： 上述的分子或离子的空间构型及中心原子杂化轨道如表 15－2－1 所示。

表 15－2－1

分子或离子	价层电子对数	价层电子对的空间排布	分子或离子的空间构型	杂化轨道类型
XeF_2	5	三角双锥	直线形	sp^3d
XeF_4	6	八面体	平面正方形	sp^3d^2
$XeOF_4$	6	八面体	四方锥	sp^3d^2
XeO_3	4	四面体	三角锥	sp^3
XeO_4	4	四面体	四面体	sp^3
XeO_6^{4-}	6	八面体	八面体	sp^3d^2

12. 写出由 Xe 制备 XeF_2，XeF_4，XeF_6 的反应方程式和这些化合物水解反应的方程式。

解： 各制备反应方程式如下

$$Xe + F_2 \xrightarrow{673\ K} XeF_2 \qquad Xe + 3F_2 \xrightarrow[5\ MPa]{>523\ K} XeF_6 \qquad Xe + 2F_2 \xrightarrow[600\ KPa]{673\ K} XeF_4$$

各水解反应方程式如下

$$2XeF_2 + 2H_2O \longrightarrow 2Xe + 4HF + O_2$$

$$6XeF_4 + 12H_2O \longrightarrow 2XeO_3 + 4Xe + 24HF + 3O_2$$

$$XeF_6 + H_2O \longrightarrow XeOF_4 + 2HF$$

$$XeF_6 + 3H_2O \longrightarrow XeO_3 + 6HF$$

13. 完成并配平下列反应方程式：

(1) $XeF_2 + H_2 \longrightarrow$　　(2) $XeF_4 + Xe \longrightarrow$

(3) $Na_4XeO_6 + MnSO_4 + H_2O \xrightarrow{\text{酸性介质}}$　　(4) $NaBrO_3 + XeF_2 + NaOH \longrightarrow$

解： 各反应的反应方程式如下

(1) $XeF_2 + H_2 \longrightarrow Xe + 2HF$

(2) $XeF_4 + Xe \longrightarrow 2XeF_2$

(3) $5Na_4XeO_6 + 8MnSO_4 + 2H_2O \xrightarrow{\text{酸性介质}} 5Xe + 4NaMnO_4 + 4HMnO_4 + 8Na_2SO_4$

(4) $NaBrO_3 + XeF_2 + H_2O \longrightarrow Xe + NaBrO_4 + 2HF$

14. 已知 $\Delta_f H_m^{\ominus}(XeF_4, s) = -262\ kJ \cdot mol^{-1}$，$XeF_4(s)$ 的升华焓为 $47\ kJ \cdot mol^{-1}$，$F_2(g)$ 的键解离能为 $158\ kJ \cdot mol^{-1}$。计算：

(1) $XeF_4(g)$ 的标准摩尔生成焓 $\Delta_f H_m^{\ominus}(XeF_4, g)$；

(2) XeF_4 分子中 Xe—F 键的键能。

解： 由题意知，其热力学循环如图 15－1 所示。

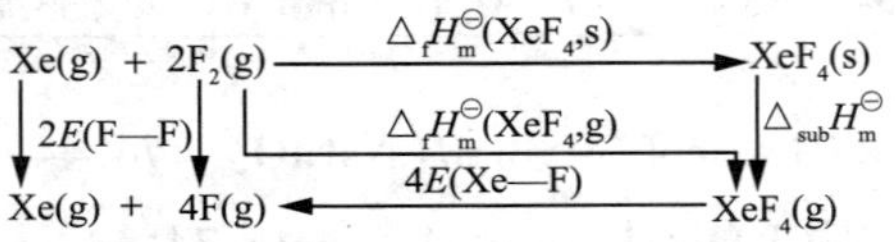

$Xe(g) + 2F_2(g) \xrightarrow{\Delta_f H_m^{\ominus}(XeF_4,s)} XeF_4(s)$

$2E(F—F)$　　$\Delta_f H_m^{\ominus}(XeF_4,g)$　　$\Delta_{sub} H_m^{\ominus}$

$Xe(g) + 4F(g) \xleftarrow{4E(Xe—F)} XeF_4(g)$

图 15－1

$$(1)\ \Delta_f H_m^{\ominus}(XeF_4, g) = \Delta_f H_m^{\ominus}(XeF_4, s) + \Delta_{sub} H_m^{\ominus}(XeF_4, g) = (-262 + 47)\ kJ \cdot mol^{-1} = -215\ kJ \cdot mol^{-1}$$

$$(2)\ E(Xe—F) = \frac{1}{4}[2E(F—F) - \Delta_f H_m^{\ominus}(XeF_4, g)]$$

$$= \frac{1}{4}[2 \times 158 - (-215)]\ kJ \cdot mol^{-1} = 133\ kJ \cdot mol^{-1}$$

15. 比较下列各组化合物酸性的递变规律，并解释之。

(1) H_3PO_4，H_2SO_4，$HClO_4$；(2) HClO，$HClO_2$，$HClO_3$，$HClO_4$；

(3) HClO，HBrO，HIO。

解： 各组化合物酸性递变规律及解释如下：

(1) H_3PO_4，H_2SO_4，$HClO_4$ 的酸性强弱的次序为 $H_3PO_4 < H_2SO_4 < HClO_4$。三种酸的非羟基氧原子数分别为 1，2，3，依次增大，成酸元素 P，S，Cl 的电负性也依次增大，所以酸性依次增强。

(2) HClO，$HClO_2$，$HClO_3$，$HClO_4$ 的酸性强弱次序为 $HClO < HClO_2 < HClO_3 < HClO_4$。它们的成酸元素相同，但非羟基氧原子数分别为 0，1，2，3，所以酸性依次增强。

（3）HClO，HBrO，HIO 的酸性强弱次序为 HClO > HBrO > HIO。它们的非羟基氧原子数相同，都为 0，但成酸元素 Cl，Br，I 的电负性依次减小，所以酸性依次减弱。

16. 应用等电子原理总结 p 区元素下列分子或离子的空间构型，并确定各自中心原子以何种杂化轨道成键，以及是否存在多中心大 π 键。

SiO_4^{4-}，PO_4^{3-}，SO_4^{2-}，ClO_4^-，CO_3^{2-}，NO_3^-，SO_3，NO_2^-，SO_2，O_3

解：由等电子原理总结得：

SiO_4^{4-} 的空间构型为四面体，中心原子以 sp^3 杂化轨道成键，不存在多中心大 π 键。

PO_4^{3-} 的空间构型为四面体，中心原子以 sp^3 杂化轨道成键，不存在多中心大 π 键。

SO_4^{2-} 的空间构型为四面体，中心原子以 sp^3 杂化轨道成键，不存在多中心大 π 键。

ClO_4^- 的空间构型为四面体，中心原子以 sp^3 杂化轨道成键，不存在多中心大 π 键。

CO_3^{2-} 的空间构型为平面三角形，中心原子以 sp^2 杂化轨道成键，存在四中心六电子大 π 键。

NO_3^- 的空间构型为平面三角形，中心原子以 sp^2 杂化轨道成键，存在四中心六电子大 π 键。

SO_3 的空间构型为平面三角形，中心原子以 sp^2 杂化轨道成键，存在四中心六电子大 π 键。

NO_2^- 的空间构型为 V 型，中心原子以 sp^2 杂化轨道成键，存在三中心四电子大 π 键。

SO_2 的空间构型为 V 型，中心原子以 sp^2 杂化轨道成键，存在三中心四电子大 π 键。

O_3 的空间构型为 V 型，中心原子以 sp^2 杂化轨道成键，存在三中心四电子大 π 键。

15.3 名校考研真题详解

一、判断题

1. 在高卤酸中，$HBrO_4$ 的氧化性最强，而高氯酸是最强的无机含氧酸。（ ）[南京航空航天大学 2014 研]

【答案】对

【解析】在高卤酸中，高溴酸的氧化性最强。

2. 因为 I^- 的极化率大于 Cl^-，所以 $K_{sp}^{\ominus}(AgI) < K_{sp}^{\ominus}(AgCl)$。（ ）[南京航空航天大学 2012 研]

【答案】对

【解析】因为卤素离子随着离子半径增加，变形性越来越大，而银离子属于 18e 型离子，极化力强，所以当卤离子半径增加时，卤化银的化学键的共价性越来越明显。通常认为，氟化银是离子晶体，其它三个都是共价化合物，且化学键的共价性依 Cl、Br、I 的次序逐渐增强。所以氟化银可溶于水，其它三个难溶于水且溶解度依次急剧下降。

3. 次氯酸钠是强氧化剂，它可以在碱性介质中将 $[Cr(OH)_4]^-$ 氧化为 $Cr_2O_7^{2-}$。（ ）[北京科技大学 2011 研]

【答案】错

【解析】次氯酸钠是强碱弱酸盐，其水溶液本身呈碱性，并且 ClO^- 中的 Cl 呈 +1 价，极易得电子形成 -1 价的稳态离子状态，所以有强氧化性（得电子，化合价降低，被还原），故存在反应 $2ClO^- + [Cr(OH)_4]^{2-} = CrO_4^{2-} + 2Cl^- + 2H_2O$，而且在碱性条件下，$Cr_2O_7^{2-}$ +

$2OH^- \rightleftharpoons 2CrO_4^{2-} + H_2O$，所以碱性条件下 Cr 只能以 CrO_4^{2-} 形式存在。

4. AgCl 不溶于硝酸，但在浓盐酸中有一定的溶解度。(　　)[北京科技大学 2011 研]

【答案】对

【解析】AgCl 在浓盐酸中形成$[AgCl_2]^-$。

二、选择题

1. 碘易升华的原因是(　　)。[北京科技大学 2012 研]

A. 分子间作用力大，蒸气压高　　B. 分子间作用力小，蒸气压高

C. 分子间作用力大，蒸气压低　　D. 分子间作用力小，蒸气压低

【答案】B

【解析】碘属于分子晶体，分子间靠较弱范德华力结合，故熔点和沸点较低；I_2 晶体三相点下的压力高于一个标准大气压，蒸气压较高，故碘容易升华。

2. 下列各组化合物性质变化规律正确的是(　　)。[南开大学 2009 研]

A. 热稳定性 $BeCO_3 > MgCO_3 > CaCO_3 > SrCO_3$

B. 酸性 $HClO > HBrO > HIO$

C. 氧化性 $HClO_2 > HClO > HClO_3 > HClO_4$

D. 还原性 $HI < HBr < HCl < HF$

【答案】B

【解析】A 项，碱土金属的碳酸盐、硫酸盐等的稳定性都是随着金属离子半径的增大而增强，表现为它们的分解温度依次升高，所以热稳定性顺序为：$BeCO_3 < MgCO_3 < CaCO_3 < SrCO_3$；B 项，次卤酸均为弱酸，酸性按 HClO，HBrO，HIO 的次序减弱；C 项，亚氯酸极不稳定，很容易分解，氧化性 $HClO > HClO_2 > HClO_3 > HClO_4$；D 项，氢氟酸没有还原性，其他氢卤酸都具有还原性，其还原性的强弱为 $HF < HCl < HBr < HI$。

3. BF_3 通入过量 Na_2CO_3 中，得产物(　　)。[厦门大学 2018 研]

A. HF 和 H_3BO_3　　B. HBF_4 和 $B(OH)_3$

C. $NaBF_4$ 和 $NaB(OH)_4$　　D. HF 和 B_2O_3

【答案】C

【解析】$BF_3 + 3H_2O = H_3BO_3 + 3HF$；$H_3BO_3$ 与 Na_2CO_3 反应生成 $NaB(OH)_4$，HF 与 $NaB(OH)_4$ 反应可生成 $NaBF_4$。

4. 下列各组化合物中，不能稳定存在的一组物质是(　　)。[厦门大学 2015 研]

A. SiF_4，Si_3N_4　　B. $PbBr_4$，PbI_2　　C. $SnBr_4$，SnI_4　　D. $GeCl_2$，PbF_4

【答案】B

【解析】四价铅的卤化物中只有 PbF_4 能够稳定存在。

三、简答题

1. SOF_2、$SOCl_2$、$SOBr_2$ 的空间构型，它们的 O—S 键键长相同吗？比较它们的 O—S 键键能与键长。[厦门大学 2017 研]

答：SOF_2、$SOCl_2$、$SOBr_2$ 都是三角锥构型，其中 S 为中心原子，因为 F、Cl、Br 的电负性不同，导致三者的 O—S 键所处化学环境不同，键能不同。因为 O—S 键除了有正常的 σ 配键外，还有 d－pπ 反馈配键，电负性：F > Cl > Br，导致 d－pπ 反馈配键依次减弱，所以 O—S 键键能依次降低，键长依次变长。

2. 把下列 10 种化合物的水解产物填于空格中：[厦门大学 2016 研]

表 15-3-1

XeF_6	Mg_3N_2	Ca_3P_2	$NaNH_2$	NCl_3
$AsCl_3$	$I_2+P_{红}$	$Bi(NO_3)_3$	$SiCl_4$	CaC_2

【答案】各化合物的水解产物如表 15-3-2 所示：

表 15-3-2

XeF_6	Mg_3N_2	Ca_3P_2	$NaNH_2$	NCl_3
XeO_3、HF	$Mg(OH)_2$、NH_3	$Ca(OH)_2$、PH_3	NaOH、NH_3	NH_3、HClO
$AsCl_3$	$I_2+P_{红}$	$Bi(NO_3)_3$	$SiCl_4$	CaC_2
H_3AsO_3、HCl	H_3PO_3、HI	$BiONO_3$、HNO_3	$SiO_2\cdot H_2O$、HCl	$Ca(OH)_2$、C_2H_2

【解析】$XeF_6+3H_2O\longrightarrow XeO_3+6HF$(完全水解)；

$Mg_3N_2+6H_2O\longrightarrow 3Mg(OH)_2+2NH_3$；

$Ca_3P_2+6H_2O\longrightarrow 3Ca(OH)_2+2PH_3$；

$NaNH_2+H_2O\longrightarrow NaOH+NH_3$；

$NCl_3+3H_2O\longrightarrow NH_3+3HClO$；

$AsCl_3+3H_2O\longrightarrow H_3AsO_3+3HCl$；

$3I_2+2P_{红}+6H_2O\longrightarrow 2H_3PO_3+6HI$；

$Bi(NO_3)_3+H_2O\longrightarrow BiONO_3+2HNO_3$；

$SiCl_4+3H_2O\longrightarrow SiO_2\cdot H_2O+4HCl$；

$CaC_2+2H_2O\longrightarrow Ca(OH)_2+C_2H_2$。

四、配平题

1. $CuSO_4+KI$(少量)$\longrightarrow$［北京科技大学 2014 研］

答：$2CuSO_4+2KI$(少量)$\longrightarrow Cu_2SO_4+K_2SO_4+I_2$

2. 海波溶液与氯水反应。［北京科技大学 2013 研］

答：$4Cl_2+S_2O_3^{2-}+5H_2O\longrightarrow 8Cl^-+2SO_4^{2-}+10H^+$

3. 将过量氯气通入溴水中。［北京科技大学 2012 研］

答：溴溶于水，大部分溴与水反应生成氢溴酸和次溴酸，故过量氯气通入溴水中发生的反应为：$Cl_2+2Br^-\longrightarrow Br_2+2Cl^-$。

4. 单质碘与消石灰溶液混合。［北京科技大学 2012 研］

答：单质碘在碱性环境中发生歧化反应，反应通式为

$$3I_2+6OH^-\longrightarrow 5I^-+IO_3^-+3H_2O$$

消石灰成分是 $Ca(OH)_2$，故发生的反应为

$$6I_2+6Ca(OH)_2\longrightarrow 5CaI_2+Ca(IO_3)_2+6H_2O$$

5. Br_2 与 Na_2CO_3 的反应。［北京航空航天大学 2010 研］

答：$3Br_2+3Na_2CO_3 = 5NaBr+NaBrO_3+3CO_2\uparrow$

第16章 d区元素(一)

16.1 复习笔记

一、d区元素概述

1. d区元素

(1)d区元素：元素周期表中第ⅢB～ⅦB，Ⅷ，ⅠB，ⅡB族的元素(不包括镧系和锕系元素)。

d区元素均为金属元素，价电子构型为$(n-1)d^{1\sim10}ns^{1\sim2}$。

(2)过渡元素：处于s区元素和p区元素之间的元素。

过渡元素具有多个氧化值，相邻两个氧化值间的差值大多为1。

2. d区元素的原子半径和电离能

(1)原子半径

过渡元素：同周期从左到右随原子序数的增加先减小后增大，同族自上而下随原子序数的增大而增大。

主族元素：同族自上而下随原子序数的增大而增大，增加程度要高于过渡元素。

(2)电离能

过渡元素：随原子序数的增大而增大。

主族元素：随原子序数的增大而减小，金属性增强。

3. d区元素的物化性质

(1)物理性质

熔点、沸点高；密度大；硬度大；导电、导热性良好；水合离子和配离子具有颜色。

(2)化学性质

①和第二、第三过渡系元素相比，第一过渡系元素比较活泼。

②与活泼非金属(卤素和氧)直接形成化合物。

③与氢形成金属型氢化物：$VH_{1.8}$，$TaH_{0.76}$，$LaNiH_{5.7}$。

④与硼、碳、氮形成间充式化合物。

【总趋势】从上到下活泼性降低。

二、钛、钒

1. 钛及其化合物

(1)钛的单质

物理性质：银白色金属，密度小($4.506\ g\cdot cm^{-3}$)，耐热性好(熔点1940 K)，强度大。

用途：制造人造关节。

(2)钛的化合物

钛的化合物主要包括：TiO_2、$TiOSO_4$和$TiCl_4$，其中，金红石TiO_2硬度高，化学稳定性好。

单质钛的制备：

$$TiO_2(s) + 2C(s) + 2Cl_2(s) \xrightarrow{800 \sim 900\ ℃} TiCl_4(l) + 2CO(g)$$

$$TiCl_4 + 2Mg \xrightarrow{1220 \sim 1420\ K} Ti + 2MgCl_2$$

$[Ti(H_2O)_6]^{2+}$还原性强，能从水中置换出氢气，在水溶液中难以制备 Ti(Ⅱ)的化合物。

2. 钒及其化合物

(1)钒的单质

物理性质：银灰色金属，硬度大，熔沸点高。

化学性质：常温下不与空气、水、强碱、稀酸等反应，但可溶于 HF，HNO_3 和王水中。

【注意】钒在有氧存在时，可与熔融强碱形成钒酸盐；高温时可与大部分非金属反应。

用途：制造钒钢。钒钢具有高强度、高弹性、抗磨损、抗冲击等性能，可用于汽车和飞机制造。

(2)钒的化合物

①形成氧化值为 +4，+3，+2 的顺磁性化合物，这些化合物常呈现颜色。

②形成氧化值为 +5 的反磁性化合物，这些化合物部分是无色的。

钒的重要化合物：五氧化二钒(V_2O_5)

V_2O_5：两性偏酸氧化物；橙黄色晶体、无味、有毒；微溶于水，易溶于强碱溶液中，在冷溶液中生成正钒酸盐，在热溶液中生成偏钒酸盐；具有强氧化性，与沸腾浓盐酸反应产生氯气。

三、铬

1. 铬的单质

单质铬：灰白色金属，熔沸点高，硬度大，抗腐蚀性强，表面易形成氧化膜。

纯铬在室温时能溶于稀 HCl、稀 H_2SO_4，在浓 HNO_3 中钝化；高温时能与活泼的非金属及 C、B、N 反应。

2. 铬的化合物

铬的价电子构型为 $3d^54s^1$，常见氧化值为 +6 和 +3。

水溶液中铬的各种离子在不同的酸碱条件下呈现出不同的颜色：$Cr_2O_7^{2-}$(橙红，pH <2)，CrO_4^{2-}(黄，pH >6)，Cr^{3+}(aq)(紫，强酸)，$Cr(OH)_4^-$(亮绿，强碱)，Cr^{2+}(aq)(蓝，酸性)

(1)Cr(Ⅵ)的化合物

①含氧酸($H_2Cr_2O_7$，H_2CrO_4)在溶液中的解离

重铬酸($H_2Cr_2O_7$)，铬酸(H_2CrO_4)均为强酸，仅存在于稀溶液。$H_2Cr_2O_7$ 的一级完全解离方程式为

$$HCr_2O_7^- \rightleftharpoons H^+ + Cr_2O_7^{2-}$$

$$H_2CrO_4 \rightleftharpoons H^+ + HCrO_4^-$$

$$HCrO_4^- \rightleftharpoons H^+ + CrO_4^{2-}$$

②pH 对含氧酸解离程度的影响

CrO_4^{2-} 与 $Cr_2O_7^{2-}$ 之间存在着如下平衡关系：

$$2CrO_4^{2-} + 2H^+ \rightleftharpoons 2HCrO_4^- \rightleftharpoons Cr_2O_7^{2-} + H_2O$$

a. 加入酸，溶液颜色变化：黄色(CrO_4^{2-})→橙红色($Cr_2O_7^{2-}$)。

b. 加入碱，溶液颜色变化：橙红色($Cr_2O_7^{2-}$)→黄色(CrO_4^{2-})。

③溶液中离子的鉴定

a. Ag^+：铬酸盐溶解度比相应的重铬酸盐溶解度小，在 $Cr_2O_7^{2-}$ 溶液中加入 Ag^+，生成砖红色 Ag_2CrO_4 沉淀。

b. Cr：将乙醚和 H_2O_2 加入到 $Cr_2O_7^{2-}$ 溶液中，生成蓝色过氧化物 $CrO(O_2)_2 \cdot (C_2H_5)_2O$。

(2) Cr(Ⅲ)的化合物

和酸性条件相比，Cr(Ⅲ)在碱性条件下更容易被氧化。

酸性条件：$2Cr^{3+} + 3S_2O_8^{2-} + 7H_2O \longrightarrow Cr_2O_7^- + 6SO_4^{2-} + 14H^+$

碱性条件：$2[Cr(OH)_4]^- + 3H_2O_2 + 2OH^- \longrightarrow 2CrO_4^{2-} + 8H_2O$

【应用】溶液中 Cr(Ⅲ)的鉴定：利用 Cr(Ⅲ)在碱性条件下易被氧化成 CrO_4^{2-}，向溶液中加入 Ba^+ 会生成黄色 $BaCrO_4$ 沉淀。

四、锰

1. 锰的单质

物理性质：白色块状金属或灰色粉末，质硬而脆，常温下缓慢溶于水。纯锰用途不大，常以锰铁的形式来制造各种合金钢。

化学性质：

(1) 与稀酸作用

$$Mn + 2H^+ \longrightarrow Mn^{2+} + H_2\uparrow$$

(2) 加热条件下锰与非金属作用

$$3Mn + 2O_2 \xrightarrow{\triangle} Mn_3O_4$$

$$Mn + X_2 \longrightarrow MnX_2 (X \neq F)$$

$$Mn + F_2 \longrightarrow MnF_4 + MnF_3$$

(3) 氧化剂存在下与熔融碱作用

$$2Mn + 4KOH + 3O_2 \xrightarrow{\text{熔融}} 2K_2MnO_4 + 2H_2O$$

2. 锰的化合物

锰的价电子构型为 $3d^54s^2$，常见氧化值包括 +7，+6，+4 和 +2。

常见化合物：$KMnO_4$，K_2MnO_4，MnO_2，$MnSO_4$ 和 $MnCl_2$。

水溶液中锰的各种离子及其性质分别为：MnO_4^-（紫红色，中性），MnO_4^{2-}（暗绿色，pH > 13.5），$Mn(H_2O)_6^{3+}$（红色，易歧化），$Mn(H_2O)_6^{2+}$（淡红色，酸性）

(1) MnO_4^-

①强氧化性

溶液的酸碱度不同，MnO_4^- 被还原的产物也不相同。

$$2MnO_4^- + 5SO_3^{2-} + 6H^+ \longrightarrow 2Mn^{2+} + 5SO_4^{2-} + 3H_2O$$

$$2MnO_4^- + 3SO_3^{2-} + H_2O \longrightarrow 2MnO_2 + 3SO_4^{2-} + 2OH^-$$

$$2MnO_4^- + SO_3^{2-} + 2OH^-(\text{浓}) \longrightarrow 2MnO_4^{2-} + SO_4^{2-} + H_2O$$

$$2MnO_4^- + 5H_2C_2O_4 + 6H^+ \longrightarrow 2Mn^{2+} + 10CO_2 + 8H_2O$$

②不稳定性

遇酸（或见光）：$4MnO_4^- + 4H^+(\text{微酸}) \longrightarrow 4MnO_2 + 3O_2 + 2H_2O$

浓碱：$4MnO_4^- + 4OH^- \longrightarrow 4MnO_4^{2-} + O_2 + 2H_2O$

加热：$2KMnO_4 \xrightarrow{>220\ ℃} K_2MnO_4 + MnO_2 + O_2$

(2) MnO_4^{2-}

微酸性、中性溶液中发生歧化反应。

$$3MnO_4^{2-} + 4H^+ \longrightarrow MnO_2 + 2MnO_4^- + 2H_2O$$

(3) MnO_2

①强氧化剂

浓 HCl：$MnO_2 + 4HCl \xrightarrow{\triangle} Cl_2 + MnCl_2 + 2H_2O$

浓 H_2SO_4：$2MnO_2 + 2H_2SO_4 \xrightarrow{\triangle} 2MnSO_4 + O_2 + 2H_2O$

②制取低氧化值锰化合物的原料

$$MnO_2 + H_2 \xrightarrow{450\ ℃ \sim 500\ ℃} MnO + H_2O$$

五、铁钴镍

1. 铁、钴、镍的单质

物理性质：均为银白色金属，密度大，熔点高，具有磁性，又称为铁磁性物质。

化学性质：

(1)纯铁稳定存在于空气和水中，含杂质的铁在潮湿空气中会生成铁锈($Fe_2O_3 \cdot xH_2O$)。

(2)三者化学性质中等活泼，可溶于稀酸。

(3)常温下，冷的浓硫酸、浓硝酸可使铁的表面钝化。

用途：制造合金。

2. 铁、钴、镍的化合物

氧化性：Fe(Ⅲ) < Co(Ⅲ) < Ni(Ⅲ)

还原性：Fe(Ⅱ) > Co(Ⅱ) > Ni(Ⅱ)

(1)铁、钴、镍的氧化物

Fe_2O_3(红棕色)；FeO(黑色)；Fe_3O_4(黑色)；$Co_2O_3 \cdot xH_2O$(暗褐色)；CoO(灰绿色)；$Ni_2O_3 \cdot 2H_2O$(灰黑色)；NiO(绿色)。

(2)铁、钴、镍的氢氧化物

$Fe(OH)_3$：$Fe^{3+} + 3OH^- \longrightarrow Fe(OH)_3(s)$

$Fe(OH)_2$：$Fe^{2+} + 2OH^- \longrightarrow Fe(OH)_2(s)$

其中，$Fe(OH)_3$ 为红棕色，$Fe(OH)_2$ 为白色，部分氧化的 $Fe(OH)_2$ 为灰绿色。

(3)铁、钴、镍的盐

铁：$FeCl_3$(黑褐色)；$Fe(NO_3)_3 \cdot 9H_2O$(淡紫色)；$FeCl_2 \cdot 4H_2O$(淡蓝色)；$FeSO_4 \cdot 7H_2O$(淡绿)。

其中，$FeCl_3$ 有明显的共价性，易潮解。

钴：$CoSO_4 \cdot 7H_2O$(淡紫色)；$CoCl_2 \cdot 6H_2O$(粉红色)。

镍：$NiCl_2 \cdot 6H_2O$(草绿色)；$NiSO_4 \cdot 7H_2O$(暗绿色)；$Ni(NO_3)_2 \cdot 6H_2O$(青绿色)。

(4)铁、钴、镍的配合物

①铁的配合物

铁的配合物可分为：高自旋化合物($[FeF_6]^{3-}$)、低自旋化合物($[Fe(CN)_6]^{3-}$)以及其他化合物。

酸性条件 Fe^{3+} 的鉴定：$xFe^{3+} + x[Fe(CN)_6]^{4-} + xK^+ \longrightarrow [KFe(CN)_6Fe]_x(s)$（普鲁士蓝）

酸性条件 Fe^{2+} 的鉴定：$xFe^{2+} + x[Fe(CN)_6]^{3-} + xK^+ \longrightarrow [KFe(CN)_6Fe]_x(s)$（滕氏蓝）

②钴的配合物

Co(Ⅲ)的配合物：在水溶液中稳定，配位数均为6。具体可分为高自旋配合物（$[CoF_6]^{3-}$）和低自旋配合物（$[Co(CN)_6]^{3-}$）。

Co(Ⅱ)的配合物：多数是高自旋的，水溶液中稳定性较差，可分为两类：a. 以红色或红色为特征的八面体配合物；b. 以深蓝色为特征的四面体配合物。在水溶液中存在如下平衡：

$$[Co(H_2O)_6]^{2+} \underset{H_2O}{\overset{Cl^-}{\rightleftharpoons}} [CoCl_4]^{2-}$$

（粉红色、八面体）（蓝色、四面体）

③镍的配合物

Ni(Ⅱ)的配合物构型主要是八面体构型，其次是平面正方形和四面体构型。

16.2 课后习题详解

1. 完成并配平下列反应方程式：

(1) $TiO^{2+} + Zn + H^+ \longrightarrow$

(2) $Ti^{3+} + CO_3^{2-} + H_2O \longrightarrow$

(3) $TiO_2 + H_2SO_4$(浓)$\longrightarrow$

(4) $TiCl_4 + H_2O \longrightarrow$

(5) $TiCl_4 + Mg \longrightarrow$

解：各反应方程式为

(1) $2TiO^{2+} + Zn + 4H^+ \longrightarrow 2Ti^{3+} + Zn^{2+} + 2H_2O$

(2) $2Ti^{3+} + 3CO_3^{2-} + 3H_2O \longrightarrow 2Ti(OH)_3 + 3CO_2(g)$

(3) $TiO_2 + H_2SO_4$(浓)$\longrightarrow TiOSO_4 + H_2O$

(4) $TiCl_4 + 2H_2O \longrightarrow TiO_2 + 4HCl$

(5) $TiCl_4 + 2Mg \longrightarrow Ti(s) + 2MgCl_2$

2. 完成并配平下列反应方程式：

(1) $V_2O_5 + Cl^- + H^+ \longrightarrow$

(2) $NH_4VO_3 \xrightarrow{\triangle}$

(3) $VO_2^+ + SO_3^{2-} + H^+ \longrightarrow$

(4) $VO^{2+} + MnO_4^- + H_2O \longrightarrow$

解：各反应方程式为

(1) $V_2O_5 + 2Cl^- + 6H^+ \longrightarrow 2VO^{2+} + Cl_2(g) + 3H_2O$

(2) $2NH_4VO_3 \xrightarrow{\triangle} V_2O_5 + 2NH_3 + H_2O$

(3) $2VO_2^+ + SO_3^{2-} + 2H^+ \longrightarrow 2VO^{2+} + SO_4^{2-} + H_2O$

(4) $5VO^{2+} + MnO_4^- + H_2O \longrightarrow 5VO_2^+ + Mn^{2+} + 2H^+$

3. 已知下列电对的标准电极电势：

$VO_2^+ + 2H^+ + e^- \rightleftharpoons VO^{2+} + H_2O$；$E^\ominus = 0.9994\ V$

$VO^{2+} + 2H^+ + e^- \rightleftharpoons V^{3+} + H_2O$；$E^\ominus = 0.337$ V

$V^{3+} + e^- \rightleftharpoons V^{2+}$；$E^\ominus = -0.255$ V

$V^{2+} + 2e^- \rightleftharpoons V$；$E^\ominus = -1.2$ V

在酸性溶液中分别用 1 mol·L^{-1}Fe^{2+}，1 mol·L^{-1}Sn^{2+} 和 Zn 还原 1 mol·L^{-1} 的 VO_2^+ 时，最终得到的产物各是什么(不必计算)？

解：查表得，

$Fe^{3+} + e^- = Fe^{2+}$　　$E^\ominus = 0.769$ V

$Sn^{4+} + 2e^- = Sn^{2+}$　　$E^\ominus = 0.1539$ V

$Zn^{2+} + 2e^- = Zn$　　$E^\ominus = -0.7621$ V

当 1 mol·L^{-1} 的 Fe^{2+} 在酸性溶液中还原 VO_2^+ 时，$E^\ominus(VO_2^+/VO^{2+}) > E^\ominus(Fe^{3+}/Fe^{2+}) > E^\ominus(VO^{2+}/V^{3+})$，所以只能得到 VO^{2+}；用 1 mol·L^{-1} 的 Sn^{2+} 在酸性溶液中还原 VO_2^+ 时，$E^\ominus(VO^{2+}/V^{3+}) > E^\ominus(Sn^{4+}/Sn^{2+}) > E^\ominus(V^{3+}/V^{2+})$，所以 VO_2^+ 首先被还原成 VO^{2+}，继续还原为 V^{3+}；Zn 在酸性溶液中还原 VO_2^+，$E^\ominus(V^{2+}/V) > E^\ominus(Zn^{2+}/Zn)$，所以 VO_2^+ 最终被还原为 V^{2+}。

4. 根据有关的 $E^\ominus$ 值，试推断 VO^{2+} 在 $c(H^+) = 1$ mol·L^{-1} 的酸性溶液中能否歧化为 VO_2^+ 和 V^{3+}。

解：查阅标准电极电势表得：

$$VO_2^+ \xrightarrow{0.999\ V} VO^{2+} \xrightarrow{0.337\ V} V^{3+}$$

$E^\ominus(右) = 0.337\ V < E^\ominus(左) = 0.999$ V，所以 VO^{2+} 不能歧化为 VO_2^+ 和 V^{3+}。

5. 完成并配平下列反应方程式：

(1) $K_2Cr_2O_7 + HCl(浓) \xrightarrow{\triangle}$

(2) $K_2Cr_2O_7 + H_2C_2O_4 + H_2SO_4 \longrightarrow$

(3) $Ag^+ + Cr_2O_7^{2-} + H_2O \longrightarrow$

(4) $Cr_2O_7^{2-} + H_2S + H^+ \longrightarrow$

(5) $Cr^{3+} + S_2O_8^{2-} + H_2O \longrightarrow$

(6) $Cr(OH)_3 + OH^- + ClO^- \longrightarrow$

(7) $K_2Cr_2O_7 + H_2O_2 + H_2SO_4 \longrightarrow$

解：各反应的方程式为

(1) $K_2Cr_2O_7 + 14HCl(浓) \xrightarrow{\triangle} 2CrCl_3 + 3Cl_2 + 2KCl + 7H_2O$

(2) $K_2Cr_2O_7 + 3H_2C_2O_4 + 4H_2SO_4 \longrightarrow Cr_2(SO_4)_3 + 6CO_2 + K_2SO_4 + 7H_2O$

(3) $4Ag^+ + Cr_2O_7^{2-} + H_2O \longrightarrow 2Ag_2CrO_4(s) + 2H^+$

(4) $Cr_2O_7^{2-} + 3H_2S + 8H^+ \longrightarrow 2Cr^{3+} + 3S(s) + 7H_2O$

(5) $2Cr^{3+} + 3S_2O_8^{2-} + 7H_2O \longrightarrow Cr_2O_7^{2-} + 6SO_4^{2-} + 14H^+$

(6) $2Cr(OH)_3 + 4OH^- + 3ClO^- \longrightarrow 2CrO_4^{2-} + 3Cl^- + 5H_2O$

(7) $K_2Cr_2O_7 + 3H_2O_2 + 4H_2SO_4 \longrightarrow Cr_2(SO_4)_3 + K_2SO_4 + 3O_2 + 7H_2O$

6. 一紫色晶体溶于水得到绿色溶液(A)，(A)与过量氨水反应生成灰绿色沉淀(B)。(B)可溶于 NaOH 溶液，得到亮绿色溶液(C)，在(C)中加入 H_2O_2 并微热，得到黄色溶液(D)。在(D)中加入氯化钡溶液生成黄色沉淀(E)，(E)可溶于盐酸得到橙红色溶液(F)。

试确定各字母所代表的物质，写出有关的反应方程式。

解：紫色晶体为 $CrCl_3 \cdot 6H_2O$。

A. $[CrCl_2(H_2O)_4]^+$；B. $Cr(OH)_3$；C. $Cr(OH)_4^-$；D. CrO_4^{2-}；E. $BaCrO_4$；F. $Cr_2O_7^{2-}$

相关反应方程式为

$$[CrCl_2(H_2O)_4]^+ + 3NH_3 \cdot H_2O \longrightarrow Cr(OH)_3(s) + 3NH_4^+ + 2Cl^- + 4H_2O$$

$$Cr(OH)_3(s) + OH^- \longrightarrow Cr(OH)_4^-$$

$$2Cr(OH)_4^- + 3H_2O_2 + 2OH^- \xrightarrow{\triangle} 2CrO_4^{2-} + 8H_2O$$

$$CrO_4^{2-} + Ba^{2+} \longrightarrow BaCrO_4(s)$$

$$2BaCrO_4(s) + 2H^+ \longrightarrow Cr_2O_7^{2-} + 2Ba^{2+} + H_2O$$

7. 已知反应 $Cr(OH)_3(s) + OH^- \rightleftharpoons [Cr(OH)_4]^-$ 的标准平衡常数 $K^\ominus = 10^{-0.40}$。在 1.0 L 0.10 $mol \cdot L^{-1}$ Cr^{3+} 溶液中，当 $Cr(OH)_3$ 沉淀完全时，溶液的 pH 是多少？要使沉淀出的 $Cr(OH)_3$ 刚好在 1.0 L NaOH 溶液中完全溶解并生成 $[Cr(OH)_4]^-$，问溶液中的 $c(OH^-)$ 是多少？并求 $[Cr(OH)_4]^-$ 的标准稳定常数。

解：查溶度积常数表知 $K_{sp}^\ominus[Cr(OH)_3] = 6.3 \times 10^{-31}$，当 Cr^{3+} 完全沉淀时，$c(Cr^{3+}) = 1.0 \times 10^{-5}\ mol \cdot L^{-1}$。

$$c(OH^-) = \sqrt[3]{\frac{6.3 \times 10^{-31}}{1.0 \times 10^{-5}}}\ mol \cdot L^{-1} = 4.0 \times 10^{-9}\ mol \cdot L^{-1}$$

则 $pH = 14 - pOH = 14 + \lg c(OH^-) = 5.60$。

生成的沉淀 $Cr(OH)_3$ 在 1.0 L 的 NaOH 溶液中刚好全部转化为 $[Cr(OH)_4]^-$，反应方程式为

$$Cr(OH)_3(s) + OH^- \rightleftharpoons [Cr(OH)_4]^-$$

$$K^\ominus = \frac{c([Cr(OH)_4]^-)/c^\ominus}{c(OH^-)/c^\ominus} = 10^{-0.4}$$

则 $c(OH^-) = \dfrac{c([Cr(OH)_4]^-)}{K^\ominus} = \dfrac{0.10}{10^{-0.40}} mol \cdot L^{-1} = 0.25\ mol \cdot L^{-1}$

$$c(NaOH)_{初} = (0.25 + 0.10)\ mol \cdot L^{-1} = 0.35\ mol \cdot L^{-1}$$

Cr^{3+} 与 OH^- 反应生成 $[Cr(OH)_4]^-$ 的总反应为

$$Cr^{3+} + 4OH^- = [Cr(OH)_4]^-$$

$$K_f^\ominus = \frac{c([Cr(OH)_4]^-)/c^\ominus}{[c(OH^-)/c^\ominus]^4[c(Cr^{3+})/c^\ominus]} = \frac{K^\ominus}{K_{sp}^\ominus[Cr(OH)_3]} = \frac{10^{-0.40}}{6.3 \times 10^{-31}} = 6.32 \times 10^{29}$$

8. 已知反应 $HCrO_4^- \rightleftharpoons CrO_4^{2-} + H^+$ 的 $K_a^\ominus = 3.2 \times 10^{-7}$，反应 $2HCrO_4^- \rightleftharpoons Cr_2O_7^{2-} + H_2O$ 的 $K^\ominus = 33$。

(1) 计算反应 $2CrO_4^{2-} + 2H^+ \rightleftharpoons Cr_2O_7^{2-} + H_2O$ 的标准平衡常数 $K^\ominus$；

(2) 计算 1.0 $mol \cdot L^{-1}$ K_2CrO_4 溶液中 CrO_4^{2-} 与 $Cr_2O_7^{2-}$ 浓度相等时溶液的 pH。

解：两个电离方程如下

①$HCrO_4^- \rightleftharpoons CrO_4^{2-} + H^+$　　$K_a^\ominus = 3.2 \times 10^{-7}$

②$2HCrO_4^- \rightleftharpoons Cr_2O_7^{2-} + H_2O$　　$K_2^\ominus = 33$

反应② - 反应①×2 得

$$2CrO_4^{2-} + 2H^+ \rightleftharpoons Cr_2O_7^{2-} + H_2O$$

平衡时 $c_B/c^\ominus$ $\qquad \frac{1}{3}\times 1.0 \qquad x \qquad \frac{1}{3}\times 1.0$

$$K^\ominus = \frac{K_2^\ominus}{(K_a^\ominus)^2} = \frac{33}{(3.2\times 10^{-7})^2} = 3.2\times 10^{14}$$

$$K^\ominus = \frac{c(Cr_2O_7^{2-})/c^\ominus}{[c(CrO_4^{2-})/c^\ominus]^2[c(H^+)/c^\ominus]^2} = \frac{\frac{1}{3}\times 1.0}{\left(\frac{1}{3}\times 1.0\right)^2 x^2} = 3.2\times 10^{14}$$

$$x = 9.7\times 10^{-8}$$

$$c(H^+) = 9.7\times 10^{-8}\ \text{mol}\cdot\text{L}^{-1} \qquad \text{pH} = 7.01$$

9. 完成并配平下列反应方程式：

(1) $MnO_4^- + Fe^{2+} + H^+ \longrightarrow$

(2) $MnO_4^- + SO_3^{2-} + H_2O \longrightarrow$

(3) $MnO_4^- + MnO_2 + OH^- \longrightarrow$

(4) $KMnO_4 \xrightarrow{\triangle}$

(5) $K_2MnO_4 + HAc \longrightarrow$

(6) $MnO_2 + KOH + O_2 \longrightarrow$

(7) $MnO_4^- + Mn^{2+} \longrightarrow$

(8) $KMnO_4 + KNO_2 + H_2O \longrightarrow$

解：各反应方程式如下：

(1) $MnO_4^- + 5Fe^{2+} + 8H^+ \longrightarrow Mn^{2+} + 5Fe^{3+} + 4H_2O$

(2) $2MnO_4^- + 3SO_3^{2-} + H_2O \longrightarrow 2MnO_2 + 3SO_4^{2-} + 2OH^-$

(3) $2MnO_4^- + MnO_2 + 4OH^- \longrightarrow 3MnO_4^{2-} + 2H_2O$

(4) $2KMnO_4 \xrightarrow{\triangle} K_2MnO_4 + MnO_2 + O_2$

(5) $3K_2MnO_4 + 4HAc \longrightarrow 2KMnO_4 + MnO_2 + 2H_2O + 4KAc$

(6) $2MnO_2 + 4KOH + O_2 \longrightarrow 2K_2MnO_4 + 2H_2O$

(7) $2MnO_4^- + 3Mn^{2+} + 2H_2O \longrightarrow 5MnO_2 + 4H^+$

(8) $2KMnO_4 + 3KNO_2 + H_2O \longrightarrow 2MnO_2 + 3KNO_3 + 2KOH$

10. 在 $MnCl_2$ 溶液中加入适量的硝酸，再加入 $NaBiO_3(s)$，溶液中出现紫红色后又消失，试说明原因，写出有关的反应方程式。

解：原因是在酸性溶液中，$NaBiO_3$ 可将 Mn^{2+} 氧化成紫色的 MnO_4^-，当溶液中存在 Cl^- 时，MnO_4^- 又会被还原为无色的 Mn^{2+}，所以紫红色出现后又消失。相关的反应方程式如下

$$2Mn^{2+} + 5NaBiO_3 + 14H^+ \longrightarrow 2MnO_4^- + 5Bi^{3+} + 5Na^+ + 7H_2O$$

$$2MnO_4^- + 10Cl^- + 16H^+ \longrightarrow 2Mn^{2+} + 5Cl_2 + 8H_2O$$

11. 一棕黑色固体(A)不溶于水，但可溶于浓盐酸，生成近乎无色溶液(B)和黄绿色气体(C)。在少量(B)中加入硝酸和少量 $NaBiO_3(s)$，生成紫红色溶液(D)。在(D)中加入一淡绿色溶液(E)，紫红色褪去，在得到的溶液(F)中加入 KNCS 溶液又生成血红色溶液

(G)。再加入足量的 NaF 则溶液的颜色又褪去。在(E)中加入 $BaCl_2$ 溶液则生成不溶于硝酸的白色沉淀(H)。试确定各字母所代表的物质，并写出有关反应的离子方程式。

解： A. MnO_2；B. Mn^{2+}；C. Cl_2；D. MnO_4^-；E. $FeSO_4$；F. Fe^{3+}；G. $[Fe(NCS)_6]^{3-}$；H. $BaSO_4$

相关反应方程式如下

$$MnO_2 + 4HCl(浓) \xrightarrow{\triangle} MnCl_2 + Cl_2 + 2H_2O$$

$$2Mn^{2+} + 5NaBiO_3 + 14H^+ \longrightarrow 2MnO_4^- + 5Bi^{3+} + 5Na^+ + 7H_2O$$

$$MnO_4^- + 5Fe^{2+} + 8H^+ \longrightarrow Mn^{2+} + 5Fe^{3+} + 4H_2O$$

$$Fe^{3+} + 6NCS^- \longrightarrow [Fe(NCS)_6]^{3-}$$

$$[Fe(NCS)_6]^{3-} + 6F^- \longrightarrow [FeF_6]^{3-} + 6NCS^-$$

$$Ba^{2+} + SO_4^{2-} \longrightarrow BaSO_4(s)$$

12. 根据锰的有关电对的 $E^{\ominus}$，估计 Mn^{3+} 在 $c(H^+) = 1.0\ mol \cdot L^{-1}$ 时能否歧化为 MnO_2 和 Mn^{2+}。若 Mn^{3+} 能歧化，计算此反应的标准平衡常数。

解： 查得 Mn 的有关电势如下

$$MnO_2 \frac{0.95}{\quad\quad} Mn^{3+} \frac{1.51}{\quad\quad} Mn^{2+}$$

$E^{\ominus}_{右} > E^{\ominus}_{左}$，$Mn^{3+}$ 可以歧化，反应方程式为

$$2Mn^{3+} + 2H_2O \longrightarrow MnO_2(s) + Mn^{2+} + 4H^+$$

$$\lg K^{\ominus} = \frac{zE^{\ominus}_{MF}}{0.0592} = \frac{1 \times (1.51 - 0.95)}{0.0592} = 9.460 \qquad K^{\ominus} = 2.9 \times 10^9$$

13. 已知下列电对的 $E^{\ominus}$：

$$Mn^{3+} + e^- \rightleftharpoons Mn^{2+};\ E^{\ominus} = 1.51\ V$$

$$[Mn(CN)_6]^{3-} + e^- \rightleftharpoons [Mn(CN)_6]^{4-};\ E^{\ominus} = -0.244\ V$$

计算锰的上述两种氰合配离子的标准稳定常数的比值。

解： 将两个电对组合成原电池，当电池反应达到平衡时，则

$$E^{\ominus}(Mn^{3+}/Mn^{2+}) + 0.0592\ V \lg \frac{c(Mn^{3+})/c^{\ominus}}{c(Mn^{2+})/c^{\ominus}}$$

$$= E^{\ominus}\{[Mn(CN)_6]^{3-}/[Mn(CN)_6]^{4-}\} + 0.0592\ V \lg \frac{c\{[Mn(CN)_6]^{3-}\}/c^{\ominus}}{c\{[Mn(CN)_6]^{4-}\}/c^{\ominus}}$$

所以整理得

$$\lg \frac{K_f^{\ominus}[Mn(CN)_6]^{3-}}{K_f^{\ominus}[Mn(CN)_6]^{4-}} = \frac{E^{\ominus}(Mn^{3+}/Mn^{2+}) - E^{\ominus}[Mn(CN)_6^{3-}/Mn(CN)_6^{4-}]}{0.0592\ V}$$

$$= \frac{1.51\ V - (-0.244\ V)}{0.0592\ V} = 29.63$$

则 $\dfrac{K_f^{\ominus}[Mn(CN)_6]^{3-}}{K_f^{\ominus}[Mn(CN)_6]^{4-}} = 4.3 \times 10^{29}$。

14. 完成并配平下列反应方程式：

(1) $Fe^{3+} + I^- \longrightarrow$

(2) $Cr_2O_7^{2-} + Fe^{2+} + H^+ \longrightarrow$

(3) $[Fe(NCS)_n]^{3-n} + F^- \longrightarrow$

(4) $Co^{2+} + Br_2 + OH^- \longrightarrow$

(5) $[Co(NH_3)_6]^{2+} + O_2 + H_2O \longrightarrow$

(6) $Co^{2+} + NCS^-$(过量)$\xrightarrow{丙酮}$

(7) $Ni^{2+} + HCO_3^- \longrightarrow$

(8) $Ni^{2+} + NH_3$(过量)$\longrightarrow$

(9) $NiO(OH) + HCl$(浓)$\longrightarrow$

(10) $FeCl_3 + SnCl_2 \longrightarrow$

(11) $Co(OH)_2 + O_2 + H_2O \longrightarrow$

(12) $Ni(OH)_2 + Br_2 + NaOH \longrightarrow$

(13) $Co_2O_3 + HCl$(浓)$\longrightarrow$

(14) $Fe(OH)_3 + Cl_2 + OH^- \longrightarrow$

解：各反应的化学方程式为

(1) $2Fe^{3+} + 2I^- \longrightarrow 2Fe^{2+} + I_2(s)$

(2) $Cr_2O_7^{2-} + 6Fe^{2+} + 14H^+ \longrightarrow 2Cr^{3+} + 6Fe^{3+} + 7H_2O$

(3) $[Fe(NCS)_n]^{3-n} + 6F^- \longrightarrow [FeF_6]^{3-} + nNCS^-$

(4) $2Co^{2+} + Br_2 + 6OH^- \longrightarrow 2Co(OH)_3 + 2Br^-$

(5) $4[Co(NH_3)_6]^{2+} + O_2 + 2H_2O \longrightarrow 4[Co(NH_3)_6]^{3+} + 4OH^-$

(6) $Co^{2+} + 4NCS^-$(过量)$\xrightarrow{丙酮} [Co(NCS)_4]^{2-}$

(7) $Ni^{2+} + 2HCO_3^- \longrightarrow NiCO_3(s) + CO_2 + H_2O$

(8) $Ni^{2+} + 6NH_3$(过量)$\longrightarrow [Ni(NH_3)_6]^{2+}$

(9) $2NiO(OH) + 6HCl$(浓)$\longrightarrow 2NiCl_2 + Cl_2(g) + 4H_2O$

(10) $2FeCl_3 + SnCl_2 \longrightarrow 2FeCl_2 + SnCl_4$

(11) $4Co(OH)_2 + O_2 + 2(x-2)H_2O \longrightarrow 2Co_2O_3 \cdot xH_2O$

(12) $2Ni(OH)_2 + Br_2 + 2NaOH \longrightarrow 2NiO(OH) + 2NaBr + 2H_2O$

(13) $Co_2O_3 + 10HCl$(浓)$\longrightarrow 2H_2CoCl_4 + Cl_2(g) + 3H_2O$

(14) $2Fe(OH)_3 + 3Cl_2 + 10OH^- \longrightarrow 2FeO_4^{2-} + 6Cl^- + 8H_2O$

15. 指出下列离子的颜色，并说明其显色机理：

$[Ti(H_2O)_6]^{3+}$，VO_4^{3-}，$[Cr(OH)_4]^-$，CrO_4^{2-}，MnO_4^{2-}，$[Fe(H_2O)_6]^{3+}$，$[Fe(H_2O)_6]^{2+}$，$[CoCl_4]^{2-}$，$[Ni(NH_3)_6]^{2+}$

解：$[Ti(H_2O)_6]^{3+}$显紫色；$[Cr(OH)_4]^-$显亮绿色；$[Fe(H_2O)_6]^{3+}$显淡紫色；$[Fe(H_2O)_6]^{2+}$显淡绿色；$[CoCl_4]^{2-}$显蓝色；$[Ni(NH_3)_6]^{2+}$显蓝紫色。这些配离子是由于发生d－d跃迁而显色。VO_4^{3-}显淡黄色；CrO_4^{2-}显黄色；MnO_4^{2-}显暗绿色。这些含氧酸根离子由于发生电荷迁移而显色。

16. 根据下列各组配离子化学式后面括号内所给出的条件，确定它们各自的中心离子的价层电子排布和配合物的磁性，推断其为内轨型配合物，还是外轨型配合物，比较每组内两种配合物的相对稳定性。

(1) $[Mn(C_2O_4)_3]^{3-}$(高自旋)，$[Mn(CN)_6]^{3-}$(低自旋)；

(2) $[Fe(en)_3]^{3+}$(高自旋)，$[Fe(CN)_6]^{3-}$(低自旋)；

(3)[CoF_6]$^{3-}$(高自旋)，[Co(en)$_3$]$^{3+}$(低自旋)。

解：各组配合物的有关性质如下

(1)[$Mn(C_2O_4)_3$]$^{3-}$，价层电子排布 $t_{2g}^3e_g^1$，顺磁性 $\mu=4.9\mu_B$，外轨型。

[$Mn(CN)_6$]$^{3-}$，价层电子排布 $t_{2g}^4e_g^0$，顺磁性 $\mu=2.8\mu_B$，内轨型。

稳定性　[$Mn(C_2O_4)_3$]$^{3-}$ < [$Mn(CN)_6$]$^{3-}$

(2)[Fe(en)$_3$]$^{3+}$，价层电子排布 $t_{2g}^3e_g^2$，顺磁性 $\mu=5.9\mu_B$，外轨型

[$Fe(CN)_6$]$^{3-}$，价层电子排布 $t_{2g}^5e_g^0$，顺磁性 $\mu=1.7\mu_B$，内轨型。

稳定性[Fe(en)$_3$]$^{3+}$ < [$Fe(CN)_6$]$^{3-}$

(3)[CoF_6]$^{3-}$，价层电子排布 $t_{2g}^4e_g^2$，顺磁性 $\mu=4.9\mu_B$，外轨型。

[Co(en)$_3$]$^{3+}$，价层电子排布 $t_{2g}^6e_g^0$，反磁性 $\mu=0\mu_B$，内轨型。

稳定性[CoF_6]$^{3-}$ < [Co(en)$_3$]$^{3+}$

17. 某粉红色晶体溶于水，其水溶液(A)也呈粉红色。向(A)中加入少量 NaOH 溶液，生成蓝色沉淀，当 NaOH 溶液过量时，则得到粉红色沉淀(B)。再加入 H_2O_2 溶液，得到棕色沉淀(C)，(C)与过量浓盐酸反应生成蓝色溶液(D)和黄绿色气体(E)。将(D)用水稀释又变为溶液(A)。(A)中加入 KNCS 晶体和丙酮后得到天蓝色溶液(F)。试确定各字母所代表的物质，并写出有关反应的方程式。

解：A. Co^{2+}；B. $Co(OH)_2$；C. Co_2O_3；D. [$CoCl_4$]$^{2-}$；E. Cl_2；F. [$Co(NCS)_4$]$^{2-}$

有关的反应方程式为

$$Co^{2+}+2OH^- \longrightarrow Co(OH)_2(s)$$

$$2Co(OH)_2(s)+H_2O_2 \longrightarrow Co_2O_3(s)+3H_2O$$

$$Co_2O_3+10HCl(浓) \longrightarrow 2H_2CoCl_4+Cl_2(g)+3H_2O$$

$$CoCl_4^{2-} \xrightarrow{H_2O} Co^{2+}+4Cl^-$$

$$Co^{2+}+4NCS^- \xrightarrow{丙酮} [Co(NCS)_4]^{2-}$$

18. 某黑色过渡金属氧化物(A)溶于浓盐酸后得到绿色溶液(B)和气体(C)。(C)能使润湿的 KI-淀粉试纸变蓝。(B)与 NaOH 溶液反应生成苹果绿色沉淀(D)。(D)可溶于氨水得到蓝色溶液(E)，再加入丁二肟乙醇溶液则生成鲜红色沉淀。试确定各字母所代表的物质，写出有关的反应方程式。

解：A. Ni_2O_3；B. Ni^{2+}；C. Cl_2；D. $Ni(OH)_2$；E. [$Ni(NH_3)_6$]$^{2+}$

相关反应方程式如下

$$Ni_2O_3+6HCl(浓) \longrightarrow 2NiCl_2+Cl_2(g)+3H_2O$$

$$Ni^{2+}+2OH^- \longrightarrow Ni(OH)_2(s)$$

$$Ni(OH)_2(s)+6NH_3 \longrightarrow [Ni(NH_3)_6]^{2+}+2OH^-$$

$$[Ni(NH_3)_6]^{2+}+2DMG \longrightarrow Ni(DMG)_2(s)+4NH_3+2NH_4^+$$

19. 在 0.10 mol·L^{-1} 的 Fe^{3+} 溶液中加入足够的铜屑。求 25 ℃反应达到平衡时 Fe^{3+}，Fe^{2+}，Cu^{2+} 的浓度。

解：查阅电极电势表知 $E^{\ominus}(Fe^{3+}/Fe^{2+})=0.769$ V，$E^{\ominus}(Cu^{2+}/Cu)=0.3394$ V。反应方程如下，假设平衡时 Fe^{3+} 的浓度为 x mol·L^{-1}，则

$$2Fe^{3+}(aq) + Cu(s) \rightleftharpoons 2Fe^{2+}(aq) + Cu^{2+}(aq)$$

开始时 $c_B/c^{\ominus}$　　0.10　　　0　　　0

平衡时 $c_B/c^{\ominus}$　　x　　　$0.10 - x$　　　$\frac{1}{2}(0.10 - x)$

$$E_{MF}^{\ominus} = E^{\ominus}(Fe^{3+}/Fe^{2+}) - E^{\ominus}(Cu^{2+}/Cu)$$

$$= 0.769\ V - 0.3394\ V = 0.430\ V$$

$$\lg K^{\ominus} = \frac{zE_{MF}^{\ominus}}{0.0592\ V} = \frac{2 \times 0.430\ V}{0.0592\ V} = 14.51$$

$$K^{\ominus} = 3.3 \times 10^{14}$$

由于 $K^{\ominus}$ 很大，反应正向进行的程度大，则 $0.10 - x \approx 0.10$

$$K^{\ominus} = \frac{0.10^2 \times \frac{1}{2} \times 0.10}{x^2} = 3.3 \times 10^{14}$$

$$x = 1.2 \times 10^{-9},\ c(Fe^{3+}) = 1.2 \times 10^{-9}\ mol \cdot L^{-1}$$

$$c(Fe^{2+}) = 0.10\ mol \cdot L^{-1},\ c(Cu^{2+}) = 0.05\ mol \cdot L^{-1}$$

20. 在过量的氯气中加热 1.50 g 铁，生成黑褐色固体。将此固体溶在水中，加入过量的 NaOH 溶液，生成红棕色沉淀。将此沉淀强烈加热，形成红棕色粉末。写出上述反应方程式，并计算最多可以得到多少红棕色粉末。

解：各反应方程式如下

$$2Fe + 3Cl_2 \xrightarrow{\triangle} 2FeCl_3$$

$$FeCl_3 + 3NaOH \longrightarrow Fe(OH)_3(s) + 3NaCl$$

$$2Fe(OH)_3 \xrightarrow{\triangle} Fe_2O_3 + 3H_2O$$

$$n(Fe) = \frac{m(Fe)}{M(Fe)} = \frac{1.50\ g}{55.85\ g \cdot mol^{-1}} = 2.69 \times 10^{-2}\ mol$$

$$n(Fe_2O_3) = \frac{1}{2}n(Fe) = 1.34 \times 10^{-2}\ mol$$

所以 $m(Fe_2O_3) = n(Fe_2O_3)M(Fe_2O_3) = 1.34 \times 10^{-2}\ mol \times 159.7\ g \cdot mol^{-1} = 2.14\ g$。

21. 由下列实验数据确定某水合硫酸亚铁盐的化学式。

(1) 将 0.7840 g 某亚铁盐强烈加热至质量恒定，得到 0.1600 g 氧化铁(Ⅲ)。

(2) 将 0.7840 g 此亚铁盐溶于水，加入过量的氯化钡溶液，得到 0.9336 g 硫酸钡。

(3) 含有 0.3920 g 此亚铁盐的溶液与过量的 NaOH 溶液煮沸，释放出氨气。用 50.0 mL 0.10 $mol \cdot L^{-1}$ 盐酸溶液吸收。与氨反应后剩余的过量的酸需要 30.0 mL 0.10 $mol \cdot L^{-1}$ NaOH 溶液中和。

解：通过计算硫酸亚铁盐中的各物质的物质的量比来确定其化学式，则

(1) 0.7840 g 铁盐中含 Fe_2O_3 的物质的量为

$$n(Fe_2O_3) = \frac{m(Fe_2O_3)}{M(Fe_2O_3)} = \frac{0.1600\ g}{159.687\ g \cdot mol^{-1}} = 1.002 \times 10^{-3}\ mol$$

则含 Fe(Ⅱ) 的物质的量为

$$n(Fe^{2+}) = 2n(Fe_2O_3) = 2 \times 1.002 \times 10^{-3}\ mol = 2.004 \times 10^{-3}\ mol$$

(2) 0.7840 g 铁盐生成 $BaSO_4$ 的物质的量为

$$n(BaSO_4)=\frac{m(BaSO_4)}{M(BaSO_4)}=\frac{0.9336\ g}{233.392\ g\cdot mol^{-1}}=4.000\times10^{-3}\ mol$$

则含 SO_4^{2-} 物质的量为：$n(SO_4^{2-})=4.000\times10^{-3}$ mol。

(3)反应方程式如下

$$NH_4^+ + OH^- \longrightarrow NH_3(g) + H_2O$$
$$NH_3 + HCl \longrightarrow NH_4Cl$$
$$HCl + NaOH \longrightarrow NaCl + H_2O$$

0.3920 g 此铁盐中含 NH_4^+ 的物质的量

$$\begin{aligned} n(NH_4^+) &= c(HCl)\cdot V(HCl)-c(NaOH)V(NaOH) \\ &= 50.0\ mL\times0.10\ mol\cdot L^{-1}-30.0\ mL\times0.10\ mol\cdot L^{-1} \\ &= 2.00\times10^{-3}\ mol \end{aligned}$$

则 0.7840 g 铁盐中含 NH_4^+ 的物质的量为 $n'(NH_4^+)=4.00\times10^{-3}$ mol

0.7840 g 铁盐中含 H_2O 质量为

$$\begin{aligned} m(H_2O) &= 0.7840-M(Fe^{2+})n(Fe^{2+})-M(SO_4^{2-})n(SO_4^{2-})-M(NH_4^+)n(NH_4^+) \\ &= (0.7840-55.845\times2.00\times10^{-3}-96.066\times4.00\times10^{-3}-18.039\times4.00\times10^{-3})g \\ &= 0.2159\ g \end{aligned}$$

含 H_2O 的物质的量为

$$n(H_2O)=\frac{m(H_2O)}{M(H_2O)}=\frac{0.2159\ g}{18.015\ g\cdot mol^{-1}}=11.98\times10^{-3}\ mol$$

硫酸亚铁铵化学式中各物种的数目

$$N(Fe^{2+})=\frac{2.004\times10^{-3}}{2.00\times10^{-3}}=1.00,\quad N(SO_4^{2-})=\frac{4.000\times10^{-3}}{2.00\times10^{-3}}=2.00$$

$$N(NH_4^+)=\frac{4.00\times10^{-3}}{2.00\times10^{-3}}=2.00,\quad N(H_2O)=\frac{11.98\times10^{-3}}{2.00\times10^{-3}}=5.99$$

所以硫酸亚铁铵的化学式为 $(NH_4)_2Fe(SO_4)_2\cdot6H_2O$。

22. 已知 $E^\ominus(Co^{3+}/Co^{2+})=1.95$ V，$E^\ominus[Co(NH_3)_6^{3+}/Co(NH_3)_6^{2+}]=0.10$ V，$K_f^\ominus[Co(NH_3)_6^{3+}]=10^{35.20}$，$E^\ominus(Br_2/Br^-)=1.0775$ V。

(1)计算 $K_f^\ominus[Co(NH_3)_6^{2+}]$；

(2)写出 $[Co(NH_3)_6]^{2+}$ 与 $Br_2(l)$ 反应的离子方程式，计算 25 ℃时该反应的标准平衡常数。

解：(1)由题意知，平衡时

$$E^\ominus[Co(NH_3)_6^{3+}/Co(NH_3)_6^{2+}]=E^\ominus(Co^{3+}/Co^{2+})-0.0592\ V\times\lg\frac{K_f^\ominus(Co(NH_3)_6^{3+})}{K_f^\ominus(Co(NH_3)_6^{2+})}$$

$$1.95\ V+0.0592\ V\ \lg\frac{K_f^\ominus(Co(NH_3)_6^{2+})}{10^{35.20}}=0.10\ V$$

$$K_f^\ominus(Co(NH_3)_6^{2+})=8.9\times10^3$$

(2) $2Co(NH_3)_6^{2+} + Br_2 \longrightarrow 2Co(NH_3)_6^{3+} + 2Br^-$

$$E_{MF}^{\ominus}=E^{\ominus}(Br_2/Br^-)-E^{\ominus}[Co(NH_3)_6^{3-}/Co(NH_3)_6^{2+}]=1.0775\ V-0.10\ V$$
$$=0.9775\ V$$

$$\lg K^{\ominus}=\frac{zE_{MF}^{\ominus}}{0.0592}=\frac{2\times0.9775\ V}{0.0592\ V}=33.024 \qquad K^{\ominus}=1.1\times10^{33}$$

23. 溶液中含有 Fe^{3+} 和 Co^{2+}，如何将它们分离开并鉴定之？

解：首先在含有 Fe^{3+} 和 Co^{2+} 的溶液中加入过量的氨水及 NH_4Cl 溶液，过滤后可将二者分离开，然后分别鉴定。过程如图所示：

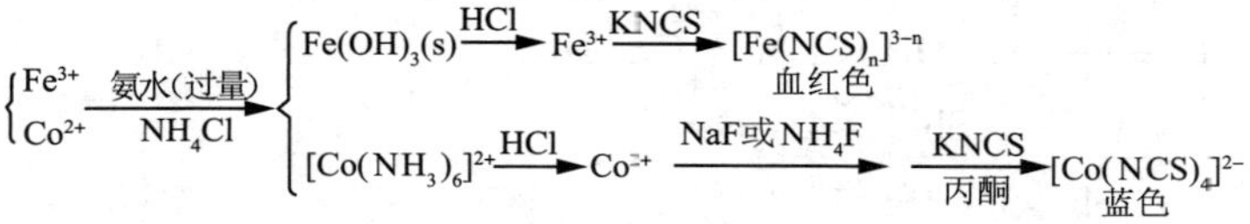

$$\begin{Bmatrix}Fe^{3+}\\Co^{2+}\end{Bmatrix}\xrightarrow[NH_4Cl]{氨水(过量)}\begin{cases}Fe(OH)_3(s)\xrightarrow{HCl}Fe^{3+}\xrightarrow{KNCS}\underset{血红色}{[Fe(NCS)_n]^{3-n}}\\ [Co(NH_3)_6]^{2+}\xrightarrow{HCl}Co^{2+}\xrightarrow{NaF或NH_4F}\xrightarrow[丙酮]{KNCS}\underset{蓝色}{[Co(NCS)_4]^{2-}}\end{cases}$$

24. 溶液中含有 Al^{3+}，Cr^{3+} 和 Fe^{3+}，如何将其分离？

解：其分离过程示意图，如图 16－2－1 所示。

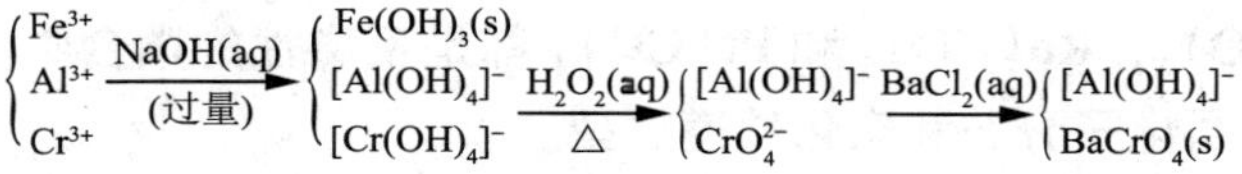

$$\begin{Bmatrix}Fe^{3+}\\Al^{3+}\\Cr^{3+}\end{Bmatrix}\xrightarrow[(过量)]{NaOH(aq)}\begin{cases}Fe(OH)_3(s)\\ [Al(OH)_4]^-\\ [Cr(OH)_4]^-\end{cases}\xrightarrow[\triangle]{H_2O_2(aq)}\begin{cases}[Al(OH)_4]^-\\ CrO_4^{2-}\end{cases}\xrightarrow{BaCl_2(aq)}\begin{cases}[Al(OH)_4]^-\\ BaCrO_4(s)\end{cases}$$

图 16－2－1

25. 如何将 Ag_2CrO_4，$BaCrO_4$ 和 $PbCrO_4$ 固体混合物中的 Ag^+，Ba^{2+}，Pb^{2+} 分离开？

解：其分离过程示意图，如图 16－2－2 所示。

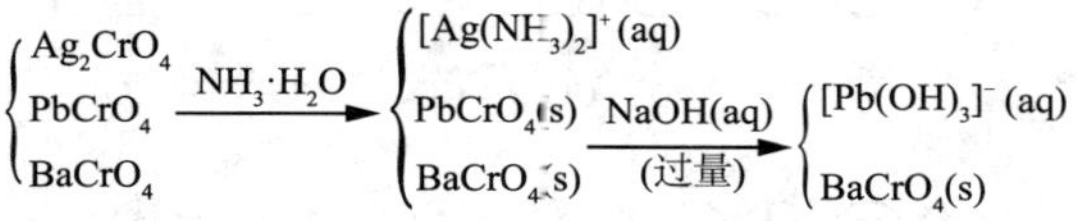

$$\begin{Bmatrix}Ag_2CrO_4\\PbCrO_4\\BaCrO_4\end{Bmatrix}\xrightarrow{NH_3\cdot H_2O}\begin{cases}[Ag(NH_3)_2]^+(aq)\\ PbCrO_4(s)\\ BaCrO_4(s)\end{cases}\xrightarrow[(过量)]{NaOH(aq)}\begin{cases}[Pb(OH)_3]^-(aq)\\ BaCrO_4(s)\end{cases}$$

图 16－2－2

26. 某溶液中含有 Pb^{2+}，Sb^{3+}，Fe^{3+} 和 Ni^{2+}，试将它们分离并鉴定。图示分离、鉴定步骤，写出现象和有关的反应方程式。

解：分离及鉴定示意图，如图 16－2－3 所示。

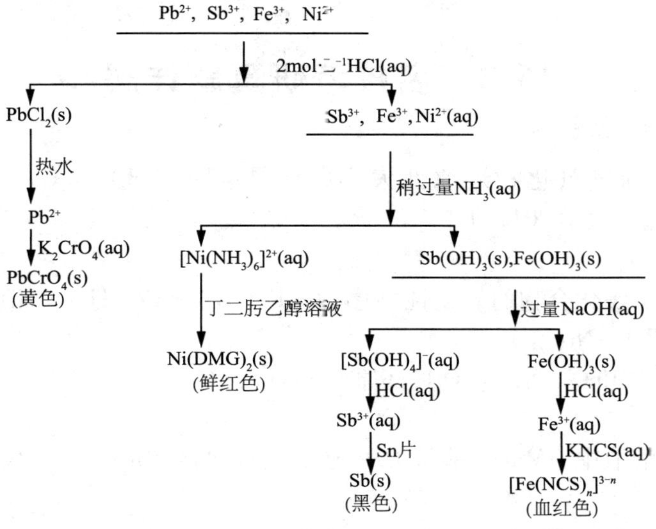

图 16－2－3

相关的反应方程式为

$Pb^{2+} + 2Cl^- \longrightarrow PbCl_2$（白色，s）

$PbCl_2 \longrightarrow Pb^{2+} + 2Cl^-$

$Pb^{2+} + CrO_4^{2-} \longrightarrow PbCrO_4$（黄色，s）

$Ni^{2+} + 6NH_3 \longrightarrow [Ni(NH_3)_6]^{2+}$（蓝色，s）

$[Ni(NH_3)_6]^{2+} + 2DMG \longrightarrow Ni(DMG)_2(s) + 4NH_3 + 2NH_4^+$

$Sb^{3+} + 3NH_3 \cdot H_2O \longrightarrow Sb(OH)_3$（白色，s）$+ 3NH_4^+$

$Sb(OH)_3 + OH^- \longrightarrow [Sb(OH)_4]^-$（无色，aq）

$[Sb(OH)_4]^- + 4H^+ \longrightarrow Sb^{3+} + 4H_2O$

$2Sb^{3+} + 3Sn \longrightarrow 2Sb(s) + 3Sn^{2+}$

$Fe^{3+} + 3NH_3 \cdot H_2O \longrightarrow Fe(OH)_3$（红棕色）$+ 3NH_4^+$

$Fe^{3+} + nNCS^- \longrightarrow [Fe(NCS)_n]^{3-n}$（血红色）

27. 已知 $Cr(CO)_6$，$Ru(CO)_5$ 和 $Pt(CO)_4$ 都是反磁性的羰合物。推测它们的中心原子与 CO 成键时的价层电子分布和杂化轨道类型。

解：由题意知各物质中不存在未成对电子，则可推测其价层电子分布和杂化轨道类型为：

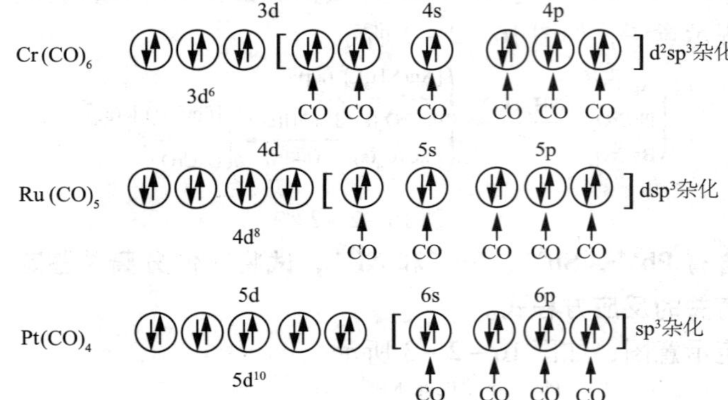

16.3 名校考研真题详解

一、判断题

1. 铁、钴、镍的氢氧化物还原性大小顺序是：$Fe(OH)_2 < Co(OH)_2 < Ni(OH)_2$。（　　）［南京航空航天大学 2012 研］

【答案】错

【解析】铁、钴、镍化合物的氧化性顺序为：Fe(Ⅲ) < Co(Ⅲ) < Ni(Ⅲ)；还原性顺序为：Fe(Ⅱ) > Co(Ⅱ) > Ni(Ⅱ)。

2. 在浓碱溶液中 MnO_4^- 可以被 OH^- 还原为 MnO_4^{2-}。（　　）［南京航空航天大学 2012 研］

【答案】对

【解析】在浓碱溶液中，MnO_4^- 能被 OH^- 还原为绿色的 MnO_4^{2-}，并放出氧气，反应方程式为：

$$4MnO_4^- + 4OH^- \longrightarrow 4MnO_4^{2-} + O_2 + 2H_2O。$$

3. $H_2Cr_2O_7$ 的酸性比 H_2CrO_4 的酸性强。（　　）［北京科技大学 2011 研］

【答案】对

【解析】$H_2Cr_2O_7$ 属于同多酸，同多酸的特点是酸性比相应的简单酸的酸性强。

二、填空题

1. 在酸性的 $K_2Cr_2O_7$ 溶液中，加入 Pb^{2+} 离子，可生成的沉淀物质是(　　)。[南京航空航天大学 2012 研]

【答案】$PbCrO_4$

【解析】$K_2Cr_2O_7$ 与 Pb^{2+} 反应的方程式为：$2Pb^{2+} + Cr_2O_7^{2-} + H_2O \rightleftharpoons 2PbCrO_4(s) + 2H^+$，产生 $PbCrO_4$ 黄色沉淀。

2. 现有四瓶绿色溶液，分别含有 Ni(Ⅱ)、Cu(Ⅱ)、Cr(Ⅲ)和 Mn(Ⅵ)，分别取少量溶液进行下列实验：

(1)加水稀释后，溶液变为浅蓝色的是(　　)；

(2)酸化后，溶液变为紫红色，并有棕色沉淀的是(　　)；

(3)在碱性条件下加 H_2O_2 并微热，溶液变为蓝色的是(　　)；

(4)加入 NaOH，有浅绿色沉淀产生，加入氯水，又变为棕黑色沉淀的是(　　)。[厦门大学 2018 研]

【答案】Cu(Ⅱ)；Mn(Ⅵ)；Cr(Ⅲ)；Ni(Ⅱ)

【解析】$3MnO_4^{2-} + 4H^+ \longrightarrow 2MnO_4^- + MnO_2 + 2H_2O$；

$Cr^{3+} + 4OH^- \longrightarrow Cr(OH)_4^-$，$2Cr(OH)_4^- + 3H_2O_2 + 2OH^- \longrightarrow 2CrO_4^{2-} + 8H_2O$；

$Ni^{2+} + 2OH^- \longrightarrow Ni(OH)_2$，$2Ni(OH)_2 + Cl_2 \longrightarrow 2NiOOH + 2HCl$。

3. $(NH_4)_2Cr_2O_7$ 受热分解的产物为(　　)。[南京航空航天大学 2011 研]

【答案】Cr_2O_3、N_2 和 H_2O

【解析】受热分解的方程式为：$(NH_4)_2Cr_2O_7 \xrightarrow{170\ ℃} Cr_2O_3 + N_2 + 4H_2O$。

4. 在向紫色 V^{2+} 溶液中滴加 $KMnO_4$ 溶液时，观察到溶液中钒离子价态和颜色的变化的过程为(　　)→(　　)→(　　)→(　　)。[厦门大学 2006 研]

【答案】紫色 V^{2+}；绿色 V^{3+}；蓝色 VO^{2+}；黄色 VO_2^+

5. 向 $TiOSO_4$ 水溶液中加入锌粒，反应后溶液变为紫色。在清液中滴加适量的 $CuCl_2$ 水溶液，产生白色沉淀。生成白色沉淀的离子方程式是(　　)；继续滴加 $CuCl_2$ 水溶液，白色沉淀消失，其离子方程式为(　　)。[厦门大学 2013 研]

【答案】$Ti^{3+} + Cu^{2+} + Cl^- + 2H_2O \longrightarrow TiO_2 + 4H^+ + CuCl\downarrow$；$CuCl + Cl^- \longrightarrow CuCl_2^-$

三、选择题

1. 下列各组离子，均能与氨水作用生成配合物的是(　　)。[北京科技大学 2012 研]

A. Fe^{2+}、Fe^{3+}　　B. Fe^{2+}、Mn^{2+}

C. Co^{2+}、Ni^{2+}　　D. Mn^{2+}、Co^{2+}

【答案】C

【解析】Fe^{2+} 与 OH^- 作用生成 $Fe(OH)_2$ 沉淀，而氨水显碱性，故 Fe^{2+} 不能与氨水生成配合物，排除 AB 项；Mn^{2+} 与氨水作用生成 $Mn(OH)_2$，不能生成配合物；Co^{2+} 与氨水形成配合物 $[Co(NH_3)_6]^{2+}$(土黄色)，Ni^{2+} 与氨水形成配合物 $[Ni(NH_3)_6]^{2+}$(蓝色)。

2. 下列物质受热分解不产生单质的是(　　)。[北京科技大学 2011 研]

A. CrO_5　　B. CrO_3　　C. $Cr(OH)_3$　　D. $(NH_4)_2Cr_2O_7$

【答案】C

【解析】受热分解反应方程式分别为

A 项，$4CrO_5 \longrightarrow 2Cr_2O_3 + 7O_2$

B 项，$4CrO_3 \xrightarrow{250\ ℃以上} 2Cr_2O_3 + 3O_2$

C 项，$2Cr(OH)_3 \xrightarrow{加热} Cr_2O_3 + 3H_2O$

D 项，$(NH_4)_2Cr_2O_7 \xrightarrow{170\ ℃} Cr_2O_3 + N_2 + 4H_2O$

故 $Cr(OH)_3$ 受热分解不产生单质。

3．下列离子氧化性最强的是(　　)。[厦门大学 2018 研]

A．$[CoF_6]^{3-}$　　B．$[Co(NH_3)_3]^{3+}$　　C．$[Co(CN)_6]^{3-}$　　D．Co^{3+}

【答案】D

【解析】只要有配体，离子都会变得稳定，从而使氧化性降低。

4．某 M 原子形成 +3 离子时的电子组态为 $[Ar]3d^1$，如果向 MCl_4 的水溶液中加入 Al 片，实验现象为(　　)。[电子科技大学 2010 研]

A．生成白色沉淀　　B．生成黑色沉淀

C．溶液转化为无色　　D．生成天蓝色溶液

E．溶液转变为紫红色

【答案】E

【解析】该元素 +3 离子的电子组态为 $3d^1$，则中性原子的电子组态为 $[Ar]3d^24s^2$，即该元素的原子序数为 22，故元素名称是钛，向 MCl_4 溶液中加入 Al，发生的反应为：$3TiCl_4 + Al = 3TiCl_3$(紫色溶液) $+ AlCl_3$，故溶液转变为紫红色。

5．若下列 MO_4 都可以存在，其最稳定的是(　　)。[中国科学技术大学 2010 研]

A．FeO_4　　B．OsO_4　　C．RuO_4　　D．PtO_4

【答案】B

【解析】ABC 三项为第Ⅷ族第四、五、六周期元素，原子半径向下依次增大，容易失电子，故形成的氧化物越稳定。D 项为 Os 的同周期元素，氧化性从左向右依次增强，不容易失去电子，形成的氧化物不稳定。

四、简答题

1．在放有 Fe^{2+} 和硝酸盐(亚硝酸盐)的混合溶液的试管中，小心的加入浓 H_2SO_4，在浓 H_2SO_4 溶液的界面出现了“棕色环”。近年对此“棕色环”物进行的深入研究表明，该棕色环是铁的低氧化态八面体配合物，其分子式可写作 $[Fe(NO)(H_2O)_5]SO_4$，其中有三个未成对的电子，且这些单电子全来源于铁，请根据这些信息描述配合物的成键细节，包括配体形成、中心离子的价态和电子分布、成键情况等。写出形成“棕色环”有关的反应方程式。[厦门大学 2003 研]

答：(1)成键细节：棕色环是八面体配合物，则必然是 sp^3d^2 杂化或 d^2sp^3 杂化，因为铁有三个未成对电子，则 3d 轨道没有空轨道进行配位，只能是 4d 轨道进行 sp^3d^2 杂化；在进行配位时，NO 配体可以提供三个电子，其中 1 个电子会填充到 Fe 的 3d 轨道上，剩下两个电子会与 H_2O 配体一样，填充到 sp^3d^2 杂化轨道上；

(2)配体形成：亚硝酸根离子在强酸性条件下发生氧化还原反应生成了 NO；而 NO 作为配体可以提供三个电子，其中 1 个电子填充到 Fe 的 3d 轨道上，从而使 Fe 为 +1 价，剩下

两个电子会与 H_2O 配体一样，填充到 sp^3d^2 杂化轨道上，从而形成 6 个配体；

(3)中心离子铁的价态：+1 价；

(4)Fe^+ 的电子分布为 $t_{2g}^5e_g^2$；

(5)成键情况：

⇅ ⇅ ⇅ ⇅ ⇅ ⇅ sp^3d^2 杂化；

⇅ ⇅ ⇅ ⇅ ⇅ 3d 轨道；

(6)形成"棕色环"的反应方程式为 $3HNO_2 \longrightarrow HNO_3 + 2NO + H_2O$，$Fe^{2+} + NO + 5H_2O \longrightarrow [Fe(NO)(H_2O)_5]^{2+}$。

2. 用化学方程式表示下列物质与水的反应：［厦门大学 2015 研］

(1) Cu_2SO_4　(2) $TiCl_4$　(3) $Co_2(SO_4)_3$　(4) $K_4[Co(CN)_6]$

答：(1) $Cu_2SO_4 \longrightarrow Cu\downarrow + CuSO_4$；

(2) $TiCl_4 + 3H_2O \longrightarrow H_2TiO_3\downarrow + 4HCl$；

(3) $2Co_2(SO_4)_3 + 2H_2O \longrightarrow 4CoSO_4 + O_2\uparrow + 2H_2SO_4$；

(4) $2K_4[Co(CN)_6] + 2H_2O \longrightarrow 2K_3[Co(CN)_6] + H_2\uparrow + 2KOH$。

3. 写出下列化合物的结构式(如有多重键或孤电子对，应加以指出)［厦门大学 2015 研］

(1)蔡斯盐；　(2) $Co_2(CO)_8$　(3) $[Re_2Cl_8]^{2-}$

答：各化合物结构式如下：

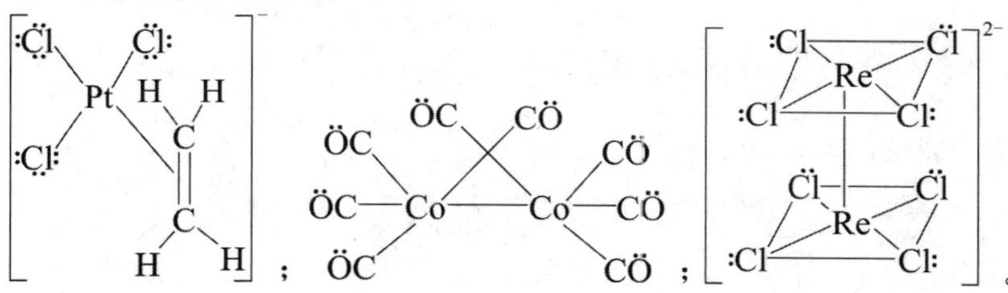

五、配平题

1. 高锰酸钾受热时的分解反应。［北京科技大学 2014 研］

答：$2KMnO_4 \xrightarrow{加热} K_2MnO_4 + MnO_2 + O_2\uparrow$

2. $Co(OH)_2 + Na_2O_2 + H_2O \longrightarrow$［北京科技大学 2013 研］

答：$2Co(OH)_2 + Na_2O_2 + 2H_2O \longrightarrow 2Co(OH)_3 + 2NaOH$

3. 在含有血红色 $[Fe(NCS)_6]^{3-}$(aq)中加入铁屑，血红色消失。［北京科技大学 2013 研］

答：$2[Fe(NCS)_6]^{3-} + Fe \longrightarrow 3Fe^{2+} + 12NCS^-$

4. $KMnO_4 + H_2C_2O_4 + H_2SO_4 \longrightarrow$［北京科技大学 2012 研］

答：高锰酸钾在酸性条件有极强的氧化性，而 $H_2C_2O_4$ 具有还原性，二者发生氧化还原反应，如下

$$2KMnO_4 + 5H_2C_2O_4 + 3H_2SO_4 \longrightarrow K_2SO_4 + 2MnSO_4 + 10CO_2 + 8H_2O$$

5. 在硫酸锰的硝酸溶液中加入铋酸钠。［北京科技大学 2011 研］

答：$4MnSO_4 + 10NaBiO_3 + 28HNO_3 \longrightarrow 4NaMnO_4 + Bi_2(SO_4)_3 + Na_2SO_4 + 14H_2O + 8Bi(NO_3)_3 + 4NaNO_3$

6. 氯化亚锡与重铬酸钾反应(酸性介质)。［北京科技大学 2011 研］

答：重铬酸钾在酸性介质中具有强氧化性，氯化亚锡具有还原性，二者发生氧化还原反应：

$$3SnCl_2 + Cr_2O_7^{2-} + 14H^+ \longrightarrow 3Sn^{4+} + 2Cr^{3+} + 6Cl^- + 7H_2O$$

7. 在酸性条件下，钒(V)氧正离子与草酸反应。［中国科学院大学 2010 研］

答：$2VO_2^+ + H_2C_2O_4 + 2H^+ \longrightarrow 2VO^{2+} + 2CO_2 + 2H_2O$

8. 在酸性条件下，过二硫酸铵溶液与硫酸锰(Ⅱ)溶液反应。［中国科学院大学 2010 研］

答：$5S_2O_8^{2-} + 2Mn^{2+} + 8H_2O \longrightarrow 10SO_4^{2-} + 2MnO_4^- + 16H^+$

9. 在酸性条件下，Cr^{3+}(aq)与 MnO_4^-(aq)反应。［中国科学技术大学 2009 研］

答：$10Cr^{3+} + 6MnO_4^- + 11H_2O \longrightarrow 5Cr_2O_7^{2-} + 6Mn^{2+} + 22H^+$

10. 以铬铁矿($Fe(CrO_2)_2$)为原料制取铬钾矾($KCr(SO_4)_2$)，写出有关反应方程式。［南开大学 2009 研］

答：$4Fe(CrO_2)_2 + 8K_2CO_3 + 7O_2 \longrightarrow 2Fe_2O_3 + 8K_2CrO_4 + 8CO_2$

$2K_2CrO_4 + 2H_2SO_4 + 3H_2SO_3 \longrightarrow 2KCr(SO_4)_2 + 5H_2O + K_2SO_4$

第 17 章 d 区元素(二)

17.1 复习笔记

一、铜族元素

1. 铜族元素概述

铜族元素：元素周期表中第ⅠB 族元素(Cu、Ag、Au)。

价电子层构型：$(n-1)d^{10}ns^1$。

2. 铜族元素的单质

(1)物理性质

均为重金属，熔、沸点不高，延展性、导电性、导热性好。

(2)化学性质

化学活泼性差，活泼性：铜 > 银 > 金。

①常温下与 O_2 不反应，加热时，铜与 O_2 反应生成氧化铜。

②与卤素在一定条件下反应生成相应的卤化物。

③与稀酸不反应。铜、银能与硝酸或热的浓硫酸反应。金只能溶于王水。当有配位剂存在时，铜能从非氧化性酸中置换出氢气。

④在空气存在的情况下，铜、银、金都能溶于氰化钾或氰化钠溶液。

⑤在空气中，银能与硫化氢反应生成硫化银。

3. 铜族元素的化合物

(1)铜的化合物

铜主要形成氧化值为 +1 和 +2 的化合物。几种常见的铜的化合物如表 17－1－1 所示。

表 17－1－1 铜的常见化合物

氧化态	+2	+2	+2	+2	+1
化合物	氧化铜 CuO	硫酸铜 $CuSO_4 \cdot 5H_2O$	硝酸铜 $Cu(NO_3)_2 \cdot 3H_2O$	氯化铜 $CuCl_2 \cdot 2H_2O$	氯化亚铜 $CuCl$
颜色和状态	棕黑色粉末	蓝色晶体	蓝色晶体	绿色晶体	白色四面体晶体
密度(g/cm^{-2})	6.32～6.43	2.29	2.32	2.50	4.14
受热时的情况	1000 ℃时分解为 Cu_2O 和 O_2，加热时能被 H_2、CO 还原为 Cu_2O 或 Cu	260 ℃以上变为无水白色 $CuSO_4$ 粉末，653 ℃以上分解为 CuO 和 SO_3	114.5 ℃熔化，强热时分解为碱式盐，后变为 CuO。用 $Cu(NO_3)_2$ 和乙醇溶液浸湿的纸，干后可自燃	在 140～150 ℃时在干燥的 HCl 气流中加热可得无水 $CuCl_2$，呈黄褐色，比重为 3.05	425 ℃熔化，约 1000 ℃沸腾
溶解度 ($g/100\ gH_2O$) (无水盐)	几乎不溶于水($2.3 \times 10^{-3}\%$)，易溶于酸	20.7，无水 $CuSO_4$ 易吸水	137.8(0 ℃)在湿空气中易潮解，能溶于乙醇	77.0，能溶于乙醚和丙醇中，易溶于甲醇和乙醇中	1.5(25 ℃)，难溶于水。在空气中吸湿后变绿，溶于氨水

①Cu(Ⅰ)的化合物

a. Cu(Ⅰ)的化合物多数是白色的，难溶于水，溶解度：$CuCl > CuBr > CuI > CuSCN > CuCN > Cu_2S$。

b. 在水溶液中 Cu^+ 不稳定，易发生歧化反应，生成 Cu^{2+} 和 Cu；

c. Cu(Ⅰ)的难溶化合物和配合物是稳定的，不易发生歧化反应；

d. Cu(Ⅰ)化合物的热稳定性比 Cu(Ⅱ)化合物的热稳定性高。

②Cu(Ⅱ)的化合物

a. CuO

制备：$Cu_2(OH)_2CO_3 \xrightarrow{200\ ℃} 2CuO + CO_2 + H_2O$

特点：CuO 是碱性氧化物，与 H_2SO_4、HCl、HNO_3 作用生成铜盐。如：$CuSO_4 \cdot 5H_2O$（胆矾）。

蓝色的 $CuSO_4 \cdot 5H_2O$ 受热逐步脱水得到 $CuSO_4$ 白色粉末。无水 $CuSO_4$ 具有强吸水性。

b. $Cu(OH)_2$

制备：$Cu^{2+} + 2OH^- \longrightarrow Cu(OH)_2(s)$

特点：$Cu(OH)_2$ 为浅蓝色沉淀，两性偏碱，溶于浓 NaOH 溶液，生成深蓝色的 $[Cu(OH)_4]^{2-}$，受热分解生成为 CuO 和 H_2O。

【了解】$[Cu(OH)_4]^{2-}$ 与葡萄糖反应生成暗红色的 Cu_2O 沉淀，可用于糖尿病的检验。

$$2[Cu(OH)_4]^{2-} + C_6H_{12}O_6 \xrightarrow{\triangle} Cu_2O(s) + C_6H_{12}O_7 + 2H_2O + 4OH^-$$

c. Cu^{2+}

Cu^{2+} 氧化 I^-：氧化性水溶液中，与 I^- 反应生成 CuI 沉淀和 I_2，反应方程式为

$$2Cu^{2+} + 4I^- \longrightarrow 2CuI(s) + I_2$$

Cu^{2+} 的鉴定：中性或弱酸性溶液中，Cu^{2+} 与 $[Fe(CN)_6]^{4-}$ 反应可生成 $Cu_2[Fe(CN)_6]$ 红棕色沉淀。

(2)银、金的化合物

银原子主要形成氧化值为 +1 的化合物。几种银和金的常见化合物如表 17－1－2 所示。

表 17－1－2　银和金的常见化合物

	氧化银	硝酸银	硫酸银	三氯化金
颜色和状态	暗棕色粉末	无色菱形片状晶体	白色晶体	深红色吸水性固体
密度(g/cm^{-2})	7.52	4.355	5.40	2.44
受热时的变化	300 ℃以上即分解为 Ag 和 O_2	强热时分解，混有机物时见光变黑	1085 ℃时分解为 Ag，SO_2 和 O_2	196 ℃时熔化
溶解度($g/100\ gH_2O$)	0.002 ～ 0.005(20 ℃)，微溶于水，呈碱性，易溶于 HNO_3 和 NH_3 水中	216(20 ℃)，水溶液呈中性，易溶于甘油，可溶于乙醇，几乎不溶于浓 HNO_3	0.75(18 ℃)，1.4(100 ℃)，易溶于氨水，不溶于醇类，较易溶于浓 H_2SO_4 中	溶于少量水中呈红棕色，在大量水中呈红黄色，易溶于醇、醚中，在酸性溶液中稳定，中性溶液中则析出 Au

①Ag(Ⅰ)的化合物的特点

a. 热稳定性差，受热、见光易分解。

b. 多数难溶于水。AgCl，AgBr，AgI 在水中的溶解度因离子极化而依次减小。

c. 一般呈白色或无色。水溶液中 Ag(I)的配合物是无色的。AgBr 和 AgI 等因发生电荷迁移而呈现颜色。

②Ag(I)的化合物间的转化

Ag(I)的多数难溶化合物可通过转化为配离子而发生溶解。

$$Ag^+ \xrightarrow{HCl} AgCl \longrightarrow Ag(NH_3)_2^+ \xrightarrow{Br^-} AgBr(s)$$

$$AgBr(s) \xrightarrow{S_2O_3^{3-}} Ag(S_2O_3)_2^{3-}$$

$$Ag_2S(s) \xleftarrow{S^{2-}} Ag(CN)_2^- \xleftarrow{CN^-} AgI(s) \xleftarrow{I^-} Ag(S_2O_3)_2^{3-}$$

$$AgI(s) \xrightarrow{I^-} AgI_2^-$$

$$Ag_2S(s) \xrightarrow{HNO_3} Ag^+$$

(3)水溶液中铜族元素的离子及反应

①Cu^{2+}的氧化性

$$2Cu^{2+} + 4I^- \longrightarrow 2CuI(s，白) + I_2 \xrightarrow{I^-} [CuI_2]^-(无色)$$

$$2Cu^{2+} + 4CN^- \longrightarrow 2CuCN(s，白) + (CN)_2 \xrightarrow{CN^-} [Cu(CN)_2]^-$$

②Cu^{2+}的鉴定(弱酸性)

$$2Cu^{2+} + [Fe(CN)_6]^{4-} \longrightarrow Cu_2[Fe(CN)_6](s)(红棕)$$

③Cu(Ⅱ)与 Cu(I)的转化

$$Cu_2O + H_2SO_4 \longrightarrow CuSO_4 + Cu + H_2O$$

水溶液中稳定性：Cu(I) < Cu(Ⅱ)。

高温，固态时稳定性：Cu(I) > Cu(Ⅱ)。

有配合剂、沉淀剂存在时 Cu(I)稳定性提高：$Cu_2O + 2HCl \longrightarrow 2CuCl(s) + H_2O$

④Ag(I)离子的反应

a. $S_2O_3^{2-}$ 的鉴定

$$Ag_2S_2O_3(s，白) \xrightarrow{H_2O} Ag_2S(s，黑)$$

b. 银镜反应

$$2[Ag(NH_3)_2]^+ + HCHO + 3OH^- \longrightarrow HCOO^- + 2Ag + 4NH_3 + 2H_2O$$

$$2[Ag(NH_3)_2]^+ + C_6H_{12}O_6 + 2OH^- \longrightarrow C_6H_{12}O_7 + 2Ag + 4NH_3 + H_2O$$

二、锌族元素

1. 锌族元素概述

锌族元素：元素周期表中第ⅡB 族元素(Zn、Cd、Hg)。

价电子层构型：$(n-1)d^{10}ns^2$。

2. 锌族元素的单质

(1)物理性质

Zn、Cd、Hg 均为银白色金属，熔、沸点低(Zn > Cd > Hg)，Hg 是室温下惟一的液态金属。

(2)化学性质

化学活泼性：Zn > Cd > Hg。

①在空气中加热生成相应的氧化物。

②都能与硫反应生成硫化物。

③Zn 和 Cd 能从 HCl 或 H_2SO_4 中置换出氢气。Hg 能与氧化性酸（如 HNO_3）反应生成相应的汞盐。

④Zn 与强碱溶液或氨水反应，生成配离子和 H_2。

【注意】汞蒸气对人体有害，当汞不慎撒落后，可通过撒硫粉生成难溶硫化汞的方法除去。

3. 锌族元素的化合物

Zn、Cd、Hg 三者均能形成氧化值为 +2 的化合物，汞还能形成氧化值为 +1 的化合物。

(1)锌、镉的化合物

①卤化物

锌的卤化物中，ZnF_2 微溶于水外，其他易溶于水。$ZnCl_2$ 的水解反应为

$$ZnCl_2 + H_2O \rightleftharpoons Zn(OH)Cl + HCl$$

②氧化物和氢氧化物

ZnO、CdO 均难溶于水，ZnO 呈两性，CdO 呈碱性。

Zn^{2+}、Cd^{2+} 的溶液中分别加入适量碱，则生成相应氢氧化物 $Zn(OH)_2$、$Cd(OH)_2$，

③硫化物

ZnS（白色）、CdS（黄色）均难溶于水。ZnS 溶于稀酸，CdS 难溶于稀酸，利用生成黄色 CdS 沉淀可鉴定溶液中 Cd^{2+} 的存在。

(2)汞的化合物

①卤化物

除 HgF_2 外，HgX_2 都是共价型分子，空间构型为直线形。

$HgCl_2$：俗称升汞，易升华，有剧毒，在水溶液中解离度很小，与氨水反应生成白色沉淀 NH_2HgCl 和 NH_4Cl。

Hg_2Cl_2：俗称甘汞，无毒，微溶于水，可用于制造甘汞电极。

②氧化物和氢氧化物

因 $Hg(OH)_2$ 和 $Hg_2(OH)_2$ 不稳定，在 Hg^{2+}，Hg_2^{2+} 盐溶液中加碱得 HgO（黄色）和 Hg_2O（棕褐色）。二者均可溶于浓硫酸（热）中，难溶于碱溶液。

③硫化物

HgS 难溶于水，可溶于王水或浓的 Na_2S 溶液。

④配合物

Hg^{2+} 的配合物均为反磁性，需在 NH_4Cl 存在条件下才能与氨水反应生成 $Hg(NH_3)_4^{2+}$。

17.2 课后习题详解

1. 完成并配平下列反应方程式：

(1) $Cu + H_2SO_4(\text{稀}) + O_2 \xrightarrow{\triangle}$

(2) $Cu_2O + H_2SO_4(\text{稀}) \longrightarrow$

(3) $CuSO_4 + KI \longrightarrow$

(4) $Cu^{2+} + Cu + Cl^- \xrightarrow[\triangle]{\text{浓盐酸}}$

(5) $Cu^{2+} + NH_3(\text{过量}) \longrightarrow$

(6) $CuS + HNO_3$(浓)$\longrightarrow$

解：各化学反应方程式如下

(1) $2Cu + 2H_2SO_4$(稀) $+ O_2 \longrightarrow 2CuSO_4 + 2H_2O$

(2) $Cu_2O + H_2SO_4$(稀)$\longrightarrow CuSO_4 + Cu + H_2O$

(3) $2CuSO_4 + 4KI \longrightarrow 2CuI + I_2 + 2K_2SO_4$

(4) $Cu^{2+} + Cu + 4Cl^- \xrightarrow{\triangle} 2[CuCl_2]^-$

(5) $Cu^{2+} + 4NH_3$(过量)$\longrightarrow [Cu(NH_3)_4]^{2+}$

(6) $3CuS + 8HNO_3$(浓)$\longrightarrow 3Cu(NO_3)_2 + 3S + 2NO + 4H_2O$

2. 以 $Cu_2(OH)_2CO_3$ 为最初原料，最终制出 CuCl，写出有关的反应方程式。

解：各化学反应方程式如下

$$Cu_2(OH)_2CO_3 + 4HCl \longrightarrow 2CuCl_2 + 3H_2O + CO_2$$

$$CuCl_2 + Cu + 2Cl^- \xrightarrow[\triangle]{\text{浓 HCl}} 2[CuCl_2]^-$$

$$CuCl_2^- \xrightarrow[H_2O]{\text{稀释}} CuCl(s) + Cl^-$$

3. 计算电对 $[Cu(NH_3)_4]^{2+}/Cu$ 的 $E^\ominus$。在有空气存在的情况下，铜能否溶于 1.0 mol·L^{-1}氨水中形成 0.010 mol·L^{-1}的 $[Cu(NH_3)_4]^{2+}$？

解：查阅电极电势表和稳定常数表可知

$$E^\ominus(Cu^{2+}/Cu) = 0.3394\ V,\ K_f^\ominus[Cu(NH_3)_4]^{2+} = 2.3 \times 10^{12}$$

将电对 $[Cu(NH_3)_4]^{2+}/Cu$ 和 Cu^{2+}/Cu 组成原电池，平衡时有

$$E^\ominus\{[Cu(NH_3)_4]^{2+}/Cu\} = E^\ominus(Cu^{2+}/Cu) - \frac{0.0592\ V}{2}\lg K_f^\ominus([Cu(NH_3)_4]^{2+})$$

$$= 0.3394\ V - \frac{0.0592\ V}{2}\lg(2.30 \times 10^{12}) = -0.0265\ V$$

Cu 在 1.0 mol·L^{-1}氨水中，形成 0.010 mol·L^{-1}的 $[Cu(NH_3)_4]^{2+}$，相关半反应为

$$[Cu(NH_3)_4]^{2+}(aq) + 2e^- \rightleftharpoons Cu(s) + 4NH_3(aq)$$

空气存在时，氨水中 Cu 被氧化生成 $[Cu(NH_3)_4]^{2+}$。生成 0.010 mol·L^{-1} $[Cu(NH_3)_4]^{2+}$ 需要消耗 0.040 mol·L^{-1}的 NH_3。

$$E\{[Cu(NH_3)_4]^{2+}/Cu\} = E^\ominus\{[Cu(NH_3)_4]^{2+}/Cu\} + \frac{0.0592\ V}{2}\lg\frac{c\{[Cu(NH_3)_4]^{2+}\}}{[c(NH_3)]^4}$$

$$= -0.0265\ V + \frac{0.0592\ V}{2}\lg\frac{0.01}{(0.96)^4} = -0.0836\ V$$

在 0.96 mol·L^{-1} $NH_3 \cdot H_2O$ 中，

$$c(OH^-) = \sqrt{E_b^\ominus(NH_3)\{c(NH_3)\}}\ mol \cdot L^{-1}$$

$$= \sqrt{1.8 \times 10^{-5} \times 0.96}\ mol \cdot L^{-1} = 0.0042\ mol \cdot L^{-1}$$

$$O_2 + 2H_2O + 4e^- = 4OH^- \quad E^\ominus = 0.4009\ V$$

$$E(O_2/OH^-) = E^\ominus(O_2/OH^-) - \frac{0.0592\ V}{4}\lg\frac{p(O_2)/p^\ominus}{[c(OH^-)/c^\ominus]^4}$$

$$= 0.4009\ V + \frac{0.0592\ V}{4}\lg\frac{21.3/100}{(4.2 \times 10^{-3})^4} = 0.53\ V$$

由计算可知，$E(O_2/OH^-) > E\{[Cu(NH_3)_4]^{2+}/Cu\}$，所以在空气存在下，Cu 能溶于 1.0 mol · L^{-1}的氨水中，形成 0.010 mol · L^{-1}的$[Cu(NH_3)_4]^{2+}$。

4. 已知 $K_f^{\ominus}(CuBr_2^-) = 10^{5.89}$，结合有关数据计算 25 ℃时下列反应的标准平衡常数：

$$\mathbf{Cu^{2+} + Cu + 4Br^- \rightleftharpoons 2[CuBr_2]^-}$$

解：总反应可分成以下电对

$$Cu^{2+} + 2e^- \rightleftharpoons Cu \qquad E^{\ominus} = 0.3394\ V$$

$$Cu^+ + e^- \rightleftharpoons Cu \qquad E^{\ominus} = 0.518\ V$$

$$2CuBr_2^- + 2e^- \rightleftharpoons 2Cu + 4Br^-$$

反应形成电池平衡时，有

$$E^{\ominus}(CuBr_2^-/Cu) + 0.0592\ V \cdot \lg\frac{c(CuBr_2^-)}{c(Br^-)^2} = E^{\ominus}(Cu^+/Cu) + 0.0592\ V \cdot \lg c(Cu^+)$$

$$\begin{aligned} E^{\ominus}(CuBr_2^-/Cu) &= E^{\ominus}(Cu^+/Cu) - 0.0592\ V \cdot \lg\frac{c(CuBr_2^-)}{c(Br^-)^2 c(Cu^+)} \\ &= E^{\ominus}(Cu^+/Cu) - 0.0592\ V \cdot \lg K_f^{\ominus}(CuBr_2^-) \\ &= 0.518\ V - 0.0592\lg 10^{5.89}\ V \\ &= 0.169\ V \end{aligned}$$

$$\lg K^{\ominus} = \frac{zE_{MF}^{\ominus}}{0.0592\ V} = \frac{2\times(0.3394-0.169)}{0.0592} = 5.757$$

$$K^{\ominus} = 5.7\times 10^5$$

5. 已知室温下反应 $Cu(OH)_2(s) + 2OH^- \rightleftharpoons [Cu(OH)_4]^{2-}$ 的标准平衡常数 $K^{\ominus} = 10^{-2.78}$。

(1) 结合有关数据计算$[Cu(OH)_4]^{2-}$的标准稳定常数 $K_f^{\ominus}$；

(2) 若使 0.10 mol $Cu(OH)_2$ 溶解在 1.0 L NaOH 溶液中，问 NaOH 浓度至少应为多少？

解：查阅浓度积常数表知 $K_{sp}^{\ominus}[Cu(OH)_2] = 2.2\times10^{-20}$，反应方程式如下

$$Cu(OH)_2(s) + 2OH^- \rightleftharpoons [Cu(OH)_4]^{2-}$$

$$K^{\ominus} = \frac{\{c([Cu(OH)_4]^{2-})/c^{\ominus}\}}{[c(OH^-)/c^{\ominus}]^2} = \frac{[c(Cu^{2+})/c^{\ominus}][c(OH^-)/c^{\ominus}]^2\{c[Cu(OH)_4^{2-}]/c^{\ominus}\}}{[c(Cu^{2+})/c^{\ominus}][c(OH^-)/c^{\ominus}]^4}$$

$$= K_{sp}^{\ominus}[Cu(OH)_2]K_f^{\ominus}[Cu(OH)_4]^{2-}$$

$$K_f^{\ominus}[Cu(OH)_4]^{2-} = \frac{K^{\ominus}}{K_{sp}^{\ominus}[Cu(OH)_2]} = \frac{10^{-2.78}}{2.2\times10^{-20}} = 7.5\times10^{16}$$

欲溶解 0.1 mol · L^{-1} $Cu(OH)_2$，主要生成$[Cu(OH)_4]^{2-}$，设 $c(NaOH) = x$ mol · L^{-1}。

$$Cu(OH)_2(s) + 2OH^- \rightleftharpoons [Cu(OH)_4]^{2-}$$

平衡浓度/mol · L^{-1} $\qquad x - 0.20 \qquad 0.10$

$$K^{\ominus} = \frac{\{c([Cu(OH)_4]^{2-})\}}{\{c(OH)^-\}^2} = \frac{0.10}{(x-0.20)^2} = 10^{-2.78}$$

解得 $x = 7.96$ mol · L^{-1}，即 NaOH 的浓度至少为 7.96 mol · L^{-1}。

6. 1.000 g 铝黄铜(含铜、锌、铝)与 0.100 mol · L^{-1}硫酸反应。25 ℃和 101.325 kPa 时测得放出的氢气体积为 149.3 mL。相同质量的试样溶于热的浓硫酸，25 ℃和 101.325 kPa 时得到 411.1 mL SO_2。求此铝黄铜中各组分元素的质量分数。

解：各反应方程式为

$$Zn + H_2SO_4 \longrightarrow ZnSO_4 + H_2(g)$$

$$2Al + 3H_2SO_4 \longrightarrow Al_2(SO_4)_3 + 3H_2(g)$$

$$Zn + 2H_2SO_4(\text{热，浓}) \longrightarrow ZnSO_4 + SO_2 + 2H_2O$$

$$2Al + 6H_2SO_4(\text{热，浓}) \longrightarrow Al_2(SO_4)_3 + 3SO_2 + 6H_2O$$

$$Cu + 2H_2SO_4(\text{热，浓}) \longrightarrow CuSO_4 + SO_2 + 2H_2O$$

生成氢气的物质的量为

$$n(H_2) = \frac{pV(H_2)}{RT} = \frac{101.325\ \text{kPa} \times 0.1493\ \text{L}}{8.314\ \text{J} \cdot \text{mol}^{-1} \cdot \text{K}^{-1} \times 298.15\ \text{K}} = 6.103 \times 10^{-3}\ \text{mol}$$

反应的锌和铝的物质的量与生成氢气的物质的量的关系为

$$n(H_2) = \frac{3}{2}n(Al) + n(Zn) = 6.103 \times 10^{-3}\ \text{mol}$$

生成的 SO_2 的物质的量为

$$n(SO_2) = \frac{pV(SO_2)}{RT} = \frac{101.325\ \text{kPa} \times 0.4111\ \text{L}}{8.314\ \text{J} \cdot \text{mol}^{-1} \cdot \text{K}^{-1} \times 298.15\ \text{K}} = 1.680 \times 10^{-2}\ \text{mol}$$

与反应的铜、锌、铝的物质的量关系为

$$n(SO_2) = n(Cu) + n(Zn) + \frac{3}{2}n(Al)$$

所以反应的铜的物质的量为

$$n(Cu) = n(SO_2) - n(H_2) = 1.680 \times 10^{-2}\ \text{mol} - 6.103 \times 10^{-3}\ \text{mol}$$

$$= 1.070 \times 10^{-2}\ \text{mol}$$

$$m(Cu) = M(Cu) \times n(Cu) = 63.546\ \text{g} \cdot \text{mol}^{-1} \times 1.070 \times 10^{-2}\ \text{mol} = 0.6799\ \text{g}$$

$$w(Cu) = \frac{0.6799\ \text{g}}{1.000\ \text{g}} \times 100\% = 67.99\%$$

$$\frac{m(Zn)}{M(Zn)} + \frac{3m(Al)}{2M(Al)} = 6.103 \times 10^{-3}\ \text{mol}$$

即 $$\frac{m(Zn)}{65.39\ \text{g} \cdot \text{mol}^{-1}} + \frac{3m(Al)}{2 \times 26.982\ \text{g} \cdot \text{mol}^{-1}} = 6.103 \times 10^{-3}\ \text{mol}$$

又 $$m(Zn) + m(Al) = 1.000\ \text{g} - 0.6799\ \text{g} = 0.320\ \text{g}$$

将两式联立解得

$$m(Zn) = 0.290\ \text{g},\ m(Al) = 0.030\ \text{g}$$

$$w(Zn) = \frac{0.290\ \text{g}}{1.000\ \text{g}} \times 100\% = 29.0\%$$

$$w(Al) = \frac{0.030\ \text{g}}{1.000\ \text{g}} \times 100\% = 3.0\%$$

7. 已知 $K_f^{\ominus}(Cu(CN)_4^{3-}) = 2.03 \times 10^{30}$，$K_{sp}^{\ominus}(Cu_2S) = 2.5 \times 10^{-48}$，$K_a^{\ominus}(HCN) = 5.8 \times 10^{-10}$，$K_{a1}^{\ominus}(H_2S) = 8.9 \times 10^{-8}$，$K_{a2}^{\ominus}(H_2S) = 7.1 \times 10^{-19}$。向$[Cu(CN)_4]^{3-}$溶液中通入 H_2S 至饱和，写出反应方程式，计算其标准平衡常数，说明能否生成 Cu_2S 沉淀。

解：由题意知反应方程式为

$$2[Cu(CN)_4]^{3-} + H_2S \rightleftharpoons Cu_2S(s) + 2HCN + 6CN^-$$

则 $K^{\ominus}=\dfrac{[c(HCN)/c^{\ominus}]^2[c(CN^-)/c^{\ominus}]^6}{\{c(Cu(CN)_4^{3-})/c^{\ominus}\}^2[c(H_2S)/c^{\ominus}]}$

$$=\frac{K_{a1}^{\ominus}(H_2S)K_{a2}^{\ominus}(H_2S)}{[K_f^{\ominus}(Cu(CN)_4^{3-})]^2[K_a^{\ominus}(HCN)]^2K_{sp}^{\ominus}(Cu_2S)}$$

$$=\frac{8.9\times10^{-8}\times7.1\times10^{-19}}{(2.03\times10^{30})^2\times(5.8\times10^{-10})^2\times2.5\times10^{-48}}=1.8\times10^{-20}$$

此反应的 $K^{\ominus}$ 很小，反应不能正向进行，不生成 Cu_2S 沉淀。

8. 某黑色固体(A)不溶于水，但可溶于硫酸生成蓝色溶液(B)。在(B)中加入适量氨水生成浅蓝色沉淀(C)，(C)溶于过量氨水生成深蓝色溶液(D)。在(D)中加入 H_2S 饱和溶液生成黑色沉淀(E)，(E)可溶于浓硝酸。试确定各字母所代表的物质，并写出相应的反应方程式。

解：(A) CuO；(B) $CuSO_4$；(C) $Cu_2(OH)_2SO_4$；(D) $[Cu(NH_3)_4]^{2+}$；(E) CuS。

相关的化学反应方程式如下

$$CuO+H_2SO_4\longrightarrow CuSO_4+H_2O$$

$$2CuSO_4+2NH_3\cdot H_2O\longrightarrow Cu_2(OH)_2SO_4(s)+(NH_4)_2SO_4$$

$$Cu_2(OH)_2SO_4+6NH_3+2NH_4^+\longrightarrow 2[Cu(NH_3)_4]^{2+}+SO_4^{2-}+2H_2O$$

$$[Cu(NH_3)_4]^{2+}+H_2S\longrightarrow CuS(s)+2NH_4^++2NH_3$$

$$3CuS+8HNO_3\longrightarrow 3Cu(NO_3)_2+3S+2NO+4H_2O$$

9. 完成并配平下列反应方程式：

(1) $AgNO_3+NaOH\longrightarrow$

(2) $AgBr+Na_2S_2O_3\longrightarrow$

(3) $[Ag(NH_3)_2]^++HCHO\longrightarrow$

(4) $Ag_2CrO_4+NH_3\longrightarrow$

(5) $Au+O_2+CN^-+H_2O\longrightarrow$

解：各化学反应方程式为

(1) $2AgNO_3+2NaOH\longrightarrow Ag_2O(s)+2NaNO_3+H_2O$

(2) $AgBr+2Na_2S_2O_3\longrightarrow Na_3[Ag(S_2O_3)_2]+NaBr$

(3) $2[Ag(NH_3)_2]^++HCHO+3OH^-\longrightarrow 2Ag+HCOO^-+4NH_3+2H_2O$

(4) $Ag_2CrO_4+4NH_3\longrightarrow 2[Ag(NH_3)_2]^++CrO_4^{2-}$

(5) $4Au+O_2+8CN^-+2H_2O\longrightarrow 4[Au(CN)_2]^-+4OH^-$

10. 在 Ag^+ 溶液中，先加入少量的 $Cr_2O_7^{2-}$，再加入适量的 Cl^-，最后加入足够量的 $S_2O_3^{2-}$，预测每一步会有什么现象出现，写出有关反应的离子方程式。

解：在含有 Ag^+ 的溶液中先加入 $Cr_2O_7^{2-}$，会出现砖红色沉淀，反应方程式为

$$4Ag^++Cr_2O_7^{2-}+H_2O\longrightarrow 2Ag_2CrO_4(s)+2H^+$$

再加入适量的 Cl^-，砖红色沉淀转化为白色沉淀，反应方程式为

$$Ag_2CrO_4(s)+2Cl^-\longrightarrow 2AgCl(s)+CrO_4^{2-}$$

最后加入足量的 $S_2O_3^{2-}$，白色沉淀溶解，反应方程式为

$$AgCl(s)+2S_2O_3^{2-}\longrightarrow [Ag(S_2O_3)_2]^{3-}+Cl^-$$

11. 已知 $E^{\ominus}(Au^{3+}/Au)=1.50\ V$，$E^{\ominus}(Au^+/Au)=1.68\ V$。试根据下列电对的 $E^{\ominus}$，

计算$[AuCl_2]^-$和$[AuCl_4]^-$的标准稳定常数。

$$[AuCl_2]^- + e^- \rightleftharpoons Au + 2Cl^- \qquad E^{\ominus} = 1.61\ V$$

$$[AuCl_4]^- + 2e^- \rightleftharpoons [AuCl_2]^- + 2Cl^- \quad E^{\ominus} = 0.93\ V$$

解：由题意可知

$$E^{\ominus}(Au^{3+}/Au^+) = \frac{3E^{\ominus}(Au^{3+}/Au) - E^{\ominus}(Au^+/Au)}{2} = \frac{1.5 \times 3 - 1.68}{2}\ V = 1.41\ V。$$

$$E^{\ominus}(AuCl_2^-/Au) = E^{\ominus}(Au^+/Au) - 0.0592\ V \cdot \lg K_f^{\ominus}(AuCl_2^-)$$

$$\lg K_f^{\ominus}(AuCl_2^-) = \frac{1.68 - 1.61}{0.0592} = 1.18$$

解得 $K_f^{\ominus}(AuCl_2^-) = 10^{1.18} = 15$。

$$\lg K_f^{\ominus}(AuCl_4^-) = \frac{2[E^{\ominus}(Au^{3+}/Au^+) - E^{\ominus}(AuCl_4^-/AuCl_2^-)]}{0.0592} + \lg K_f^{\ominus}(AuCl_2^-)$$

$$= \frac{2(1.41 - 0.93)}{0.0592} + 1.18 = 17.40$$

解得 $K_f^{\ominus}(AuCl_4^-) = 10^{17.40} = 2.5 \times 10^{17}$。

12. 根据有关电对的标准电极电势和有关物种的溶度积，计算25 ℃时反应$Ag_2Cr_2O_7(s) + 8Cl^- + 14H^+ \rightleftharpoons 2AgCl(s) + 3Cl_2(g) + 2Cr^{3+} + 7H_2O$的标准平衡常数，说明反应能否正向进行。

解：原反应由以下三个反应方程组合而成

$$Cr_2O_7^{2-} + 6Cl^- + 14H^+ \rightleftharpoons 2Cr^{3+} + 3Cl_2 + 7H_2O \quad K_1^{\ominus}$$

$$Ag_2Cr_2O_7(s) \rightleftharpoons 2Ag^+ + Cr_2O_7^{2-} \qquad K_2^{\ominus} = K_{sp}^{\ominus}(Ag_2Cr_2O_7)$$

$$2Ag^+ + 2Cl^- \rightleftharpoons 2AgCl(s) \qquad K_3^{\ominus} = 1/[K_{sp}^{\ominus}(AgCl)]^2$$

$$\lg K_1^{\ominus} = \frac{zE_{MF}^{\ominus}}{0.0592\ V} = \frac{z[E^{\ominus}(Cr_2O_7^{2-}/Cr^{3+}) - E^{\ominus}(Cl_2/Cl^-)]}{0.0592\ V}$$

$$= \frac{6 \times (1.33 - 1.36)V}{0.0592\ V} = -3.040$$

解得 $K_1^{\ominus} = 9.1 \times 10^{-4}$。

$$K^{\ominus} = K_1^{\ominus}K_2^{\ominus}K_3^{\ominus} = \frac{K_1^{\ominus}K_{sp}^{\ominus}(Ag_2Cr_2O_7)}{[K_{sp}^{\ominus}(AgCl)]^2} = \frac{9.1 \times 10^{-4} \times 2.0 \times 10^{-7}}{(1.8 \times 10^{-10})^2} = 5.6 \times 10^9$$

13. 根据下列实验现象确定各字母所代表的物质。

(A) 无色溶液 —NaOH→ (B) 棕色沉淀 —HCl→ (C) 白色沉淀 —氨水→ (D) 无色溶液 —KBr→ (E) 淡黄色沉淀

(E) 淡黄色沉淀 —$Na_2S_2O_3$→ (F) 无色溶液 —KI→ (G) 黄色沉淀 —KCN→ (H) 无色溶液 —Na_2S→ (I) 黑色沉淀

解：(A) Ag^+；(B) Ag_2O；(C) $AgCl$；(D) $[Ag(NH_3)_2]^+$；(E) $AgBr$；(F) $[Ag(S_2O_3)_2]^{3-}$；(G) AgI；(H) $[Ag(CN)_2]^-$；(I) Ag_2S。

14. 完成并配平下列反应方程式：

(1) $Zn(OH)_2 + NH_3 \longrightarrow$

(2) $Cd^{2+} + HCO_3^- \longrightarrow$

(3) $HgS + HCl$(浓) + HNO_3(浓) $\longrightarrow$

(4) $Hg_2^{2+} + H_2S \xrightarrow{光}$

(5) $Hg^{2+} + I^-$(过量)$\longrightarrow$

(6) $Hg_2^{2+} + I^- \longrightarrow$

(7) $HgNH_2Cl + NH_3 \xrightarrow{NH_4Cl}$

(8) $Hg^{2+} + Sn^{2+} + Cl^- \longrightarrow$

解：各化学反应方程式为

(1) $Zn(OH)_2 + 4NH_3 \longrightarrow [Zn(NH_3)_4]^{2+} + 2OH^-$

(2) $Cd^{2+} + 2HCO_3^- \longrightarrow CdCO_3(s) + CO_2 + H_2O$

(3) $3HgS + 12HCl$(浓) + $2HNO_3$(浓) $\longrightarrow 3H_2[HgCl_4] + 3S + 2NO + 4H_2O$

(4) $Hg_2^{2+} + H_2S \xrightarrow{光} HgS + Hg + 2H^+$

(5) $Hg^{2+} + 4I^-$(过量)$\longrightarrow [HgI_4]^{2-}$

(6) $Hg_2^{2+} + 2I^- \longrightarrow Hg_2I_2$

(7) $HgNH_2Cl + 2NH_3 + NH_4Cl \longrightarrow [Hg(NH_3)_4]Cl_2$

(8) $2Hg^{2+} + Sn^{2+} + 8Cl^- \longrightarrow Hg_2Cl_2(s) + [SnCl_6]^{2-}$

15. 在 $HgCl_2$ 溶液和含 Hg_2Cl_2 的溶液中，分别加入氨水，各生成什么产物？写出反应方程式。

解：在 $HgCl_2$ 溶液中加入氨水，生成 NH_2HgCl 白色沉淀，反应方程式为

$$HgCl_2 + 2NH_3 \longrightarrow NH_2HgCl(s)(白色) + NH_4Cl$$

在含有 $Hg_2Cl_2(s)$ 的溶液中加入氨水，生成 NH_2Hg_2Cl，产物在光照或加热时分解为白色的 NH_2HgCl 沉淀和黑色固体 Hg。

反应方程式为：$Hg_2Cl_2 + 2NH_3 \longrightarrow NH_2Hg_2Cl + NH_4Cl$

$$NH_2Hg_2Cl \longrightarrow NH_2HgCl(白色) + Hg(s)(黑色)$$

16. 在 Cu^{2+}，Ag^+，Cd^{2+}，Hg_2^{2+}，Hg^{2+} 溶液中，分别加入适量的 NaOH 溶液，各生成什么物质？写出有关的离子反应方程式。

解：相关的离子方程式为

$$Cu^{2+} + 2OH^- \longrightarrow Cu(OH)_2(s)$$

$$2Ag^+ + 2OH^- \longrightarrow Ag_2O(s) + H_2O$$

$$Cd^{2+} + 2OH^- \longrightarrow Cd(OH)_2(s)$$

$$Hg^{2+} + 2OH^- \longrightarrow HgO(s) + H_2O$$

$$Hg_2^{2+} + 2OH^- \longrightarrow Hg_2O(s) + H_2O$$

$$Hg_2O \xrightarrow{光} HgO(黄色\ s) + Hg(黑色\ s)$$

17. 在一溶液中含有 Ag^+，Cu^{2+}，Zn^{2+} 和 Hg^{2+} 4 种离子，如何把它们分离开并鉴定它们的存在？

解：分离及鉴定方法示意图，如图 17－2－1 所示。

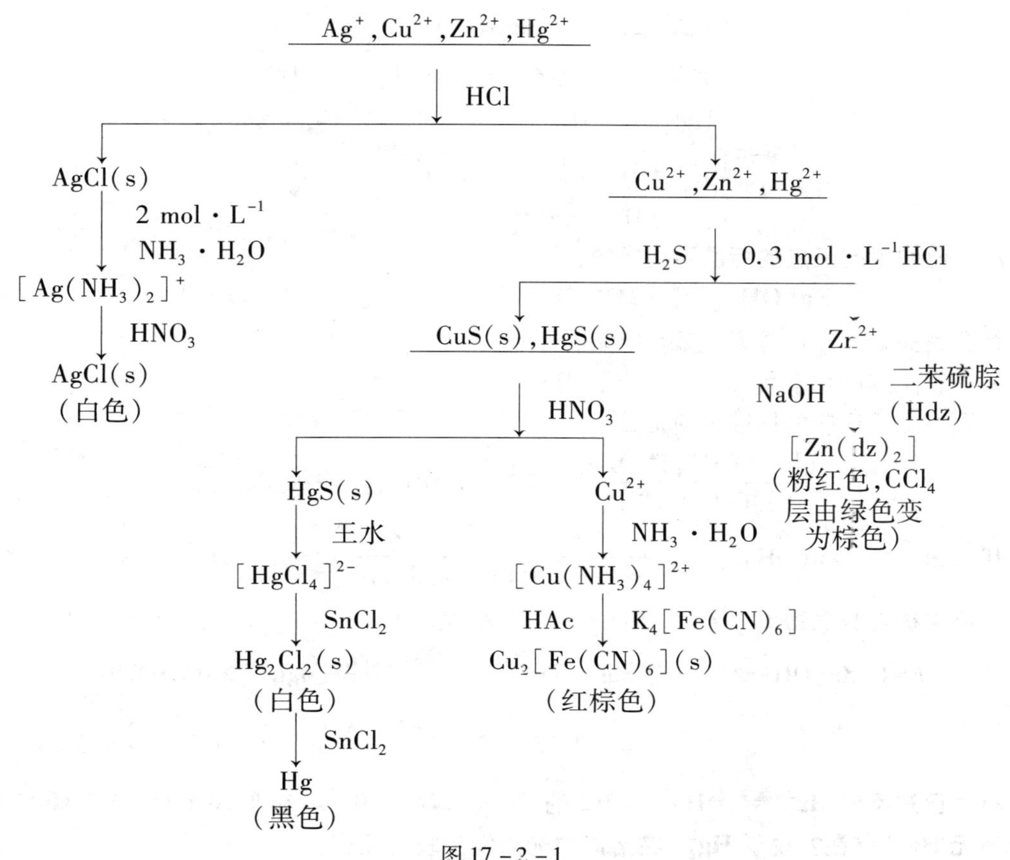

图 17－2－1

18. 由粗锌制出的 $Zn(NO_3)_2$ 中可能含有 Cd^{2+}，Fe^{3+} 和 Pb^{2+} 等离子，试用化学方法证明这三种杂质离子的存在。

解： 取少量试液，先加入适量 6 mol·L⁻¹的 H_2SO_4 溶液，加热数分钟，搅拌。如果存在 Pb^{2+} 离子，则有 $PbSO_4$ 白色沉淀生成，沉淀完全后离心分离，取上清液。在沉淀中加入过量的 NaOH 溶液，加热使其转化为 $[Pb(OH)_3]^-$ 而溶解，如有不溶物存在则进行离心分离。得到的溶液再加入 K_2CrO_4 溶液，有黄色沉淀析出，则证明有 Pb^{2+} 存在。在上清液中加入过量的 $NH_3 \cdot H_2O$，有 $Fe(OH)_3$ 红棕色沉淀和 $[Cd(NH_3)]^{2+}$ 及 $[Zn(NH_3)]^{2+}$ 生成，离心过滤分离。在分离的沉淀中加入 2 mol·L⁻¹的盐酸进行溶解，再加入 KNCS 溶液，若溶液变为血红色，表示有 Fe^{3+}。在清液中加入盐酸后再加入 H_2S，出现黄色沉淀说明有 Cd^{2+} 存在。

19. 将少量某钾盐溶液(A)加到一硝酸盐溶液(B)中，生成黄绿色沉淀(C)。将少量(B)加到(A)中则生成无色溶液(D)和灰黑色沉淀(E)。将(D)和(E)分离后，在(D)中加入无色硝酸盐(F)，可生成金红色沉淀(G)。(F)与过量的(A)反应则生成(D)。(F)与(E)反应又生成(B)。试确定各字母所代表的物质。写出有关的反应方程式。

解： (A) KI；(B) $Hg_2(NO_3)_2$；(C) Hg_2I_2；(D) $[HgI_4]^{2-}$；(E) Hg；(F) $Hg(NO_3)_2$；(G) HgI_2。

相关反应方程式如下

$$Hg_2^{2+} + 2I^- \longrightarrow Hg_2I_2(s)$$

$$Hg_2^{2+} + 4I^-(过量) \longrightarrow [HgI_4]^{2-} + Hg$$

$$[HgI_4]^{2-} + Hg^{2+} \longrightarrow 2HgI_2(s)$$

$$Hg^{2+} + 4I^-(过量) \longrightarrow [HgI_4]^{2-}$$

$$Hg^{2+} + Hg \longrightarrow Hg_2^{2+}$$

20. 已知下列反应的标准平衡常数:

$$\mathbf{Zn(OH)_2(s) + 2OH^- \rightleftharpoons [Zn(OH)_4]^{2-};\ K^\ominus = 10^{0.68}}$$

结合有关数据，计算 $E^\ominus[Zn(OH)_4^{2-}/Zn]$。

解：查阅溶度积常数表得 $K_{sp}^\ominus[Zn(OH)_2] = 6.8 \times 10^{-17}$

由题意知，反应的标准平衡常数为

$$K^\ominus = \frac{c([Zn(OH)_4]^{2-})/c^\ominus}{(c(OH^-)/c^\ominus)^2} = K_f^\ominus[Zn(OH)_4]^{2-} \cdot K_{sp}^\ominus[Zn(OH)_2],$$

代入得 $K_f^\ominus[Zn(OH)_4]^{2-} = \dfrac{K^\ominus}{K_{sp}^\ominus[Zn(OH)_2]} = \dfrac{10^{0.68}}{6.8 \times 10^{-17}} = 7.0 \times 10^{16}$

查阅电极电势表得 $E^\ominus(Zn^{2+}/Zn) = -0.7621\ V$，则

$$E^\ominus([Zn(OH)_4]^{2-}/Zn) = E^\ominus[Zn^{2+}/Zn] - \frac{0.0592\ V}{2}\lg K_f^\ominus[Zn(OH)_4]^{2-}$$

$$= -0.7621\ V - \frac{0.0592\ V}{2}\lg(7.0 \times 10^{16}) = -1.26\ V$$

21. 已知反应 $Hg_2^{2+} \rightleftharpoons Hg^{2+} + Hg$ 的 $K^\ominus = 1.24 \times 10^{-2}$。在 0.10 mol · L^{-1} Hg_2^{2+} 溶液中，有无 Hg^{2+} 存在？说明 Hg_2^{2+} 在溶液中能否发生歧化反应。

解：假设 Hg_2^{2+} 反应了 x mol · L^{-1}。

$$Hg_2^{2+} \rightleftharpoons Hg^{2+} + Hg$$

平衡时 $c_B/c^\ominus$　　　　0.1 − x　　　x

$$K^\ominus = \frac{c(Hg^{2+})}{c(Hg_2^{2+})} = \frac{x}{0.10 - x} = 1.24 \times 10^{-2}$$

解得 $x = 1.2 \times 10^{-3}$。

则 $c(Hg^{2+}) = 1.2 \times 10^{-3}$ mol · L^{-1}，说明在 0.01 mol · L^{-1} Hg_2^{2+} 溶液中只有少量 Hg_2^{2+} 歧化为 Hg^{2+} 和 Hg，Hg^{2+} 的存在量很少。

22. 已知汞的元素电势图如下:

$$\mathbf{Hg^{2+} \xrightarrow{0.9083\ V} Hg_2^{2+} \xrightarrow{0.7955\ V} Hg}$$

$$\mathbf{E^\ominus(Hg^{2+}/Hg) = 0.8519\ V}$$

$K_{sp}^\ominus(HgS) = 1.6 \times 10^{-52}$，$K_{sp}^\ominus(Hg_2S) = 1.0 \times 10^{-47}$。计算 $E^\ominus(HgS/Hg_2S)$ 和 $E^\ominus(Hg_2S/Hg)$，判断在 $Hg_2(NO_3)_2$ 溶液中加入 S^{2-} 时能否得到 Hg_2S 沉淀。

解：由题意知

$$E^\ominus(HgS/Hg_2S) = E^\ominus(Hg^{2+}/Hg_2^{2+}) + \frac{0.0592\ V}{2}\lg\frac{[K_{sp}^\ominus(HgS)]^2}{K_{sp}^\ominus(Hg_2S)}$$

$$= 0.9083\ V + \frac{0.0592\ V}{2}\lg\frac{(1.6 \times 10^{-52})^2}{10^{-47}} = -0.767\ V$$

$$E^{\ominus}(Hg_2S/Hg)=E^{\ominus}(Hg_2^{2+}/Hg)+\frac{0.0592\ V}{2}\lg K_{sp}^{\ominus}(Hg_2S)$$

$$=0.7955\ V+\frac{0.0592\ V}{2}\lg(1.0\times10^{-47})=-0.596\ V$$

则 $HgS\xrightarrow{-0.767\ V}Hg_2S\xrightarrow{-0.596\ V}Hg$。

因为 $E^{\ominus}$(右)>$E^{\ominus}$(左)，所以 Hg_2S 能发生歧化反应，生成 HgS 和 Hg。在 $Hg_2(NO_3)_2$ 溶液中加入 S^{2-} 时不能得到 Hg_2S 沉淀。

17.3 名校考研真题详解

一、填空题

1．区分 Cu^{2+}、Ag^+、Zn^{2+}、Fe^{3+}、Co^{2+} 五种离子，可通过观察其颜色就可以判断的是(　　)；余者可用 NaOH 区分的是(　　)。[北京科技大学 2014 研]

【答案】Cu^{2+}，Fe^{3+}，Co^{2+}；Ag^+

【解析】Cu^{2+} 是蓝色；Fe^{3+} 是黄色；Co^{2+} 是粉红色；Ag^+ 和 NaOH 反应生成黑色沉淀。

2．Hg 与过量稀硝酸反应的方程式为(　　)。[南京航空航天大学 2011 研]

【答案】$3Hg+8HNO_3$(稀)$\longrightarrow 3Hg(NO_3)_2+2NO\uparrow+4H_2O$

3．CuCl 是(　　)色晶体，可溶于氨水生成(　　)色溶液，在空气中会逐渐变为(　　)色溶液。发生反应的化学反应方程式为(　　)。[暨南大学 2017 研]

【答案】白；无；深蓝；$Cu^++2NH_3\longrightarrow[Cu(NH_3)_2]^-$，$4[Cu(NH_3)_2]^++8NH_3+O_2+2H_2O\longrightarrow 4[Cu(NH_3)_4]^{2+}+4OH^-$

4．HgS 是最难溶的硫化物之一，但可溶于王水和 Na_2S 溶液。Hg(Ⅱ)在王水和 Na_2S 溶液中存在的形式分别是(　　)和(　　)。向 $HgCl_2$ 溶液中加入氨水可生产白色沉淀，这种沉淀的化学式为(　　)。[暨南大学 2018 研]

【答案】$[HgCl_4]^{2-}$；$[HgS_2]^{2-}$；NH_2HgCl

【解析】HgS 与王水、Na_2S 分别发生反应

$$3HgS(s)+12Cl^-+8H^++2NO_3^-\longrightarrow 3[HgCl_4]^{2-}+3S+2NO+4H_2O$$

$$HgS(s)+S^{2-}\longrightarrow[HgS_2]^{2-}$$

向 $HgCl_2$ 溶液中加入氨水发生反应

$$HgCl_2+2NH_3\longrightarrow NH_2HgCl(s)+NH_4Cl$$

5．在下列体系中：

(1) $Cu^{2+}+I^-$　　(2) $Cu^{2+}+CN^-$

(3) $Cu^{2+}+S_2O_3^{2-}$　　(4) $Hg_2^{2+}+I^-$(过量)

(5) $Hg_2^{2+}+NH_3\cdot H_2O$(过量)　　(6) $Cu_2O+H_2SO_4$(稀)

(7) $Hg^{2+}+Hg$　　(8) $Hg_2Cl_2+Cl^-$(过量)

(9) $Hg_2^{2+}+H_2S$　　(10) $Hg_2^{2+}+OH^-$

能发生氧化还原反应的有(　　)；

发生歧化反应的有(　　)；

发生反歧化反应的有(　　)。[厦门大学 2003 研]

【答案】(1)、(4)、(5)、(6)、(7)、(8)、(9)；(4)、(5)、(6)、(8)、(9)；(7)

【解析】(1)$2Cu^{2+}+4I^- \longrightarrow 2CuI(s)+I_2$;

(2)$Cu^{2+}+4CN^- \longrightarrow [Cu(CN)_4]^{2-}$;

(3)$Cu^{2+}+2S_2O_3^{2-} \longrightarrow [Cu(S_2O_3)_2]^{2-}$;

(4)$Hg_2^{2+}+4I^-$(过量)$\longrightarrow [HgI_4]^{2-}+Hg\downarrow$;

(5)$Hg_2^{2+}+2NH_3 \cdot H_2O \longrightarrow HgO\downarrow+Hg\downarrow+2NH_4^++H_2O$;

(6)$Cu_2O+H_2SO_4 \longrightarrow CuSO_4+Cu+H_2O$;

(7)$Hg^{2+}+Hg \longrightarrow Hg_2^{2+}$;

(8)$Hg_2Cl_2+Cl^- \longrightarrow [HgCl_4]^{2-}+Hg\downarrow$;

(9)$Hg_2^{2+}+H_2S \longrightarrow HgS\downarrow+Hg\downarrow+2H^+$;

(10)$Hg_2^{2+}+2OH^- \longrightarrow Hg_2O\downarrow+H_2O$。

二、选择题

1. 从Ag^+、Hg^{2+}、Hg_2^{2+}、Pb^{2+}的混合溶液中分离出Ag^+，可加入的试剂是(　　)。[华南理工大学2014研]

A. H_2S　　B. $SnCl_2$　　C. NaOH　　D. 氨水

【答案】D

【解析】A项，加入H_2S后，都会生成相应的沉淀，不能分离出Ag^+；B项，加入$SnCl_2$后，Ag^+和Hg^{2+}生成沉淀，$PbCl_2$也是微溶物，不能分离出Ag^+；C项，加入NaOH后，生成相应的氧化物和氢氧化物，不能分离出Ag^+；D项，加入氨水后，Hg^{2+}，Hg_2^{2+}，Pb^{2+}生成沉淀，可以分离出Ag^+。

2. 下列溶液中加入过量的NaOH溶液颜色发生变化，但却没有沉淀生成的是(　　)。[北京科技大学2012研]

A. $K_2Cr_2O_7$　　B. $Hg(NO_3)_2$　　C. $AgNO_3$　　D. $NiSO_4$

【答案】A

【解析】A项，向$K_2Cr_2O_7$溶液中加入碱，先生成$HCrO_4^-$，随之转变为CrO_4^{2-}，溶液由橙红色($Cr_2O_7^{2-}$)变为黄色(CrO_4^{2-})。B项，Hg^{2+}的溶液中加入强碱，析出黄色的HgO沉淀，反应方程式为：$2OH^-+Hg^{2+} \longrightarrow HgO(s)+H_2O$。C项，$Ag^+$的溶液中加入碱，析出黑色的$Ag_2O$沉淀。D项，$Ni^{2+}$的溶液中加入强碱，析出苹果绿色的沉淀$Ni(OH)_2$。

3. 下列化合物，在氨水、盐酸、氢氧化钠溶液中均不溶解的是(　　)。[北京航空航天大学2010研]

A. $ZnCl_2$　　B. $CuCl_2$　　C. Hg_2Cl_2　　D. AgCl

【答案】C

【解析】AB两项，$ZnCl_2$和$CuCl_2$均可溶于盐酸；D项，AgCl会溶于氨水形成$[Ag(NH_3)_2]^+$配合物。

三、配平题

1. $HgCl_2+NH_3 \longrightarrow$ [北京航空航天大学2010研]

解：$HgCl_2+2NH_3 \longrightarrow NH_2HgCl\downarrow+NH_4Cl$

2. 铜在潮湿的空气中被缓慢氧化。[北京航空航天大学2010研]

解：$2Cu+O_2+H_2O+CO_2 \longrightarrow Cu_2(OH)_2CO_3$

四、简答题

1. 解释下列实验事实：

(1)焊接铁皮时，常先用浓 $ZnCl_2$ 溶液处理铁皮表面。

(2)稀释 $CuCl_2$ 的浓溶液时，体系的颜色由黄色经绿色变为蓝色。［北京航空航天大学2010研］

解：(1)在浓 $ZnCl_2$ 溶液中形成强配合酸 $H[ZnCl_2(OH)]$：

$$ZnCl_2 + H_2O \longrightarrow H[ZnCl_2(OH)]$$

而 $H[ZnCl_2(OH)]$ 能溶解铁锈，保证了焊接的质量：

$$Fe_2O_3 + 6H[ZnCl_2(OH)] \longrightarrow 2Fe[ZnCl_2(OH)]_3 + 3H_2O$$

(2)在浓 $CuCl_2$ 水溶液中，可以形成黄色的 $[CuCl_4]^{2-}$ 离子，所以稀释开始时的 $CuCl_2$ 溶液成黄色；而在 $CuCl_2$ 的稀溶液中，由于 Cl^- 少而水分子多，水分子取代 $[CuCl_4]^{2-}$ 中的 Cl^- 形成配合离子 $[Cu(H_2O)_4]^{2+}$，$[Cu(H_2O)_4]^{2+}$ 为蓝色，所以稀氯化铜溶液呈蓝色，溶液中存在平衡：

$$\underset{黄}{[CuCl_4]^{2-}} + 4H_2O \rightleftharpoons \underset{蓝}{[Cu(H_2O)_4]^{2+}} + 4Cl^-$$

溶液稀释过程中黄色的 $[CuCl_4]^{2-}$ 配离子和蓝色配离子 $[Cu(H_2O)_4]^{2+}$ 共存时溶液呈现绿色。所以，在稀释 $CuCl_2$ 的浓溶液时，体系的颜色由黄色经绿色变为蓝色。

2. 将 SO_2 鼓泡通入稍微酸化的 $[Cu(NH_3)_4]SO_4$ 溶液中，产生白色沉淀 A，元素分析表明 A 有五种元素组成，即：Cu，N，S，H 和 O，其中 Cu，N 和 S 的摩尔比为 1∶1∶1，红外和激光拉曼光谱表明，在 A 中存在一个三角锥结构的物种，另一个为四面体构型，另外测定结果表明 A 为抗磁性物质。

(1)写出 A 的分子式；

(2)给出产生 A 的反应方程式；

(3)当 A 和 $1.0mol \cdot L^{-1}$ 的 H_2SO_4 加热时，产生沉淀 B，气体 C 和溶液 D，B 是一种普通的粉末状产物，写出反应方程式。［厦门大学2005研］

【答案】(1) $Cu(NH_4)SO_3$；

(2) $2[Cu(NH_3)_4]SO_4 + 3SO_2 + 4H_2O \longrightarrow 2Cu(NH_4)SO_3\downarrow + 6NH_4^+ + 3SO_4^{2-}$；

(3) $2Cu(NH_4)SO_3\downarrow + 2H_2SO_4 \longrightarrow Cu\downarrow + 2SO_2\uparrow + CuSO_4 + 2H_2O + (NH_4)_2SO_4$

【解析】三角锥结构有 NH_3，SO_3^{2-}；四面体构型有 NH_4^+，SO_4^{2-}；结合问题(3)发现必有 SO_3^{2-}，则四面体构型必为 NH_4^+。因为 Cu，N 和 S 的摩尔比为 1∶1∶1，所以 A 的分子式为 $Cu(NH_4)SO_3$。

3. 某金属氯化物的浓溶液 A 呈黄褐色，加水稀释过程中溶液颜色逐渐变成绿色，再变成蓝色溶液 B，向 B 中加入 NaOH 溶液，生成蓝色沉淀 C。在 C 中加入浓氨水，生成深蓝色溶液 D。取一定量 D 溶液，加入 HI 溶液，会析出白色沉淀 E；另取一定量 D 溶液，加入过量 KCN，变为无色溶液 F。A、B、C、D、E、F 各为何物？写出 D→E 的反应方程式。［华中农业大学2018研］

答：A：$[CuCl_4]^{2+}$；B：$[Cu(H_2O)_4]^{2+}$；C：$Cu(OH)_2$；D：$[Cu(NH_3)_4]^{2+}$；E：CuI；F：$[Cu(CN)_2]^-$；D→E：$2[Cu(NH_3)_4]^{2+} + 4I^- + 8H^+ \longrightarrow 2CuI(s) + 8NH_4^+ + I_2$。

第18章　f区元素

18.1　复习笔记

一、f区元素概述

f区元素：包括镧系元素和锕系元素。

其中，锕系元素均为放射性元素。

二、镧系元素

1. 镧系元素的性质

(1)价层电子构型：$4f^{0\sim14}5d^{0\sim1}6s^2$。

(2)特征氧化值：+3。

(3)递变规律：原子半径和离子半径随原子序数的增大缓慢减小(“镧系收缩”现象)。

(4)磁性：几乎所有镧系元素的原子或离子具有顺磁性。

(5)稳定性：活泼金属，是较强的还原剂。

2. 镧系元素的重要化合物

Ln(Ⅲ)的化合物多数是白色的。

氢氧化物：多数难溶，碱性随Ln^{3+}半径的减小逐渐减弱，胶状$Ln(OH)_3$可在空气中吸收CO_2生成碳酸盐，受热分解生成Ln_2O_3。

氟化物：难溶于水，溶度积依次增大($LaF_3 \rightarrow YbF_3$)。

盐类：与H_2SO_4、HNO_3、HCl形成的盐均易溶于水，结晶盐含有结晶水。其中，硫酸盐的溶解度随温度升高而降低。

3. 镧系元素的配合物

镧系元素的配合物种类、数量均较少，稳定性较差。

三、锕系元素

1. 锕系元素的性质

(1)特点：均为放射性元素。

(2)价电子构型：Ac($6d^17s^2$)、Th($6d^27s^2$)、Lr($5f^{14}6d^17s^2$)，其余元素为$5f^{n-1}6d^17s^2$、$5f^n7s^2$。

(3)递变规律：具有相同氧化值的离子半径随原子序数的增大缓慢减小(“锕系收缩”现象)。

(4)锕系元素的离子和单质：

①离子：具有颜色。

②单质：银白色金属，金属性较强，易与水或氧气作用；可与其他金属形成金属间化合物和合金。

【了解】超铀元素：铀元素后面以人工核反应合成的元素。

2. 钍和铀的化合物

(1)钍

①价电子构型：$6d^2 7s^2$。

②主要氧化值：+4。

③存在形式：水溶液中以Th(Ⅳ)存在，Th^{4+}是无色的。

(2)铀

①价电子构型：$5f^3 6d^1 7s^2$。

②氧化值：+3～+6。

③存在形式：酸性溶液中铀(Ⅵ)主要以UO_2^{2+}形式存在，沥青铀矿中以U_3O_8存在。

四、核化学

1. 核结构

(1)原子核

组成：一定数目的带正电荷的质子(p)和中子(n)。

直径：10^{-15}～10^{-14}m，不及原子直径的万分之一。

(2)原子核间作用力

主要包括：①质子和质子间的静电排斥力；②核间强吸引力(核力)。

【注意】原子核是核子通过核力结合形成的，其稳定性可用其结合能衡量。平均结合能越大，核稳定性越好。

2. 核反应

(1)衰变

放射性元素原子核放出射线的同时发生蜕变，由一种核素变成另一种核素。

如：^{238}U的原子核逐步蜕变后变成另一种元素，最初两步反应为：

$$^{238}_{92}U \longrightarrow ^{234}_{90}Th + ^{4}_{2}He \ (\alpha\text{衰变})$$

$$^{234}_{90}Th \longrightarrow ^{234}_{91}Pa + ^{0}_{-1}e \ (\beta\text{衰变})$$

放射性核素的衰变过程中剩余放射性原子数目N与初始数目N_0遵从衰变定律：

$$N = N_0 e^{-\frac{0.693t}{t_{1/2}}}$$

半衰期($T_{1/2}$)：一定量的某种核素衰变到原来一半量时所需的时间。

(2)粒子轰击

高速粒子(如质子、中子)或简单的原子核(如氘核、氦核)轰击一种原子核导致的核反应。

(3)裂变

一个原子核分裂成两个质量大致相当、大小不等的原子核的反应。

慢中子轰击^{235}U时发生核裂变，核分裂成大小不等的碎核，同时射出2～3个中子。

$$^{235}_{92}U + ^{1}_{0}n(\text{慢}) \longrightarrow {}_{56}Ba + {}_{36}Kr + (2\sim3)^{1}_{0}n$$

(4)聚变

轻原子核在异常高的温度下聚合成重原子核的反应。

18.2 课后习题详解

1. 选择一种镧系金属，写出其与稀酸反应的方程式，并用有关电极电势和镧系元素形成最稳定氧化态的规律说明所得结论。

解：选择La元素，其与稀酸的反应方程式为$2La(s) + 6H^+ \longrightarrow 2La^{3+} + 3H_2(g)$。镧系

金属的特征氧化值为 +3 价，酸性条件下，镧系金属的 $E_A^\ominus(Ln^{3+}/Ln) \leqslant -1.98$ V，La 与 H^+ 反应生成 $4f^0$ 全空的稳定结构的 La^{3+}。

2. 在镧系元素中哪几种元素最容易出现非常见氧化态，并说明出现非常见氧化态与原子的电子层构型之间的关系。

解：镧系金属的特征氧化值为 +3 价，但是 Ce、Pr 和 Tb 还有 +4 价氧化态，Sm、Eu 和 Yb 还有 +2 价氧化态，这与其电子构型有关。其对应的电子构型分别为 $Ce^{4+}(4f^0)$、$Pr^{4+}(4f^1)$、$Tb^{4+}(4f^7)$、$Sm^{2+}(4f^6)$、$Eu^{2+}(4f^7)$、$Yb^{2+}(4f^{14})$。$4f^0$、$4f^7$ 和 $4f^{14}$ 为全空、半满和全满的稳定结构，容易形成。然而，$Pr^{4+}(4f^1)$，$Sm^{2+}(4f^6)$ 不属于 f^0，f^7 等稳定的电子构型，这表明了电子构型是影响物质稳定的重要因素，而不是唯一因素。

3. 根据有关化学性质的知识推测铈和铕为什么在离子交换等现代分离技术发展起来之前是镧系元素中最易分离出来的元素?

解：铈的电子构型为 $4f^1 5d^1 6s^2$，常见氧化值有 +3 价和 +4 价，Ce^{4+} 在水溶液中或固相中都能稳定存在。在弱酸或弱碱溶液中，Ce^{3+} 能被氧化剂氧化为 Ce^{4+}，如反应 $2Ce(OH)_3 + Cl_2 + 2OH^- \longrightarrow 2Ce(OH)_4 + 2Cl^-$，生成的 $Ce(OH)_4$ 碱性较弱，可以在 pH = 3 时仍以沉淀形式存在；而其他 +3 价稀土元素的氢氧化物碱性较强，需要在 pH = 6 ~ 8 时才能产生沉淀，因此铈较容易被分离出来。

铕具有 $4f^7 6s^2$ 的稳定电子构型，可形成 Eu^{2+}，相比于 Sm^{3+}，Yb^{3+} 等其他稀土元素，Eu^{3+} 更易被还原为 Eu^{2+}，从电对的 $E^\ominus$ 值可以看出。分离铕时，可用 Zn 做还原剂，Eu^{3+} 会最先被还原为 Eu^{2+}，再向混合溶液中加入氨水，未被还原的 +3 价离子转化为氢氧化物沉淀，而 Eu^{2+} 则仍保留在溶液中，由此即可达到分离的目的，因此铕也较容易分离。

4. 如何从独居石中提取混合稀土氯化物，写出反应方程式，并说明反应条件。

解：独居石也称磷铈镧矿。可采用氯 - 碳分解法来提取稀土氯化物，将独居石与碳混合加热并通入氯气，反应方程式为

$$2(RE)PO_4 + 3C + 6Cl_2 \xrightarrow{1000\ ℃} 2(RE)Cl_3 + 2POCl_3 + 3CO_2$$

5. 根据铀的氧化物的性质，完成并配平下列方程式：

(1) $UO_3 \xrightarrow[973\ K]{\Delta}$

(2) $UO_3 + HF(aq) \longrightarrow$

(3) $UO_3 + HNO_3(aq) \longrightarrow$

(4) $UO_3 + NaOH(aq) \longrightarrow$

(5) $UO_3 + SF_4 \xrightarrow{573\ K}$

(6) $UO_2(NO_3)_2 \xrightarrow{623\ K}$

解：各化学反应方程式为

(1) $6UO_3 \xrightarrow{973\ K} 2U_3O_8 + O_2$

(2) $UO_3 + 2HF \longrightarrow UO_2F_2 + H_2O$

(3) $UO_3 + 2HNO_3 \longrightarrow UO_2(NO_3)_2 + H_2O$

(4) $2UO_3 + 2NaOH + 5H_2O \longrightarrow Na_2U_2O_7 \cdot 6H_2O$

(5) $UO_3 + 3SF_4 \xrightarrow{573\ K} UF_6 + 3SOF_2$

(6)$2UO_2(NO_3)_2 \xrightarrow{623\ K} 2UO_3 + 4NO_2 + O_2$

6. 试推测$[Ce(NO_3)_5]^{2-}$和$[Ce(NO_3)_6]^{3-}$配离子的空间结构。

解：(1)$[Ce(NO_3)_5]^{2-}$的形成体为Ce^{3+}，配体为双基NO_3^-，每个NO_3^-有两个氧原子参与配位，因此Ce^{3+}的配位数为10。每个氧原子可与相邻的4个配位氧分别构成4个三角形，共12个三角形，因此10个配位氧原子组成十二面体，而氮原子以八面体构型排列，故配合物的空间构型为双冠十二面体。

(2)$[Ce(NO_3)_6]^{3-}$有12个配位氧原子，以类似B_{12}那样的二十面体几何结构排列，6个氮原子以八面体构型排列，因此此配合物的空间构型为二十面体几何构型。

7. 确定在下列各种情况下产生的核：

(1)$^{75}_{33}As(\alpha, n)$__________

(2)$^{7}_{3}Li(p, n)$__________

(3)$^{31}_{15}P(^{2}_{1}H, p)$__________

解：各种情况产生的核如下：

(1)$^{75}_{33}As(\alpha, n)\underline{^{78}_{35}Br}$；　(2)$^{7}_{3}Li(p, n)\underline{^{7}_{4}Be}$；　(3)$^{31}_{15}P(^{2}_{1}H, p)\underline{^{32}_{15}P}$

8. 写出下列转变过程中的核平衡方程式：

(1)^{241}Pu经β衰变；　(2)^{232}Th衰变成^{228}Ra；　(3)^{84}Y放出1个正电子；

(4)^{44}Ti俘获1个电子；　(5)^{241}Am经α衰变；　(6)^{234}Th衰变成^{234}Pa；

(7)^{34}Cl衰变成^{34}S。

说明：原教材中(6)中Pr有误，应为Pa，在此处已作修订。

解：各核平衡方程式如下：

(1)$^{241}_{94}Pu \longrightarrow ^{241}_{95}Am + ^{0}_{-1}e$($\beta$衰变)

(2)$^{232}_{90}Th \longrightarrow ^{228}_{88}Ra + ^{4}_{2}He$($\alpha$衰变)

(3)$^{84}_{39}Y \longrightarrow ^{84}_{38}Sr + ^{0}_{1}e$($\beta^+$衰变)

(4)$^{44}_{22}Ti + ^{0}_{-1}e \longrightarrow ^{44}_{21}Sc$(电子俘获)

(5)$^{241}_{95}Am \longrightarrow ^{237}_{93}Np + ^{4}_{2}He$($\alpha$衰变)

(6)$^{234}_{90}Th \longrightarrow ^{234}_{91}Pa + ^{0}_{-1}e$($\beta$衰变)

(7)$^{34}_{17}Cl \longrightarrow ^{34}_{16}S + ^{0}_{1}e$($\beta^+$衰变)

9. 从某考古现场得到质量为1 g的碳样品，经测定得知该样品在20h的一个时间间隔中有7900个^{14}C原子发生衰变；而在同一个时间间隔中，1 g新制备的碳样品有18400个^{14}C原子发生蜕变。估算该考古样品的年代。

解：由于^{14}C为碳的放射性同位素，其衰变过程为一级反应动力学，发生β衰变。

$$^{14}_{6}C \longrightarrow ^{14}_{7}N + ^{0}_{-1}e \qquad k = 1.21 \times 10^{-4} a^{-1}$$

$$t = \frac{1}{k}\ln\frac{N_0}{N} = \frac{1}{1.21 \times 10^{-4} a^{-1}}\ln\frac{18400}{7900} = 6.99 \times 10^3 a$$

10. 计算1 mol He-4原子核的结合能。已知有关粒子的质量：

$m(^4He) = 4.0026$ u；$m(^1H) = 1.0078$ u；$m(n) = 1.0087$ u。

解：由题意知，其结合能为

$$E_B = [Zm(^1H) + Nm_n - m_a]c^2$$
$$= [2\times(1.0078+1.0087) - 4.0026]\times10^{-3}\ kg\cdot mol^{-1}\times(2.9979\times10^8\ m\cdot s^{-1})^2$$
$$= 2.7322\times10^9\ kJ\cdot mol^{-1}。$$

11. ^{235}U 在发生裂变时生 ^{142}Ba 和 ^{92}Kr：

$$^{235}_{92}U + n \longrightarrow {}^{142}_{56}Ba + {}^{92}_{36}Kr + 2n$$

计算 1 g 该核燃料在发生裂变时可放出多少焦耳的热。已知粒子的质量：

$m(^{235}U)$ = 235.04 u；$m(^{142}Ba)$ = 141.92 u；$m(^{92}Kr)$ = 91.92 u；：$m(n)$ = 1.0087 u。

解：由题意知，其结合能为

$$E_B = [m(^{235}U) - m(^{142}Ba) - m(^{92}Kr) - m(n)]c^2$$
$$= (235.04 - 141.92 - 91.92 - 1.0087)\times10^{-3}kg\cdot mol^{-1}\times(2.9979\times10^8\ m\cdot s^{-1})^2$$
$$= 1.7193\times10^{10}\ kJ\cdot mol^{-1}$$

每克 ^{235}U 裂变释放出得热量 Q 为

$$Q = \frac{1.7193\times10^{10}\ kJ\cdot mol^{-1}}{235.04\ g\cdot mol^{-1}} = 7.31\times10^7\ kJ\cdot g^{-1}$$

18.3　名校考研真题详解

一、配平题

二氧化铈与浓盐酸反应。［北京科技大学 2011 研］

解：$2CeO_2 + 8HCl \longrightarrow 2CeCl_3 + Cl_2 + 4H_2O$

二、选择题

1. 下列元素中，性质最相似的一组是(　　)。［暨南大学 2018 研］

A. Zr，Hf　　B. Mg，Al　　C. Li，Be　　D. Co，Ni

【答案】A

【解析】A 项中 Zr 与 Hf 为同主族元素，最外层电子数一致，且由于镧系收缩，使得其性质最相似。

2. 实际工作中发现 W 与 Mo 很难分离，该性质与(　　)有关。［电子科技大学 2010 研］

A. 同离子效应　　B. 盐效应

C. 镧系收缩效应　　D. 平衡移动原理

E. 无正确答案

【答案】C

【解析】镧系收缩是指镧系元素的原子半径和离子半径随原子序数的增大而缓慢减小的现象。稀土元素原子半径相差甚小，大多数稀土元素外层电子结构相同，性质极为相似，因而造成稀土元素分离困难。

3. 和镧系元素 Eu、Yb 的化学性质相近的一组元素是(　　)。［厦门大学 2017 研］

A. Ca，Sr，Ba　　B. Li，Na，K　　C. Ti，Zr，Hf　　D. Cr，Mo，W

【答案】A

【解析】Eu 价电子排布：$4f^76s^2$，Yb 价电子排布 $4f^{14}6s^2$；均易失去两个电子；A 项，价电子排布 ns^2，易失去两个电子；B 项，价电子排布 ns^1，易失去一个电子；C 项，价电子排布 $(n-1)d^2s^2$，存在 2、3、4 的变价；D 项，价电子排布 $(n-1)d^{5,4}s^{1,2}$，存在多种变价；故

A 项正确。

4．常用于定性鉴定铈离子的化学反应，是在碱性介质中，Ce^{3+} 与 H_2O_2 作用生成沉淀，沉淀的特征颜色是(　　)。[厦门大学 2006 研]

A．亮绿色　　B．红棕色　　C．紫色　　D．黄色

【答案】D

【解析】三价铈被过氧化氢氧化成四价铈，在碱性条件生成黄色的 $Ce(OH)_4$。